簡史・原料・製程・蒸餾・熟陳・調和與裝瓶
追尋完美製程的究極之書

新 版

威士忌學

WHISKYOLOGY

邱德夫／著

推薦序
Forward

靠精準數據熟陳的威士忌全書

姚和成（Kingfisher）

個人品飲紀錄超過 4500 種
蘇格蘭雙耳小酒杯執持者大師（The Master of the Quaich）

　　每個威士忌的偉大國家都該有個大師，很慶幸搭乘著威士忌的偉大浪潮，有幸能夠在這最偉大的時代成就些許名聲，然而我很清楚自己的定位：在大家求知若渴的年代認真翻譯，但我從未想過要寫書！

　　這十幾年來我一直期待台灣真正的威士忌大師出現，能夠寫出一本書籍帶領酒友進入下一個階段！這個夢想在邱大哥透漏他想寫書想法的時候終於出現些許希望。邱大哥其實在我們「台灣單一麥芽威士忌品酒研究社」剛成立的第二年就加入了，但是他是一個不苟言笑、存在感很低的一個人，所以這樣一個路人甲社員當上我們第三任理事長的時候，我這個創社理事長才開始研究他到底是甚麼時候入社這件事情？

　　其實我們社團歷任理事長都非常低調（請自動忽略創社理事長），但是歷任理事長對於威士忌都有著超乎生命的熱愛，這個熱愛讓他們願意放下自己不擅長交際的個性，慢慢地去跟酒商接觸。邱大哥在理事長任內 4 年，幫助社團建立了相當好的專業形象，也藉由這 4 年的知識累積，以及活動紀錄的心得中，成就了這本書的雛型。其實當初邱大哥跟我們提起寫書想法的時候，我們以為他只是把心得整理出書，沒想到一年前他把草稿轉過來問我們幾個老朋友意見時，我們才赫然發現這是一本相當完整的鉅著！

　　很認真的讀完這本書，只能說佩服再佩服，書中完整而翔實的記錄了我們這些威士忌愛好者想知道的業界秘密，邱大哥根據一個工程師的訓練將種種細節整理出來，從書名的《威士忌學》便可以得知其實這本書並不是一本入門書籍，而是給愛好威士忌的酒友用來研究的一本參考書。認真的建議酒友們：也許你看不懂，而且我預期你看不懂，但是別著急，慢慢看、認真看，等到有一天跟我一樣看得津津有味的時候，你也是大師了！

Jan. 13, 2018

台灣威士忌「知識狂熱者」的書寫

葉怡蘭

飲食生活作家
蘇格蘭雙耳小酒杯執持者（Keeper of the Quaich）

毫無疑問，在世界威士忌版圖上，台灣絕對占有舉足輕重的位置。

威士忌在台灣，從發端到興盛才短短不過十數年，卻明顯成就斐然。不僅銷售量在全球市場上名列前茅、且半數集中於進階級酒款；在專業領域也備受敬重：新品限定品常在台灣首發或獨賣，各品牌與酒廠總製酒師調酒師年年來訪，在地蒸餾廠與選桶裝瓶更在各種國際競賽中屢創佳績……

細究其中原因，我認為，和威士忌從一開始，便成功在台建立起博大精深品味形象大有關係。

其時，由先驅飲者（業內慣稱為「達人」）們領頭，積極擁抱、深入威士忌的知識面，從類型、產地、原料、釀造與蒸餾工藝以至熟陳、調和、裝瓶，每一環節學問講究都深入挖掘鑽研；並紛紛成立專門社團，開辦品酒會、課程，熱烈交流討論。究極之深，每讓遠渡重洋來台之專家大師驚嘆咋舌刮目相看。

讓威士忌得以擺脫其餘酒類習見的乾杯豪飲文化、或是虛無縹渺的浮面尊榮表象，在這品味顯學、智識故事為王的時代裡，先一步吸引菁英族群的關注與興趣，繼而一年年風行草偃，朝廣大消費群眾間擴散普及，蔚成龐大勢力。

而一眾達人間，本書作者邱德夫——我習慣敬稱他為邱大哥，可說是其中頗具代表性的一位。

相識相契十多年，在無數酒聚酒會中同座飲酒論酒、三度同行拜訪國外酒廠酒鄉，邱大哥對於威士忌的旺盛求知慾和追根究柢毅力，總是讓我備受激勵。

一如邱大哥多年來屢次行文提及，專業工程師出身，使他對於原理、技術、圖表、數據，以至他所謂的「真相」、「證據」有著超乎尋常的執迷。

他不僅博覽群籍、找足資料，每回品酒會、每一次酒旅，更從現場發問到事後 email 往

還，無不以著非把原廠榨乾淘盡的氣勢，每一製程細節都必得徹底通曉分明不可。

因此，出乎私心，我一直盼著邱大哥快快出書。畢竟，比起部落格與專欄上零星散落閱讀加上偶而當面切磋，我更想能有一整本內容俱全著作，將他十數年來於威士忌學海裡的修習研究、統整歸納，悉數有理有序通通貢獻出來，好讓我一次讀個明白痛快。

鞭策多年，終於在 2018 年成書。展讀書稿，果然一點不負所望，這本書，非常邱大哥。

一點不是他老愛自謙（雖然在我看來更像是誇耀）的詰屈聱牙艱澀板硬冗長難懂——事實上，我家另一半向來戲稱邱大哥為「文老」，所謂文老者，資深文青也；蓋因威士忌之外，他對文學也頗有雅好，日常言行和文字都流露濃濃文人氣文人樣。

遂而此書，當然全不見任何邱大哥平素最鄙視的「風花雪月」，卻是敘述析理活潑生動流暢，偶而穿插一己之感觸感發裡，還隱隱然透著些許任情和浪漫。

但章章篇篇，都是積累醞釀龐然深厚而發、擲地有聲的大塊文章。

大不同於此刻中文書市裡的國內外威士忌著作之通常大半本篇幅都由酒廠或酒款介紹占掉，一如書名，此書貨真價實正正就是一本「威士忌學」。

開篇娓娓談過歷史之後，接下來五章，便全然結結實實聚焦於完整製程的「鉅細靡遺」呈現。

說它「鉅細靡遺」可絕非客套或玩笑話。二十多萬字數裡，汪洋浩瀚涵蓋包羅遼廣深入：比方自古至今法令稅制的變遷，大麥、水源、酵母的組成構造及成分分析，歷來大麥品種出酒率與產量的比較，泥煤所含不同酚類化合物的詳述，各酒廠麥芽與新酒的泥煤含量對照，蒸餾器本體以至各部位零件材質為銅或不鏽鋼所形成的個別差異，蒸餾時水酒混合液在不同溫度下所產生之乙醇液態與氣態變化，2 次、3 次、2.5 次、2.81 次蒸餾流程的完整運作說明，各類橡木桶材加熱後所產生之纖維素、木質素、橡木單寧、橡木內酯高低所帶來的個別風味影響……等等等等，百分百來自一名知識控、原理控、技術控、數據控、圖表控的狂熱「工程師」的「表」圖文並茂威士忌書寫。

尤其在徹底實事求是抽絲剝繭同時，還據理針對種種時下迷思、潮流甚至既有傳統之存在必要性奮勇提出質疑與詰問，並對正初初萌芽的新實驗新嘗試細細說解評介後，進一步寄予鼓勵和展望……

讀來一點不枯燥，反覺加倍興味盎然。只因這種種，都非單單就是資料數字的堆砌，而是一一清楚指向酒液裡，每一細微色、香、味與韻之究竟由何處來，以及，將往何方去。

「原來如此啊！」——對飲食向來求知若渴的我，太清楚這感官覺知與門道智識講究學問的能夠連結、有源有本，是何等踏實暢快，咀嚼回味不盡，愛悅縈戀綿長。且不獨我如此，相信眾多台灣威士忌飲者們也都一樣，長年樂在這連結中，耽溺沉醉、流連忘返。

而 2020 年的修訂版，除了針對原本各篇章不足不清或疏漏處予以增修，最大變動來自第七章、長達六十幾頁的〈品飲與競賽〉的補入。

此刻，細讀新章，不禁莞爾。和前篇氛圍語調明顯不同，原本隱約的個人色彩，想是經過先前 9 月出版的率意敢言之作《酒徒之書》後，在此終於清晰鮮明浮現——不單單詳盡載列、比對國際品評與競賽法則、歷來發展以及通行現況，更同時將他的酒途心路思維歷程旁徵博引叨叨絮絮娓娓懇談交代，讓這本被酒友們戲稱為「太！難！讀！了！」、「很好睡」的「大部頭教科書」，更多了幾分柔軟。

是的。在我看來，《威士忌學》此書不只非常邱大哥，也非常台灣。

鮮明具現了台灣威士忌界獨樹一幟的「知識狂熱」特質，為這明明非為歷史悠久之產威士忌飲威士忌國度，卻能在短時間內風起雲湧豐收傲人碩果，留下絕佳印證與註腳；在此同時，也忠實記錄下一位堅定立足此中的狂熱飲者的投入身影與前行軌跡，意義別具。

酒勿嫌濁，人當取醇

台灣單一麥芽威士忌品酒研究社（TSMWTA）
理事長 **蘇世昌**

與邱德夫博士結識於 2006 年夏天社團活動中，當年的邱兄不若現在的隨性風趣，品酒活動中常板著臉，即使社員們酒酣耳熱、笑語不斷，邱兄依舊不苟言笑，自顧自地撰寫記錄。

那時部落格正是流行，愛酒同好們經營部落格發表品酒筆記一時蔚為風潮，邱兄也不例外。相識一段後才發現，邱兄除了酒友皆知的「憑高醉酒，此興悠哉」外，還有另一個發表閱讀心得、影評、時事評論的部落格──「右手之外」，刊登文章數量還遠比前者多。我常在閒暇之餘，靜心細讀邱兄的字字句句，其文字之細膩、情感之豐富、看法之深入，鋒銳雄健的筆力背後常有浪漫善感，與其個人外顯的刻板嚴肅形象完全大相逕庭。

自大學時代起迄今，邱兄就是一路到底的土木人，參與過國內諸多重要知名的土木、大地工程建設，亦曾在大學土木科系開課任教，其不含混打折的工程師性格，對於威士忌的一切總是打破砂鍋追問到底，在全球這波威士忌熱潮仍不見衰退、人人都可以點評上幾句的現在，如邱兄這般用功認真近乎執拗的愛酒人士仍屬鳳毛麟角。

歷經十餘載的涉獵浸淫，邱兄終於將博覽群書、遍嚐美酒所獲致的心血結晶集結付梓以饗眾酒友。本書第一章先是詳細說明了蒸餾技術的起源，並將威士忌發展歷程按年代區段由遠而近的詳加說明，你我皆可透過邱兄書中的記述徜徉在那個我們永遠無法親身經歷的久遠年代，幻想著自己正生活在那個時候的蘇格蘭，豪邁舉杯痛飲那個時候的威士忌。

第二章至五章，則分別講述了原料（大麥、泥煤及水等）、磨麥、糖化、發酵、

蒸餾及熟陳等製程步驟，深入淺出的內容，搭配各酒廠提供的珍貴實景照片，對想深入了解威士忌產製過程的酒友極有幫助。而第六章則是最吸引我、也是眾酒業集團最難以對外清楚透露的調和工法與藝術。

此外，有別於坊間其他威士忌專業書籍，本書內容穿插了邱兄於多場業界活動中，與來自世界各地的品牌大使、製酒大師、調和巨擘及從業前輩們對談交流的寶貴經驗與心得，也包含了多場 TSMWTA 社團內部活動的趣味往（糗）事，往事歷歷，不禁莞爾。

酒之為何物？對我來說，省心、抒懷、話趣之良伴也。「常因既醉之適，方識此心之正」，因酒而交，以文識人，時而高談詠歌，時而酣醺開懷，正是我與邱兄相識相交的過程。不論您以往喜好的酒類為何，也不管您是老酒仙或初入門，只要你對威士忌有著絲毫興趣，邱兄的書就絕對值得你珍藏、閱讀！

守破離

　　每天 100 個伏地挺身、100 個仰臥起坐、100 個深蹲，再加上 10 公里的長跑，持續鍛鍊 3 年之後，便可練就一拳超人無堅不摧、一擊必殺的神奇能力。

　　對於一心想成為現實世界裡的超級英雄，發揮濟弱扶傾能力的中二們，埼玉的鍛鍊方法絕對可行，不需要仰靠被蜘蛛咬一口，或是流浪到加德滿都尋求法師把魂魄打出體外，只要能持之以恆的鍛鍊，即可脫胎換骨的發展個人英雄事業！可惜人世間並不是卡通漫畫，就算練成金鐘罩、鐵布衫或十三太保橫練，每天還是得乖乖上學上班，《少林足球》的劇情不會出現在現實生活中。

　　但是苦練基本功奠下的堅實基礎不會完全無用，李小龍曾說他不怕懂一萬種招式的對手，但是卻害怕把一種招式練一萬遍的敵人。「一萬」真是個神奇數字，加拿大作家 Malcolm Gladwell 在《異數》書中提到，一萬小時的錘煉是任何人從平凡變成超凡的必要條件。所以無論是武術家或是心靈雞湯作家，莫不將苦練當做是一切成

功的基礎，在日本劍道的修練過程中，稱之為「守」。

　　對我而言，《威士忌學》就是我的「守」，我希望這本書能解答包括我在內，所有威士忌迷可能提出的疑問，所以必須千錘百鍊，把基本功夫練到毫無破綻為止。但是就如同獨孤九劍「無招勝有招」的精髓，除非教外別傳、不立文字，否則寫成書後一定會出錯。錯別字難以避免，雖然常常讓我臉上掛不住，但也最容易修改，難改的是即便我盡可能的翻查資料並多方訪查，但囿於才學及學藝不精，不免疏漏、說明不清，或甚至因為個人的理解不夠充分而誤導讀者，都是叫我在出書後持續修改的原因。

　　我的企圖心太大，書中內容也太過廣泛，已經有心無力去重新查考資料。幸好我的朋友眾多，不乏學有專精的 geek 不斷提供我不少修正建議，又以從蘇格蘭學成歸國的愛月最是幫忙。他協助審查了最叫我頭痛的第二、三篇，讓那些陌生又令人畏懼的生化名詞一一擺放在適當的位置，短時間內如果沒有更新的研究，我相信這兩篇

的內容讀者們大可放心去引用。

　　不過除了這兩篇以外，到底還修改了哪些部分？我的編輯有點天真的問我，是不是能夠將修改的文字標成紅色，如此便可不用整本重新排版？我聽了不禁哀嚎起來，因為我的習性非常糟，永遠不滿意自己的書寫，所以零零散散的修改、刪除、重寫，總希望讀起來順暢，要說改了哪些地方實在說不上來。不過對於 2018 年初出版的這本書，不到 3 年就推出增修版，對讀者來說極不公平，所以我將各篇章主要修改部分整理如下表，以示這 2 年多以來我並未倦怠於我一直堅守的領域：

篇	字數		主要新增 / 修改部分
第一篇	35,946	38,642	第二次大爆發後工藝技術的成長
第二篇	29,822	34,536	泥煤的使用
第三篇	22,428	25,879	延伸閱讀（格蘭傑私藏系列第十版 Allta）
第四篇	34,344	34,069	冷凝器
第五篇	28,159	41,064	過桶，以及三篇延伸閱讀（水楢桶、烘烤橡木桶、有關蒸餾與熟陳）
第六篇	36,305	39,317	調和案例說明
第七篇	－	30,764	全新篇幅
總字數	187,004	244,271	

不比較不知道，第四篇居然減少了約 250 字，到底刪掉哪些內容？我想破頭也想不出。不過從 24.5 萬的總字數來看，全書篇幅增加了 3 成，最主要的是納入第七篇〈品飲與競賽〉——這部分原本就想放進書中，但是在 3 年前被喊 cut。當時的確有點悵然若失，今日卻發現這聲 cut 喊得好，因為留下有關國際烈酒競賽的舊資料，剛好與 2020 年現行辦法作對比。至於整篇文章我從曾經叱吒風雲的葡萄酒教父 Robert Parker 的角度切入，去關注威士忌品飲撰述者和網路眾聲喧嘩的市場，也可對照出有趣、卻讓人唏噓的今昔之比。

從出版至今的 2 年多期間，許多酒友跟我提到這本書對他的幫助，但是有更多的酒友告訴我他們買回去只是供著，因為「太！難！讀！了！」確實，我無法否認這本書的難讀，我也不斷苦口婆心的告訴酒友，這是一本資料龐大的參考書，足以回答有關威士忌 9 成以上的疑問，所以不是從頭到尾的讀，而是瀏覽一遍後，知道書中提供哪些資料，未來有疑問時再回頭過來翻找。許多酒友習好搜尋網路，或是直接私訊問題，想在最短時間內得到答案，但是我必須告訴這些酒友：No pain no gain，絕大部分的答案都在書中，想清楚來龍去脈，麻煩花心思去找，如果真不清楚再問，而網

路資訊看看就好，不必太過認真。

日本劍道修練過程中的「守」，需要砥心礪志的恪守規範苦練，每天揮汗舉劍下劈 1,000 次，養成身體記憶，而後才有能力觀摩他人他派的招數，「破」除限制去截長補短，就如同獨孤九劍中的「破劍式」、「破掌式」或「破氣式」；當一切都融會貫通後，最終仍必須「離」開規範、忘卻所學，方能以無招勝有招的至臻大成，開宗立派成為一代宗師。

事實上，威士忌的製作也是整個產業的「守」，如果沒有能力蒸餾、調製出品質夠好的酒，無論如何天花亂墜、口若懸河的吹噓行銷，遲早也會被市場一拳擊倒。不過百年基業必須順應潮流求新求變，所以傳統不做泥煤的酒廠也做了起來，堅持波本桶的裝瓶也跟著做雪莉過桶，「破」除窠臼持續苦壯。當腳跟立穩已達不敗金身，那麼就有本錢嘗試各種「離」經叛道的實驗，拓展威士忌的可能，開發新的風味譜。

《威士忌學》是我守衛的根本，第一道防線，未來將按照計畫擴大我的守備範圍到美國和愛爾蘭，敬請讀者們期待。至於今年（2020）出版的《酒徒之書》，就當作是我向市場靠攏的破格之作吧，從個人觀點去揭開某些神秘面紗，引領讀者們思考、

辯證許多我們曾經聽過、看過的行銷語言。
有沒有可能離開威士忌領域，嘗試更多寫
作的可能？目前尚不可說，只能透露在我
內心中確實隱藏著一股暗流的欲望，遲早，
有一天。

PART 1

細說從頭 —— 從生命之水到蘇格蘭威士忌

PART 2

原料 —— 從大麥、水到具有衝突美感的泥煤

PART

原料的處理── 決定酒精產出和芳香風味的因子

PART

蒸餾── 天使與魔鬼並存的蒸餾技術

PART

熟陳 —— 橡木桶的追逐與迷思

PART

調和與裝瓶 —— 製酒師一生懸命的工藝

PART

品飲與競賽

細說從頭

從生命之水到蘇格蘭威士忌

蘇格蘭威士忌產業從萌芽至今 500 多年，
歷經多少雨雪風霜而堅實茁壯，可預期的
是接下來仍不會停下邁進的腳步，因為那
不僅僅是我們杯中琥珀色的液體，而是
500 多年來的文化與精神。

◊ 神秘煉金術與蒸餾技術

　　有關蒸餾技術的發明眾說紛紜，信史上可追溯到第九或第十世紀的中國、印度及中東地區，若更往前推則模糊不清，但多與充滿神秘意涵的煉金術有關。

　　古老相傳，煉金術是由希臘哲學家亞理斯多德提出的一門博大精深的學問，其後繼者遵循的終極目標，便是煉製出可以將任何金屬轉化為黃金的萬能催化劑「哲人之石」。為了燒煉哲人之石，煉金術士習於將物質加熱後採集菁華，使用的蒸鍋據傳是煉金術士瑪利亞希伯來（Maria Hebraea）所發明。瑪利亞大致生活在第一世紀到第三世紀的古埃及，後世稱他為「猶太女人瑪利亞」（Maria the Jewess 或拉丁語 Maria Prophetissima），但是否為女性查無可考。而除了蒸鍋，特殊的三臂蒸餾器（tribikos）傳說也是他的發明。這種蒸餾器於蒸餾物質冷凝後，可沿著 3 條導管往下流，埃及人利用這種設備製作的蒸餾物質稱為 alkohl，也就是酒精（alcohol）。

◊ 中國蒸餾的濫觴

　　假若上述傳說為真，瑪利亞的蒸餾器經由貿易往來，從埃及逐漸往外擴散到中東、印度並遠至中國地區，材質及形狀隨時間和地域持續改變，不過也有可能在中國獨立發展出不同的蒸餾方法。北宋蘇東坡在《物類相感誌》中提到：「酒中火焰，以青布拂之，自滅」，由於發酵酒的酒精度不足，非蒸餾酒不能燃燒，而蘇東坡生於 1036 年，推算可知約莫在第十一世紀之前，中國已經出現蒸餾酒。另外明朝李時珍在《本草綱目》中也提到：「燒酒非古法也，自元時始創，其法用濃酒和糟入甑，蒸令氣上，用器承取滴露，凡酸壞之酒，皆可蒸燒」，已明確記錄元朝（十三世紀）時的乾式蒸餾工法已十分成熟，但源頭應該可上推到更早的時期，只是缺乏文字記載。

　　江西省的李渡鎮於 2000 年所發現的燒酒作坊遺址，是目前最早、最完整且文物最豐富的燒酒遺址，時間從南宋、元、明、清一直跨到現代，不過南宋層並未發現釀酒遺蹟，因此中國蒸餾酒始於元朝的說法獲得普遍認同。

◊ 酒精的發現

　　約與中國同期，生活在第九到第十一世紀的阿拉伯哲學家與醫藥學家

中國江西省李渡鎮的燒酒作坊遺址（圖片由林威利提供）

Rhazes（859～952）、Albucassis（936～1013）以及 Avicenna（980～1037）
等 3 位，已經進行玫瑰精油的提煉，但未涉及酒類。從字源推測，目前有
關蒸餾（distilling）的文字與阿拉伯語的煉金術（alchemy）、酒精（alcohol）
以及蒸餾器（alembic）有關。

　　此外，中世紀後煉金術有了突破，賈比爾（Jabir ibn Hayyan）於九世紀
初發現了 Vitriol，便是今天我們熟知的硫酸，他同時也描述如何製造硝酸
——也就是俗稱的王水（aqua fortis），其字面意思是「強水」，因為它幾乎
可以溶解任何物質，只有黃金例外。這些發現的重點其實都是為了引出液
態的「哲人之石」，即煉金液，屬於一種能促進變化的催化劑，當時的人相
信這種物質本身具有魔力，因此煉金液被視為長生不老仙丹、永生不死之
藥，也因此常被用作醫療用途。

　　上述思想在最重要的煉金液被發現之後更加盛行，這種煉金液是將發酵
後的水果、穀物小心蒸餾，可製作出另一種形式的強水，也就是「生命之
水」（aqua vitae）。第一位製造出接近純酒精的人是維蘭諾瓦的阿諾德斯
（Arnaldus de Villanova），生於十四世紀的西班牙，他相信哲人之石存在於
所有的物質裡，而且可以從物質中萃取出來，因此從酒中蒸餾出來的酒精
則與此種神秘觀念相互呼應。

　　基於煉金術的象徵主義，以及日光被視為天空中的黃金，酒精也被視作日光的精華，可穿透葡萄外皮，保存在葡萄汁液裡，而後再透過煉金術士的工藝釋放出來。如同王水，酒精也是一種良好的溶劑，它具有防腐性，在醫學上可用作清洗傷口的消毒劑，更與具有強烈腐蝕性的王水性質不同，不僅較溫和，甚至可以食用。

　　這種煉金液的作法很快就席捲歐洲，尤其在黑死病肆虐的十四世紀，醫生別無良方，只能提供生命之水緩解病人的疼痛，也因此「酒精」被譯成數種不同的語言：在法語中，它是水果白蘭地（eau devie）；在斯堪地納維亞語中是一種生命之水（aquavit 或 akavit）及伏特加（brännvin，亦即vodka）；在荷蘭則為一種燒酒（brandewijn），傳到英國之後成為白蘭地（brandy wine）；至於在愛爾蘭及蘇格蘭，居民以穀物製酒，蓋爾語（Gaelic）發音稱為「威士忌」（usquebaugh）。法國引領歐洲蒸餾事業多年，一直以來便懂得將葡萄酒蒸餾為白蘭地，十五世紀時開始存放在橡木桶中，成為後世以木桶陳年蒸餾烈酒的濫觴。

◊ 蒸餾技術的傳播

　　煉金術士在中世紀裡紛紛提出重要的科學創意，彷彿是煉金術的副產品，如前述提到的 Rhazes、Albucassis 和 Avicenna 等幾位煉金術士，都是當時著名的哲學家與醫藥學家。不過煉金術本身持續停滯，除了愚人金之外並無其它進展，以致這項秘術雖是現代醫學及化學的始祖，卻隨著羅馬帝國的結束和阿拉伯帝國的崩潰而進入衰退期，幸好蒸餾技藝因醫學用途而保留下來。

　　可惜如同所有傳習長遠的人類文化一樣，由於欠缺文獻資料而難以追蹤流傳軌跡，不過當時的蒸餾技術主要作為玫瑰精油的提煉，並不涉及酒類。從中東及西歐文明的演化推敲，伊斯蘭勢力從阿拉伯半島通過埃及而後擴及北非，大約在第八世紀初期從今日的摩洛哥渡過直布羅陀海峽進入伊比利半島，即西班牙和葡萄牙等地。這些定居於歐陸的穆斯林居民通稱為摩爾人，主要由衣索比亞和阿拉伯人所組成，留下如阿爾罕布拉宮等充滿中東情調的建築，當然也包括來自當時中東文明中心的各項新穎技術。

　　到了十二、三世紀，基督教文明興起，將摩爾人驅逐出伊比利半島，蒸餾技術也因此落入僧侶或修道士手中，而後隨著傳道的僧侶帶往歐洲各地，包括往北傳至今日的法國、德國一帶，或渡海傳至愛爾蘭，再由愛爾蘭越過海峽傳到蘇格蘭及英格蘭各地。

◊ 愛爾蘭威士忌的起始

　　從地理關係來看，西班牙港口出海往北方航行，首先抵達的陸地便是愛爾蘭南部，所以蒸餾技術先傳到愛爾蘭，再從愛爾蘭傳到蘇格蘭的說法應該合理。不過根據愛爾蘭的傳說，早在西元五世紀時，聖派翠克（Saint Patrick, 386～461）就已將蒸餾技術引進愛爾蘭，也因此愛爾蘭威士忌官方於技術規範上，宣稱其蒸餾技術起始於六世紀，為歐洲最早的蒸餾，至今愛爾蘭威士忌的正式名稱仍併入古愛爾蘭語，稱之 Irish Whiskey/Uisce Beatha Eireannach/Irish Whisky。

　　上述起始年代非常可疑，也欠缺歷史證據，猜測可能是因為聖派翠克威名顯赫，所以將許多好事都記在他頭上。不過愛爾蘭的蒸餾史確實早於蘇格蘭，根據文獻記載，當英王亨利二世（1133～1189）率領軍隊進攻愛爾蘭時，便注意到當地人以穀物為原料蒸餾出「usquebaugh」烈酒；Ray Foley 於 1998 年所著的《最佳愛爾蘭飲品》（Best Irish Drinks）書中也提到，Ards 領地的 Robert Savage 爵士在 1276 年帶領軍隊進駐布什米爾（Bushmills）小鎮，為提振士氣而提供士兵「a mighty drop of acqua vitae」。

　　若從字源回溯，約在九世紀的古愛爾蘭語，已經有代表「水」的 uisge 和代表「生命」的 beatha 這兩個字，但必須等到十三世紀，著名的哲學家、僧侶和煉金術士羅傑貝肯（Roger Bacon, 1219～1292），才第一次將這兩個字合併代表「生命之水」。此外，又有學者提出語源根據，認為這項技術間接從印度傳到愛爾蘭，或來自西班牙或義大利，因為「acqua vita」或「aqua de vite」指的便是這些國家從葡萄中萃取的精華。雖說如此，上述說法都缺乏直接證據，且由於當時的修道院是科學知識中心，也是醫學的發源地，合理推測應與僧侶的遷徙移動有關。

啟蒙及私釀
蘇格蘭威士忌簡史 1494～1725

◊ 著迷於醫學和科學的詹姆士四世

　　有關蘇格蘭威士忌最早的文獻記載，存在於 1494 年的《蘇格蘭財務卷》（Exchequer Rolls of Scotland）中：「...eight bolls of malt to Friar John Cor wherewith to make aqua vitae」。John Cor 是一名天主教修道士，接受英王詹姆士四世的命令，以約合今日 500 公斤的麥芽製作生命之水。詹姆士四世著迷於醫學和科學，500 公斤重的麥芽分量不大，推測國王的命令只是進行某種科學實驗，而且十五世紀晚期的蒸餾技術仍不成熟，加上設備簡陋，可以想見當時的生命之水直接飲用的話可能對人體有害，主要用途只是在保存香料、調製香水或醫療用途，甚至用於製作火藥球。有關後者，1540 年的國庫帳本中記載了一條為製造火藥而購買生命之水的帳目，這種特殊用途，可能便是後來用於量測酒精強度的單位「酒度 proof」的最初來源。

　　蘇格蘭愛丁堡的「外科及理髮師協會」（The Guild of Surgeon Barbers）於 1505 年取得製作威士忌的獨占權，反映出當時的威士忌純粹只是醫療用途。不過除了消炎鎮痛止痛之外，也可能作為享樂飲用，因為當詹姆士四世於 1506 年造訪蘇格蘭高地首府 Inverness 時，留下一小段文字記載「For aqua vite to the King......」，暗示著威士忌曾經被拿來供奉國王飲用。另外在《英格蘭、蘇格蘭和愛爾蘭編年史》（Chronicles of England, Scotland and Ireland, 1577）一書中，描述了適度飲用愛爾蘭的生命之水，可「延年益壽、常駐青春、幫助消化、止咳化痰、排解憂鬱、強心健體、

私釀時代的小型蒸餾器（圖片由隼昌提供）

放鬆心情、提振精神、治療水腫，還可預防暈眩、眼花、口齒不清、牙齒打顫、喉嚨沙啞、胃部翻攪、心臟腫脹、乾嘔、腸胃脹氣、雙手發抖、筋骨萎縮、血管塌陷、骨骼痠痛與骨髓疾病」，堪稱當時的萬靈丹。

◊ **蒸餾技術外流民間**

在十六世紀以前，蒸餾的理論和技術均掌握在教會僧侶手中，直到英王亨利八世為了休妻而與羅馬教皇反目，一怒之下推行宗教改革，並於 1545 年解散教廷在國內的修道院，自己成為英格蘭最高宗教領袖。在此種情形下，僧侶被迫離開修道院，他們除了釀酒技術之外一無所長，所以逐漸將製作啤酒及蒸餾的方法拓展到民間。另一方面，對於從事耕種的農民來講，收成後的農作物原本不易保存，體積又大，很難運送到外地去進行交易，有了蒸餾技術，便能將穀物轉化成更具經濟價值的烈酒，作為以物易物或繳交農地租金等用途。

到了十六、十七世紀，蒸餾技術有長足的進步，散落的零星資料可以看出威士忌的演進，譬如 1614 年在 Banffshire 教區進行一樁審判，被告自稱喝多了「aquavitie」才會私闖民宅；1618 年某高地領主的喪禮中記載了「uiskie」的支出費用；1622 年在某封私人的信件中提到，造訪 Glenorchy 的官員受到國王允許下最好的招待，因為「For they wantit not wine nor aquavite」。

到了十七世紀末，蒸餾技術已經在外島地區有了長足發展，不僅做到三次蒸餾，甚至還提高到四次。某位蓋爾領主 Martin Martin 於

1690 年造訪蘇格蘭西北方的路易斯島（Lewis）時，記錄了他的發現：
「島民製作多種烈酒，包括三次蒸餾、強而有力的 Usquebaugh 或 Aqua-
vitae，以及四次蒸餾的 Usqubaugh-baul。後者在嚐第一口時，可以喚醒身
體所有的器官，2 湯匙是最恰當的劑量，超過的話，即可能立刻停止呼吸
並危及生命！」這些在漫長歷史中留下的蛛絲馬跡，讓歷史學家在鋪滿灰
塵的長篇大卷中拿著放大鏡逐一翻找。

◊ 官方課稅迫使蒸餾地下化

　　威士忌的興盛終於引起官方注意，當蘇格蘭與英格蘭、愛爾蘭於 1644
年爆發「三國之戰」（Wars of the Three Kingdoms, 1644〜1651）時，蘇
格蘭為籌措戰爭費用，議會通過了西歐有史以來第一個烈酒稅，每蘇格蘭
品脫（略小於 1/2 加侖）徵收約合今日的 13 便士稅金，英格蘭與威爾斯
的酒稅也在 1664 年開始徵收，稅額為 4 便士 / 加侖，略低於蘇格蘭。但
無論多少，對主要為佃農的農民而言，威士忌不過是增加收益的農作副產
品，當然不甘心繳稅，因此逐漸轉入地下，發展出各式各樣躲避查緝的方
法，譬如躲到城鎮的邊緣、山區裡的山洞、湖中的小島，或者是藏在河裡
的船上等等，讓查緝人員疲於奔命。

　　上述稅制是否隨著戰爭結束而停徵不得而知，不過在 1707 年英格蘭統
一了蘇格蘭，制定《合併法案》（Act of Union）正式成為「大不列顛王國」
之後，開始徵收各種貨物稅，但暫予免除原本在英格蘭境內實施的「英國
麥芽稅」（English Malt Tax）。1725 年英法「三年戰爭」（Dummer's War）
結束，英國修訂稅法並將「麥芽稅」擴展到蘇格蘭，雖然稅額只有英格蘭
的一半，但因麥芽是啤酒及威士忌的重要原料，蘇格蘭人並不領情而強力
抗爭，除了在愛丁堡聚眾抗議之外，在格拉斯哥（Glasgow）更引發「麥
芽暴動」（Malt riot），更多的蒸餾者轉入地下，與朝廷指派的稅務官展開
長達百年的追逐。

　　根據 1694 年的統計，英格蘭地區生產的低度酒（low wine）接近 200

萬加侖 註1，而烈酒（spirit）則為 75.43 萬加侖。蘇格蘭最早的數字則是被英國統一後的 1708 年，約為 5 萬加侖，愛爾蘭於 1720 年生產了 13.7 萬加侖的烈酒。雖然統計年度不同，且蘇格蘭、愛爾蘭的生產量在難以掌握私釀的情形下很可能失真，但在這段時期英格蘭的產量遠高過蘇格蘭及愛爾蘭應是不爭的事實。

註1　英制加侖等於 4.546 公升，但由於當時還未發展出酒精濃度的檢驗方式，因此此處使用的「加侖」並非我們如今習慣用的純酒精單位，單純的只是容量。

WHISKY
KNOWLEDGE

酒汁法、高地線、貨物稅法
蘇格蘭威士忌簡史 1725～1823

　　早期商業運作的蒸餾廠極其罕見，尤其是高地區，受限於運輸道路，商業市場只能圍繞在小區域範圍，所以 1779 年在艾雷島上興建的第一間蒸餾廠波摩（Bowmore）可說十分特殊，無論是穀物原料或是產製的威士忌，都必須靠船運往來於艾雷島（Islay）和格拉斯哥之間。

　　在這種情形下，私釀的規模其實都很小，不過是在農場裡設置小型蒸餾器來進行少量蒸餾。蒸餾設備也十分簡陋，主要為一個金屬製壺式蒸餾器，頂部用木製蓋子緊緊蓋住，中間挖個洞拉出銅管，延伸盤繞並浸泡在裝滿冷水的木桶中（即我們習稱的「蟲桶」worm tub），冷凝的新酒直接滴漏在一旁的容器內。這套設備體積不大容易搬動，通常隨著私釀者四處移動，協助農民將多餘的農作蒸餾成新酒，同一個地點不會超過 3、4 日，而蒸餾的新酒也很少販賣到外地，通常是由當地的農民平分。

◊ 政府橫徵稅務，農民鋌而走險

　　根據統計，英格蘭在 1743 年生產的烈酒為 500 萬加侖，蘇格蘭於 1756 年的烈酒產量約為 43 萬加侖，而愛爾蘭於 1770 年則生產了 80 萬加侖的烈酒。雖然統計的時間點不同，但英格蘭的產量依舊最大，主要作為琴酒的基酒使用，蘇格蘭產製的烈酒在 1776 年開始銷往英格蘭，所以產量也逐漸增加。

　　不過當時的法規規定，只要用於蒸餾的穀物是由農民自行種植而非購自他處，且產製的烈酒也不對外販賣，則這些酒都無須繳稅，也因此這些產量未納入統計中。只不過這項豁免政策逐漸緊縮，1757～1760 年間將免稅的蒸餾器容量限定在 10 加侖以下，1779 年更降低到 2 加侖，2 加侖不

展示於波摩蒸餾廠的酒廠版畫，約繪於 1880 年代（圖片由 Max 提供）

到 10 公升，與我們燒開水用的家用熱水壺差不了多少。很顯然，英國政府刻意鼓勵大型蒸餾廠來打擊小型私釀，而且到了 1781 年更取消上述豁免權，將所有的蒸餾器都納入稅制範圍。

高地居民以農牧為主，長久以來，他們將生產過剩的農作蒸餾為威士忌，一方面解決穀物不易儲存的問題，二方面穀物因體積大，難以運送到外地販售。威士忌不僅經濟價值高（1 仙令價值的麥芽約可製作出 4 仙令價值的威士忌），且體積遠小於穀物而容易運送，蒸餾的糟粕副產品又可用來餵養牛隻，可說一舉數得，以致於農民不可能放棄他們的小小蒸餾事業，當政府橫徵賦稅，等同剝奪了農民的生計，唯一因應之道，就是鋌而走險。

英國政府大概從未料及稅收政策的巨大影響，除了讓走私愈發猖獗之外，無法忍受暴政的蘇格蘭居民，以及同樣受到壓迫的愛爾蘭人，在十八世紀中後期大舉遠離家鄉，飄洋過海航向未知的北美洲去爭取免於被迫害

的自由。他們在異地墾荒之餘，也重拾蒸餾舊業，而後更在美國獨立戰爭扮演堅定與英軍對抗的角色，於「國王山戰役」殲滅來犯的千人軍團，成為扭轉戰局的重大勝利。他們產製的威士忌，來自拓荒土地種植的穀物而無須仰賴進口，成為大受歡迎的愛國象徵，奠定了美國威士忌後續兩百多年的堅實基礎。

◇ 高地線的劃分

至於堅守家園的蒸餾者，他們不再發動抗爭或暴動，而是帶著簡易的蒸餾器，藏身於幅員遼闊、缺乏通達道路的蘇格蘭高地，繼續與官方鬥法。根據 1777 年的統計，愛丁堡僅有 8 座合法蒸餾器，卻有高達 400 座大大小小的非法蒸餾器散布在附近區域。

為了解決私釀與走私問題，英國政府於 1784 年制定了《酒汁法》（Wash Act），同時也劃定「高地線」（Highland Line），將此線以北 17 個省的酒稅降低，用於鼓勵私釀者合法化。這條隱形線西啟克萊德灣的格林諾克（Greenock on the Firth of Clyde）、東抵泰河丹地（Dundee on the Firth of Tay），主要沿著明顯的地質界線「高地邊境斷層」（Highland Boundary Fault）來劃分。

根據新法案，高地區的酒稅以產量為課徵依據，但也增加額外條件，包括蒸餾器容量限制在 20 加侖以下（大教區為 30 加侖）、每個蒸餾者只能擁有 1 座蒸餾器、只能使用教區內生產的農作、以及產製的威士忌只能供地方飲用等等，違者處以鉅額罰款。至於低地區，雖然稅額較高，但與英國距離較近，運送方便，不過由於課稅稅額是以酒汁為

雲頂酒廠直火蒸餾器內使用之刮除器
（圖片由 Max 提供）

基準，1786 年修改為蒸餾器的容量，但都不是產製完成的烈酒，等同於鼓勵業者不顧品質，盡可能的做出烈酒來。

從政府的角度看，如果大型蒸餾廠集中在低地，不僅課稅方便，也可順勢消滅小型的非法蒸餾業者。可惜《酒汁法》並未討好任何一方，高地區雖以產量課稅，建立起緩慢蒸餾的品質名聲，卻因為無法對外販售而缺乏利益，還得面臨可能的罰款；低地區則因高地區的賦稅特權而憤怒，轉而投機取巧的針對稅制，先製作出酒精度較高、較濃稠（體積較小）的酒汁，再利用底盤較大的淺碟型蒸餾器，快速蒸餾出更多的威士忌。

◇ 《酒汁法》與劣質烈酒

當時蒸餾的速率到底有多快？根據紀錄，一般業者在一個星期內便可完成 40 次的蒸餾，並且在後續幾年更是變本加厲。蘇格蘭關務局（Scottish Excise Board）在 1797 年記錄了低地區 1 間中大型蒸餾廠 Canonmills（廠主約翰史丹，便是日後連續式蒸餾器發明者羅勃特史丹的父親），擁有 3 座 253 加侖的蒸餾器，可在 12 小時內重複進行 47 個批次的蒸餾，並推測大型蒸餾廠更可在 24 小時內完成 90 次，速度之快超乎想像！由於頻率高，蒸餾器不可能熄火清潔，酒汁雖經過預熱，但雜質多而容易燒焦，導致沾黏在設備底部而影響蒸餾。為了清除這些焦垢雜質，業者在蒸餾器內加裝可旋轉的銅鏈，稱為「刮除器」（rummagers），這項發明剛開始雖然只為了投機取巧，不過至今仍使用在直火加熱的蒸餾器內。

阿弗列德伯納德
（翻攝自《聯合王國的威士忌蒸餾廠》封底）

　　可想而知，如此快速、大量產製的威士忌並不
會費時去除酒頭酒尾，也不會提供足夠的回流，
品質不堪之至，怪不得著名的蘇格蘭詩人 Robert
Burns 將之形容為「最賴皮的烈酒」（a most rascally
liquor），消費者當然更鍾情於走私的高地威士忌。

　　面對《酒汁法》引發的反彈，英國政府立即於
1785 年做出反應，稍微增加高地區的稅額並增加更
多限制，包括每年只能使用 250 boll（約 23 噸）的
麥芽，蒸餾器尺寸放寬到 40 加侖等等。但由於嚴格
限制蒸餾器尺寸，高地蒸餾廠就算合法，每年的產量也僅在 2,000 加侖以
下，而且只是農作收成後的季節性運作，導致十八世紀末，即使高地區的
合法執照數量為低地區的 2 倍，但 31 座低地蒸餾廠卻能產製出 82% 的烈
酒。更致命的是，在 1800～1801、1809～1811 以及 1812 年間穀物欠收，
政府禁止蒸餾，消費者的需求只能仰賴走私，重重的打擊了低地蒸餾業者。

◊ 《貨物稅法》與私釀合法化

　　為了終止亂象，低地業者和政府籌思解決之道，納入高地業者的利益，
於 1816 年公布實施《小型蒸餾器法》（Small Stills Act）以取代《酒汁法》，
包括廢除「高地線」、降低稅額、發放合法執照予所有 40 加侖以下的蒸餾
器等，一時之間似乎有效遏止走私，高地合法蒸餾廠從 12 座增加到 36 座，
樂加維林（Lagavulin）和提安尼涅克（Teaninich）都在當年度成立。這個
法令於 2 年後再度修正，允許使用較「薄」的酒汁，合法酒廠更增加到 57
座，包括如今仍在運作的拉弗格（Laphroaig）、克里尼利基（Clynelish）等。

　　不過即便如此，合法與非法數量差異依舊懸殊，根據 1822 年的《內陸收
入年報》（Inland Revenue Report），半數以上的威士忌都來自私釀，全蘇
格蘭的私釀蒸餾器超過 14,000 座，且謠傳高地區家家戶戶都擁有蒸餾器。

　　高登公爵（Duke of Gordon）為蘇格蘭東北區最大的領主，擁有從迪賽德（Deeside）到斯貝賽（Speyside）的廣大土地，在高地擁有極大的影響力。眼見非法蒸餾問題亟需解決，因此與幾位領主商議，希望政府提供更多優惠來鼓勵、輔導私釀者合法，讓他們賺取合理利潤；另一方面他們也向政府擔保，將盡力遏止土地承租人的非法蒸餾行為。

　　在互謀利益的大前提下，《貨物稅法》（Excise Act）於 1823 年公告實施，不僅酒稅大幅降低到一半（12 便士／加侖），更將原本依產量每月課徵的酒稅，修改為酒賣出時才課稅，也就是保稅倉庫的概念。新法也鼓勵大型蒸餾廠的設置，將產能 500 加侖以上的蒸餾執照費用降低為每年 10 英鎊，而 40 加侖以下則屬非法。多管齊下後，私釀者大概也厭倦長達百年的貓捉耗子遊戲，合法蒸餾執照在 2 年內增加 1 倍，而合法繳稅的威士忌產量也從 300 萬加侖提高到 600 萬，私釀者從 1823 年的 14,000 間降低到 1834 年的 692 間，到了 1874 年更只剩下 6 間（但 1884 年不降反升到 22 間）。

　　根據阿弗列德伯納德（Alfred Barnard）於 1887 年的鉅著《聯合王國的威士忌蒸餾廠》（The Whisky Distilleries of the United Kingdom）記載，稅務官署統計從 1834～1884 年間所有的私釀數量如下表。很顯然，私釀難以完全滅絕，尤其是天高皇帝遠的愛爾蘭，主要原因是農民依舊視之為自產自飲的副業。1874～1884 年間私釀數量還稍微增加，正是法國干邑大受打擊，威士忌產業大爆發時期，這部分將在後續討論。

私釀者家數				
年	英格蘭	蘇格蘭	愛爾蘭	合計
1834	314	692	8192	9198
1844	213	177	2574	2964
1854	301	73	1853	2227
1864	84	19	2757	2860
1874	12	6	796	814
1884	5	22	829	856

WHISKY KNOWLEDGE

連續式蒸餾器、穀物威士忌

蘇格蘭威士忌簡史 1823 ～ 1853

　　喬治史密斯（George Smith）是高登公爵的土地承租人之一，在利威河畔開設了私釀酒廠，命名格蘭利威（Glenlivet），不過產量極低，每星期僅製作約 1 個重組桶（Hogshead，約 250 公升）的烈酒。因應《貨物稅法》的實施，他於 1824 年率先輸誠，成為斯貝賽區第一間合法的蒸餾廠，多年後喬治史密斯向報社記者吐露這一段心路歷程：「當新法案公布後，高地區的私釀者都覺得不可思議，怎麼可能有人會相信政府？不過地主們十分焦急，盡其一切的鼓勵承租人向政府投誠，只是我們依舊處在走私者的暴力威脅下。我在 1824 年的時候年輕氣盛，受到高登公爵的鼓勵，決定把握這個機會將酒廠合法化，不過鄰居們卻揚言要焚毀我的蒸餾廠，幸好

格蘭利威蒸餾廠（圖片由台灣保樂力加提供）

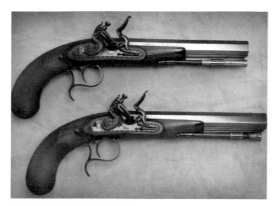

喬治史密斯用以防身的雙槍（圖片由台灣保樂力加提供）

亞伯樂（Aberlour）的領主給我兩把手槍自衛，這兩把槍在 10 年內從未離開過我的腰帶」。今天遊客們造訪格蘭利威的旅客中心，便可看見這兩把槍珍藏在展示櫃內。

接下來世人耳熟能詳的高地蒸餾廠紛紛出列：皇家藍勛（Lochnargar）、麥卡倫（Macallan）、卡杜（Cardhu）、慕赫（Mortlach）和亞伯樂等等，波特艾倫（Port Ellen）也在同年成立，並且引進剛發明、用以管控蒸餾酒量的烈酒保險箱（spirit safe）；至於投誠的低地蒸餾廠就更多了，總共超過 50 間。

根據統計，1823 年的合法蒸餾廠共計 203 間，隔年增加到 337 間，其中 79 間為大型蒸餾廠（蒸餾器大於 500 加侖），其餘則是小型（蒸餾器小於 250 加侖），而新成立的 134 間蒸餾廠中，29 間屬於大型。一窩蜂的投產下，合法威士忌的產量到 1828 年已高達 1 千萬加侖，遠超過蘇格蘭的需求，供需逐漸失衡，此時連續式蒸餾器的發明讓問題更形擴大。

◇ 改變歷史的連續式蒸餾器

至今為止所謂的蒸餾都使用壺式蒸餾器，以批次的方式進行，一個批次做完後必須清洗設備，而後再進行下一個批次，工序多而流程慢，雖然低地業者採用投機加速法，產製的威士忌品質卻不被認同。這種情況在羅勃史丹（Robert Stein）—— 一位在低地 Kilbagie 蒸餾廠工作的蒸餾者，於 1826 年發明連續式蒸餾器之後有了革命性的改變，只要持續注入酒汁，便能不間斷地蒸餾。

可惜羅勃史丹生不逢時，蘇格蘭威士忌的供需比例開始反轉，但耗費一番心力後，這套劃時代的設備仍於 1828 年獲准試做，1829 年 5 月取得專

利並裝設在至今仍在運作中的克爾門布里基（Cameronbridge）蒸餾廠，到了年底，總共產製出 15 萬加侖的麥芽威士忌。這個產量超乎當時所有蒸餾業者的想像，因為大型蒸餾廠如麥卡倫，其年產量不過 5,000 加侖，而且產製的高酒精度烈酒純淨度也高，口感又溫和，最適合摻料飲用。

就在相近的時間點，愛爾蘭都柏林一位稅務官埃尼斯科菲（Aeneas Cofey）也設計了類似的裝置，同樣是高聳的柱狀，但包含 2 座蒸餾塔，而內部則採用銅製多孔蒸餾板，

Tullamore 酒廠於 1948 年裝設的 Coffey Still，目前放在 Kilbeggan 酒廠內
（圖片由 Kingfisher 提供）

與羅勃史丹使用的毛織布（haircloth）比較，不僅較為堅固耐用、容易清洗，而且因為銅質的化學交換作用，可產製出更純淨的新酒。

這套設備於 1830 年取得專利，而後裝置於都柏林新建的 Dock 蒸餾廠，同時也在倫敦成立蒸餾器製造廠，至於蘇格蘭第一座科菲蒸餾器，則是在 1834 年裝設於早已消失的 Grange 蒸餾廠。科菲的投資不太成功，但蒸餾方式終於大躍進，且相同的設計原理一直沿用至今，一般稱之為「科菲蒸餾器」、專利蒸餾器、柱式蒸餾器或連續式蒸餾器。

◇ 高地與低地的蒸餾區別

科菲蒸餾器的裝置體積大，價格也較為昂貴，但易於操作及維護保養，除了每小時可製作出驚人的 3,000 加侖新酒，高酒精度（94～96%）的新酒也更為純淨，有利於採用價格較低的其它穀物製作穀物威士忌。過去由於地形、地質、土壤及氣候等關係，高地區的主要作物為燕麥及大麥，而低地區則普遍種植大麥、裸麥和小麥，導致長久以來，高地區單純使用麥芽生產威士忌（燕麥為食用穀物），而低地區則採用不同的穀物配方。

　　《國富論》的作者亞當史密斯也注意到此種情況，他在書中提到：「所謂的麥芽威士忌只有 1/3 的麥芽，其它使用的穀物要不是未發芽的大麥，便是 1/3 的大麥和 1/3 的小麥」，由此可知當時的麥芽威士忌很可能混用不同穀物，並不像今天這般界定清楚。

　　只不過科菲蒸餾器雖然在愛爾蘭取得專利，但該地的蒸餾業者並不買單，反倒在蘇格蘭更受歡迎，這種情況持續數十年未改。都柏林的蒸餾業者在 1878 年出版了一本《威士忌真理》（Truths About Whisky）小冊，大力抨擊連續式的蒸餾製法：「專利蒸餾器業者剝除了烈酒該有的一切。對人來說，雖然剝掉衣物還是人，但不符禮法，所以這種『沉默的烈酒』（silent spirit）看似是威士忌，卻已經失去烈酒該有的飲用價值了」。

　　另一方面，英國於 1815 年開始實行的《穀物法》（Corn Laws）有了變化。這項法令原本是以徵收超高額的進口穀物關稅來保護農民，但就在 1845 ～ 1852 年間，愛爾蘭因馬鈴薯枯萎症導致大饑荒，史稱 Great Famine 或 Great Hunger，死亡人數超過 100 萬！另外有 100 萬人流離失所或遠渡大西洋尋求生機，總人口數減少近 1/4。

　　首相 Robert Peel 眼見情況不對，1846 年在國會倡議下廢除《穀物法》，大量進口廉價的美國玉米以消滅饑荒，但很快的，這種廉價穀物在蘇格蘭有了新的用途，科菲蒸餾器業者進口玉米取代昂貴的麥芽來製作烈酒，成本及售價大幅滑落，為接下來調和式威士忌的登場打下基礎。

　　從原料的角度來看，不同穀物所含的澱粉、蛋白值比例不同，產製的威士忌風味自然也不同。一般而言，非大麥穀物的蛋白質含量較高，經發酵後產生的化合物也較複雜。採用壺式蒸餾器製作麥芽威士忌，即使經二次或三次蒸餾，仍無法將所有雜質濾除，導致新酒較不純淨。此外，由於高地的麥芽是大麥發芽後，使用泥煤為燃料烘乾，無法避免的飽含大量泥煤味而風味獨特，除了蘇格蘭高地區及逐臭之夫外，其實並不受歡迎。

　連續式蒸餾器如同進行 10 次、20 次的蒸餾，絕大部分分子較大、較重或沸點較高的化合物都被濾除，因此得到的新酒輕盈而純淨。若以價格較低的玉米為原料，則毫無泥煤味的新酒酒質更是乾淨，就算口味較為平淡，卻可滿足廉價烈酒的消費需求，因此愈來愈受歡迎。

　不過這都是後話，因為這段時期只能稱為威士忌產業的搖籃期，等到調和式威士忌登場並合法化，連續式蒸餾器將產生革命性的影響。

◊ 威士忌產業的搖籃期

　約在 1825 年以前，無論是產自英格蘭、蘇格蘭或愛爾蘭的威士忌，由於尚未發展出木桶熟陳的觀念，酒質粗獷而刺激，極少人拿來純飲，絕大部分的烈酒商都會加工精製，讓威士忌更能入口。加工的方法不外乎添加草藥或杜松子、莓果或松節油，而後再進行蒸餾做出英式琴酒（British Gin），或仿製成白蘭地等進口酒，所以加工調製的烈酒商等同於掌握（或控制）了大眾的口味。他們以科菲蒸餾器產製的穀物烈酒，無論是來自愛

1836 年創立的格蘭花格蒸餾廠
（圖片由隼昌提供）

爾蘭或蘇格蘭，送到英格蘭之後重新再製成琴酒，小部分不加工而以「英式烈酒」（British spirit）的名稱便宜出售，其餘則調入少許麥芽威士忌在蘇格蘭地區銷售。到了十九世紀中期，更輸往大英帝國所屬的澳洲、南非、加拿大及獨立後的美國。

　　不過在 1840 年前後，由於氣候不穩、農民收成差加上銀行破產，蘇格蘭威士忌的需求量從 1836 年的 660 萬加侖下滑到 1843 年的 560 萬加侖，即使英格蘭對穀物威士忌的需求量依舊維持穩定，但大部分來自愛爾蘭，以致蘇格蘭威士忌的整體產量減少 1/4，蒸餾廠的數量也從 230 間減少到 169 間，不過格蘭花格（Glenfarclas）、格蘭歐德（Ord）、大摩（Dalmore）、格蘭傑（Glenmorangie）這幾座我們耳熟能詳的酒廠卻也在這段時間內誕生。對後世影響更大的是，調和威士忌的商業模式逐漸興起，並且逐漸成為主流。

調和式威士忌、
義大利雜貨店、烈酒法
蘇格蘭威士忌簡史 1853～1870

十九世紀中葉以前，蘇格蘭威士忌的最大問題是品質不穩定，即使是同間蒸餾廠，每個批次或每年的產品可能都不同，最佳解決之道就是調和。

早在《富比士－麥肯錫法案》（Forbes-Mackenzie Act）通過之前，烈酒商已經開始進行調和，雖然缺少相關的法令規章、各批次的配方也不精準，但為了銷售量，除了勾兌不同蒸餾廠的麥芽威士忌之外，也調入平淡的穀物威士忌來讓口感較為溫和、價格更為便宜，或加入些非法私釀的烈酒來增添風味。此外，在酒中加入白蘭地、雪莉酒、蘭姆酒、糖、藥草以及辛香料等添加物是完全合法的，不過麥芽威士忌業者大力抨擊這些做法，認為這種酒會破壞市場，也損及消費者對威士忌的認知。

◇ 第一個威士忌品牌

威廉富比士麥肯錫（William Forbes Mackenzie）是一位蘇格蘭地區的保守派政客，也是禁酒運動的倡議者。長久以來，烈酒的主要銷售對象是貧苦的勞動大眾，引發社會問題後逐漸受到政府關切，在 1820 年代開始出現禁酒呼聲，但受到景氣影響，禁酒效果不彰，1840 年晚期烈酒的銷售量甚至比 20 年前增加約 2%。不過在麥肯錫的大力呼籲下，《富比士－麥肯錫法案》於 1853 年通過實施，規定蘇格蘭地區週一到週六晚上 11 點以後，以及星期日整天都禁止販賣烈酒。法案實施後，確實讓蘇格蘭的烈酒銷售量減少了 1/3，但除此之外，對後世更重要的影響是開放調和。

首開調和風氣之先的是愛丁堡的烈酒商安德魯阿雪爾（Andrew Usher），

他與格蘭利威的喬治史密斯有著長年交情，在
1843 年成為格蘭利威唯一的代理商。根據他在
1844 年於倫敦所刊登的威士忌廣告中，明示、暗
示了幾個重點：

① 1840 年代已充分瞭解木桶熟陳的優點以及增加的
利潤。

② 蒸餾廠並不直接進行熟陳，而是烈酒商運送木桶到
蒸餾廠裝新酒，而後在自己的倉庫內熟陳。

③ 烈酒以加侖為單位整桶販售。

④ 銷售對象除了一般消費者，也包括合法盤商。

自從《富比士─麥肯錫法案》公告實施後，阿
雪爾開始將不同桶、不同酒齡的酒－主要為格蘭
利威－進行調和，並調入少量酒齡較高的酒來提
高品質，創造了有史以來第一個威士忌品牌：「老

OVG
（圖片由台灣保樂力加提供）

式調和格蘭利威」（Usher's Old Vatted Glenlivet, OVG）。到了 1860 年《烈
酒法》（Spirit Act）通過之後，法案允許麥芽及穀物威士忌在保稅倉庫內
熟成及調和，當時阿雪爾已經去世，由他的兩個兒子繼承公司並改名為「愛
丁堡蒸餾廠」，而 OVG 很快就轉型為今日我們熟知的調和式威士忌，並
且在 1870～1880 年代建造當時全球最大的熟陳倉庫。

阿爾雪的孫子回憶這段時期提及，在 1860 年代以前，輸往英格蘭的蘇
格蘭威士忌仍屬少量，但從此以後則呈指數成長。不過有趣的是，直到
1860 年代，蘇格蘭地區販售的烈酒，有極高的比例來自愛爾蘭，約為蘇
格蘭當地產量的 3 倍，幾間低地區的蒸餾廠以麥芽、未發芽的大麥和小麥
為原料，利用壺式蒸餾器做出愛爾蘭風味的烈酒以滿足需求，當時第二大
的連續式穀物蒸餾廠 Caledonian，廠內便裝置了兩座壺式蒸餾器來模仿愛
爾蘭風格。

當然，爭奪「第一位調和者」名號的人不少，譬如查爾斯麥金雷（Charles Mackinlay）在 1840 年代便買了許多酒廠蒸餾的烈酒，但無法判斷他是以單一酒廠還是調和的形式販售。事實上，就算是一般消費者也時常自行調和，由於當時是以整桶形式購買，在某些個人擁有的酒窖裡，總存在尺寸不一的幾個木桶，當存酒持續被汲取飲用後，不待桶空，馬上購買新酒加入，而這些酒可能來自不同的酒廠，只要不對外販售，就無關乎合法問題。

19 世紀晚期的格蘭利威
（圖片由台灣保樂力加提供）

◇ 木桶熟陳觀念漸開

除了調和，木桶熟陳的效果也開始被重視，尤其是陳放過雪莉酒的優質橡木桶。正如前述，早年的威士忌大多加工調製後販售，但是當《富比士－麥肯錫法案》以及《烈酒法》實施後，烈酒商人逐漸發現熟陳調和威士忌的優點，所需增加的費用不高，但幾年後卻能得到高品質的酒，也能賣出更高的價錢。在各種木桶中，又以儲存過雪莉酒的木桶效果最好，能讓威士忌變得更為醇厚甜美，也讓顧客趨之若鶩。

根據喬瑟夫貝特曼（Joseph Bateman）於 1843 年所著之《貨物稅法：有關貨物稅收之法規大全》（The Laws of Excise: Being a Collection of All the Existing Statutes Relating to the Revenue of Excise）中，已明訂入桶酒精度必須在 111proof（63.4%）與 125proof（71.4%）中取其一，並且陳放在不小於 100 加侖的木桶內，同時在木桶兩側標明容量，以作為課稅依據，

顯然木桶熟陳的觀念早在 1840 年左右已逐漸推廣。到了 1860 年代，愈來愈多烈酒商及調和商將木桶送到蒸餾廠填注新酒，以便掌控並得到自己想要的風味，很快發展出標準作業流程。但此時仍缺乏木桶陳年的相關規範，熟陳時間完全由業者掌控，得等到 1915 年才立法實施。

◊ 調和利益下的摻假歪風

在這股調和風潮的吹襲下，無論是採用壺式或連續式蒸餾器的蒸餾業者，紛紛跨足調和領域，而調和商則多半為原來的烈酒商。這些烈酒商其實並非專營酒類，早年便自國外進口茶葉、咖啡、食品、香料、葡萄酒、烈酒等雜貨，並經常性的調和茶葉、咖啡來販售，稱他們為雜貨商可能更為貼切。在眾多的雜貨店中，義大利人從十八世紀便在英國落腳並自成聚落，主要經營國外雜貨的進口買賣，其聚集點宛如「舶來品專賣街」，因此這些店鋪商也自稱為「義大利雜貨店員」（Italian Warehousemen），店內販賣的當然也包括添加風味的烈酒。

他們的第二代在耳濡目染下，承接父親事業並剛好趕上調和風潮，免不了逐漸轉移重心。根據統計，1860～1870 年代的調和商有上百家，經市場不斷淘汰後，至今仍有部分耳熟能詳的廠家及產品活躍在調和市場，譬如 Matthew Gloag & Sons 調製的「威雀」（Famous Grouse）、John Dewar & Sons 所做的「帝王」（Dewar's）、Arthur Bell & Sons 的「金鈴」（Bell's）、Chivas Brothers 的「起瓦士」（Chivas）、George Ballantine & Sons 的「百齡罈」（Ballantine's），以及赫赫有名的 John Walker & Sons 所製作、目前仍占全球銷售量第一的「約翰走路」（Johnnie Walker）。至於直到 1895 年方成立的高登麥克菲爾（Gordon & MacPhail）算是晚了，不過至今仍保持家族經營，也在斯貝賽區臨海的愛琴市（Elgin）繼續經營雜貨店。

上百家調和商競逐利益，難免良莠不齊，出現愈來愈多的摻假歪風，除了加水稀釋或調入劣質穀物威士忌之外，為掩飾不吸引人的外觀或令人厭

創立於 1895 年的高登麥克菲爾，至今仍在愛琴市經營雜貨店及烈酒生意（圖片由廷漢提供）

惡的味道，添加雪莉酒、醋酸、糖、綠茶、藥草、鳳梨或其它濃縮果汁，或加入些酒石酸、醋酸乙酯、亞硝酸酯、甘油等化學物質。這些物質或許無害，但引起 1870 年代學者、媒體的關注和調查，發現當時所販售的威士忌品質十分粗糙，尤其是穀物威士忌，常充滿過度萃取、讓人不悅的雜醇油等酒尾風味，而大多民眾也認為酒館、酒吧販售的威士忌有摻假嫌疑。

不過就法令而言，即使《食品與飲料摻料法》（Adulteration of Food and Drugs Act）早就於 1860 年通過實施，但只要這些添加物喝不死人，基本上仍屬合法。這些亂象除了調和商或烈酒商的自我約束之外，得等到商品名稱及瓶裝威士忌流行之後才真正解除。

◇ 裝瓶器皿的發展

在 1870 年代之前，絕大多數的麥芽威士忌或調和威士忌仍以「桶」為單位販售，不過十八世紀末消費者已經開始使用大大小小的陶罐或陶甕來購買較少量的威士忌。這些容器初期從德國、荷蘭進口，而後很快的在

英國製造。1864年國會通過《英國烈酒倉儲法》（Warehousing of British Spirits Act），允許保稅倉庫內的烈酒進行瓶裝，逐漸出現以玻璃裝瓶販售的趨勢，但仍以可回收再使用的陶罐為主。

　　1870年代陶罐出現革命性的發明，也就是上釉之前的文字轉印技術，以及液態上釉工法，讓調和商得以將任何文字，譬如零售商、經銷商、品牌名稱、商標、蒸餾廠或甚至顧客名稱等印在陶罐上，不僅持久，而且可收到廣告效果，所以大為風行，也逐漸讓調和商意識到「品牌」的重要。不過就算到1880年代玻璃裝瓶已經愈來愈多，絕大部分仍以陶罐、陶甕來進行交易，玻璃瓶僅在聖誕節等特殊節日使用。

DCL、The Glenlivet、 大爆發、塔樓、派替生危機

蘇格蘭威士忌簡史 1870～1900

連續式蒸餾器的產量在 1854 年正式超越壺式蒸餾器，當年 13 座穀物蒸餾廠生產超過 700 萬加侖的烈酒，而 119 座麥芽蒸餾廠則僅生產 475 萬加侖。不過穀物蒸餾廠的產量波動很大，1861 年下滑到 540 萬加侖，到了 1864～1865 年又上升到 800 萬加侖。

為了保持競爭優勢，8 間低地穀物蒸餾廠於 1865 年合組「蘇格蘭蒸餾者協會」（Scotch Distillers Association），依各家產能來劃分市場，最大的目的是操控市場價格。不過由於總產量在接下來的 7 年間持續攀升，各家酒廠都擔心生產過剩問題，加上來自外地——尤其是德國劣質酒的低價競爭，合併的倡議愈來愈強。

最早發起行動的不是協會內的酒廠，而是不屬於協會組織的 Kirkliston 蒸餾廠，號召蘇格蘭所有的穀物蒸餾廠在《有限責任法案》（Limited

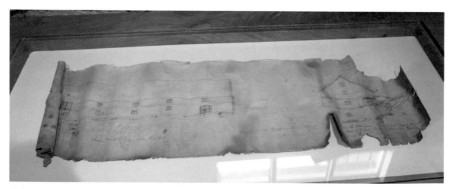

格蘭菲迪酒廠的建廠設計圖

Liability Act）的架構下共組公司，並建議各蒸餾廠交叉持股，除了可分攤責任，也可共享技術發展成果。這項倡議很快的獲得迴響，6間穀物蒸餾廠於1877年合併成立「蒸餾者有限公司」（Distillers Company Ltd., DCL），總產量占全蘇格蘭穀物威士忌的3/4。

　　DCL絕對是影響威士忌產業發展——不僅僅是蘇格蘭，而且是全球——最為巨大的公司，從成立開始便持續壯大，進入二十世紀年之後，幾間大調和商也紛紛併入DCL，包括約翰海格公司（John Haig & Co Ltd）於1919年加入，帝王、布肯納（Buchanan）和約翰走路公司於1925年加入，白馬公司（White Horse Distillers Ltd.）則於1927年加入。到了1930年，DCL已經控制全蘇格蘭1/3的蒸餾廠，以及幾乎所有的調和式威士忌品牌，成為蘇格蘭威士忌產業有史以來最大的公司。

◊ 蘇格蘭最長的山谷

　　不過英格蘭的消費者對於酒質火辣刺激，甚至會咬舌的蘇格蘭威士忌，仍存著「粗俗的高地人、地下酒吧、醉鬼」種種負面印象，中產階級視之為只能在鄉野度假、釣魚、打獵時飲用的酒，難登沙龍或俱樂部等大雅之堂。蘇格蘭威士忌的愛好者邱吉爾（Winston Churchill）曾提到他的父親，「除非身處沼澤、濕冷之處，否則從來不喝威士忌，他們那一代喝的是白蘭地」。為了扭轉這些刻板印象，調和商花了很大的力氣去調製英格蘭所能接受的口味，如加入一些老酒以製作出溫和又輕盈的酒體，或者說，更接近當時廣受歡迎的愛爾蘭風格。譬如布肯納所調製的 The Buchanan Blend，或是在坎貝爾鎮（Campbeltown）擁有赫佐本（Hazelburn）、朗格羅（Longrow）及坎貝爾鎮蒸餾廠的格林理茲兄弟（Greenlees Brothers）所調製的 Lorne Whisky。

　　在這段期間，調和式威士忌占據了95%的銷售量，不過最早在倫敦推出自有品牌的阿雪爾OVG，為格蘭利威的代理商，又因為格蘭利威偏甜、

偏柔的風格投合英格蘭消費者喜好，讓許多蒸餾廠紛紛搶搭格蘭利威的便車，自行冠上格蘭利威名稱以便賣得好價錢。由於「格蘭利威」實在太多，當時便流傳著「格蘭利威是蘇格蘭最長的山谷」（Glenlivet was the longest glen in Scotland）的笑話。

（左圖）1970～1980 年代的裝瓶仍部分使用 Glenlivet 的名稱
（右圖）凱德漢裝瓶廠於 2015 年裝出的 Glenrothes-Glenlivet

　　老喬治和兒子大為光火，於 1865 年取得地主高登公爵的同意後，在酒標上註記「The Glenlivet 係格蘭利威區唯一的蒸餾廠」，但毫無效果，只得在 5 年後告上倫敦法院。1875 年獲得初步勝利，所有斯貝賽區蒸餾廠簽署同意其唯一性，但經過漫長的訴訟程序後，於 1884 年宣判，唯有史密斯的蒸餾廠可稱為 The Glenlivet，其餘蒸餾廠只能在名稱後方掛上 Glenlivet 的名稱。直到 1950 年代，陸續共有 27 間蒸餾廠使用過這種「雙酒廠」的標註方式，甚至到 1980 年代早期，仍有少數酒廠繼續使用。今天某些裝瓶廠如凱德漢（Cadenhead's），或許為了發思古之幽情，讓消費者一窺二十世紀初期的風貌，仍推出少量以 Glenlivet 為名的裝瓶。

◊ 根瘤蚜導致威士忌盛行

　　經過調和商的努力，蘇格蘭威士忌在這段時期准予外銷到英格蘭和其它國家。另一方面，英格蘭喜好的口味轉向了，原本鍾情於來自法國干邑、白蘭地的中上流階級，開始注意到調和或麥芽威士忌，究其原因，原來是白蘭地的供應出了問題。

　　根瘤蚜（Phylloxera）是一種寄生蟲，入侵葡萄園後將造成葡萄根部腐爛而死亡。這種蚜蟲於 1862 年跟著貿易船從美國移居到法國，導致法國

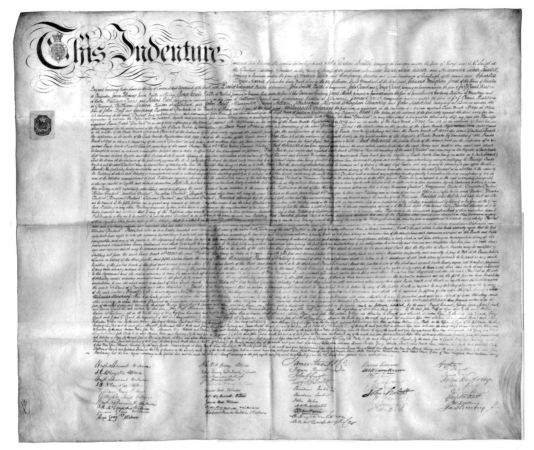

斯貝賽區蒸餾廠於 1875 年簽署的同意書（圖片由台灣保樂力加提供）

40～50% 的葡萄園都被摧毀，損失高達 5 千億法郎，得一直等到 1870 年代從美國引進免疫品種才重新栽種，但干邑、白蘭地的產業已經遭受極大破壞。

為了彌補酒荒，拉弗格、亞伯樂、格蘭利威、格蘭冠等麥芽威士忌整桶整桶的進入倫敦市場，許多舊酒廠為因應需求也紛紛擴張，如羅斯班克（Rosebank）、班芙（Banff）、波特艾倫、克拉格摩爾（Cragganmore）等。在這種情形下，麥芽威士忌產量屢創新高，1869 年突破 600 萬加侖，1877 年超越 700 加侖。新酒廠在此時期也紛紛成立，且集中在大麥收成最豐的 Laigh o'Moray（或 Laich of Moray）地區，也就是今日的斯貝賽區。

◊ 蒸餾廠的特色建築——塔樓

此外，居住在愛琴市的建築師查爾斯度（Charles Doig）於這段時期，以中式寶塔建築為藍本，設計出用於烘乾麥芽的塔樓（pagoda）煙囪結構，第一座於 1889 年興建在大雲（Dailuaine）蒸餾廠。這種煙囪結構立即風靡蘇格蘭，至少 56 間蒸餾廠都請他設計，雖然今日絕大部分的蒸餾廠都不再自行烘乾麥芽，但塔樓依舊是蒸餾廠的地標性建築，舊蒸餾廠持續保留，新蒸餾廠無關乎實用與否也同樣興建，連台灣的噶瑪蘭也不例外。

不過塔樓之所以風行，除了造型優美之外，主要還是因為這種型式的煙囪可利用風門啟閉系統，製作出泥煤較輕的麥芽，因而產製的威士忌較不刺激潑辣。過去的烘麥室通風不良，若採用泥煤為燃料以明火烘乾麥芽，大量的泥煤煙霧悶在烘麥室裡，就會烘出消毒藥水味濃重的麥芽。而根據阿弗列德巴納德於 1885～1887 年造訪 129 座蘇格蘭蒸餾廠所作的統計，由於蘇格蘭缺乏煤炭，125 間蒸餾廠全都使用泥煤為燃料，僅有 2 座使用煤炭，另 2 座混合使用，讓高泥煤含量的威士忌成為打入英格蘭市場的最大障礙。

（左）百富酒廠自行發麥的煙囪自下而上仰望（圖片由 Max 提供）
（右）雅柏蒸餾廠興建中的塔樓造型煙囪（圖片由酩悅軒尼詩提供）

威廉格蘭（William Grant，左一）於慕赫擔任酒廠經理時拍攝的照片，1886 年率 9 名子女創立格蘭菲迪
（圖片由格蘭父子提供）

被稱為 Doig Ventilators 的塔樓煙囪，可將煙霧從烘麥室的四面八方導引到煙囪而後排出，也為下方的窯爐提供良好的通風效果，提高烘麥效率，適當的操作風門，可製作出較符合中產階級喜好的威士忌。

◊ 第一次大爆發

總之，在跨入二十世紀之前的 10 年，可說是蘇格蘭威士忌產業的第一次大爆發（Whisky Boom），總計誕生了 33 座新酒廠，全蘇格蘭擁有驚人的 142 座麥芽蒸餾廠以及 19 座穀物蒸餾廠。斯貝賽區因擁有豐富的大麥、潔淨的水源、充足的人力和鐵路運輸的便利性，加上由格蘭利威所建立的柔美風格名聲，在這 10 年間興建了 21 座蒸餾廠，擠下坎貝爾鎮成為蘇格蘭威士忌的重心，且其中大部分仍營運至今。

麥芽威士忌的產量在 1897 年擴增到 1,390 萬加侖，而穀物威士忌則超越 1,720 萬加侖，161 蒸餾廠在 1898 年總共生產了 3,580 萬加侖的烈酒，保稅倉庫內存放的威士忌首度超過 1,000 萬加侖，而輸入英格蘭市場的蘇格蘭威士忌，也從 1888 年的 220 萬加侖，增加到 1900 年的 710 萬加侖。

　　威士忌產業在這段期間就如同股票市場裡的藍籌股，銀行大量融資放款給新建的蒸餾廠或更新擴建舊蒸餾廠，投資人則勇於投資調和商，榮景泡沫愈吹愈大，終於來到盛極而衰的臨界點，而戳破泡沫的主要事件為1899 年的「派替生危機」（Pattison Crisis）。

◇ 派替生危機

　　派替生兄弟原來是愛丁堡的乳製品批發商，看準威士忌產業的驚人獲利，於 1887 年成立調和公司，並在 1896 跨足蒸餾事業。為了吹捧並展現實力，派替生耗費鉅資在愛丁堡的里斯（Leith）興建豪華辦公室及保稅倉庫、購入格蘭花格（Glenfarclas）一半的股權，以及奧特摩（Aultmore）、歐本（Oban）的部分股權，也買進 1 座啤酒廠，其擴張速度及規模甚至比 DCL 快且大。

　　這些花費全來自銀行的融資貸款，以及自家人左手進、右手出的股價炒作，但由於廣告及人事支出驚人，過度吹噓獲利能力，加上公司以低價劣質酒加上少量高級麥芽威士忌混充「優質老格蘭利威」（Fine old Glenlivet），1898 年開始出現公司營運不穩的耳語，銀行拒絕繼續貸款。泡沫既然被戳破，公司很快地在 1899 年宣布破產，而後進行清算，債務高達 50 萬英鎊（約合今日的 3,600 萬英鎊），而資產還不到債務的一半；負責人兩兄弟被判 4 項詐欺及侵占罪，分別入監服刑 9 及 18 個月。

　　派替生公司的債務看似不大，負責人的判期刑也不重，但由於公司在短短幾年間與蒸餾廠、調和商以及投資銀行建立了錯綜複雜的往來關係，倒閉後牽扯至少 9 家公司。更大的影響是，這間公司的倒閉重創投資人對威士忌產業的信心，銀行紛紛抽銀根，導致許多新蒸餾廠在剛開始營運後不久隨即關廠。從 1900 年第一間受牽連而關廠的格蘭愛琴（Glen Elgin）開始，於 1900～1920 年間總共關閉了 12 間蒸餾廠，調和商也遭受連累，10 年榮景的 Whisky Boom 就此畫下句點，而且接續著第一、二次世界大

戰，以及長達 13 年的美國禁酒令，高地區得一直等到半個世紀後，才出現第一間新蒸餾廠（Tormore）。

格蘭冠二廠於 1898 年興建，1902 年即關閉，直到 1965 年才復廠，並改名為 Caperdonach。圖為 1960 年代的格蘭冠（圖片由金巴利集團提供）

何謂威士忌、Whiskey
蘇格蘭威士忌簡史 1900～1914

　　跨入二十世紀的威士忌產業顯得有些消沉，麥芽威士忌大受打擊，以穀物威士忌為主的 DCL 短期內似乎不受影響，但隨著英國與南非之間的戰爭結束，經濟蕭條，穀物威士忌產量從 1899 年的 2,100 萬加侖下滑到 1906 年的 1,250 萬加侖。為了控制生產和市場價格，避免割喉流血競爭，DCL 採取堅壁清野、釜底抽薪之計，開始買入蒸餾廠及存酒，順便接收其經銷權和顧客群，而後關廠！

　　首先被買入的為艾德菲（Adelphi）蒸餾廠，接下來則是由 5 間愛爾蘭穀物酒廠合併的「聯合蒸餾公司」（United Distilleries）的一半股權，從 1910～1925 年間，每年的併購案都有 DCL 的參與。事實上，市場上並不缺高掛著「求售」牌子的蒸餾廠，且市場還期盼 DCL 能領導業者面對

1910 年的格蘭傑酒廠工人（圖片由酩悅軒尼詩提供）

1900 第 1 個 10 年期的格蘭利威
（圖片由台灣保樂力加提供）

即將掀起的風暴：1905 年的「何謂威士忌」爭議。

◇ **威士忌的定義**

　　早在 1880 年初，當調和式威士忌愈來愈熱的時候，市場上出現各式各樣強調純、老、優質以及以蘇格蘭為名的品牌名稱，如「Finest Selected Old」、「Old Vatted Highland」、「Specially Selected Old Highland」等等，不一而足；更惡劣的是，內容物常常與廣告文字毫不相干，酒標標注「Pure Highland Malt」，很可能只是調和，甚至調入 90% 的穀物威士忌。

　　麥芽蒸餾業者忍無可忍，要求將穀物烈酒排除在「威士忌」之外，同時一併將調和式烈酒也排除在外。蘇格蘭下議院為此於 1890 年組成特殊委員會進行調查，同時也討論是否需要規定最少熟陳時間，最後決議如下：「……威士忌並無法律上的定義……只要加入的烈酒不含有毒物質，我們無法限制其使用名稱……強制要求保稅倉庫內所有烈酒的熟陳時間是不需要的，也可能對市場造成傷害。」隨著上述調查報告的完成，此事胎死腹中。

　　二十世紀初陸續發生法官審理並判決「白蘭地混調穀物威士忌」、「販售有毒威士忌予勞工階層」等案件，《刺絡針醫學期刊》（The Lancet）對此發文抨擊「市面上的白蘭地及威士忌等烈酒並未精確規範酒標及內容物」，但文章內容完全偏向麥芽威士忌蒸餾者。同一時間，蘇格蘭國會議員提出《威士忌銷售法》草案（Sale of Whisky Bill），目的在於確定所謂的威士忌是否以麥芽為唯一原料，或是包括未發芽的穀物，而後者即稱之為穀物威士忌。

　　DCL 對此評論：「草案的主要目的是在壺式與連續式蒸餾業者間劃出明顯的區隔，而穀物威士忌之所以比較便宜，並不是因為原料價格較低，而是連續式蒸餾器可以在 1 個星期內做出 5、6 萬加侖的烈酒，而壺式蒸餾器只能做出 2,000～3,000 加侖。」草案一讀未過，不過在審議時，議員發現一些奇怪的現象，包括某「Scotch」調和的是 2,000 加侖的英式烈酒和 500 加侖的蘇格蘭穀物烈酒、某「Pure Malt」調和的是穀物烈酒、進口烈酒和麥芽威士忌，又某「Scotch」、「Malt」或「Highland Whisky」則為進口的德國烈酒、玉米、米或糖蜜烈酒等。由於這些亂象牽涉的不是定義問題，而是違法商標標示，議會決議不該由立法機關解決，而必須交由法院來審理。

◊ 威士忌的定義

　　案件於 1905 年開庭，一審完全倒向麥芽或壺式蒸餾業者，法官宣判所謂的威士忌，無論是麥芽、穀物或調和式，都必須使用壺式蒸餾器。此判決一出，眾聲譁然，《泰晤士報》不客氣的批判：「如果公眾喜愛溫和的威士忌，譬如以連續式蒸餾烈酒調入具有濃烈風味的壺式蒸餾烈酒，就算要他們放棄對『usquebaugh』以降的浪漫懷想，也應該讓他們喝得到。」業界的反應倒是比較淡然，不過白馬公司除了抱怨零售商搞壞調和業者的名聲，也建議限制熟陳時間至少 4 年。

　　再審庭詳細查閱文件 1 個月，最後 5：5 無從作出判定，DCL 提議「威士忌」應該是個通用名詞，再根據內容物存在的變異來決定名稱，譬如「愛爾蘭威士忌」、「蘇格蘭威士忌」、「調和愛爾蘭／蘇格蘭威士忌」等等。最吸引我們注意的是，DCL 也提議蘇格蘭威士忌應依地域區分為高地、低地、艾雷及坎貝爾鎮麥芽威士忌，顯然在一百多年前，因地域產生的風土差異已經為人所熟知，但是卻到 1970 年代才被註記在酒標上。

　　無論如何，經過長時間的協商，麥芽蒸餾業者的態度逐漸軟化，因為如

果繼續堅持穀物烈酒不是威士忌，那麼低地蒸餾業者勢必改用壺式蒸餾器，相互競爭下也占不了太多便宜，而且他們也不得不承認，調和商是麥芽威士忌最重要的主顧。重重考慮之下，他們建議穀物烈酒須產於蘇格蘭才能稱為威士忌，同時調和式威士忌必須包含至少 50% 的麥芽威士忌，且必須在酒標上註明「Blended Whisky」。少數頑固份子堅持威士忌必須以直火加熱的壺式蒸餾器來製作，但這種聲音已經不再受到重視。

1909 年 7 月，「皇家委員會」（Royal Commission）的最終判決於出爐，委員認知到無論製作者或消費者都清楚威士忌的原料不是只有麥芽，還包括未發芽的大麥和其它穀物，而且調和式威士忌的銷售量遠高於所有單一種類的威士忌，絕大部分的英國人所喝的威士忌都是調和式，因此

1894～1914 年最早的格蘭傑裝瓶（圖片由酩悅軒尼詩提供）

將威士忌（Whiskey）定義為：「**使用麥芽澱粉酶糖化糊狀穀物（不限於麥芽的任何穀物）後，蒸餾所得的烈酒，而『蘇格蘭威士忌』則如同字面意思，必須是在蘇格蘭蒸餾的威士忌**」。

這個定義在一百多年後的今天依然適用，惟必須注意的是，1909 年的「威士忌」仍拼作 Whiskey，比現在習用的 Whisky 多了個「e」，也與我們認知裡僅有愛爾蘭及美國拼作 Whiskey 的理解不同。這個「e」字到底何時去除？得等到 1915 年的《未熟成烈酒法》（Immature Spirits Act）立法後，才無聲無息地消失。

◊ 第一次大蕭條

皆大歡喜的判決和定義對威士忌產業並無實質助益，國內的消費量從 1899 年的 3,870 萬加侖掉到 1910 年的 2,140 萬加侖，而相對的，倉儲量從 1899 年的 1.03 億加侖上升到 1910 年的 1.16 億加侖。外銷量稍有成長，從 1900 年的 500 萬加侖上升到 1909 年的 700 萬加侖，但是杯水車薪，無法彌補內需市場的下滑，161 間蒸餾廠關的關、休停的休停，到了 1912 年僅存 120 座。坦杜（Tamdhu）於 1911～1913 年稍稍停工 2 年，不過格蘭莫雷（Glen Moray，1910～1925）、巴布萊爾（Balblair，1915～1947）、吉拉（Jura，1912～1963）、格蘭冠（Glen Grant，1902～1965）以及格蘭格拉索（Glenglassaugh，1907～1931 & 1936～1960），都是長達十幾年或甚至幾十年的休停。

另一方面，以穀物威士忌起家的 DCL，除了早先擁有的黑丘（Knockdhu，目前改名為 an Cnoc），也趁機買入克里尼利基、聖抹大拉（St. Magdalene，而後改稱為 Linlithgow）等麥芽蒸餾廠；5 間低地蒸餾廠合組「蘇格蘭麥芽蒸餾者公司」（Scottish Malt Distillers Ltd., SMD）之後，邀請 DCL 的總經理擔任公司董事長，從此 DCL 正式跨入麥芽威士忌領域，而 SMD 也在 1925 年併入 DCL。

WHISKY
KNOWLEDGE

一次大戰、熟陳年限、
酒精度、美國禁酒令
蘇格蘭威士忌簡史 1914～1933

　　第一次世界大戰於 1914 年 7 月 28 日爆發，1918 年 11 月 11 日結束。陸地戰爭主要發生在歐陸，英國則捲入海上戰爭，但大規模的艦隊主力決戰僅發生一次，英國艦隊損失慘重，不過將德國海軍成功封鎖於德國港口，讓戰爭不致於侵入英國本土，也算取得戰略上的勝利。

　　可是對威士忌產業而言，此時發生戰爭可說屋漏偏逢連夜雨，因為一旦戰事發生，所謂「大軍未動，糧草先行」，首要便是充足的後勤補給。由於槍械彈藥生產不及，軍需部長嚴厲指責酒類交易，認為最主要的原因便是後勤人員喝太多酒的關係，甚至「喝酒造成的傷害比所有德國潛艇的加總都還要大！」禁酒浪潮浮現，中央管制委

1910 年代的調和式威士忌「格蘭」以及精神標語「堅毅不搖」
（圖片由格蘭父子提供）

員會成立，將蘇格蘭地區的酒館營業時數砍了一半，英格蘭及威爾斯更只剩下 1/3，酒客記帳、當門推銷以及酒客喝第 2 輪酒通通不准，並倡議急徵 2 倍的重稅。

◇ 熟陳時間和裝瓶酒精度的訂定

　　這股禁酒浪潮原本擴及所有酒精性飲料，慢慢縮小到只針對烈酒，再轉

變為將酒類交易納入國營體制，而原擬課徵的重稅也放緩提升幅度，不過依舊遭受蘇格蘭及愛爾蘭蒸餾業者的強力反對。他們聚集在西敏寺共商大計，而後借助軍需部次長，也是約翰走路公司的常務董事巧妙斡旋，將禁酒聲浪轉化為不讓尚未熟成的烈酒流入市場，限制烈酒必須存放於保稅倉庫內一定時間，進而催生了 1915 年的《未熟成烈酒法》。

該法案要求的最少熟陳時間為 2 年，不過隔年修改為 3 年，而後沿用至今。這一點其實投合麥芽蒸餾業者的想法，因為他們在前幾年「何謂威士忌」的爭議時便提出類似的建議，且不限於麥芽威士忌，因為對於廣大的調和式威士忌消費者來說，他們也希望酒裡的穀物威士忌擁有一定的熟陳年分。不過法案除了熟成要求之外，另一個同樣重要的規定是最低裝瓶酒精度的限制，原本規定為 75proof（約 43%），1917 年更改為 70proof（約40%），這項規定同樣沿用至今。

◇ 美國禁酒令

有關威士忌的基本規範，在一次世界大戰的硝煙中大致底定，某些諷刺聲浪提到這些規定是為了減少飲酒量而制訂。確實，這個目的達到了，不過並非全然是法案之故，隨著戰事而攀高的酒稅、教育水準提高、大眾對節制飲酒逐漸產生認同，以及從 1920 年開始的 10 年經濟大蕭條都幫了大忙。

事實上，政府在戰爭期間抑制酒類產品的消耗量較為容易，譬如法國於1914 年禁止販售苦艾酒、蘇俄嚴禁伏特加、德國禁止在工業區生產烈酒、芬蘭完全禁酒，澳洲、紐西蘭、南非、加拿大等均限制烈酒進口。與這些國家相較，英國的法規堪稱溫和寬鬆，但根據統計，大戰後 1920～1930年期間，蘇格蘭威士忌的消耗量減少 1/3，近 40 間麥芽蒸餾廠關門，其中 3/4 永久消失，又以坎貝爾鎮最為慘烈，1920 年尚存的 20 間蒸餾廠，10 年後僅剩下雲頂（Springbank）、格蘭帝（Glen Scotia）以及瑞克拉肯（Riechlachan）等 3 座，而後者也在 1934 年結束營運。

　　這一波關門潮並非完全是戰爭或法規規範所引起，美國禁酒令的影響更大。大西洋兩岸的威士忌發展史有著神奇相似處，就以二十世紀前後為例，美國於南北戰爭後的「鍍金年代」（語出馬克吐溫 1873 年的小說《The Gilded Age: A Tale of Today》，泛指 1870～1900 年左右）威士忌產業興盛，許多所謂的「精餾者」（rectifier）以各種添加物偽製陳年波本酒來欺騙消費者，加上政商勾結爆發的「威士忌圈」（The Whisky Ring）醜聞，終促使塔夫總統於 1909 年簽署聯邦法規，規範了波本、玉米、麥芽、裸麥、小麥威士忌的定義以及生產方式，時間點恰與英國皇家委員會對威士忌做出定義的年分相同。

　　至於針對過量飲酒的反思引致的禁酒浪潮，在大西洋兩岸——或者該說在西方世界幾乎同時出現。美國比較保守極端，在幾個主要禁酒團體如

1920 年的格蘭傑酒廠（圖片由酩悅軒尼詩提供）

「反沙龍聯盟」（Anti-Saloon League）、「婦女基督節制聯盟」（Women's Christian Temperance Union）的奔走倡議下，自二十世紀初開始一鎮一鎮，而後是一州一州的立法禁酒，最後於 1919 年通過憲法第 18 條修正案，於 1920 年開始禁止生產、販售或運送──包括進口或外銷任何酒精性飲料。46 個州簽署實施禁酒令，僅有康乃狄克州與羅德島州拒絕執行。

◊ 私酒搶灘

內憂外患夾擊蘇格蘭威士忌產業，原本寄望外銷市場能振衰起敝，但美國禁酒令堪稱致命一擊。趁著 1919～1920 年間 1 年的寬限期，大量的威士忌運往大西洋彼岸，導致美國鄰國的需求量不降反升，如墨西哥、加拿大、英屬圭亞納、百慕達及拉丁美洲等。加拿大和西印度群島於 1922 年的進口量和 1918 年比較，急速攀升到 5 倍之多，百慕達接近 43 倍，而巴哈馬更高達 403 倍；聖皮埃爾和米克隆島的人口僅有 6,000 人，1922 年卻進口了近 12 萬加侖的蘇格蘭威士忌。

來自海外的走私酒，為了避免查緝，先以大貨船運送到公海上停泊，再利用舢舨、小艇摸黑搶灘偷渡進入美國，這些大貨船拋錨停泊的位置稱為 Rum row 或 Rum line（也有一說是大貨船拋錨的位置稱為 Rum Line，而小船聚集等待接應之處則稱為 Rum Row），而利用這種方式的走私客則稱為 Rum runner。走私的酒雖然以蘭姆酒為最大宗，不過威士忌也不在少數，如老字號的英國葡萄酒與烈酒商「貝瑞兄弟與路德」（Berry Bros. & Rudd），於 1923 年為美國市場裝出「順風」（Cutty Sark）調和威士忌，便是先把酒運送到巴哈馬，再利用英國註冊的貨船駐錨在紐約港外的公海上趁機偷渡。類似的走私情節成為好萊塢樂此不疲的題材，譬如黑幫電影《四海兄弟》（Once upon a time in America）中利用鹽袋當作浮標的鉛錘，一旦遇見查緝立即將私酒沉入水底，等鹽溶解後浮標上浮，便能定位並打撈私酒。

此外，由於醫療用酒精未在禁止之列，因此拉弗格憑藉其濃厚的消毒藥水泥煤味，得以「消毒水」名義順利通過美國海關檢查，這一則傳說流傳甚廣，但從未被證實。不過就算是醫療用途，每名病人每10天只能取得1品脫（約473 ml）50% 酒精的處方單，依此估算拉弗格能偷渡多少量進入美國不無疑問。

無論外銷（走私）數字如何成長，蘇格蘭威士忌產業在這段時期遭受重創，許多調和公司被迫熄燈關門，而他們經營的蒸餾廠、存酒

《芝加哥日報》1933 年 12 月 4 日所刊登的解除禁酒令頭條新聞

和品牌名稱則由資金雄厚的財團趁機接收。首屈一指的財團便是愈來愈壯大的 DCL，以及從二十世紀以來，便被稱作三大調和商（The Big Three）的 James Buchanan 公司、John Dewar & Sons 公司和 John Walker & Sons 公司，彼此間透過換股進行大整併，而最大的贏家依舊是 DCL。1925 年 DCL 重整旗下酒廠，將所屬 34 間麥芽蒸餾廠全歸由「蘇格蘭麥芽蒸餾者公司」（SMD）管理，但減產 1/4；1927 年吃下白馬公司；1933 年更宣布旗下麥芽蒸餾廠於當年停止生產，其它酒廠也隨之跟進。愁雲慘霧的威士忌產業，在 1933 年美國廢除禁酒令之後，終於露出一絲曙光。

二次大戰、大蕭條、SWA

蘇格蘭威士忌簡史 1933 ～ 1945

　　長達 13 年的禁酒令結束後，旱渴已久的美國因生產、存酒不足，一躍成為威士忌的最大需求國，蘇格蘭威士忌產業也終於獲得舒緩。不過由於 1929 年華爾街發生著名的黑色星期二大崩盤事件，以及接續的經濟大蕭條，美國的購買力無法立即提升，而為了振興經濟所增加的賦稅也造成進口阻礙。

　　但英國經濟逐漸復甦，原先幾乎全數停擺的蒸餾作業，於 1934 年已有 64 間蒸餾廠恢復生產，隔年的產量便來到 1,700 萬加侖，到了 1938 年更提升到 1 倍有餘的 3,800 萬加侖，92 間蒸餾廠全力運作，不過回頭去看禁酒令時期最大的獲利者，莫過於加拿大威士忌產業。

◊ 加拿大威士忌趁機崛起

　　加拿大於禁酒運動盛行的一次大戰前後，也曾禁止販售任何高於 2.5 proof 的酒類飲料，但是當美國開始實施禁酒令，上述禁令立即解除，不僅蒸餾合法，甚至暗中鼓勵走私。就在這段期間，幾間大型酒業公司逐漸成形，最大的 2 間便是海倫沃克（Hiram Walker）以及施格蘭（Seagram）公司。

　　海倫沃克原本就是加拿大最大的酒業公司之一，1932 年合併 Gooderham & Worts 之後，成為全球最大，旗下最負盛名的產品是「加拿大會所」（Canadian Club）。當他們在 1935 年買下 George Ballantine & Son，正式插旗蘇格蘭，隔年再買進格蘭伯奇（Glenburgie）和米爾頓道夫（Miltonduff），並於 1938 年在蘇格蘭成立 Hiram Walker & Sons 公司，興建全歐洲最大的穀物蒸餾廠 Dumbarton（1938 ～ 2001），目前成為保樂

1930 年代的格蘭利威（圖片由台灣保樂力加提供）

力加公司（Pernod Ricard）的（全資擁有）加拿大子公司，也是全北美最大的酒公司，每年生產近 5 千萬公升的純酒精。

　　至於施格蘭家族的布朗夫曼（Bronfman）兄弟，於禁酒令時期大鑽醫療用酒精的漏洞，當加拿大解除禁令後，立即將原先公司名稱改為「加拿大純醫藥公司」（Canada Pure Drug Company），取得帝王「醫療用」蘇格蘭威士忌的代理權，與美國走私集團建立網絡，也在加拿大 Saskatchewan 省和美國北達科他州的邊界成立一系列的存酒庫，稱之為「boozoriums」。他們在 1927 年取得 DCL 加拿大子公司一半的股權，也順利與美國獲准產製醫療用酒精的羅森斯泰爾（Lewis Rosenstiel）建立交情，而後大肆收購加拿大與美國的蒸餾廠、西印度群島的蘭姆酒廠和製糖廠、法國的香檳莊園以及加州的葡萄酒園，1935 年在格拉斯哥成立威士忌公司，版圖擴張到全球。

◊ 第二次世界大戰

　　當然，我們關注的焦點不在加拿大。前一節提到，美國禁酒令對慘澹的蘇格蘭威士忌產業多少有些幫助，但遊走在合法與非法之間，不僅美國政府時常關切英國的管制力道，英國國內的禁酒團體也時常提出質疑。為了解決這些問題，DCL 於 1925 年成立組織，將所有的交易限制在所謂的「計畫區」（Scheduled Area）內，用以控制價格、品質和釐清信用，盡可能減少商品流入走私市場的風險。長遠來看，蘇格蘭威士忌於禁酒令時

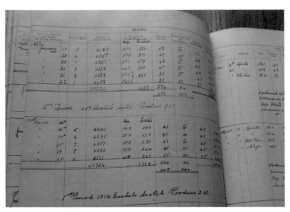

雅柏酒廠的蒸餾紀錄顯示自 1943 年 1 月至 1945 年 4 月暫停營運（圖片由 Max 提供）

期在美國建立起名聲，禁令廢除後立即得到極大回報，蒸餾廠紛紛重新升起爐火，酒公司之間也持續併購。

可惜好景不常，二次大戰的歐陸戰爭於 1939 年 9 月德國入侵波蘭後爆發，2 日後法國、英國和大英國協成員便對德宣戰。對威士忌產業最直接的影響，便是酒稅立即提高，以及穀物的徵用。1940 年 2 月糧食部下令減少 1/3 麥芽威士忌的產量，「威士忌協會」（The Whisky Association）也減少 20% 國內市場的供應量，隔年再減少 50%，其目的是盡量外銷賺取外匯，尤其是美國市場，1939 年的外銷量為 480 萬加侖，隔年提升到 700 萬加侖。

不過出口海岸隨戰事的進行而逐漸被封鎖，外銷量無可避免的大幅銳減。到了 1941 年情況惡化，由於穀物短缺，所有穀物蒸餾廠都熄火，麥芽蒸餾廠也一座座關門，1942 年減少到 42 座，產量也降到 500 萬加侖，而稅率持續增加。隨著大西洋戰事緊張，穀物無法供給，1943 年 10 月所有蒸餾廠全面停止運作。

◊ 蘇格蘭威士忌協會成立

戰爭中不乏巧取豪奪的精明人士，蒸餾廠雖然產量大降，不過庫存仍豐，他們透過關係取得貨源後，再透過掮客進行交易，藉機大賺戰爭財，導致黑市價格飛漲。在此種渾沌情勢下，「蘇格蘭威士忌協會」（Scotch Whisky Association, SWA）出面穩定威士忌交易價格，但仍有部分零售商置之不理，甚至轉送到拍賣市場，讓成交價飆升到公定價格的 4 倍以上。為了遏止價格飆漲，SWA 一方面從上游管制威士忌的流出量，一方面將拍賣品全數買回，再以原定價售出。幸好戰爭已近尾聲，政府逐漸釋出少

量穀物，1944～1945 年間 13 座穀物蒸餾廠恢復生產，1945～1946 年間 34 座麥芽蒸餾廠開始運作，其中 17 座屬於 DCL，總產量約 870 萬加侖，但政府也明白表示，這些產製的威士忌絕大部分用於出口以賺取外匯。

SWA 組織可追溯到 1917 年成立於倫敦、不具法人資格的「威士忌協會」，並且在蘇格蘭和愛爾蘭同時成立分會，主要目的是在禁酒風潮盛行下，協助業者抗拒逐步攀升的稅率。第一次世界大戰間，曾發揮穩定威士忌交易價格的效能，但運作幾十年後難以滿足業界需求，因此在 1940 年將主要辦公室遷移至蘇格蘭，1942 年改組為 SWA，不過同樣未具法人資格，一直等到 1960 年才依有限公司法正式登記註冊。而其成立宗旨也修改為保護產業並促進發展，同時規範價格以保障產業利益，只是未提及消費者權益。

目前協會由 12 到 16 位會員組成理事會，為了達到成立宗旨，英國於 1988 年實施的《蘇格蘭威士忌法案》（Scotch Whisky Act）以及 2009 年的《蘇格蘭威士忌規範》（Scotch Whisky Regulations），都是 SWA 一手促發，成為產業遵循的通則。目前的 SWA 理事會由 16 位理事組成，分別由我們熟悉的幾個大公司如帝亞吉歐、起瓦士兄弟、愛丁頓、格蘭父子、賓三得利、百富門、保樂力加等選派代表參加，理事長為艾丁頓集團的 Scott McCroskie 擔任。近年來廣收會員，也將部分裝瓶商如艾德菲、BBR、道格拉斯蘭恩納入，勢力益發的龐大。

第二次大爆發、 威士忌湖、產製技術

蘇格蘭威士忌簡史 1945～1975

二次大戰結束後，蘇格蘭的烈酒庫存來到史上新低，保稅倉庫內 3/4 的釋出量都供應外銷，當時財政大臣的名言是「不外銷，便死亡」（Export or die）。至於產量，也因糧食優先政策而難以提升，戰後前 6 年的總產量僅相當於戰爭前 1 年，加上稅率持續提高，威士忌不再是平民百姓的小確幸，而成為不折不扣的奢侈品。

這種由政府掌控的情況一直維持到 1953 年，等穀物產量豐足後方解除配給制，同時也不再限制蒸餾廠的銷售對象，但大部分的威士忌依舊以外銷美國為主，內銷的威士忌在 1959 年以前依舊採用配給制，必須等熟陳倉庫內的存量足夠，才開始平價供應。

1950 年代以馬車收集
泥煤的工人
（圖片由隼昌提供）

◊ 第二次大爆發

時序來到 1960 年代，各蒸餾廠莫不卯足全力生產，SWA 不再根據 1959 年的《限制貿易實務法》（Restrictive Trade Practices Act）來控制價格，各公司可自行訂價，而其結果，便是媲美 1890 年代的大爆發。

從 1959～1965 年共計興建了 4 座新穀物蒸餾廠，1964～1968 年則有 11 座麥芽蒸餾廠成立，無論穀物或麥芽威士忌的倉儲量都爆表，外銷需求量也逐年狂升，從二次大戰結束到 1970 年代每年的平均成長率約 9%，其中又以美國為最大的市場，法國次之，不過從 1972 年以後，日本追上法國成為第二大的外銷市場。至於產量，從 1960 年的 2,300 萬加侖增加到 1971 年的 7,000 萬加侖，1980 年更超越 1 億加侖，庫存量也來到破紀錄的 10 億加侖。當時的媒體議論紛紛，稱此種巨量庫存為「威士忌湖」（whisky loch），與歐陸的「葡萄酒湖」（wine lake）相互映照。

◊ 工藝技術的成長

因應著全球需求量的大幅增加，1960 年代可說是威士忌產業從原料、設備技術到製作流程發展最為快速的一段時期，可從以下幾點分別探討：

① **大麥原料**：蒸餾廠愈來愈重視每單位重量穀物的酒精產出率，因此也愈來愈重視麥種的研發和培育。1950 年代流行的麥種是冬季大麥 Proctor，占據約 70% 的栽植面積，而後改種 Maris Otter，同樣也是冬季大麥，但是在 1965 年左右，春季大麥「黃金諾言」（Golden Promise）冒出頭，持續到今日依舊享有盛名。不過在 1970 年中以前，仍以 Proctor 和 Maris Otter 品種為主，約占 3/4，剩下的則為 Golden Promise。Maris Otter 一直種植到 1980 年尾，接下來則由 Triumph 春季大麥接續。

從 1980 年代以降培育的新品種穀粒都比較大，而且澱粉含量較高，相

對的蛋白質含量較低，因此這些品種的出酒率（alcohol yield）逐漸提高。另外由於蛋白質含量較低，發酵時乳酸菌與醋酸菌較不易生長，導致酒汁的 pH 值較高，發酵後產生一些具有果香的有機酸類。

傳統地板發芽及翻麥（圖片由格蘭父子提供）

② **發麥技術：**在這段時期也有了改變。早在 1890 年代，機械鼓式發麥設備（mechanized-drum malting）就已經發明，詩貝犇（Speyburn）於 1905 年率先裝置了一套新穎的 Galland 機械發麥裝置，但因價格昂貴又耗能，產業間尚不流行，所以在 1950 年代以前，幾乎每間蒸餾廠都繼續使用傳統地板發麥，並自行烘乾，也因此幾乎所有蒸餾廠都擁有塔樓造型煙囪。可想而知的是，由於仰賴大量人力，發麥條件又與環境氣候息息相關，導致無法完全掌握，也影響最終的出酒率。

到了 1950 年代尾和 1960 年代初，共有 10 間蒸餾廠改做機械發麥，包括鼓式以及撒拉丁式，後者為查爾斯撒拉丁（Charles Saladin）於十九世紀末發明，因產量大且品質一致，在 1960 年代逐漸成為產業主流。更重要的是，這種製作方式逐漸集中化，蒸餾廠不再自行發麥，而是交由專業發麥廠製作，而發麥廠也因此一座座成立。到了 1980 年

<table>
<tr><td>1</td></tr>
<tr><td>2</td><td>3</td></tr>
</table>

① 格蘭菲迪酒廠早年以燃煤方式直火加熱，目前燃料已改為瓦斯（圖片由 James 提供）

② 布萊迪酒廠傳統耙犁式糖化槽（圖片由 Winnie 提供）

③ 格蘭花格酒廠使用的半濾式糖化槽（圖片由隼昌提供）

代，僅剩下少數蒸餾廠如百富、波摩、高原騎士和拉弗格，仍堅持傳統發麥工藝，不過真正使用的地板發麥麥芽也減少到 20% 左右，絕大部分也是向專業發麥廠購買。至於我們熟知的雲頂蒸餾廠，目前是唯一百分百使用自行發麥的酒廠（2008 年建廠的 Abhainn Dearg，自 2015 年後也全部自行發麥），但是在 1960 年也曾停止發麥，一直等到 1992 年才重新開始進行。

③ **麥芽濕度**：蒸餾廠採購麥芽時，通常要求運抵酒廠的麥芽濕度不得超過 4%，而為了避免麥芽在長途運送中提高濕度，通常會將麥芽烘乾到溼度為 3% 左右，因此必須提高烘麥室的溫度，導致澱粉酶喪失活性而降低了糖化能力，也降低了發酵產出的酒精量，至於風味上則具有較多的麥香與焦糖香氣。當大型麥芽廠於蘇格蘭各地興建後，不再需要長途運輸與中轉，因此烘乾麥芽的濕度可稍微提高到 4 ～ 5%。由於烘麥室的溫度較低，讓現代的麥芽喪失些許的麥香和堅果風味。

④ **糖化方式**：傳統使用的「耙犁式」（rake and plough）糖化槽在收集麥汁時，容易讓一些脂質含量較高的小顆粒流入麥汁中，以致麥汁較為混濁，導致發酵後的酒汁含有較高濃度的甘油和高級醇，同時也降低具有果香氣息的酯類濃度（針對酯類濃度，最新的研究可能翻轉上述結論，不過仍待更多的研究來確立）。此外，傳統式糖化槽須使用大量人力來清除糖化後的槽粕，因此讓位給糖化效率更好、濾除效率更高的「全過濾式」（full-lauter）或「半濾式」（semi-lauter）糖化槽。

⑤ **泥煤的使用**：傳統上泥煤是烘乾麥芽的燃料，於烘麥窯下方以明火方式燃燒，因此溫度不容易控制，不僅麥芽的顏色較深，且具有較高濃度的糠醛類與癒創木酚，讓蒸餾出來的新酒具有較多的煙燻、堅果與杏仁糕味。等大型商業麥芽廠興起，泥煤成為製作泥煤麥芽的風味物質，並於 1980 年以後逐漸改以悶燒方式產生煙霧，再利用送風設備將泥煤煙霧導流至烘麥室，造成現代的泥煤麥芽中苯酚與甲酚的比例相

對較高，因此可能會有較明顯的藥水味。

⑥ **酵母的使用**：在 1960 年代以前，威士忌蒸餾廠大多使用來自啤酒廠用剩的酵母，因清潔管理和運輸、保存等問題，雜菌含量較高，因而降低了酵母的存活率和發酵效率。到了 1960 ～ 1970 年代，為能快速、大量的生產，必須設法縮短發酵時間，進而減少了酒汁中的酯類而增加高級醇，導致減少新酒中的水果風味，但增加堅果、辛香料與餅乾氣息。等到使用威士忌專用酵母菌株，且發酵時間也較以前長，因此現在的新酒會有較多的乙酸乙酯與更多的水果香氣。

⑦ **蒸餾加熱方式**：傳統上直接在蒸餾器底部以燃煤或瓦斯來加熱的蒸餾方式，因火候須隨時掌握以避免突沸或燒焦，又必須使用銅鍊刮除器（rummager）而導致蒸餾器底部耗損，因此在 1970 年代初幾乎所有的蒸餾廠都更改為蒸氣間接加熱方式，僅存格蘭菲迪、麥卡倫、格蘭蓋瑞（Glen Garioch）等蒸餾廠使用瓦斯直火加熱，奧德摩爾、格蘭冠、格蘭多納和史翠艾拉（Strathisla）等酒廠仍繼續使用燃煤直火加熱。直火加熱蒸餾器即使裝設刮除器，仍免不了蒸餾壺底部產生少許燒焦物質，導致新酒中的糠醛含量上升，現代間接加熱的蒸餾壺中則較難有這種燒焦的情況發生。

⑧ **冷凝方式**：蟲桶（worm tub）一直是最傳統的冷凝方式，需要大量用水，並受到外界氣溫的影響，且因冷凝後的液體酒精與銅管的接觸時間短，容易殘留不讓人喜愛的硫味。許多酒廠在這段時期更改為殼管式（shell and tube）冷凝器，由於酒精蒸氣與銅接觸的表面積較多，去除硫味的效果較強，可產製出酒質較為乾淨的酒體。

⑨ **橡木桶的使用**：在二次大戰前，絕大部分的木桶都來自西班牙或法國，由於美國威士忌於禁酒令後的 1938 年修改規範，在木材業及製桶業的聯合遊說下，規定必須使用全新橡木桶，因此隨著二戰結束及波本威士忌的產業復甦，使用後的橡木桶必須尋求去化管道，開始大量輸往

達爾維尼酒廠外巨大的蟲桶冷凝器
（圖片由 Paul 提供）

樂加維林酒廠使用的殼管式冷凝器
（圖片由 Afra 提供）

蘇格蘭。不過在 1949 年以前，並無任何波本桶的輸入紀錄，而最早擁有
進口紀錄的酒廠為格蘭傑。這些波本桶一開始採用整桶輸出方式，但因占
據船運空間，後續便先拆成木片，運到蘇格蘭後再重新組裝，一般均組裝
成尺寸較大的重組桶（hogshead）。酒窖裡橡木桶的存放方式也做了更改，
原來是以 3、4 層堆疊的方式置放，但因為最下層的木桶承受最大荷重而
容易破裂失酒，因此改用木架式存放，更先進的則採用棧板式，可使用堆
高機械來搬動。

　　技術的更新、產量的遞增和外銷需求量的成長，威士忌產業蓬勃發展、欣
欣向榮，似乎看不到即將面臨的泡沫化景象。

第二次大蕭條、單一麥芽威士忌、國際化
蘇格蘭威士忌簡史 1975～1994

　　蘇格蘭的酒業榮景一直延續到 1970 年中，出口量暴漲 3 倍，共計 12 座酒廠擴張或增量，譬如湯馬丁在 1974 年增加 12 座蒸餾器，成為當時產量最大的蒸餾廠；格蘭菲迪也一口氣增加 16 座。較小的酒廠不遑多讓，卡爾里拉（Caol Ila）、阿德莫爾（Ardmore）、林克伍德（Linkwood）都新增 4 座蒸餾器，而奧斯魯斯克（Auchroisk）、布拉弗（Braeval）、歐特凡因（Allt a'Bhainne）、皮耶維奇（Pittyvaich）等酒廠都在 1974 年興建。統計到 1980 年，共新增 16 座麥芽蒸餾廠以及 2 座穀物蒸餾廠，麥芽威士忌產量達 8,000 萬加侖，穀物威士忌更超過 1 億加侖！

◊ 第二次大蕭條

　　但是繁榮底下威脅潛伏。1973 年底中東戰爭爆發，石油輸出國組織（OPEC）宣佈石油禁運，發生史上第一次石油危機，加上美國拖延多年的越戰結束，景氣持續下滑，飲用酒也從威士忌轉移到較便宜的伏特加、龍舌蘭或啤酒。另一方面，大酒商如 DCL 分別對內銷和外銷市場作較低和較高的定價，當歐洲市場開放並鼓勵平輸，平輸商便從內銷市場取得較便宜的蘇格蘭威士忌，而後銷往國外賺取價差。由於美國是蘇格蘭威士忌的最大出口國，加上歐洲市場的平輸競爭，產量又缺乏控制的持續增長，多方夾擊下，威士忌產業的產銷出現巨幅供需失調，開始出現反轉趨勢。

　　到了 1980 年代情況更糟，威士忌產量已經遠遠超過需求，且從 1978 年底伊朗的「伊斯蘭革命」開始，加上 1980 年尾的「兩伊戰爭」，全球石油產量劇減，油價暴漲，發生第二次石油危機，國際經濟再度嚴重衰

1970 年代的格蘭花格系列裝瓶（圖片由隼昌提供）

退。此時火上加油的是，威士忌的形象在英、美二國已經不酷了，在年輕人眼中，它是老派或老爹喝的酒，伏特加、未陳年的蘭姆酒等白色烈酒才上道。另一方面，葡萄酒打著有益健康的標語而大行其道，英美各地的葡萄酒吧愈來愈多，加上葡萄酒產業於 1984 年將稅率調降約 20%，相對的威士忌卻調漲近 1/3，從 1979 到 1992 年間葡萄酒的銷售量提高 40%，威士忌下滑 21%。

　　在此種情勢下，調和商減少採購、蒸餾廠關門已是無從可避免，部分蒸餾廠則採部分時間操作的方式，以維持庫存因應日後所需。最早被關的酒廠是海倫沃克公司所有的雅柏（Ardbeg），於 1981 年開始休停，其它酒廠陸續休庭或關門。大集團如 DCL 於 1983 年一口氣將旗下 45 間蒸餾廠關掉 11 間，1985 年以後再陸續關掉 10 間，其它較小型的公司同樣也關掉 14 座蒸餾廠。這波大蕭條，一直延續到 1994 年左右，22 間蒸餾廠從

此消失，其中包括我們至今仍緬懷不已的波特艾倫、布朗拉（Brora）和羅斯班克等等 註2 。以結果論，這波關門、休停讓產量、庫存和售價達到平衡的方式還算有效，因為在 1985 年前關門的 30 間蒸餾廠中，到 1980 年代尾共有 11 間蒸餾廠恢復營運，其中部分在轉手後繼續經營。

波特艾倫酒廠於 1983 年為 DCL 關閉，但波特艾倫發麥廠自 1974 年開始營運，至今仍是艾雷島上重要的麥牙生產廠（圖片由 Paul 提供）

◊ 企業併購風吹

在長達十數年的不景氣中，產業間流傳著各式各樣的併購流言，股市裡更謠傳所有的獨立酒廠都將被大型啤酒企業或國外公司併吞，譬如擁有百齡罈的加拿大公司海倫沃克本有意買進 Invergordon 穀物蒸餾廠以及高原騎士麥芽蒸餾廠，雖不幸破局，但是它的長期對手施格蘭公司於 1978 年成功的買下格蘭利威，另外也取得帝國（Imperial）25% 的股權；法國的飲品巨人保樂力加買進亞伯樂，而日本的 Takara, Shuzo and Okura & Co. 公司趁機於 1985 年購入當時產能最大的湯馬丁，日果公司（Nikka Co.）於 1989 年也買下班尼富（Ben Nevis），蘇格蘭產業發生極大的變化，國際化趨勢難以遏止。

除了以上這些合併案，「啤酒公司聯盟」（Allied Breweries）在 1980 年

註2　帝亞吉歐（Diageo）於 2017 年 10 月 9 日宣布，波特艾倫及布朗拉即將復廠，並於 2020 年開始生產。隔天（10 月 10 日）伊恩麥克勞德（Ian Macleod）也宣布羅斯班克復廠，最早可能在 2019 年便開始生產。不過到了 2020 年底，這三座酒廠都尚未傳出生產的消息。

代分別併入食品餐飲業及蘭姆酒業等公司，再於 1987 年買下加拿大的海倫沃克，將集團中的烈酒事業獨立，並改名為「蒸餾者聯盟」（Allied Distilleries）。1989 年再從聯合蒸餾者公司（United Distillers, UD）手中買入帝國和格蘭塔契爾（Glentauchers）蒸餾廠，1990 年持續購入幾間調和商以及拉弗格和托摩爾（Tormore）蒸餾廠，酒類事業的規模已不容忽視。等到 1993 年併入西班牙擁有 3 座白蘭地酒廠的「派卓多美」（Pedro Domecq）之後，成為全球第三大酒類公司，並更名為「聯合多美公眾有限公司」（Allied-Domecq plc.）。

1970 ～ 1980 年代的格蘭利威
（圖片由台灣保樂力加提供）

　　至於從十九世紀末一路壯大的 DCL，於 1960 年代曾控制近 75% 的蘇格蘭威士忌產業，但盛極而衰的在這波不景氣中掙扎許久，除了關閉手中部分酒廠之外，也盡力維持少量生產以待轉機，但僅存約 16% 的控制能量，被形容為「英國最傳統也最保守，以及經營最糟糕的公司」。

　　另一方面，來自愛爾蘭的健力士（Guinness）啤酒公司，於 1985 年併吞在英國國內具領導地位的 Arthur Bell & Sons 公司後，竟然將下個目標對準規模比自己大上 1 倍有餘的巨人 DCL。當時 DCL 鬧內鬨，部分經營者冒險將公司推向市場，成為英國最大的收購案，健力士立即根據 Bell 一役中的產業研究經驗發動攻擊。由於健力士的名聲比起 DCL 來好上許多，因此順利在 1986 年以 40 億英鎊收購成功，但健力士卻因浮報財務狀況而引發醜聞，媒體上概稱「健力士醜聞」（Guinness scandal），4 位主管最後被判有罪。

　　無論如何，兩家大企業合併後改稱「聯合蒸餾者公司」（UD），對產業最大的貢獻是藉由深廣庫存及市場預測，提升蘇格蘭威士忌的形象、價格和利益。在過去，DCL 利用庫存來壓低價格以提升銷售量，UD 則力推長時間陳年的豪華酒款來拉高單價，更重要的是，首次將重心放在單一麥芽威士忌。

◊ 單一麥芽威士忌登場

　　上帝關了一扇門，卻永遠保留另一扇窗，威士忌大蕭條的黯淡燈火，幽微地照亮今天單一麥芽威士忌的盛況。1960 年代以前市面上僅有少數單一麥芽威士忌，不過歷史上最早的威士忌作家阿弗烈德柏納德於《聯合王國的威士忌蒸餾廠》一書中，便提到少數蒸餾廠，如樂加維林，產製的烈酒大部分運到格拉斯哥作為調和使用，但也有小部分做「Single Whisky」。

　　更往前看，1853 年最早的調和威士忌「老式調和格蘭利威」（OVG），假若使用的是不同酒齡的格蘭利威，可能是最早的單一麥芽威士忌。只不過這些品項都少，所以當米爾羅伊（Milroy）兄弟在倫敦開設「Soho Wine Market」專賣店時，便注意到只有格蘭菲迪、格蘭冠、格蘭利威和湯馬丁等 4 種單一麥芽威士忌，以及更少量且酒廠不願意賣出的拉弗格。事實上，當時絕大部分的酒廠或酒公司都以調和威士忌為主，似乎不想讓蒸餾廠名稱成為品牌。不過成立

裝瓶廠高登麥克菲爾 Urquhart 家族的第一代 John Urquhart（圖片由廷漢提供）

1963 年開始將單一麥芽威士忌發揚光大，並銷往全球市場的格蘭菲迪（自左至右分別為 1980 年代、1963 年版和復刻版 1963）

於 1895 年的裝瓶商高登麥克菲爾，家族的第一代 John Urquhart 於 1915 年起，便開始為幾間蒸餾廠以酒廠名稱推出裝瓶，也就是米爾羅伊兄弟看到的少數酒款，而後在 1960 年代所裝出的「鑑賞家之選」（Connoisseur's Choice）系列，在義大利及法國大受歡迎。

　　上述品項不僅稀少，且大部分限定在蘇格蘭市場流通，也不是蒸餾廠自行裝出，以今日標準來看，僅屬於裝瓶商的單一麥芽威士忌品項。所以 1963 年格蘭父子推出的裝瓶，雖然不是最早的單一麥芽威士忌，卻是蒸餾廠首度強力行銷的自有品牌，除了以三角形設計的瓶身讓消費者能輕易辨識之外，並直接打入美國市場，也極力參與各種重要的慶典活動，讓媒體不斷注意到品牌形象以及「單一麥芽威士忌」的獨特性。

　　到了1970年，格蘭菲迪在英國境內已經銷售了24,000箱（9公升／箱），並且成功進入最新的機場免稅店市場。相同的情況也發生在麥卡倫，他們在1963年注意到單一麥芽的需求已逐漸加溫，義大利、法國設立的代理商也持續向酒廠要求相關品項，為了同時應付調和商與單一麥芽的需求，酒廠在1965年增建了7座蒸餾器成為12座，到了1975年更增加到21座蒸餾器。

◊ 單一風潮湧現

　　即便如此，根據1978年的統計，單一麥芽威士忌於全球市場所占比重不到1%，但需求量比產業預期還要高，在往後幾年，每年的平均成長率高達10%。因為當景氣欠佳，調和商不再對蒸餾廠下單，首當其衝的便是那些對調和風味較不具影響力的酒廠，若產量小又位於邊陲地帶，就成為被犧牲的對象。

　　面對這種嚴酷的考驗，蒸餾廠除了減產或熄火關門之外，另一個選項是自行裝出單一麥芽威士忌，因此除了格蘭菲迪、麥卡倫、格蘭傑、格蘭冠等酒廠之外，許多資本獨立的酒廠紛紛推出單一品項。高原騎士、坦杜和布納哈本（Bunnahabhain）於1979年尾更改包裝重新裝瓶；亞伯樂在1980年於法國上市；百富在1982年推出無酒齡、白蘭地瓶身的Founder's Reserve；Long John公司在1983年於美國努力銷售托摩爾，格蘭蓋瑞和歐肯也約莫同時上市，另外Bell公司的布萊爾阿蘇、英吋高爾、德夫鎮（Dufftown）以及布萊德納克（Bladnoch）也開始在市場流通。

　　這種裝瓶方式在1980年代初形成一股潮流，《品醇客》（Decanter）雜誌於1982年寫道：「10年前大概僅有30種單一麥芽威士忌，但由於其獨特的風格和個性而急速成長2倍，且如果DCL挾其45間蒸餾廠的規模一一釋出單一品項，那麼這種潮流將更不可擋。」文中所謂的30種單一麥芽威士忌大多由高登麥克菲爾所裝出。

DCL 的「經典麥芽精選」系列

就在 1982 年，DCL 終於推出了 The Ascot Malt Cellar 系列，包括羅斯班克 8 年、林克伍德 12 年、樂加維林 12 年和泰斯卡（Talisker）8 年，但由於推銷不力，並未掀起討論話題。DCL 改稱為 UD 後，於 1988 年決定以蒸餾廠的「地域個性」再度嘗試單一麥芽的可能，進而推出「經典麥芽精選」（Classic Malts Selection）系列。

所謂區域個性，在 1930 年代便曾有作家提及，不過僅區分為「高地」和「低地」，而後新增了「艾雷島」和「坎貝爾鎮」區，UD 則再細分為東高地（達爾維尼）、西高地（歐本）、低地（格蘭昆奇）、斯貝賽（克拉格摩爾）、艾雷島（樂加維林）以及島嶼（泰斯卡）等 6 區，受到大量矚目一砲而紅，連帶開啟酒廠觀光的風潮。其它公司起而效尤，譬如聯合酒業公司於 1991 年推出「古蘇格蘭麥芽」（Caledonian Malts）系列，施格蘭公司於 1993 年裝出「遺產精選」（Heritage Selection），可惜都無法複製 UD 所引起的效應而黯然宣告失敗。

不過進入 1990 年代之後，單一麥芽威士忌的潮流已經勢不可擋，除了公司擁有的酒廠持續推出單一品項之外，獨立裝瓶商（Indepent Bottler）如高登麥克菲爾、凱德漢、聖弗力（Signatory）及艾德菲（Adelphi）等，也開始推出打上自家名號的單一桶裝瓶，將市場炒得愈來愈熱。時至如今，當年慘澹經營的酒廠大概很難預測「單一麥芽威士忌」竟然成為追逐風潮，以及某種時尚品味的象徵。

雖說如此，當 1988 年修訂
《蘇格蘭威士忌法案》時，並未
統一定義何謂「單一麥芽威士
忌」，而是放任由各酒廠、裝瓶
商自由命名，導致酒標上出現
各種創意名稱，得等到 2009 年
再度修訂法案時才納入；且中
間還有個小轉折：帝亞吉歐集

「雙耳小酒杯執持者」組織所頒發的雙耳小酒杯

團為因應 2002 年歐洲地區（西班牙／法國）對卡杜（Cardhu）的需求超過
庫存，因此調和了以格蘭杜蘭（Glendullan）為主的其它酒廠的酒，以「純
麥」（Pure Malt）的名稱上市，一時之間，各方撻伐紛至，消費者及其它酒
廠、酒商合力痛批。最終的結果，便是 SWA 於 2009 年統合訂定了今日的
五大威士忌類別，並嚴格規定不得再度使用「Pure Malt」，而是以「Blended
Malt」取代。只不過一直到今天，部分代理經銷商或酒專仍慣用「純麥」
以示其純，酒友們如果在坊間酒肆聽到，不妨聊聊這一段軼事。

　　1988 年除了修訂公佈《蘇格蘭威士忌法案》之外，為了聯合推銷蘇格
蘭威士忌，喬治百齡罈父子公司（George Ballantine & Son）、起瓦士兄
弟公司（Chivas Brothers）、聯合蒸餾者公司（UD）、珍寶集團（Justerini
& Brooks）以及愛丁頓集團（Edrington Group）等 5 大公司共同倡議，於
1988 年成立「雙耳小酒杯持護者」（The Keepers of the Quaich）組織，而
後陸續加入的酒公司計有 13 家。這個組織將相關業者緊密的結合，並透
過在古堡舉行的晚宴和莊嚴的「賜勛」儀式，歡迎所有受邀者進入蘇格蘭
威士忌大家庭，從此休戚榮辱與共，成為產業的最大公約數和尊榮象徵。
筆者因格蘭父子公司的推舉，於 2015 年秋季成為持護者一員，有幸參加
Blair 城堡舉辦的晚宴，也得以為讀者揭開組織的神秘面紗，詳見「延伸閱
讀：有關 Keepers 的二三事」。

第三次大爆發
蘇格蘭威士忌簡史 1994～現在

　　自 1975 年開始的產業寒冬，持續到 1990 年代方緩慢回溫，部分被迫休停的酒廠再啟爐火，或轉手後持續經營。隨著景氣提升，酒廠也開始擴充設備、擴大產能，新酒廠紛紛興建，從 1994～2000 年，僅有 2 座新酒廠成立，但是 2000～2020 年間，蘇格蘭已新建 33 座蒸餾廠，更何況還有許多已核准的新計畫正在籌建中。

　　根據 SWA 統計 1994～2015 年的生產資料（2016 年後便不再公布產量），其間或有增減，但麥芽威士忌的產量從 1.41 億公升增加到 2.78 億公升，穀物威士忌則從 2.08 億公升提升到 2.9 億公升（僅統計至 2011 年，應早已超過 3 億公升），總庫存量從 26.6 億公升增長到 39.02 億公升，達到歷史上前所未有的榮景，堪稱蘇格蘭威士忌產業的第三度大爆發。

　　大集團在這段時期並未停止合併的腳步。聯合蒸餾者公司（UD）於 1997 年與創立於英國、以旅館及地產業起家的 Grand Metropolitan 合併，形成全球最大的酒類公司帝亞吉歐（Diageo），目前擁有 29 間麥芽威士忌蒸餾廠以及 1.5 間穀物威士忌蒸餾廠，其中 0.5 間穀物蒸餾廠是與愛丁頓集團共同持有。但由於合併爭議，健力士保持為帝亞吉歐集團內的獨立實體，並保留 Guinness 產品和所有相關商標的權利。

　　法國的保樂（Pernod）及力加（Ricard）兩大公司於 1975 年合併，稱為保樂力加公司（Pernod Ricard S.A.），於 1988 年購入「愛爾蘭蒸餾者有限公司」（Irish Distillers Ltd., IDL），2001 年買入施格蘭公司 38% 的葡萄酒及烈酒股權（其它部分售予帝亞吉歐），2005 年再買入聯合多美，成為全球第二大的酒類公司，目前旗下擁有 14 座麥芽蒸餾廠及 1 座穀物蒸餾廠。

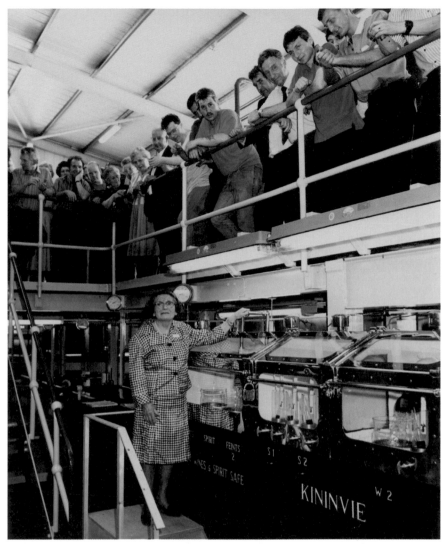

1990 年建廠的奇富（Kininvie）蒸餾廠（圖片由格蘭父子提供）

至於令人訝異的日本賓三得利（Beam-Suntory）公司，於 2014 年併購美國最大的波本酒廠金賓（Jim Beam）以及美格（Maker's MArk）之後，擠身成為全球第三大酒類公司，除了日本的 2 座麥芽蒸餾廠及 1 座穀物蒸餾廠之外，在蘇格蘭也擁有 5 座麥芽蒸餾廠。

◇ **歷經 500 年的威士忌產業，如今已是世界共同文化**

邁入二十一世紀的第二個 10 年後，威士忌產業依舊持續上揚，似乎每日每月都有新鮮的酒款出現，時時都可以看到新酒廠動工的消息，幾座讓

我們緬懷不已、卻在產業第二度次大蕭條中關閉的酒廠，如波特艾倫、羅斯班克、布朗拉，全都傳出振奮人心的復廠消息。加上全球已有 30 多個國家擁有威士忌蒸餾廠，各式工藝酒廠展現的創新技術、思維和新穎觀念，以及愈來愈多的裝瓶商提供的特殊裝瓶和行銷包裝，這一切全發生在短短的 10 年間，讓熱愛威士忌的我們猶如生活在威士忌樂園裡，目不暇給的享受口舌之樂。

只是從歷史經驗可以得知，每期的大爆發緊跟著的都是大蕭條，國際黑天鵝總在最樂觀的時候意外現身，例如從 2020 年初開始席捲全球的 COVID-19 新冠疫情，就是一隻叫人措手不及的黑天鵝，導致各國各大都市一一下令封城，酒廠紛紛關閉，上下游供應鏈也一一斷裂，不僅酒店、酒吧門前冷落車馬稀，酒展、狂歡節、嘉年華或甚至品酒會都暫緩或取消，而全球第二大的免稅市場因鎖國令而滅頂，產業是否將因這隻黑天鵝而迎來產業的第三次大蕭條？

如同狄更斯《雙城記》卷首所言：「這是最好的時代，也是最壞的時代；是智慧的時代，也是愚蠢的時代；是信仰的時代，也是懷疑的時代；是光明的季節，也是黑暗的季節；是充滿希望的春天，也是令人絕望的冬天……以至於最喧鬧的一些專家，不論說好說壞，都堅持只能用最高級的形容詞來描述它」。蘇格蘭威士忌產業從萌芽至今五百多年，歷經多少雨雪風霜仍堅實茁壯，可預期的是接下來將不會停下邁進的腳步，因為那不僅僅是我們杯中琥珀色的液體，更是五百多年來蘊藏的文化與精神。

威士忌的五大產國及規範

　　本書敘述的範圍以蘇格蘭威士忌為主，因此無意再針對除蘇格蘭以外的威士忌四大產國——愛爾蘭、美國、加拿大及日本，再詳述其發展史。不過簡單來看，愛爾蘭與蘇格蘭於二十世紀前相互關聯，也曾走私猖獗，十八、十九世紀時因穀物原料的使用和輕軟的風格大受英格蘭歡迎。美國與加拿大的威士忌產業主要由十七世紀來自英格蘭、荷蘭、法國、德國的移民，以及十八世紀中晚期來自愛爾蘭、蘇格蘭的移民所促發，而後在原料及橡木桶使用上分道揚鑣，加拿大威士忌產業藉由美國禁酒令而蓬勃發展。至於日本則更晚，約在二十世紀初直接於蘇格蘭取經學藝，再傳習回國，以其獨有的東方風味於二十世紀末開始揚名國際。

　　由於五大產國的產製規範多有不同，簡要說明如下：

一、愛爾蘭

　　目前所施行的規範是由農業部於 2014 年所頒發，名稱很長，「TECHNICAL FILE SETTING OUT THE SPECIFICATIONS WITH WHICH IRISH WHISKEY/UISCE BEATHA EIREANNACH/IRISH WHISKY MUST COMPLY」，有趣的是，眾所皆知愛爾蘭將威士忌拼成 Whisk"e"y，但是官方規範裡將 Irish Whiskey / Uisce Beatha Eireannach / Irish Whisky 等 3 個名稱並列，所以稱之 Whisky 亦無不可。

　　規範中開宗明義將愛爾蘭威士忌的起源上推到第六世紀，這一點頗有疑問，但事關傳統，所以按下不查。至於定義很簡單，所有種類的愛爾蘭威士忌必須在愛爾蘭（包括北愛爾蘭）製作，使用發芽穀物及／或其他全穀物的穀物糊，進行蒸餾所得的烈酒。從製作到包裝的原則如下：

① 以麥芽所含的酵素進行糖化，可含或不含其它天然酵素。

② 以酵母菌發酵。

③ 新酒酒精度必須小於 94.8%，以保留原料的香氣和口感。

④ 在木桶中至少熟陳 3 年，木桶容量不得大於 700 公升。

⑤ 蒸餾烈酒只能添加水及焦糖著色劑，以保留上述 ① ～ ④ 的特色。

⑥ 裝瓶的最小酒精度為 40%，可以中性桶運送出愛爾蘭裝瓶。

⑦ 酒標、包裝、宣傳、廣告等均不能標示蒸餾的年分，除非同時標示裝瓶年分，或陳年時間或酒齡。

⑧ 若標示酒齡，則必須標示瓶中所勾兌的最年輕的酒齡。

⑨ 「單一」只能用於壺式蒸餾愛爾蘭威士忌、麥芽愛爾蘭威士忌以及穀物愛爾蘭威士忌等 3 種品項，且上述品項都必須來自同一間酒廠。

⑩ 所有的愛爾蘭威士忌都必須標示清楚「Irish Whiskey」或是「Uisce Beatha Eireannach 」又或是「Irish Whisky」。

2014 年復廠、以 3 次蒸餾著稱的 Tullamore 蒸餾廠（圖片由格蘭父子提供）

依據上述製作原則，另外根據蒸餾方式及使用原料，又分為如下4種：

① **壺式蒸餾愛爾蘭威士忌（Pot Still Irish Whiskey）**：須使用≧30%之未發芽大麥、≧30%無泥煤麥芽，以及≦5%之其它穀物，各酒廠有其獨家穀物配方（mashbill），傳統上採用三次蒸餾方式，但並不限制。

② **麥芽愛爾蘭威士忌（Malt Irish Whiskey）**：須完全使用麥芽為原料，並使用壺式蒸餾器做二次或三次蒸餾。

③ **穀物愛爾蘭威士忌（Grain Irish Whiskey）**：須使用≦30%麥芽以及其它穀物，各酒廠有其獨家穀物配方，使用柱式蒸餾器進行蒸餾。

④ **調和式愛爾蘭威士忌（Blended Irish Whiskey）**：調和以上3種威士忌。

二、蘇格蘭

依循《英國行政立法性文件集》（United Kingdom Statutory Instruments）2009 No. 2890年所制定的《蘇格蘭威士忌規範》（The Scotch Whisky Regulations），主要內容包括製作方法以及酒標、包裝和行銷廣告的規則，另外也規定2012年11月23日以後單一麥芽威士忌必須在蘇格蘭裝瓶，不得以其它方式運出。

依據規範，蘇格蘭威士忌製作到包裝的原則如下：

① 必須在蘇格蘭的蒸餾廠製作，以水及發芽大麥或其他全穀物為原料，並且在蒸餾廠內製作成穀物糊，再以天然酵素糖化穀物糊，而後只得添加酵母菌以進行發酵。

② 蒸餾新酒的酒精度必須小於94.8%以保留原料的香氣和口感。

③ 只能在蘇格蘭保稅倉庫或核可的倉庫內熟陳，並在小於700公升的橡木桶中至少熟陳3年。

④ 必須保留原料、製作以及熟陳的顏色、香氣和口感，除了水及焦糖著色劑之外，不得添加其它物質。

⑤ 裝瓶的最小酒精度為40%。

以直火加熱著稱的格蘭菲迪蒸餾廠，目前為全球產能最大的麥芽威士忌酒廠

⑥ 蘇格蘭威士忌共分為如下的五大類：

(1) **單一麥芽蘇格蘭威士忌（Single Malt Scotch Whisky）**：在單一酒廠內，以水及發芽大麥為原料，以壺式蒸餾器作一次或多次批次蒸餾所得的威士忌。

(2) **單一穀物蘇格蘭威士忌（Single Grain Scotch Whisky）**：在單一酒廠內，以水、發芽大麥為原料，或以全穀物和其它發芽穀物或未發芽穀物，蒸餾所得的威士忌，但如果已歸類為「單一麥芽蘇格蘭威士忌」或「調和蘇格蘭威士忌」，則不能稱為「單一穀物蘇格蘭威士忌」，這項規則主要是為了特殊情況，即在單一酒廠內調和自行生產的麥芽及穀物威士忌，則不能以此稱之。

(3) **調和蘇格蘭威士忌（Blended Scotch Whisky）**：調和一或數種單一麥芽蘇格蘭威士忌以及一或數種單一穀物蘇格蘭威士忌所得的威士忌。

(4) **調和麥芽蘇格蘭威士忌（Blended Malt Scotch Whisky）**：調和 2 或數種來自不同蒸餾廠的單一麥芽蘇格蘭威士忌所得的威士忌。

(5) **調和穀物蘇格蘭威士忌（Blended Grain Scotch Whisky）**：調和 2 或數種來自不同蒸餾廠的單一穀物蘇格蘭威士忌所得的威士忌。

⑦ 酒標正面必須標註「單一麥芽蘇格蘭威士忌」或「單一穀物蘇格蘭威士忌」或「調和蘇格蘭威士忌」或「調和麥芽蘇格蘭威士忌」或「調和穀物蘇格蘭威士忌」，唯一可添的文字為蒸餾地點或區域如「艾雷島」或「斯貝賽」。

⑧ 禁止使用「純麥」（Pure Malt）的字眼。

⑨ 若標示酒齡，則必須標示瓶中所勾兌的最年輕的酒齡。

⑩ 如果標註年份，則必須：

(1) 僅能標註某一年，而所有的威士忌都是在該年蒸餾；

(2) 必須同時註記裝瓶年份或酒齡；

(3) 上述蒸餾及裝瓶年份或是酒齡都必須標註在相鄰可見的位置。

三、美國

美國的蒸餾烈酒是由「酒菸稅務暨貿易局」（Alcohol and Tobacco Tax and Trade Bureau, TTB）所規範，法規名稱為《The Beverage Alcohol Manual》（BAM）。在這份法規上，所有的威士忌依舊是 whisky，與大家所認知的 Whisk"e"y 有所不同。

根據最廣義的規定，凡以穀物為原料進行發酵，而後蒸餾到 190proof（95% abv）以下，儲存在橡木桶（新桶或舊桶）內，並以不低於 80proof 裝瓶的酒，皆可稱為威士忌。而後再依據使用原料的種類和比例、橡木桶的處理以及調和的酒種等，細分為 41 種，為全球威士忌規範中最

位在美國肯塔基州的金賓（Jim Beam）波本威士忌酒廠

詳細的規定。為避免過於繁雜，選擇以下幾個種類來說明：

① **波本、裸麥、小麥、麥芽及裸麥芽威士忌**：以超過 51% 的玉米、裸麥（黑麥）、小麥、大麥芽或裸麥芽，加上其它穀物發酵後，蒸餾到不超過 160proof（80%），以 125proof（62.5%）以下的酒精度儲存在全新的燒烤橡木桶。

② **玉米威士忌（Corn whisky）**：以不低於 80% 的玉米為原料，蒸餾到不超過 160proof（80%），可無須儲存在橡木桶，但如果使用橡木桶，則必須以 125proof（62.5%）以下的酒精度儲存在一、使用過的橡木桶，或二、未燒烤的全新橡木桶，且不得以燒烤過的木片做任何處理。

③ **輕威士忌（Light whisky）**：在 1/26/1968 之後蒸餾，酒精度超過 160proof（80%）且儲存在使用過的橡木桶或未燒烤的全新橡木桶。

④ **純威士忌（Straight whisky）**：符合上述①、②的威士忌，儲存在橡木桶內至少 2 年，便可另外增加「straight」的標示。

⑤ **調和威士忌（Blended whisky）**：允許以較為低廉的酒（譬如①、③或④）調入至少 20% 的純威士忌。

⑥ **調和式 ××× 威士忌**：調入超過 51% 的某種純威士忌，譬如裸麥威士忌，則可稱之為「調和式裸麥威士忌」。

⑦ **烈酒威士忌（Spirit whisky）**：以中性酒精調入 > 5% 且 < 20% 的純威士忌。

四、加拿大

加拿大威士忌的相關規則詳見於「食物及藥物規範」（Food and Drug Regulations, 2016），列在 PART B-FOODS 的 DIVISION 2 中 B.02.010-Whisky，將蒸餾烈酒分為以下 3 種：

① **穀物烈酒（Grain spirit）**：穀物糊或穀物產物由麥芽酵素或其他酵素糖化後，再由酵母菌或其他微生物發酵，透過蒸餾將所有或幾乎所有自然生成的物質都取走，僅存水和酒精之烈酒。

加拿大的威士忌蒸餾廠外觀均如化工廠般一點都不浪漫，此為 Black Velvet 酒廠
（圖片由 Davin de Kergommeaux 提供）

②　**麥芽烈酒（Malt spirit）**：穀物糊或穀物產物由麥芽酵素糖化後，再由酵母菌或其他微生物發酵，而後以壺式蒸餾器產製所得的烈酒。

③　**糖蜜烈酒（Molasses spirit）**：甘蔗或甘蔗產物由酵母菌或其他微生物發酵，而後將所有或幾乎所有自然生成的物質都取走，僅存水和酒精之烈酒。

　　至於加拿大威士忌（Canadian Whisky）、加拿大裸麥威士忌（Canadian Rye Whisky）或是裸麥威士忌（Rye Whisky）必須滿足：

①　在小型木桶內熟陳至少 3 年；

②　擁有加拿大威士忌的香氣、口感和風格；

③　須依據消費稅法（Excise Act）的規定來產製；

④　必須在加拿大糊化、蒸餾及熟陳；

⑤　裝瓶酒精度須大於 40%；

⑥　可使用焦糖或其它添味劑。

不過除了上述基本原則之外，加拿大威士忌的製作方式十分特殊，說明如下：

① 加拿大威士忌雖然也使用各式穀物，但不像美國威士忌使用穀物配方（mashbill），而是各種穀物各自糖化、發酵、蒸餾、熟陳，裝瓶前再進行調和，不過也有少數酒廠（Canadian Club、Black Velvet）先行調和再入桶。

② 一般酒廠均有 2 條產線，其中 1 條製作 1 或數種高酒精度、調和時作為基礎風味的 base whisky，另 1 條製作數種較低酒精度、調和時作為主要風味的調味威士忌（flavouring whisky）。

③ 9.09% 規則（9.09% rule）：根據規範，加拿大威士忌調和時可添加 9.09% 的其它烈酒或葡萄酒（包括雪莉酒）。這項極為特殊的規定其來有自，據說施格蘭公司的老大 Samuel Bronfman 在 1924 年左右，為了將酒偷渡進入美國，並與美國本土調入 80% 中性酒精的廉價酒競爭，因此與美國達成協議，調和時以 1：10 的比例調入美國威士忌，$1 \div (1+10) = 9.09\%$。

④ 目前加拿大外銷的威士忌仍維持 9.09% 規則，但規定添加的其它酒種必須在木桶中陳年 2 年以上，但對於內外銷又有所不同：

(1) 內銷：其它酒種可添加超過 9.09%，但必須遵循《食品及藥物規範》中對加拿大威士忌的定義：「香氣、口感以及個性需來自於加拿大威士忌」（the aroma, taste and character generally attributed to Canadian whisky），但又分：

A. 若超過 9.09% 且其它酒種的熟陳時間少於 3 年，必須標示為最小酒齡；

B. 若未超過 9.09%，則無需標示。

(2) 外銷：若輸入國要求政府提供加拿大威士忌的證明，則添加之其它酒種須保持在 9.09% 以下；若無需證明，則可超過。

掩映於山林之中的白州蒸餾所
（圖片由台灣三得利提供）

五、日本

根據日本《酒稅法》第三條第十五號規定，威士忌係指下列酒品：

① 以發芽穀物及水為原料，糖化後的含酒精物質經蒸餾所得之物（蒸餾後的酒精度需小於 95%）

② 以發芽穀物、水及穀物為原料，糖化後的含酒精物質經蒸餾所得之物（蒸餾後的酒精度需小於 95%）

③ 在①、②之中添加中性酒精、其它烈酒、香料、色素或水之物（①、②款酒類提供之酒精量，需占產品酒精總量的 10% 以上）

　　酒稅法及酒類行政相關法令解釋彙編則規定，用於威士忌的色素以焦糖為限。此外，《酒法施行令》第八章第五十條第 7.1 項提到：蒸餾酒類與水混合後酒精度應在 20% 以上（威士忌、白蘭地、烈酒與水混合後酒精度應在 37% 以上）。另《酒の保全及び酒類業組合等に関する法律施行規則》第十一條之五規定，酒精度未滿 13 度的 Whisky 可以標示為水割威士忌。由於日本相關規定均來自稅法，對於外銷市場上常見到的威士忌而言，則依據該市場所位在的地區而定，而我們最常見的莫不遵從蘇格蘭威士忌的規定。

　　以上五大產國的規範略顯囉嗦，為了讓讀者得到更清晰的概念，因此簡化成比較表如下：

製程	蘇格蘭威士忌	愛爾蘭威士忌	美國威士忌
穀物原料	◇ 麥芽威士忌：麥芽 ◇ 穀物威士忌：玉米、小麥、麥芽	◇ 壺式蒸餾器威士忌：未發芽大麥（≧30%）、無泥煤麥芽（≧30%）及其它穀物（≦5%） ◇ 麥芽威士忌：麥芽 ◇ 穀物威士忌：麥芽（≦30%）與其它穀物	◇ 玉米、裸麥、小麥、燕麥、大麥……及麥芽
原料處理	◇ 麥芽威士忌：研磨 ◇ 穀物威士忌：研磨後蒸煮，糖化時加入 backset ◇ 以天然糖化酵素進行糖化	◇ 壺式蒸餾器威士忌：研磨後蒸煮，採用 mashbill 穀物配方 ◇ 麥芽威士忌：研磨 ◇ 穀物威士忌：研磨後蒸煮，採用 mashbill 穀物配方	◇ 研磨後蒸煮，採用 mashbill 穀物配方 ◇ 糖化時加入酸醪（sour mash） ◇ 以天然或合成糖化酵素進行糖化
蒸餾方式	◇ 麥芽威士忌：壺式蒸餾器 ◇ 穀物威士忌：連續式蒸餾器 ◇ 酒精度 ≦ 94.8%	◇ 壺式蒸餾器威士忌：傳統採三次蒸餾，但不限制 ◇ 麥芽威士忌：壺式蒸餾器 ◇ 穀物威士忌：連續式蒸餾器 ◇ 酒精度 ≦ 94.8%	◇ 使用連續式蒸餾器與精餾器（Doubler），或壺式蒸餾器 ◇ 酒精度 ≦ 80%
橡木桶熟陳	◇ 橡木桶（容量 ≦ 700 公升） ◇ 入桶酒精度：無限制 ◇ 熟陳時間 ≧ 3 年	◇ 木桶（容量 ≦ 700 公升） ◇ 入桶酒精度：無限制 ◇ 熟陳時間 ≧ 3 年	◇ 全新燒烤橡木桶（Barrel） ◇ 入桶酒精度 ≦ 62.5% ◇ 熟陳時間：純威士忌 ≧ 2 年
裝瓶	◇ 裝瓶酒精度 ≧ 40% ◇ 可添加 E150a 焦糖著色劑 ◇ 若標示酒齡，則標示為瓶中最年輕的酒齡 ◇ 可以中性桶運送出蘇格蘭裝瓶，但單一麥芽威士忌於 11/23/2012 以後必須在蘇格蘭裝瓶，不得以其它方式運出	◇ 裝瓶酒精度 ≧ 40% ◇ 可添加 E150a 食用焦糖著色 ◇ 不能只標示蒸餾年分，需同時標示裝瓶年分、陳年時間或酒齡 ◇ 若標示酒齡，則標示為瓶中最年輕的酒齡 ◇ 可以中性桶運送出愛爾蘭裝瓶	◇ 裝瓶酒精度 ≧ 40% ◇ 只能添加水稀釋（純威士忌） ◇ 若為純威士忌但酒齡小於 4 年，則須標示酒齡；若大於 4 年，則可無須標示

製程	加拿大威士忌	日本威士忌
穀物原料	◇ 玉米、裸麥、小麥、燕麥、大麥⋯⋯及麥芽	◇ 麥芽威士忌：麥芽 ◇ 穀物威士忌：玉米、小麥、麥芽
原料處理	◇ 研磨後各自蒸煮，不採用 mashbill 穀物配方 ◇ 以天然或合成糖化酵素進行糖化，穀物各自糖化	◇ 麥芽威士忌：研磨 ◇ 穀物威士忌：研磨後蒸煮，糖化時加入 backset ◇ 以天然糖化酵素進行糖化
蒸餾方式	◇ 使用柱式（連續式）蒸餾器與精餾器（Doubler），或壺式蒸餾器 ◇ 生產調和使用的基酒（base whisky）及風味酒（flavouring whisky）	◇ 麥芽威士忌：壺式蒸餾器 ◇ 穀物威士忌：連續式蒸餾器 ◇ 酒精度 ≦ 94.8%
橡木桶熟陳	◇ 木桶（容量 ≦ 700 公升） ◇ 入桶酒精度：無限制 ◇ 熟陳時間 ≧ 3 年	◇ 橡木桶（容量 ≦ 700 公升） ◇ 入桶酒精度：無限制 ◇ 熟陳時間 ≧ 3 年
裝瓶	◇ 裝瓶酒精度 ≧ 40% ◇ 可添加食用焦糖著色 ◇ 可添加其它烈酒或葡萄酒： 1. 內銷： ◇ 若 > 9.09%，且熟陳時間小於 3 年，必須標示最年輕酒齡 ◇ 若 ≦ 9.09%，則標示威士忌之酒齡 2. 外銷： ◇ 若要求加拿大威士忌證明文件，則須 ≦ 9.09%；若不需要，則可 > 9.09%	◇ 裝瓶酒精度 ≧ 40% ◇ 可添加 E150a 食用焦糖著色 ◇ 若標示酒齡，則標示為瓶中最年輕的酒齡

延伸閱讀
關於 Keeper 的二三事

筆者於 2015 年秋季遠赴蘇格蘭領取的雙耳小酒杯和證書

　　威士忌業界即使競爭激烈，相互搶占市場比拚銷售數字，但根據我長期從旁側觀察，其實業界相互熟識，私下時常杯酒一笑毫無芥蒂。這種奇妙的競合關係，患難中更見真章，所以就在威士忌產業大蕭條的 1980 年代，眼見景氣持續低盪，除了愁眉相對之外，George Ballantine & Son、Chivas Brothers、Diageo、Justerini & Brooks 以及 Edrington Group 等五大公司共同倡議，於 1988 年成立了 The Keepers of the Quaich 組織，後續加入的酒公司計有 13 家，組織章程詳述其成立的宗旨包括：

① 提高本土及全球消費者對蘇格蘭威士忌的興趣，提升蘇格蘭威士忌的價值和聲望。（To build interest in, and add value and prestige to, Scotch whisky both at home and internationally）

② 促使全球酒類意見領袖花費更多的時間和精力來提振蘇格蘭威士忌的銷售量。（To influence the leaders of the drinks industry in order to gain a greater amount of their time and energy in promoting sales of Scotch whisky.）

③ 獎勵從事蘇格蘭威士忌產業有功的個人。（To reward individuals for their services to the Scotch whisky industry.）

④ 激勵大眾媒體對蘇格蘭威士忌採更有利以及更正面的報導。（To motivate and stimulate the press to project Scotch whisky in a more favorable and positive light.）

⑤ 團結蘇格蘭威士忌產業的各方領域並增進其歸屬感。（To bring together and unite all areas of the Scotch whisky business and engender a greater sense of belonging.）

　　從上述 5 點，可看出 The Keepers of the Quaich 是個商業導向的組織，其最重要的目的便是讓蘇格蘭威士忌產業更為壯大。至於第 3 點所獎勵的對象，則考慮產業鏈下環環相扣、缺一不可的特性，因此涵蓋從生產、行銷、業務到媒體的各方領域，也涵蓋了全球從事相關產業的個人。至於每年提供多少 Keeper 的名額則由理事會決定，在組織創辦的前十年每年僅接受 50 位會員，而後更改為每年分春、秋兩季各 50 位共計 100 位。不過每年 100 位不一定足額，譬如與我同時在 2015 年秋季獲頒 Keeper 的則有 43 位。

　　截至 2019 年秋季為止，取得 Keeper 終身會員資格的個人已有 2551 人（我是第 2426 號），其中約 45% 為蘇格蘭地區以外，分佈在 94 個國家當中。但由於 The Keepers of the Quaich 本屬於業內的組織，外人難以一窺堂奧，甚至官方網站也看不到任何資訊，必須取得 Keeper 資格後才得以登錄註

冊，因此顯得十分神秘。但近年來隨著產業大興，組織的神秘面紗逐漸褪去，加上台灣人最近取得 Keeper 資格的人數增加許多，讓大家對這個神秘組織越發的感興趣。以下則以問答方式讓大家一窺 Keeper 的奧秘：

Q　除了 Keeper 之外，還有什麼其他資格可獲取？門檻又是如何？

A　一共有 4 種資格，包括：

Keeper：必須具備 5 年以上（2018 年秋季已將門檻調高為 7 年以上）酒界相關的資歷，包括直接服務於酒界或是媒體作家，並無法自行申請，而必須由兩名 Keeper 聯名推薦，其中之一須陪伴新科 Keeper 參加典禮，另一位則必須來自酒公司。

Master Keeper：必須具備 10 年以上 Keeper 的資歷，由委員會提名並審核，雖無人數限制，但每一屆約為 Keeper 名額之 1/10，直到今年為止，共計有 177 位。

Honorary Keeper：不一定需要與產業有關，但是必須對蘇格蘭具有顯著的貢獻，獲邀至晚宴演說的演講嘉賓也可獲得，但不清楚有多少人曾獲頒這榮譽。

Grand Master：對蘇格蘭以及威士忌產業均具有重大貢獻的至高榮譽，基本上每年選取一位，根據歷年名單，多為酒公司負責人或貴族。

Q　The Keepers of the Quaich 除了雙耳小酒杯，還有什麼特殊標誌？

A　最重要的便是以深藍、深褐色塊及黃金線條所組成的專屬格紋（Tartan），各顏色代表蘇格蘭威士忌生產時所需要的重要元素，其中藍色代表水、金色代表大麥，而褐色則為泥煤。這種特殊的格紋已向「蘇格蘭格紋管理局」（Scottish Tartans Authority，STA）註冊，僅供 The Keepers of the Quaich 使用。此外，組織也擁有獨特的紋章，雙耳小酒杯、徽章、往來信件上都有這個識別紋章，而紋章上的箴言為

「Uisgebeatha Gu Brath」，意思是「The Water of Life For Ever」。

Q　典禮是否一定在 Blair Castle 舉辦？有無其它支部？

A　當某個地區 Keeper 會員人數增多時，委員會將考慮設立支部。目前在海外一共有 5 個支部，分別位在德國法蘭克福（1997）、巴西聖保羅（1998）、澳歐雪梨（1999）、南非開普頓（2000）以及荷蘭海格（2007）。入會儀式和典禮一定得在 Blair Castle 舉辦，但晚宴可在、也曾經在其它國家舉辦，尤其是在上述支部。

台灣對於蘇格蘭威士忌產業的貢獻有目共睹，也是近年來獲頒 Keeper 資格人數大幅增加的原因，2015 年秋季與我共同獲得 Keeper 終身會員的台灣人便有 6 位。到 2019 年為止，由台灣公司推舉的 Keeper，不論國籍，已經接近 50 位，而 Master Keeper 目前也有 3 位，分別是尚格公司的董事長奚大寧、著名的威士忌達人姚和成與林一峰。

如同我先前所言，產業無法單靠某一個環節而興盛，必須從生產製造、包裝行銷、業務推廣到媒體教育相互支援、扶持，才能不斷往正向提升。以 2015 年秋季由格蘭父子公司推舉的 Keeper 為例，獲得 Master Keeper 的大師 David Stewart 來自生產端，品牌大使 James 為行銷，來自喬治亞共和國的 Gocha 以及坦桑尼亞的 Rajesh 則從事進口、經銷業務，我則大致列於教育推廣端，光譜分佈十分平均，也符合產業鏈的比重。不過在典禮中，當新科 Keeper 被點名後，台上司儀大聲朗讀該 Keeper 的事蹟行宜，我仔細聆聽其他 Keeper 的資歷，多是各地區老闆、負責人、經理人或大使，似乎只有我與產業無直接關係，以此而言，也是讓我引以為傲的特殊榮耀！

原料

從大麥、水到具有
衝突美感的泥煤風味

請翻轉您手中的酒瓶、看看黏貼在背後的
標籤所標示的主要原料，內容簡單得令人
驚訝：大麥（或麥芽，或其它穀物）和水，
最多加上酵母菌。沒錯，威士忌的原料不
過如此，卻能透過不同的製化方式，釀製
出威士忌的萬種風情。

根據蘇格蘭威士忌法規，所謂 Scotch Whisky 是「以水及發芽大麥或其它全穀物為原料，在蒸餾廠內製作成穀物糊，再以大麥內含的澱粉酶糖化穀物糊，而後只得添加酵母菌以進行發酵……」，很顯然，蒸餾以前的物質只有 3 種：水、發芽大麥或其它全穀物，以及酵母菌。

格蘭冠酒廠的蒸餾大師（Master Distiller）丹尼斯麥爾坎（Dennis Malcolm）曾透露，麥芽威士忌蒸餾廠在正常營運狀況下，最大的產製成本來自原料，約占 50%，其次為生產耗費的能源，再其次是橡木桶。他對於蒸餾廠成本結構的解析，可說顛覆了我們的想像。

這一篇主要談論水、大麥以及麥芽的製作及烘乾，也部分觸及其它穀物，酵母菌留到下一篇〈原料的處理〉中討論。此外，由於傳統使用泥煤作為烘乾麥芽的燃料，雖然不被視作原料之一，卻是重要的風味來源，因此也一併討論這種讓人「愛它，或恨之入骨」的風味添加物。

穀物使用簡史

　　從酒類發展史來看，水果或農作物經發酵後釀製成酒，是人類從身居週遭觀察學習到的自然現象，所以蘇格蘭蒸餾烈酒的原料絕不會僅限於大麥，而是農家耕種收成後多餘的農作物。不過這些穀物經數百年、甚至上千年的栽種、培育之後，農人發現無論是小麥、燕麥或裸麥，除非將這些穀物徹底烘乾，否則極易受到細菌感染而發霉腐壞。究其原因，主要在於小麥與裸麥缺乏穀殼（husk）的保護，容易發芽卻也容易受到細菌侵入；燕麥好一些，但穀殼也只是鬆鬆地依附在種籽上，不小心處理，燕麥殼很容易掉落，而且種籽容易吸水膨脹，同樣也會讓穀殼脫落。

百富酒廠的大麥田（圖片由格蘭父子提供）

◊ 為什麼是大麥？

　　大麥和上述農作明顯不同，擁有極堅硬的外殼，就算用指甲用力招陷也不留痕跡，水幾乎無法滲透，可以抵禦各種外部的傷害，被形容為「自然界的克維拉」（Kevlar，一種防彈纖維），因此可以歷久儲存而不至於發霉，讓大麥成為發芽穀物原料的最重要來源。

　　只是對於位在北緯 55° 以北的蘇格蘭地區，因環境氣候關係，自中世紀晚期到十八世紀，主要的農作物就只有燕麥和畢爾（bere）大麥。愛丁堡大學的經濟歷史學教授 Christopher Smout 在 1972 年的著作《A History of the Scottish People 1560～1830》中寫道：「在蘇格蘭，根本沒有所謂農作物的變異性，因為品種極少，通常只有燕麥和畢爾大麥」。燕麥因蛋白質和脂肪的含量較高，是普羅大眾的重要糧食，可用來熬粥、煮湯或製作類似司康的烤餅和燕麥糕，屬於重要的「食物農作」（food crop）。至於畢爾大麥則被視作較次級的食物來源，雖然同樣可用來煮湯或烤餅，但更被當作「飲料農作」（drink crop）。這種情形乍聽之下似乎不可思議，

格蘭花格酒廠鄰近的大麥田（圖片由隼昌提供）

士於 1678 年在一篇文章中提到：「麥芽單純的由大麥發芽所製成，不含其它穀物，使用的大麥有兩種，一種在麥穗軸有 4 排穀粒，另一種有 2 排，前一種較為普遍，但後一種則製作出品質較好的麥芽」。

文中所謂的四稜大麥，是由春麥和冬麥雜交後產生的品種，也是畢爾大麥的前身，顯然在當地較容易栽種，但釀製效果比不上二稜大麥。莫瑞在文章中還繼續探討大麥的收割、儲藏、分級、浸泡、發芽以及烘乾等工序的重要性，雖然絕大部分的討論都基於農民經驗，缺乏數據佐證，但至少說明在 300 多年前，製作麥芽的技術與蒸餾工藝已經同步發展。

◊ 麥芽和其它穀物原料

正如前述，蒸餾烈酒使用的穀物不會僅限於大麥一種，〈第一篇、細說從頭〉中提到的蓋爾領主 Martin Martin 於 1690 年對路易斯島的蒸餾情形寫道：「此地栽種最多的穀物為大麥、燕麥和裸麥，當地居民製作不同的烈酒，包括三次蒸餾、強而有力的 Usquebaugh，又稱為 Trestarig 或 Aqua-vitae，以及四次蒸餾的 Usqubaugh-baul 或 Uisquebaugh……Trestarig 和 Usqubaugh-baul 都是以燕麥蒸餾而成」。

燕麥的蛋白質含量高，澱粉相對較少，發酵產出的酒精度較低，卻有較多的同屬物（congeners），因此採用三或四次蒸餾來取得較乾淨的酒精是非常合理的。不過蒸餾次數愈多，所需成本也愈高，所以蒸餾原料隨著時間演進，依農作物栽種的種類逐漸區分為高地區以大麥為主，低地區則混合了其它穀物。

到了十九世紀中，蒸餾產業大為興盛，風格輕盈的愛爾蘭威士忌大受歡迎，產量遠超過蘇格蘭威士忌。為了與愛爾蘭威士忌競爭，低地區的蒸餾業者仿效愛爾蘭風格，以麥芽、未發芽的大麥和小麥為原料，做出較為清淡的威士忌。但是當連續式蒸餾器發明後，蒸餾產業發生翻天覆地的變化，並且在二十世紀初「何謂威士忌」的爭議後，壺式蒸餾業者與連續式

蒸餾業者取得共識，進而區分為麥芽威士忌和穀物威士忌兩大主流。

營養素 穀物	澱粉	粗蛋白質	纖維素	其他
玉米	75.7	10.3	3	11
小麥	70.3	15.9	8	5.8
裸麥	65	11.8	8	15.2
大麥	64.3	12.7	7	16
燕麥	58.1	11.6	16	14.3

各種不同穀物原料的營養素含量如右上表，雖然表中穀物的主要用途為動物飼料，不過數據仍具有代表性，其中與出酒率有關的澱粉，顯然玉米含量最高，而大麥僅高於燕麥。由於穀物的使用必須考慮其它經濟、成本因素，目前蘇格蘭威士忌產業使用的主要穀物原料為大麥、小麥和玉米，麥芽蒸餾廠使用的當然是大麥，而穀物蒸餾廠使用未發芽的穀物如小麥和玉米，而玉米因需要高溫長時間蒸煮才能進行糖化，已經退出市場主流，僅有少數酒廠仍繼續使用。至於大麥，酒廠持續試驗尋找容易加工修飾、並具有更高酒精出產率的品種，以滿足近年來愈來愈大的需求。

大麥與農民（圖片由格蘭父子提供）

艾雷島春耕時節的大麥田（圖片由人頭馬君度提供）

◊ 大麥的主要種類

翻看歷史，大麥最早出現在地中海東部，而後在西元前 5,000 年於敘利亞地區被人類馴化，大約與小麥同時，屬於人類文明史上最早種植的穀物之一。大麥對於氣候的適應能力極強，擁有可栽種於溫帶到亞熱帶等各種不同氣候、地形的品種，在十六世紀時是猶太人、希臘人、羅馬人和大部分歐洲人的糧食作物，目前則是全球產量第四大的穀物，種植在 100 多個國家，總年產量約為 1.5 億公噸。英國雖然是大麥的主要產國，品質亦受肯定，但由於生產成本受到澳洲、加拿大、烏克蘭及俄羅斯等國家的挑戰，產量從 1984 年的約 1,100 萬噸下降到 2018 年的 651 萬噸，麥芽的銷售量也從 2003 年的 200 萬噸下降到 2006 年的 170 萬噸。

人類可能早在 9,000 年前便懂得使用大麥作為釀製啤酒的原料，但必須等到蒸餾技術發明並廣泛運用的十五世紀後，才開始大量釀製威士忌。大麥品種極多，可概分為 2 種類型，包括在 9 月播種的冬季大麥，以及 3、4 月間播種的春季大麥。

冬季大麥種植時間長達 300 天，產量約 6 噸 / 公頃，遠大於栽種時間僅 150 天左右的春季大麥，其產量約 4 噸 / 公頃，因此許多國家以種植冬季大麥為主。上述 2 種大麥類型又自分出不同的種類，以麥穗上每節生長的穀粒數分為二稜大麥及多稜大麥，而多稜大麥中最廣為人知的便是六稜大麥。二稜大麥適於春季種植，顆粒較大且粒徑較為均勻，穀殼薄而具有微細紋，因此單位體積的澱粉含量較多，存在於麥殼的多酚類以及苦味物質含量較少。相對的，六稜大麥較常栽種於冬季，發育時因顆粒彼此競爭生

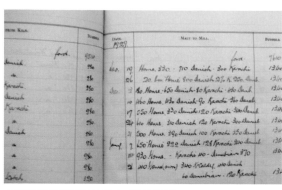

長空間，導致大小不一；與二稜大
麥比較，其單位體積的澱粉含量較
少，穀殼比率較高，因此析出較多
的苦味物質。

克里尼利基蒸餾廠 1929 年的原料清單（圖片由 Serge Valentin 提供）

◊ **大麥來源和品種的遞變**

　　直到十九世紀，即使蒸餾工藝已
有長足的進步，但傳統上種植大麥、製作麥芽以及蒸餾都屬於當地農民的
日常工作，較具規模的蒸餾廠則向鄰近農民購買大麥來進行加工。所謂合
適的大麥品種，須考慮的重點包括單位面積產量、適應土地及氣候的能力、
抗菌能力、修飾處理能力以及酒精產出率等，以致傳統雜交方式培育的大
麥僅限於少數幾種。

艾雷島上收割後的大麥田（圖片由人頭馬君度提供）

在 1940 年代以前，農民收割大麥後，先堆成麥堆自然風乾，讓大麥的含水量下降到 15〜17%，再存放在倉庫內渡過休眠期，而後打脫穀粒製作麥芽。不過大麥堆在倉庫內仍有機會發霉，後續的發芽率也隨之降低，這些問題和限制，導致蘇格蘭地區的麥芽產量遠低於英格蘭的大型麥芽廠，也低於國外進口量。克里尼利基蒸餾廠在 1929 年底的原料清單中便透露，酒廠使用的大麥除了來自家農場或鄰近農地之外，也向國外購買，甚至遠達丹麥、巴基斯坦，而採購量也超過自家農場的收成。

等到二次大戰結束，蘇格蘭威士忌產業大興，來自外地的麥芽已超過當地產量，蒸餾廠可能從英格蘭購買大麥再自行製作麥芽，或是直接購買英格蘭或歐洲麥芽廠製作的麥芽。細數從二十世紀初以降，流行的大麥品種包括春季大麥 Spratt、Plumage Archer 和 Proctor，二十世紀中葉則演變為冬季大麥 Maris Otter，其出酒率與現代品種相較都不算高，Maris Otter 僅約 350 公升 / 噸。

到了 1960 年代，傳統收割儲藏的方法有了重大改變，麥芽廠以人工乾燥的方式讓收割後的大麥含水量降低到 12%，不僅得以長期保存，也大幅減少感染黴菌的風險。伴隨著麥芽廠製作技術的演進，農業機械也迅速發展，導入大型收割機之後，穀粒會於收穫時脫落而無須先行堆放。

麥粒於發芽前需經過一段時間的休眠，主要是為了等候適合發芽生長的溫度與濕度，因此不同乾燥溫度和乾燥方法將影響休眠時間長短。生長在溫暖潮濕地區的穀物，不需要考慮休眠問題，但是生長在蘇格蘭地區的大麥，因氣候較為寒冷，休眠期將長達 4 個月。蒸餾廠如果全年無休的運作，就必須透過控溫控濕等儲存環境來調整大麥的休眠期，成本勢必增高，但可獲得品質較為一致的大麥。在這種情形下，麥芽廠的處理能力遠優於地區農民，麥芽廠的規模因而逐漸擴大。

◊ 黃金諾言大麥登場

　　赫赫有名的黃金諾言大麥（Golden Promise, GP）約在 1960 年代中登場，屬於春季大麥，雖然較容易受黴菌感染，但於 3 月初播種後，8 月底至 9 月初便可收割，熟成快速，恰能適應蘇格蘭較短的生長季節，且具有短而堅韌的麥稈，足以抵抗季節結束前強勁的秋風。

　　最重要的是，GP 麥芽的品質優於先前的所有品種，出酒率可達 390 公升 / 噸，雖然總產量並不高，仍占據主流市場長達 20 年。不過沒有任何大麥品種能長期主宰市場，格蘭傑公司的「蒸餾、酒款開發及庫存管理總監」（Director of Distilling, Whisky Creation & Whisky Stock）比爾梁思敦博士（我們都親切的稱呼他「比爾博士」）曾透露，蘇格蘭威士忌產業使用的大麥品種被迫約每 15 年更換一次，原因在於生物界間存在永恆的對抗，當抗菌能力強的品種被培育出來並歷經長期使用後，以穀物為食的菌種反制能力也逐漸增強，導致大麥的抵抗病蟲害能力及單位面積產量隨之下滑，此時培育的新品種適時接手，成為下一波的主流大麥。

　　從 GP 大麥登場後，蒸餾業者與啤酒業者使用的大麥便分道揚鑣，簡單說，麥芽威士忌業者使用蛋白質含量較低的春季大麥（乾燥單位重的總氮含量[1]約 1.4～1.6%，不過穀物威士忌業者使用之麥芽則可能高於 1.95%），而啤酒業者使用蛋白質含量較高的冬季大麥（乾燥單位重的總氮含量約 1.8～1.85%），差異雖不大，卻影響出酒率和發酵後的同屬物質含量。

　　GP 大麥在 1980 年以後使用量逐漸減少，其它品種陸續登場，較著名的是大量栽種於歐洲地區的 Triumph。Triumph 抗菌能力強、出酒率高於 400 公升 / 噸，但也擁有諸多缺點，譬如它不像 GP 一樣早熟，也沒有短而堅韌的麥稈，更大的問題是，它的休眠期超過 6 個月，必須花更大的力

註1　總氮含量（total nitrogen, TN）×6.25 = 蛋白質含量

氣來促使它發芽，因此其它的混血種如 Corgi、Natasha 及 Camargue 等，或因較為早熟，又或因較短的休眠期而出現在同一時期。休眠期長短的主要影響在於，由於前一季生產的穀物必須滿足這一季穀物在休眠期結束前的需求，因此若休眠期長，麥芽廠的儲存成本勢必提高，也因此出酒率和休眠期為新品種是否出線的重要指標。

◊ 大麥品種的培育

　　與比爾博士透露的訊息相互對照的是，新品種大麥從選種到通過各項試驗大概就要花費 9～11 年，而後才能列入英國國家品種清單（NL），經試驗篩選又得花掉好幾年。目前蒸餾業（含啤酒業）使用的大麥品種由「麥芽委員會」（Malting Barley Committee, MBC）進行審核及發給許可，每年最多只有 5 個大麥品種會被選擇進行商業用途種植試驗，其中包含至少 2 種的冬季大麥，實驗種植的大麥種子至少 1,000 公噸，如果同時進行蒸餾及啤酒大麥實驗，則必須種植 2,000 公噸以上。

　　今日雖然生技當道，但威士忌產業仍不允許使用基因轉殖大麥，必須以傳統雜交的方式來篩選品種，因此如何培育出同時滿足以上各種條件的大麥品種需要長年實驗。通過一系列的篩選到正式上市約需 15 年，育種機構將種苗送進 NL 前大概就花費 100 萬英鎊，而每年進入 NL 第一階段的春季品種大約有 40 種，其中只有 1 或 2 種能真正商品化。

　　「英國麥芽廠協會」（Maltsters Association of Great Britain, MAGB）提供有關大麥的各項資料，基本上，進入二十一世紀後由 Optic 獨領風騷，不過從 2010 年以後 Optic 慢慢地退流行，Concerto 的市占率愈來愈高，但是近 2 年又被新品種 Laureate 追上，應該也會逐漸被取代。次表為 MAGB 針對蘇格蘭歷年來不同品種的大麥累積產量所做的統計，筆者將產量 5 萬噸以下品種的刪除，但仍看出春季大麥占絕大多數，而我們熟知的 GP 大麥在長達 22 年的統計期間，其總量並沒有那麼高，顯然業界大量使用的 GP 品種來自英國以外。

蘇格蘭大麥品種與累積總產量表

品種名稱	類型	累積總量 （千噸）	開始年分	統計時間 （年）
Optic	春季大麥	5272.94	1995	20
Concerto	春季大麥	2587.91	2009	7
Chariot	春季大麥	1787.03	1992	10
Prisma	春季大麥	1609.38	1988	14
Oxbridge	春季大麥	915.32	2005	7
Camargue	春季大麥	806.46	1986	10
Decanter	春季大麥	801.98	1999	11
Derkado	春季大麥	743.38	1992	8
Pearl	冬季大麥	582.73	1999	17
Chalice	春季大麥	486.38	1998	9
Belgravia	春季大麥	369.05	2008	8
Maresi	春季大麥	296.66		—
Propino	春季大麥	193.35	2010	6
Delibes	春季大麥	143.34	1994	7
Sprite	冬季大麥	114.55	1992	5
Regina	冬季大麥	105.99	1996	9
Cocktail	春季大麥	103.52	2003	7
Odyssey	春季大麥	94.48	2012	4
Halcyon	冬季大麥	94.46	1985	15
Melanie	冬季大麥	93.48	1995	5

蘇格蘭大麥品種與累積總產量表

品種名稱	類型	累積總量（千噸）	開始年分	統計時間（年）
Troon	春季大麥	88.05	2003	4
Cassata	冬季大麥	76.57	2007	9
Corniche	春季大麥	68.99	1986	6
Golden Promise	春季大麥	58.00	1968	22
Tyne	春季大麥	55.13	1988	9
Publican	春季大麥	52.52	2007	4

　　至於業者較為關心的「出酒率」（Spirit yield），指的是每一公噸的麥芽可產製的純酒精量。自 1950 年以降幾個大麥品種的出酒率如下表，目前主流大麥的出酒率也保持在 410 ～ 420 公升／噸左右，並未見顯著的提升。

各年代主流大麥品種之出酒率

時間	品種	出酒率（公升／噸）
～ 1950	Spratt、Plumage Archer	360 ～ 370
1950 ～ 1968	Zephyr	370 ～ 380
1968 ～ 1980	Golden Promise	385 ～ 395
1980 ～ 1985	Triumph	395 ～ 405
1985 ～ 1990	Camargue	405 ～ 410
1990 ～ 2000	Chariot	410 ～ 420

◊ 大麥品種的風味影響

到底大麥品種的遞變對風味是否造成影響？威士忌饕客無不津津樂道於 1970 或更早，如 1950、1960 年代蒸餾的老酒，除了橡木桶品質外，使用的大麥品種也是探討的重要因素。只不過大型公司往往對外宣稱，大麥的功能在於轉化出更多酒精，品種並不會影響威士忌風味，也因此蘇格蘭威士忌使用的大麥來自世界各地。

單純就品種而言，不同品種的大麥所含物質不同，後續發酵衍生的同屬物成分、含量也不同，導致剛蒸餾出來的新酒香氣口感均有所不同，只不過歷經多年橡木桶熟陳之後，這些同屬物的成分及含量多少都會改變，我們的感官能否察覺大麥品種的影響不無疑問。不過現代裝瓶與 1970 年代以前老裝瓶的不同，絕不能單從大麥品種的遞變來解釋，筆者於第一篇中〈工藝技術的成長〉一節，詳述了發生在 1960、70 年代產業界技術的變化，綜合這些影響才是我們感官所能感受的差異。

另一個因現代化和全球化所衍生的課題是，大麥品種趨於一致到底是好是壞？比爾博士於 2016 年來台時，曾懇切的談到他與已故的啤酒 / 威士忌大師麥可傑克森（Michael Jackson）於 15～20 年前的討論，他們目睹蘇格蘭威士忌產業在 1980～1990 年代發生極大的變化，酒廠愈來愈關注麥芽的出酒率，因此各家酒廠使用的麥芽和酵母菌來源都趨於一致，其中酵母菌若非來自 DCL，就是來自 Mauri，導致威士忌愈來愈相似，失去舊時多變異的風格，也促發了比爾博士的實驗精神，其中之一，便是找回已經被淘汰的冬季大麥品種 Maris Otter。

對於今日的威士忌產業，筆者倒不致過於悲觀，便如同比爾博士的這些反思，許多酒廠暗地裡進行的實驗將慢慢浮出，如全球酒類產業霸主帝亞吉歐於 2016 年底釋出讓人感到驚奇的 Blender's Batch，又如格蘭傑持續裝出的私藏系列，更別提富有彈性的小型工藝酒廠多變化的風格，在在讓技術本位主義的筆者持續期待。

延伸閱讀 ①
大麥與風土品酒會拾穗

　　麥芽威士忌所需原料不多，大麥、水和酵母菌而已，由於布萊迪新上市的幾款酒分別使用了蘇格蘭大麥以及艾雷島大麥，藉著這機會討論一下有關大麥的議題。

　　全世界大麥品種眾多，根據統計，可能超過 30 萬種，但是對威士忌產業而言，僅有極少數品種值得採用。最早被採用的是生長在蘇格蘭北部的畢爾大麥（bere），可回溯到威士忌產業剛剛開始萌芽時，可適應土地貧瘠且寒凍多風的氣候，根莖粗壯但酒精產能較低，不到 300 公升 / 噸。19 世紀中葉開始的品種改良幫助不大，一直到 1960 年以前，蘇格蘭地區種植的釀酒用大麥依舊不多，主要為 Maris Otter 和 Proctor 等品種，但大部分的大麥還是來自英格蘭、丹麥、澳洲、美國和加拿大等地。不過基於運輸成本因素，終於在 1960 年代中育成了我們熟知的黃金諾言（GP）大麥，這種大麥不僅可適應 Speyside 地區的氣候與土質，且酒精產能提升到 385 ～ 395 公升 / 噸，立即成為主流，也讓當時的蒸餾廠大量使用

蘇格蘭大麥，占了約 80% 左右。後續的育種工程持續進行，1980 年前後的 Triumph 大麥讓酒精產能衝上 400 公升 / 噸，GP 因此逐漸沒落，堅持許久的麥卡倫也在 1995 年改用其他品種，目前則僅存格蘭哥尼

（Glengoyne）等少數蒸餾廠少量使用。

　　對大型公司而言，大麥的功能在於轉化出更多的酒精，本身的風味並不是考慮重點。事實上，大公司考慮的因素只有兩個：酒精產能與價格，因此業界流行的說法是大麥品種並不會影響威士忌的風味（相對應的說法是橡木桶決定了 50 ～ 80% 威士忌風味），也因此蘇格蘭威士忌使用的大麥來自世界各地。目前大部分蒸餾廠都不再自行發麥，轉而向麥芽廠購買，而大型麥芽廠除提供威士忌產業之外，同時也提供給啤酒業。不過蒸餾廠也可以要求或提供麥芽廠不同的大麥品種，譬如有機大麥或畢爾大麥（Arran 在 2014 年便裝出了一款「Orkney Bere Barley」10 yo），以及採用不同製程，譬如不同泥煤來源或燻烤程度，來產製出自我構想中的獨特風味。

　　所以，麥芽威士忌有所謂的風土（Terroir）嗎？

　　「風土」一詞來自葡萄酒界，指的是由於各產區、莊園所在位置不同，導致土壤、地形、地質、風向、日照、降雨量等因素，甚至是種植採收葡萄的人和習俗，都將影響葡萄的生長及葡萄酒的釀造，而所有因素的總和統稱為「風土」。但是對威士忌而言，如果農產品原料來自於世界各地，且後續陳年使用的橡木桶影響又大，想找出風土特色，似乎是個極大的難題。

　　吉姆麥克尤恩在蘇格蘭威士忌產業已超過 50 年，從未離開過艾雷島，對於蘇格蘭、艾雷島有著狂烈的感情。業界流傳著一句話：「關於威士忌，吉姆不知道的事情，一小張郵票的背面都寫不滿。」當他在 2000 年進入布萊迪之後，即使酒廠財務窘迫，但他依舊秉持著對於蘇格蘭大地的熱愛，進行了許多試驗，包括酒廠使用的大麥全來自蘇格蘭，包括和艾雷島農夫簽約契作自 1914 年一次大戰後便幾乎消失的艾雷島大麥，這一切成果，便呈現在以下品酒會 4 組對照酒款中：

　◎ Scottish Barley 與 Islay Barley 的 new make

吉姆麥克尤恩（圖片由人頭馬君度提供）

◎ The Classic Laddie Scottish Barley 與 Islay Barley 2007

◎ Port-Charlotte Scottish Barley 與 Port-Charlotte Islay Barley

◎ Octomore 06.1 Scottish Barley 與 Octomore 06.3 Islay Barley

　　上述 4 組的年份、製程條件類似，但蘇格蘭大麥和艾雷島大麥的風味卻明顯有異，尤其在新酒對照組上，少了橡木桶的干擾，可以辨識出較為輕柔果味的蘇格蘭大麥，以及具有清新有力且略帶海潮鹹味的艾雷島大麥。吉姆解釋，艾雷島近海，海水鹽份免不了滲入土壤中，加上凜冽的海風吹襲，大麥生長環境不良，紮根必須夠深且麥莖必須夠壯，當然和蘇格蘭本土大麥有所不同。至於酒精轉換率？我私下問了品牌經理，他的回答很有趣：這種問題基本上吉姆根本不關心！

　　吉姆不關心，我轉而問當時的亞太區品牌經理穆雷（Murray Campbell）

有關艾雷島大麥的問題。原先我以為能適應艾雷島地質氣候條件的大麥，可能是古老的畢爾品種，不過穆雷回答，他們不去過問有觀種植問題，農夫自行決定生長情較佳的大麥品種，以他的了解，仍以 Optic 居多，也有少數的畢爾大麥，未來也會裝出畢爾大麥的酒。但由於氣候條件不佳，所以蘇格蘭 1 公頃可生長 3 噸大麥，到了艾雷島只能收穫 2 噸，而 Optic 的酒精轉換率約小於 410 公升 / 噸。

　　我的背景是工程師，所以對於「試驗」的題材根本無從抗拒。吉姆在品酒會中最讓我豎起耳朵的談話，莫過於他提到為了想瞭解「風土」對產製威士忌的影響，布萊迪在 3 年前策劃了一個大規模的試驗計畫，將全蘇格蘭大麥產區分為 8 個區域，每個區域各找尋農場談好契作條件，提供 100 萬噸相同的大麥種籽，收成後採用相同的製酒流程，放入全來自美國「水牛足跡」（Buffalo Trace）酒廠的波本桶，再於相同的環境下熟成。蒸餾的新酒他們已經試過，確實可發現差異。如果一切如我所預期，未來應該會裝出「風土」系列酒款 1 組共 8 支，應該也會推出不同酒齡，絕對是引起話題的收藏品，所以，請大家拭目以待。（註：這項實驗於 2011 年進行至 2020 年仍未見到正式裝瓶，雖然筆者曾試過 3 個樣品，但由於學藝不精而難以分辨。）

　　題外話，說到試驗，美國波本威士忌酒廠水牛足跡應該是最具試驗精神的蒸餾廠，過去 20 年間進行了大量試驗，包括穀物配方（竟然也有米）、酒心取法、橡木桶的種類和燒烤處理方式、以及橡木桶放置位置等等，至今已經儲存了近 2,000 桶的實驗性酒桶。2014 年初裝出的一批 4 款酒，便是採用不同的入桶強度（125、115、105、90proof，相當於 62.5%、57.5%、52.5% 和 45%）進行約 12 年的試驗成果，同時也打造了 1 座酒窖，內部隔成 4 間，以試驗組和對照組分別測試儲存環境的影響，第一年先進行「光線」試驗，後續將持續進行包括濕度、氣流和溫度的試驗。當然，試驗結果不一定適合裝瓶，不過我相信許多蒸餾廠都秘密進行不少試驗，身為工程師，對於這種能夠一窺究竟的可能性，根本無從抗拒啊！

蘇格蘭大麥 vs 艾雷島大麥

	New make「Scottish Barley」	New make「Islay Barley」
Nose	乾淨清亮的洋梨、甜美的麥芽、一點點胡椒豆蔻刺激，加水後依舊以果味為主，增添一些乳脂暗示。	略厚且具有煙燻風味的麥芽，許多海水、海潮暗示，慢慢的釋出洋梨水果滋味，加水後仍偏向輕煙燻。
Palate	柑橘、洋梨、很甜的麥芽、微鹹的海水，多喝一些，前方依舊是乾淨的水果味，但鹹味突然跳了出來。	很鹹、好鹹、非常鹹啊！這種鹹滋味幾乎占據了味蕾的全部，熟悉之後方可感覺到前方的麥芽甜，酒體較為紮實。
Finish	少許鹹味，一點點洋梨和淡淡的麥芽甜。	煙燻與鹹味慢慢延續，一些燒烤麥芽，略苦。
Comment	這 2 支 new make 風味表現完全不同，如果製程完全一樣，則差異毫無疑問的就應該來自大麥。	

ROUND
2

蘇格蘭大麥 vs 艾雷島大麥

	Bruichladdich 「The Classic Laddie Scottish Barley」 （50%, OB）	Bruichladdich 「Islay Barley Rockside Farm 2007」 （50%, OB）
時間	12 / 8 / 2014	12 / 8 / 2014
總分	83	83
Nose	甜甜的麥芽、香草，少許青草、穀物，慢慢浮出些甜柑橘與乳脂，很淡的燒烤煙燻，輕柔宜人，但延續性不佳，香氣很快的消退，將杯口蓋住一陣子掀開後，香氣以柑橘甜為主。	燒烤煙燻在前端，淡淡的海風，麥芽甜逐漸浮出，帶著逐漸增多的海鹹味，少許乾淨輕盈的香草甜，將杯口蓋住一陣子掀開後，香氣以略帶金屬味的淡煙燻和淡海鹹為主。

蘇格蘭大麥 vs 艾雷島大麥

	Bruichladdich「The Classic Laddie Scottish Barley」（50%, OB）	Bruichladdich「Islay Barley Rockside Farm 2007」（50%, OB）
Palate	豐富的香草、麥芽、柑橘、輕蜂蜜甜和微微的鳳梨酸，少量奶油油脂、少許青草和穀物暗示，燒烤橡木桶愈喝愈多，胡椒、荳蔻顯得辛香刺激、少量乳脂、可可亞、巧克力，一點點鹹。	入口的第一印象仍是鹹，非常清楚，輕燒烤橡木桶也有一些重量，底層是稍沉的麥芽甜和一些穀物、麥稈暗示，少量乳脂，拿鐵咖啡、可可亞，多喝些，前方的麥芽、香草甜較為顯著，不過海風、海鹹仍顯著的占據味蕾。
Finish	中，燒烤焦苦、橡木桶、咖啡、巧克力，刺激感延續，少許木質澀。	中，木質澀感，海鹹味長長延續，淡淡的燒烤、煙燻和焦苦味，少量麥芽、蜂蜜甜。
Comment	顧名思義，Classic Laddie 便是要喚回大家熟悉的酒廠風格，也就是不同於 Islay 島其他酒廠的 Unpeated 風。香氣上確實如此，很清雅怡人，不過口感仍有清楚的燒烤，甚至懷疑是輕泥煤。但整體而言，仍屬輕鬆無負擔的小品，陳年時間未標明，應該是 7 年。	自 2007 至 2014，陳年約略 7 年，若製程和橡木桶的使用以及陳年環境與 Classic Laddie 相同，則展現如此大異其趣的風味讓人驚訝，事實上，幾乎複製了 new make 給我的感受，香氣便以燒烤海風為主，口感更是，而無從忽略的就是鹹味，可惜澀感較多，辛辣也延續較長。

ROUND

蘇格蘭大麥 vs 艾雷島大麥

	Port Charlotte 「Scottish Barley Heavily Peated」 （50%, OB）	Port Charlotte 「Islay Barley Heavily Peated」 （50%, OB）
時間	12 / 9 / 2014	12 / 9 / 2014
總分	86	86
Nose	前端微微的麥芽一掃，立即被泥煤淹沒，燒烤煙燻隨即冒上，溫暖的海鹹下有少許青草、穀物，少量薄荷，香氣延續較短，一些略青的木質，不過等時間拉長，麥芽甜很是輕鬆舒服。	海鹹味在最前端，泥煤、淡煙燻、海水潮味、許多的麥芽甜，燒烤橡木桶逐漸厚實，一些烤餅乾味，時間拉長後，鹹味依舊明顯，而且更襯托出麥芽甜。

蘇格蘭大麥 vs 艾雷島大麥

	Port Charlotte 「Scottish Barley Heavily Peated」 （50%, OB）	Port Charlotte 「Islay Barley Heavily Peated」 （50%, OB）
Palate	麥芽蜂蜜甜輕掃，立即釋出不算太重的泥煤和不算太多的燒烤煙燻，加上淡淡的海鹹，海風顯得輕鬆舒適，多喝一些，大量的柑橘果甜非常明顯，胡椒辣感重，尾端一些略苦的橡木桶、苦咖啡、可可，溫暖舒服。	非常多的麥芽甜夾著明顯的鹹，淡淡的泥煤和淡淡的煙燻，年輕的橡木桶、木質，胡椒辣、丁香感清晰，少量乳脂在口舌內慢慢擴散，少許柑橘甜、一些甘草、菊花茶暗示，一點點焦苦。
Finish	中，柑橘麥芽甜，輕緩的木質，淡泥煤、淡煙燻。	中，少量木質澀，丁香、甘草和一些甘菊茶，少量泥煤的刮搔淡淡的鹹味延續。
Comment	歷經泥煤烘烤，香氣中明顯的海風味掩蓋了麥芽甜，縮小了 Scottish Barley 與 Islay Barley 的差異，不過時間拉長後顯得較為輕盈，且口感中的麥芽、柑橘果甜滋味遠超過 Islay Barley。整體來說，泥煤海風並不重，果味較為明顯。	前一支 Scottish Baley 倒出來 10 分鐘後，再開始試這一支，所以嗅覺很顯然的熟悉了 PC 的泥煤風，其實不容易察覺差異，不過香氣似乎以鹹味開始，泥煤味不再明顯，橡木桶較為厚實一些。口感則與 Scottish Barley 的果甜不同，以略沉的麥芽甜為主，木桶較為豐厚，但也略顯簡單一些。整體而言，即使是 40ppm，但感受上和 Scottish Barley 同屬於淡泥煤海風，兩相對比可以發覺其間差異，但這些差異是否來自大麥則不無疑問，事實上，我認為製程的影響應該更大。

ROUND
FINAL

蘇格蘭大麥 vs 艾雷島大麥

	Octomore 06.1 5yo 「Scottish Barley 167ppm」（57%, OB）	Octomore 06.3 5yo 「Islay Barley 258ppm」（64%, OB）
時間	12 / 11 / 2014	12 / 11 / 2014
總分	88	89
Nose	略帶點臭藥丸的清楚泥煤味，但並不算重，一些略輕的海水鹹，燒烤煙燻愈來愈多，橡木桶、油脂、麥芽慢慢混合成具有重量的泥煤焦甜，奇妙的舒適甜美，時間拉長逐漸的澄清乾淨，淡煙燻、海水、麥芽甜，可惜延續性不長。	重煙燻與麥芽甜在前方，被酒精提高上揚的泥煤與海鹹、海水潮味，許多的灰塵、灰燼感，具有重量感的麥芽甜逐漸增多，一些蜂蜜甜，厚厚的煙燻和燒烤橡木桶，時間拉長後，麥芽甜滋味依舊相當厚實，幾乎可以到天長地久。

蘇格蘭大麥 vs 艾雷島大麥

	Octomore 06.1 5yo 「Scottish Barley 167ppm」（57%, OB）	Octomore 06.3 5yo 「Islay Barley 258ppm」（64%, OB）
Palate	很甜的麥芽與蜂蜜，海水潮味立即席捲，大量的泥煤、煙燻和海鹹，許多的橡木桶和略顯青澀的木質，胡椒刺激，單寧，燒烤的焦苦甜下，一些粉狀的可可亞、咖啡、黑巧克力。	入口的酒精刺激過多而掩蓋了一切，適應後大量的麥芽甜夾著明顯的海水滋味，許多的鹹、泥煤和不算重的煙燻，相對年輕的橡木桶、木質、單寧以及胡椒、荳蔻刺激，焦烤苦與乳脂混合出苦味較多的可可、黑巧克力，熱量十足。
Finish	中～長，燒烤焦苦、乳脂、黑咖啡、黑巧克力，泥煤與海鹽持續，橡木桶持續具有厚度，淡淡的麥芽甜。	中～長，泥煤、酒精刺激持續停留在舌兩側，焦苦、乳脂、黑咖啡、黑巧克力，淡淡的海鹽下襯托著少許麥芽甜。
Comment	167ppm 的泥煤乍看下相當恐怖，但香氣裡的泥煤並不重，事實上，無論是海風或麥芽甜都偏屬輕盈，甚至讓我感覺甜美，只是延續性不長。倒是口感極重，泥煤海風都具有強度，尾韻也長，口中因燒烤焦苦和乳脂溶合而出的黑咖啡、黑巧克力具有療癒效果，剛好契合濕冷的夜晚。	和 06.1 比較，香氣十分具有重量，煙燻、泥煤、海鹹、麥芽甜，全都加重了一級，油脂與橡木桶紮實，延續能力非常好。至於 258ppm 的口感，Jim McEwan 帶領品飲時，要求我們將酒液含在口中 10 秒不要吞下，讓我們感受泥煤威力，但對我而言，這泥煤反倒非常甜，所有的刺激都來自 64% 的酒精。同樣的，與 06.1 比較，口感的重量也提升了一級，整體強壯厚實，熱量十足。

　　我曾問吉姆，到底他對泥煤（Phenols）含量有無極限？他說，並沒有設下任何標準，一切取自於天，kilning 時一做 5 日，若泥煤較濕、風較大，燒出來的泥煤煙也較濃郁，則 kilning 的成果泥煤含量就高。所以，後續的 Octomore 會怎樣變化，一切不得而知。

　　4 次測試之總評：New make 察覺的差異最直接，Islay Barley 帶來的鹹味不可能被忽略。歷經橡木桶陳年後，若未經泥煤烘烤，則大麥的影響仍明顯，不過 PC 的重泥煤或 Octomore 的超重泥煤，即使兩種酒款可分辨出差異，但是否來自大麥便很難確定了。

延伸閱讀②
再談大麥──從 Tusail 品酒會談起

格蘭傑的比爾梁思敦博士於 2015 年 3 月訪台時，帶來私藏系列（Private Edition）的第六版。值得酒友們注意的除了「私藏系列」的持續發行之外，更讓我們看到一向傳統保守的蘇格蘭威士忌酒業，不僅秘密進行了不少試驗，更可能在未來開展出不少具話題性的新產品。

生化學家比爾梁思敦博士
（圖片由酩悅軒尼詩提供）

先從「私藏系列」談起。格蘭傑從 2010 年開始，每年都會推出一款私藏系列，歷年來的裝瓶如下：

◎ 2010 年：Sonnalta，10 年波本桶以及 2 年的 PX 雪莉桶過桶

◎ 2011 年：Finealta，勾兌了美國白橡木和西班牙 Oloroso 雪莉桶並微帶泥煤

◎ 2012 年：Artein，義大利「Super Tuscan」葡萄酒桶過桶熟成

◎ 2013 年：Ealanta，19 年全新美國白橡木桶熟成

◎ 2014 年：Companta：勾兌了兩款過桶，包括布根地特級園 Clos de Tart 紅葡萄酒桶、隆河加烈甜葡萄酒桶

◎ 2015 年：Tusail，使用 Maris Otter 冬季大麥為原料

格蘭傑「私藏系列」（圖片由酩悅軒尼詩提供）

（註：2016 年後的版本如下：

◎ 2016 年：Milsean，於波本桶中陳年 10 年後，換桶到先經過長時低溫
　　　　　烘烤的葡萄牙斗羅河紅酒的法國橡木桶 2 年

◎ 2017 年：Bacalta，10 年波本桶以及 2 年的馬德拉桶過桶，馬德拉桶是
　　　　　利用 Malmsey Madeira 做 2 年的潤桶製成

◎ 2018 年：Spios，全程使用美國裸麥威士忌桶熟陳

◎ 2019 年：Allta，採用分離自自家 Cadboll 大麥的 S. diaemath 酵母菌
　　　　　來進行發酵）

過去比爾博士以換桶熟成技術知名於世，我們可以看到前 5 款酒主題全
都是橡木桶，除了 Ealanta 之外也全都作過桶處理，但是今年不同，討論
焦點轉移到大麥原料。

　　Maris Otter 大麥於 1966 年（一說 1950 年）培育出來，因較低的含氮量以及優秀的發麥率而廣受啤酒界的歡迎。但是對威士忌產業而言，每單位重量所能產製的純酒精量——即出酒率——為考慮重點，與春季大麥比較，冬季大麥澱粉質含量較低、蛋白質較高（春季大麥的澱粉值約占 60%、蛋白質約 10%），因此出酒率較低，也因此即便單位面積的產量大過於春季大麥，仍未受威士忌酒業的青睞。另一方面，冬季大麥含量較高的蛋白質（胺基酸）於發酵後轉化為多種硫化物，也可能進而影響後續的風味，導致其主要用途只作為動物飼料。至於春季大麥的流行品種，比爾博士在品酒會中提到，由於病蟲害等等的影響，每約 15 年就會更換一次，目前最流行的 Optics 即將式微，格蘭傑看好的明星品種為 Decanter。（註：2010～2020 年間最受歡迎的品種為 Concerto，不過即將被 Laureate 取代）

　　雖然 Maris Otter 早已被威士忌麥芽市場所淘汰，但仍持續為艾爾啤酒使用，不過歷經多年之後，由於啤酒口味的改變而逐漸沒落，到了 1980 年代末期甚至瀕臨絕種。為了挽救傳統英國生啤酒，H Banham Ltd 以及 Robin Appel Ltd 於 1991～1992 年間組成協會，共同復育品種；2002 年其育種權被 H Banham Ltd 和 Robin Appel Ltd 買下，並盡力還原品種的純正。對麥芽廠商來說，Maris Otter 收割後熟成快速，休眠期短，無須等待長久時間便可進行發麥，且因穀皮較薄而容易吸收水分，較一些近代的麥芽品種更容易進行處理，因受再度受到啤酒產業甚至威士忌產業的重視。

英格蘭三百多年來第一座威士忌蒸餾廠 Hicks & Healey，便曾使用 Maris Otter 作為原料，時間在 2003 年，恰好與比爾博士與英格蘭農場簽訂契作，採收了 300 噸大麥的時間相同。

　　300 噸的量不夠大，不適合麥芽廠的經濟規模，所以比爾博士乾脆拿來作傳統地板發麥，但不是在格蘭傑廠內，而是在英格蘭，每個批次約 20 噸，所以得作 15 個批次。後續的製程則與 Original 相類似，陳年時間也一致，但最終的勾兌比例，格蘭傑經典 Original 使用了 60% 的 first-fill 和 40% 的 second-fill，而 Tusail 則約為 50% 和 50%（second-fill 稍微高一些），也因此兩者對比可就近查看 Maris Otter 與一般商用麥芽風味上的區別。對我而言，Original 的花香調較為明顯，展現的是酒廠尋求的輕柔特色，而 Tusail，除了並未脫離酒廠以花果甜為基調的主旋律之外，非常讓人驚訝的，油脂相當豐厚，罕見的一掃輕柔纖細的刻版印象，品飲紀錄如下：

格蘭傑「Tusail」

Private Edtion（46%, OB, 2015）

時間	12／11／2014
總分	86
Nose	奶油油脂，一些灰塵、土地暗示，麥芽、穀物，微微的發酵酸，柑橘、蜂蜜、果醬甜，一些年輕的橡木桶，放久一些，油脂再度浮出，一點點柑橘皮，淡淡的燒烤橡木桶帶著少量的灰燼，滿滿的柑橘果甜
Palate	具有相當厚度的橡木桶，油脂豐富，柑橘甜與微微的柑橘皮苦，麥芽底層帶著一絲微妙的果醬酸，土地質感明顯，胡椒與薑汁的刺激，堅果、一點點略苦的咖啡、巧克力，年輕的木質與新鮮單寧
Finish	中，年輕的木質單寧延續，檸檬皮、少量油脂，橡木桶、麥芽、咖啡巧克力
Comment	香氣裡的酒廠基調依舊，但口感飽滿、具有相當厚度，麥芽甜底下透露的酸味十分微妙。

　　品酒會上的神秘酒款則是另一個實驗產品，由新品種 Pearl 大麥製成，2006 年蒸餾至今，感覺仍有些過於年輕氣盛，應該未達比爾博士認可裝瓶的成熟度。不過，很顯然的，試驗不可能僅有這些，比爾博士在媒體場讓我驚訝的宣告格蘭傑目前正進行 29 種不同的試驗，而 Ardbeg 則有 19 種！頭一次聽聞比爾博士如此的開放，不禁讓我想和他來個 high five 擊掌，誰說蘇格蘭威士忌傳統又保守？至於，我舉手發問，試驗包括了哪些？大麥品種、麥芽製程、酵母菌等等，其中有關酵母菌，比爾博士神秘的預告，實驗性裝瓶即將出現，但不是格蘭傑，那麼會是哪間酒廠？（作者註：私藏系列第 10 版 Allta 發表時，比爾博士提到酵母菌試驗原先在 Ardbeg 進行，但效果不好，因此最終還是裝成格蘭傑。）

大麥的構造及組成

為了瞭解麥芽的製作方式，必須先剖析大麥的組成及構造。右圖是麥粒的縱剖面，主要分為胚芽及胚乳兩大部分，中間以盾片（scutellum）分隔。胚乳被糊粉層（aleurone layer）圍繞，外圍則由堅硬的麥殼保護，若放大來看，澱粉顆粒存在於蛋白質框架結構（matrix）中，四周則是由 β-葡聚醣等膠質構成的細胞壁。

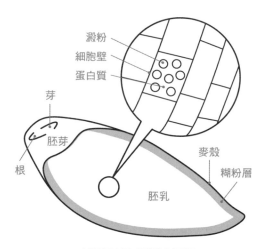

大麥麥粒組成構造剖面圖

澱粉是由直鏈及支鏈組成的大分子，可藉由加熱到某特定溫度（視穀物種類而定）來破解鏈結，這種方式稱為「糊化」，但利用酵素更為有效。酵素可透過穀粒發芽自然產生，也可購買微生物酶，但蘇格蘭威士忌規範只允許傳統方式，亦即當大麥顆粒開始發芽的時候，胚芽為了從胚乳取得養分，必須先讓糊粉層分解產出酵素，酵素滲入胚乳中破壞細胞壁和蛋白質框架，再將澱粉轉化為糖，而後提供給胚芽吸收長出根和芽。這一系列的轉化成為製作麥芽的重點，如何：

◎ 產生高含量的澱粉分解酵素；

◎ 將澱粉從細胞壁及蛋白質框架中釋放出來；

（上）百富酒廠大麥浸泡池，浸泡時間 48 小時，含
　　　水量提升至 46%（圖片由 Max 提供）

（下）浸泡中的大麥（圖片由 Paul 提供）

◎ 將澱粉轉化為糖；

◎ 盡可能減少糖的損失。

蘇格蘭威士忌產業的麥芽製作方式相當多變，但不同的麥芽廠依設備及工序主要分為三大類，即浸泡、發芽、烘乾各自獨立的麥芽廠，或獨立浸泡後，將發芽及烘乾製程合併在同一槽進行的麥芽廠，以及浸泡、發芽、烘乾都在同一槽的麥芽廠。以下將上述 3 種工序一一拆解說明。

◇ **麥芽的製作步驟 1：浸泡（Steeping）**

　　由於澱粉是一種由葡萄糖單元所組成的長鏈大分子，必須藉由水解作用才能分解成葡萄糖單元，或麥芽糖（2 個葡萄糖單元）或麥芽三糖（3 個葡萄糖單元），任何大於這些糖的分子酵母菌都沒辦法吸收，因此無論是哪種類型的麥芽製作方式，第一個步驟一定是浸泡。

　　大麥的發芽能力與儲存時的含水量和溫度息息相關，在自然狀態下具有 98% 的發芽能力，若將含水量降低到 12% 並儲存在 15℃ 的倉庫內，1 年後其發芽能力仍可保持在 95% 以上。一般說來，短期儲存的最高含水量不得超過 14.8%，長期儲存則必須低於 13.6%，小於這些含水量，大麥不至於敗壞發霉，可安穩度過休眠期。等開始發芽時，透過浸泡將含水量提高到 45%，目的在刺激大麥並告訴大麥：生長條件已備妥，可以開始發芽了。

　　發麥廠在大量浸泡前，為測試休眠期是否已經被打破，一般都會先取出少量大麥，讓它吸收少量的水將含水量提高到 32 ～ 35%，而後放置於空氣中一段時間後再增加到 45%，觀察其發芽情況，再決定是否進行大規模浸泡。

百富酒廠大麥浸泡池
瀝乾後準備換水

　　浸泡大致可分為 3 個階段。階段一，純粹是物理性吸水作用，需時約 10 個小時，讓含水量達到 32%；階段二，緩衝期，吸水速率逐漸停止，也大概需要 10 個小時；階段三，吸水率又重新恢復，含水量可逐步提升到 45% 左右，總計 3 個階段需要約 50 個小時。

　　穀粒的各組成構造在浸泡時反應也不同，外殼在一開始含水量便可提高到 50%，一直到終了維持不變；胚乳的含水量持續穩定增加，最終達到 38～40%；胚芽則在 24 小時內立即提高到 60～65%，而後隨著發芽的進行可高達 85%。各組成構造最重要的還是胚乳，必須適切吸水才能進行修飾（modification）註2。

　　浸泡時部分酚類、脂肪酸、糖、鹽分都會被釋放並溶解在水中，這些物質約占大麥乾重的 0.5～1.5%，但如果濃度持續累積增加，將影響麥芽的新陳代謝速率，因此必須換水 2、3 次，而且水中必須打入氧氣，提高其含氧量。第一次浸泡之後，糊粉組織及胚乳的呼吸作用將快速進行，釋放出乙醇和二氧化碳，由於這些物質都會阻礙發芽生長，因此必須加強室內通

註2　修飾（modification）：利用物理、化學或酵素等方法讓胚乳中的澱粉改變其特性

波特艾倫（Port Ellen）發麥廠的錐形浸泡槽 （圖片由 Kingfisher 及 Paul 提供）

風，除了供給足夠的氧氣之外，也用以移除二氧化碳並讓乙醇揮發。另外，呼吸作用也會產生熱，通風可穩定發芽時的環境溫度。

　　傳統的浸泡方式在大型鑄鐵箱內進行，並從附近溪流直接引入水使用，由於水溫較低，且通常不換水也不通風，導致後續發芽率不高，發芽情況也不均勻。1960 年代初浸泡槽大幅度改變，鑄鐵箱更改為錐形，並導入水溫加熱、通風及二氧化碳移除等裝置。舉波特艾倫麥芽廠為例，其浸泡用水引自鄰近的 Leorin Loch，每年 9 月中旬之後，水溫下降，開始啟動加熱系統將水溫提高至 14℃左右，否則換水的水溫過低時，放熱中的麥芽無法適應突如其來的溫度轉變將延長發芽時間。至於浸泡的流程則包括第一階段浸泡，讓含水量達 30 ～ 35%，而後將水瀝乾，曝露在空氣中經 12 ～ 16 個小時候再做第二階段的浸泡，最終含水量約 45 ～ 47%，視大麥品種而定。

　　錐形浸泡槽的優點是浸泡完成後，打開底部的管路控制閥，便可藉由重力直接傾洩未發芽的大麥，進行下一階段的發芽步驟。在較古老的薩拉丁箱（Saladin box）發麥廠，水和大麥暫不分離，可利用泵浦打送到薩拉丁箱內再瀝乾，其處理能力約為 20 ～ 30 公噸。1980 年代更改為更大型的平底槽，底部設置溫控以及通風管，一次可處理 50 公噸以上的大麥，且在浸泡槽發芽幾小時後才移到發芽槽，但移動時得非常小心，避免傷及嫩芽及根部。

百富酒廠的傳統手工翻麥（圖片由格蘭父子提供）

◊ 麥芽的製作步驟 2：發芽（Germination）

　　傳統發芽方式是將浸泡後的穀粒鋪在不透水的石板或水泥地板上，約
8～20公分厚。經驗豐富的工人利用木鏟將麥堆鏟起並高高拋到空中，其
目的在於散逸發芽時產生的熱氣，讓流通的空氣帶走發芽時產生的二氧化
碳等物質，同時也利用齒耙來疏散糾結的根芽。至於發麥室的溫濕度，多
半靠著開啟或關閉窗戶來控制溫度，以及利用簡單的噴灑罐來添加水分以
控制麥芽濕度。

　　上述傳統發麥方式約需 6～7 天，視季節及氣溫而定，必須仰靠大量的
人力，工人因經年累月地翻麥，休息時累得雙手下垂舉不起來，因此戲稱
自己為「猴子肩膀」（monkey shoulder）。目前保留地板發芽的蒸餾廠僅
存拉弗格（15%）、波摩（30%）、齊侯門（30%）、百富（10～15%）、
雲頂（100%）、高原騎士（30%）和班瑞克（2～5%）及 Abhainn Dearg
（100%）等 8 間，但除了雲頂及 Abhainn Dearg 之外，其他酒廠自製的麥
芽僅占使用量的一部分（括號內的數字取自《麥芽威士忌年鑑 2021》以
及訪問資料）。

　　薩拉丁箱由法國人查爾斯薩拉丁（Charles Saladin）於十九世紀末發明，
主要目的是解決傳統地板發麥時，若不能持續將發芽中的麥粒翻起，則可
能使麥粒的芽、根相互糾纏形成塊狀而影響後續處理。最早的設計是一個
開放式長方形箱體，上方橫跨一根可以前後移動的橫桿，橫桿下連接一系
列可旋轉的螺旋桿。使用時以鏈條帶動橫桿移動，螺旋桿隨之緩慢旋轉，

Bairds Malt 麥芽廠使用的傳統薩拉丁箱（圖片由 Kelly 提供）

將底部的麥粒帶到頂部，如此可達到翻動麥粒的效果，若搭配底部通風裝置，麥粒可堆高至 60～80 公分，不僅處理量大，也可節省翻麥人力。

但早期開放式薩拉丁箱，不容易維持發麥室的溫度及濕度，現代設計則將長方箱體更改為巨大的密閉圓筒，前後移動的橫桿也改變為繞著圓心旋轉的手臂，翻攪大麥的螺旋桿安裝於手臂下方，圓筒底板為多孔式，可向上吹送具有適當溫度和濕度的空氣。這種設備處理量體更大，可達100～300 噸，若裝設調控溫度和濕度的風扇，翻攪大麥的螺旋桿也可上升及下降，則可在相同的槽體內進行發芽和烘乾步驟，因此廣為麥芽廠所採用。至於早期的長方形薩拉丁箱已逐漸被淘汰，坦杜為最後一間使用薩拉丁箱的蒸餾廠，於 2012 年之後關閉，不過仍有 Bairds Malt 發麥廠繼續使用。

另外一種發麥設備稱為「鼓式發麥機」（drum），最早為 Galland-Henning 機型，由 Robert Nunnemacher 取得 Nicholas Galland 和 Julius Henning 同意授權下，於 1887 年在美國威斯康辛州設廠製作。蘇格蘭第一套鼓式發麥設備是在 1897 年裝置於詩貝犇（Speyburn-Glenlivet）蒸餾廠，共使用了 90 年，其外表如同橫放的巨大金屬圓筒，內部裝設了許多朝向軸心的側板，滾動時用於翻攪穀物，就如同家用烘衣機一樣，整個圓筒架設在兩側的滾輪支撐上，放入約 3/4 滿的穀物後，利用皮帶帶動滾輪讓圓筒沿著中心軸滾動，經控溫、控濕的空氣藉由裝在軸心的多孔導管往圓周方向吹送，或是反過來由圓周上的多孔導管往軸心方向吹送。

至於板式（decked type）或是箱式（box type）的機型，則是在圓筒內設置多孔平板，必須翻轉圓筒到平板呈水平的特定位置，才開始吹送溫濕控制空氣，但板上的麥芽常因厚度不均而影響效率。改良後的板式機型，其多孔平板可根據麥芽荷重而自行調整位置，直到麥芽均勻平鋪在平板上方。此外，為了避免過於乾燥並模仿地板發芽環境，圓筒內側增加

格蘭奧德（上）及波特艾倫（下）發麥廠使用的鼓式發麥機（圖片由 Alex 及 Kingfisher 提供）

許多金屬突起，讓發芽產生的熱藉由與這些突起和內牆接觸，再導流發散出去。較老的 Galland-Henning 發麥機每 1 次可製作 10～12 噸的麥芽，而較新的 Boby 機型則擴大到 50 噸，但處理量仍比不上薩拉丁箱。

以上各式設備均可讓麥芽廠彈性使用，事實上，同一座麥芽廠也可能以不同的方式製作麥芽，譬如於 1870 年創建的 Crisp Malting Group，廠內便擁有傳統地板發麥及最新的薩拉丁箱兩種設備。但無論傳統或機械式，大麥發芽的原理主要倚靠兩個變化：

◎ 糊粉層合成不同的酵素；

◎ 酵素分解胚乳的膠質細胞壁以及蛋白質框架，並降解部分澱粉顆粒，這個過程稱之為「修飾」。

站在蒸餾者的角度，發麥的目的便是盡可能修飾胚乳並增加澱粉分解酵素，這些酵素以 α-澱粉酶和 β-澱粉酶（α-, β-amylase）為主，另還包括極限糊精酶（limit dextrinase）和 α-葡萄糖苷酶（α-glucosidase）。為達到這個目的，必須控制最佳含水量、適當通風以提供氧氣，並移除發芽時產生的二氧化碳、熱能及其它代謝物質，同時也得避免根芽糾結成片。

從外表觀察，當胚根鞘穿過外部殼層時就代表發芽已經開始進行，此時胚芽將釋放出赤黴素（gibberellin），這是一種調節生長和影響發育的植物激素，擴散到糊粉層之後，將刺激糊粉開始合成酵素。不過並非所有的酵

發芽完成的大麥（圖片由格蘭父子提供）

素都需要赤黴素刺激，部分酵素已存在於胚乳內，譬如 β - 澱粉酶在發芽時通過蛋白水解酶的作用而被活化。

胚乳中的澱粉包含大顆粒（$20 \sim 30\,\mu m$）及小顆粒（$1 \sim 5\,\mu m$）2 種形式，都嵌在蛋白框架中，而澱粉和蛋白質又包含在由 $70 \sim 75\,\%$ 葡聚醣、$20 \sim 25\,\%$ 戊聚醣和其它成分組成的細胞壁體內，因此當糊粉層所合成釋放的酵素逐漸侵入胚乳時，必須先降解細胞壁及蛋白質框架結構，而後釋放出澱粉顆粒並轉化為糖。修飾速率與大麥品種、總氮含量（Total Nitrogen, TN）、穀粒大小和浸泡條件相關，若修飾不完全將減少糖化時澱粉的提取量。

過去許多研究試圖辨識出影響修飾的因素，不過結果顯示，並非單純的由葡聚糖或蛋白質的含量來決定，不過由於較硬的穀粒通常蛋白質含量較高，後續的修飾速率也較慢，因此胚乳的堅硬程度常被拿來判斷大麥的品質。至於溫濕度的影響，如果提高一開始發芽的溫度，可提升酵素的合成速率，修飾速率也隨之增長，卻也抑制了酵素可合成的最大值，導致最終

酵素的總量較低，對蒸餾者來說並無好處，因此一般發芽的溫度保持在較低溫（12～16℃）。另一方面，提高發芽濕度可促進胚乳的水合作用，有助於酵素合成。整體而言，氧氣必須充分供應，尤其是在萌芽的早期階段，因為如果二氧化碳濃度累積增加，將限制修飾作用。

◊ 麥芽的製作步驟 3：烘乾（Kilning）

經過發芽處理的大麥稱之為「綠麥芽」（green malt）。部分穀物蒸餾廠喜好使用綠麥芽，因其含有高含量的酵素，可協助糖化其它未發芽的穀物，但使用時必須爭取時間，否則麥芽將持續生長，消耗儲存的澱粉，並持續代謝出熱量和二氧化碳。

烘乾的目的便是當綠麥芽的酵素和修飾程度都達到預期標準時，將含水量從約 50% 降低到 4～5% 以阻斷大麥繼續發芽，利於長久儲存和運送，但必須盡可能地保留酵素，尤其是後續糖化所需要的 α - 和 β - 澱粉酶。由於溫度影響酵素的合成，因此必須盡量採用低溫烘乾，通常一開始溫度約為 60～65℃，等綠麥芽的含水量降低到 20% 以後，再將溫度拉高到 70℃ 直到完成，但即便如此，仍將折損約 25% 的酵素。

傳統烘乾作業是將綠麥芽平鋪在石板、水泥板或多孔鑄鐵板上，約 30 公分厚，上方為具有獨特寶塔造型屋頂的煙囪，下方則為窯爐。近代仍自行發麥的酒廠其烘麥室的底板多採用鑄鐵多孔板，讓泥煤煙燻風味得以上升並附著於潮濕的麥芽顆粒表面。

百富酒廠正在烘乾麥芽（圖片由 Max 提供）

最原始的燃料是曬乾的泥煤，而後使用泥煤與無煙煤的混合物，但這些燃料都很難穩定控制溫度，因此到了 1950 年代，改用輕油和重油為燃料，

|1|2|
|3|4|

① ② 波摩酒廠用以烘乾麥芽的鑄鐵多孔篩板及排煙煙囪（圖片由 Max 提供）
③ ④ 百富烘乾麥芽使用的火爐，左邊為泥煤，右邊為無煙煤，每年百富酒廠都會
做小部分的煙燻泥煤麥芽，約 20 ～ 40 ppm（圖片由 Max 提供）

1970 年代又改用天然瓦斯。不過根據研究，使用瓦斯的直接加熱烘乾法，將導致麥芽中的亞硝胺含量大增，而亞硝胺被證實為致癌物質，因此麥芽業者更改為導入熱空氣或以熱水做熱交換的間接加熱方式。目前除了自行發麥的 8 間蒸餾廠之外，少數麥芽廠也採用傳統地板烘乾方式，譬如先前提到的 Crisp Malting Group。

　　部分現代發芽機可執行烘乾作業，但技術的重點在於如何將綠麥芽鋪平以便均勻受熱。由於熱空氣從底板通過綠麥芽向上吹送時，氣體將往阻力較低的空隙流動，聚集在角落或較厚、壓實密度較高的區塊便受到阻礙，

導致乾溼不均。若出現這種情形，稍微轉動鼓式發麥機或有助益，但仍需再檢查各區塊麥芽的烘乾狀況，所需成本不低。

烘乾作業從開始到含水量降低到 20～25% 之前，水分可以毫無阻礙地脫離綠麥芽，稱之為自由乾燥階段，該含水量則稱之「折點」（break point）。低於折點的水分較不容易釋放，必須提高溫度，讓水分藉由擴散方式離開，並讓含水量降低到 10～12%。接下來的水分因與胚乳緊密鍵結，必須提高熱量才能達到 4～5% 的標準。至於胚芽在溫度達 50℃ 以前仍持續進行生化反應，因此在自由乾燥階段繼續合成酵素和修飾澱粉，通過折點後酵素反應中止並開始降解，隨著烘乾其含量持續下滑，同樣的，修飾作用也將隨溫度升高而遞減。

從上述過程可看出，如何減少酵素的破壞是門大學問，重點在於加熱方式，但一直到 1990 年代業界才真正瞭解低溫烘乾的好處。目前烘乾麥芽的標準加熱循環為 60℃ - 12 小時、68℃ - 12 小時以及 72℃ - 6 小時，不過必須特別留意，烘乾初期的溫度不得上下起伏過大，因為此時含水量仍高，正是酵素最為脆弱而容易受到破壞的時期。

在 1980 年代廣泛引入間接烘乾方式，不僅降低麥芽中的亞硝胺含量，且讓麥芽具有更高的發酵能力（以「發酵比」Fermentability % 計算），譬如薩拉丁箱發麥機導入熱空氣作烘乾機使用時，製作的麥芽可將 86% 的發酵能力提高到 88～89%。至於所謂發酵能力，可於實驗室內根據麥芽的粗粒可溶提取率（Soluble Extract 0.7mm, SE7）計算，這部分將在第三篇中作詳細的說明。

經過小心謹慎地溫控處理，α-、β- 澱粉酶、β- 葡聚醣內切酶與肽酶等酵素在初期階段仍將持續合成，然而到了烘乾後期，這些酵素將受到不同程度的破壞。烘乾完成後、肽酶的含量可能比綠麥芽還要高，β- 澱粉酶和極限糊精酶將稍微下降，至於 β- 葡聚醣內切酶則會喪失約 80% 的

活性。除了這些酵素之外，胺基酸和糖也會減少，可溶解氮含量提高，其中胺基酸和糖經梅納反應（Maillard reaction）以及化學轉換之後，產生不

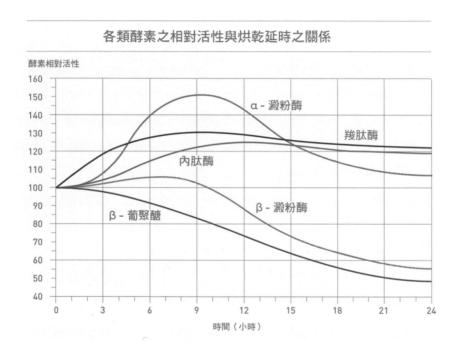

各類酵素之相對活性與烘乾延時之關係

酵素相對活性

α - 澱粉酶

羧肽酶

內肽酶

β - 澱粉酶

β - 葡聚醣

時間（小時）

飽和醛類、呋喃等化合物。麥芽所提供的可溶性胺基氮為酵母菌生長所必需，另外也得滿足酵母菌在厭氧條件下所需要的不飽和脂肪酸、固醇和維生素。一般而言，糖化後麥汁的比重為 1.040 時，每公升需要 100 ～ 150 毫克的 α - 胺基氮，這些胺基酸以及在烘乾期間的改變，將影響後續發酵液中揮發性物質的含量。

　　至於酚類則相當複雜，這種化合物來自泥煤燃燒產生的懸浮微粒，當麥芽含水量降到折點以下時，這些懸浮微粒將被有效吸收，但只有少部分酚類能被保留，因為在後續烘乾過程中，可能導因於酵素影響而被中和或破

壞。酚類屬於一個大集合，主要包括苯酚、甲酚和癒創木酚等三大類，其
中苯酚類──除 4- 乙基苯酚之外──的嗅覺門檻濃度（專業術語稱為「閾
值」）是其他兩類的數百倍，測得的含量又低，因此幾乎聞不到（相關研
究至今仍在進行中）。至於偏向煙燻味的癒創木酚類以及偏向藥水味的甲
酚類，由於閾值低，構成了泥煤麥芽的主要風味來源。由於泥煤如此複雜
迷人，所以將另行仔細討論。

麥芽製作各階段變化情形

	大麥	發芽時	麥芽
含水量	約 12%	浸泡後約 45%，最終可達 50%	烘乾後約 4 ～ 5%
可萃取之碳水化合物	澱粉受到嚴密保護，因此接近於 0	澱粉顆粒已被釋放，可供酵素轉化為糖	總量並未改變，但因含水量降低與發芽被中止而固定下來
蛋白質	氮含量約 1.5%	總量未改變，但轉化成可溶解的胜肽以及脂肪酸型式	總量並未改變，但因含水量降低與發芽被中止而固定下來

綜合而言，大麥製作成麥芽
的各階段變化如次表所示。外
觀上麥芽與大麥頗為類似，但
若拿來咀嚼，大麥的外殼堅硬，
內部胚乳呈粉狀，而麥芽咬起

波特艾倫發麥廠 （圖片由 Kingfisher 提供）

來較脆，有著我們熟悉的麥芽甜味，這種甜味便是少部分澱粉已經轉化為糖所致。至於烘乾的麥芽在使用之前，至少需先存放 2 個月以上，以便讓內部殘餘的水分均勻散布。

◇ 商業麥芽的規格

目前全蘇格蘭除了雲頂和 Abhainn Dearg 以外的蒸餾廠，以及全球絕大多數的酒廠，使用的麥芽都是向麥芽廠購買。英國著名的麥芽廠如 Crisp Malting Group、Bairds Malt、帝亞吉歐公司旗下 4 座發麥廠 Burghead、Glen Ord、Port Ellen 和 Roseisle Maltings、高原騎士所擁有的 Highland Distillers 等等，都提供客製化服務，可根據客戶的需求量身打造特定的麥芽，不過也不是所有的參數都可自由選配。下表為較完整的麥芽規格，但不是所有的麥芽廠都會提供所有的數據：

麥芽規格表（取自〈參考文獻 13〉）		
參數	參考值	備註
含水量（%）	4.5-5.0	> 6 將衍生儲存及研磨問題
可溶提取率（SE2，%）	> 79（83 乾重）	0.2 mm，細粒
可溶提取率（SE7，%）	> 78（82 乾重）	0.7 mm，粗粒
細粗粒差異（%）	< 1.0	修飾良好
發酵比（%）	87 ～ 88	
發酵提取率（%）	> 68	不一定提供
預期酒精產出率（PSY，公升／噸）	410（430 乾重）	

麥芽規格表（取自〈參考文獻 13〉）		
參數	參考值	備註
糖化能力 （DP，α- 及 β- 澱粉酶）	65 ～ 75	150 ～ 200（蒸餾穀物）
糊精化單元 （DU，α- 澱粉酶）	> 45	> 50（蒸餾穀物）
總氮量（TN，%，乾重）	< 1.5 ～ 1.6	視生產季節而定
可溶解氮比值（SNR）	< 40	可溶解氮／總氮
游離 α- 胺基氮（FAN）	150 ～ 180	高比重麥汁需較高的 FAN

根據上表，幾個重要的參數說明如下：

① **含水量：** 在過去 20 年，麥芽廠將最終含水量稍微提高到 4 ～ 5%，但麥芽從運送到儲存到使用，大約還會吸收 0.5% 的水分。如果含水量高於 6%，則研磨時將產生困擾，不過穀物威士忌酒廠喜好較高的含水量，因為可以保留更多的糖化酵素。

② **可溶提取率以及細粗粒差異：** 如果將麥芽研磨到 0.2mm 的細粒時，所有未修飾完成的細胞壁結構都將被破壞而釋放出澱粉顆粒，此時以熱水萃取得到的澱粉提取率稱為 SE2，與胚乳的修飾程度並無太大關係。另一方面，若研磨到 0.7mm 的粗顆粒，細胞壁結構並未完全破壞，所得到的澱粉提取率 SE7 可衡量胚乳的修飾程度。因此 SE2 與 SE7 的差異在 1% 以內時，則表示修飾度非常良好。

③ **發酵比與發酵提取率：** 將麥芽以 0.7mm 的刻度磨碎後糖化，進行發酵實驗，根據麥汁在發酵前的比重（original gravity, OG）以及發酵後的

比重（final gravity, FG）計算發酵比，而發酵提取率則等於發酵比乘上 SE7，這個數值與預期酒精產出率相關。

④ **預期酒精產出率：**對麥芽蒸餾廠來說，麥芽最終的酒精產出率是考慮重點，可以依據下列公式來預估：PSY（公升 / 噸，乾重）＝發酵比（％）×SE7（％，乾重）×6.06，公式中的 6.06 為經驗常數。至於穀物蒸餾廠的預測則稍微複雜一些，必須分別計算麥芽和其它穀物的 PSY，而後再根據各種穀物的使用比例加總。

⑤ **酵素含量及糖化能力：**包括 2 個重要參數，即與糖化能力直接相關的 α- 及 β- 澱粉酶含量（DP），以及與糊精化相關的 α- 澱粉酶含量（DU）。簡單而言，α- 澱粉酶可任意分解澱粉為小分子的糖或大分子的糊精，而 β- 澱粉酶則僅能分解澱粉為麥芽糖，這部分將在〈第三篇、原料的處理〉中詳細說明。穀物蒸餾廠需要麥芽協助分解其它穀物的澱粉，所以需要的 DP 及 DU 值較麥芽蒸餾廠為高。

⑥ **氮：**酵母菌開始生長繁殖時，需要來自麥芽的游離 α- 胺基氮提供養分，所以無論是總氮量（TN）、可溶解氮比值（SNR）或是游離 α- 胺基氮（FAN），都可以讓蒸餾廠瞭解後續發酵的效率。假若麥芽的修飾程度過低，除了糖化效率不好，也會降低麥汁中的可溶解氮，進而影響發酵。

⑦ **碎度及均質度：**主要用於檢查胚乳的修飾程度，以及修飾是否均勻。檢驗時可在實驗室內取一定量的麥芽放置在多孔盤上，而後以特定壓力壓碎，再根據掉落的碎粒重量比例來計算。修飾度過低，影響後續的糖化和最終的酒精產出率，尤其是使用傳統或半濾式（semi-lauter）糖化槽，因為麥芽必須磨得更細；修飾度過高則易碎，產生的細顆粒同樣也容易阻塞糖化槽的過濾孔。

除了先前所提的亞硝胺之外，胺基甲酸乙酯為一種極微量的化合物，而其先導物質之一為糖苷腈（Glycosidic nitrile, GN），存在於某些大麥品種之中。過去使用的品種，譬如 Optic，屬於低 GN 產出（＜ 1.2 毫克 / 噸），

不過目前法規要求所有進入試驗的新品種都必須是非 GN 產出（non-GN）。

◊ **其它可作為威士忌原料的穀物**

一、玉米

玉米約在 1 萬年前為北美原住民馴化，目前是全球總產量最高的穀物，每年產量超過 10 億公噸，又以美國及中國為最主要的產地，占全球產量的 5 成，巴西、阿根廷次之。

玉米的澱粉含量約 72%（乾重），比大麥的 65～70% 還要高，因此在美國及加拿大為威士忌的主要原料，酒精產出率約 400 公升／噸，儲存運送時含水量必須降低到 15%。至於蘇格蘭的穀物威士忌蒸餾廠，於 1984 年前均以玉米為主要原料，不過英國並未栽種玉米，絕大部分都來自美國。從 1984 年以後，為了保障歐洲共同經濟市場而提高關稅，導致玉米的價格提高，進口量大減，加上玉米在蒸煮糊化處理時所需要的溫度較高、時間較長，因而墊高成本。目前蘇格蘭 7 間穀物蒸餾廠中，僅有 North British 仍繼續使用，Invergordon、Loch Lomond、及 Starlaw 等 3 間部分使用玉米，部分使用小麥，其餘 3 間則全數使用小麥。

由左至右存放的穀物分別為玉米、小麥和麥芽

二、小麥

小麥與大麥約在同個時期被人類馴化，目前僅次於玉米和水稻為全球第三大的農作物，每年產量超過 7 億公噸。中國為最主要的產地，印度、美國次之。

小麥的品種眾多，紅冬小麥如 Tritium aestivum 能生長在比玉米更寒冷的地區，澱粉含量約 69%（乾重）與玉米相差不多，酒精產出率約 390 公升／噸，儲存運送時含水量必須降低到 15%，其總氮含量約為 2%。小麥後續糊化處理所需溫度比大麥還低，甚至無須蒸煮，加上經濟因素，從 1984 年以後成為穀物威士忌產業的主要原料。目前蘇格蘭 7 間穀物蒸餾廠中，僅有 North British 並未使用小麥。

最具衝突美感的特異風味
泥煤

　　回想筆者於 2005 年所購買的第一支單一麥芽威士忌波摩 15 年，是在機場免稅店猶豫多時所作的決定。為什麼會挑選這款？也許是艾雷島名稱太過夢幻，又或許是鬼迷心竅想荼毒自己的味蕾，也可能只是美麗的店員極力慫恿，總之，彼時的筆者經驗極淺，在毫無心理準備地情況下開瓶，而嚐了第一口，便完全顛覆了筆者對威士忌的所有想像，那種強烈、特殊到讓人抓耳撓腮的風味，因缺乏辭彙而無法描述，但絕對與甜美、順口毫不相干，第一時間從口舌到腦到脊髓反射到神經末梢，如醍醐灌頂般打開筆者視野，展現的新天地有如莎士比亞《暴風雨》劇中，米蘭妲脫口驚呼的「brave new world」，從此邁向至今仍未停歇的冒險旅程。

蘇格蘭高地沼澤區（圖片由隼昌提供）

後來才知道這種叫人一試成癮
的滋味叫泥煤，足以讓飲者產生
遼闊的大海、浪濤拍岸的礁岩等
波瀾壯闊、充滿雄性激素的聯想，
卻非人人接受，可能愛它，或避
之惟恐不及，倒也無關是否嗜飲
威士忌或浸潤時間長短。它大多

人工採收泥煤（圖片由熊大提供）

與煙燻味伴合而生，呈現輕重緩急各種不同風貌，但如果單純從文字描述
去想像，應該不會有人想入口：焦炭、柏油、碘酒、消毒藥水、海潮、皮
革，或甚至只有台灣人或日本人熟悉的征露丸！沒錯，大師查爾斯麥克林
幾年前來台時，某酒友帶瓶征露丸進入品飲會場，他聞嗅之後拍案大笑，
毫無疑問就是這一味！

只不過威士忌為什麼會存在這種怪誕滋味？得從歷史談起。蘇格蘭緯度
偏高，山丘起伏且氣候濕冷，難見高大的喬木，遍地皆是低矮灌木，因此
缺乏煤礦，如何取得足夠的燃料是個大問題，除了鄰近數量不豐的材薪之
外，最便利的莫過於地下挖掘出來的泥煤了。

蘇格蘭遍布的泥煤田廣達百萬公頃，自古居民便知道採擷泥煤、晾乾脫
水，作為居家日常燃料，而製作威士忌時，也成為最重要的物資。但除了
需求之外，口味喜好也是重點，羅勃莫瑞爵士（Robert Moray）於 1667
年在一篇論文中寫道：「製作麥芽的最佳燃料為泥煤，其次是煤炭……如
果上述各種燃料都不足，那麼還是先使用泥煤，因為它賦予威士忌最強烈
的風味口感。」到了現代，對泥煤的研究更加廣泛深入，發現泥煤裡的二
氧化硫可降低麥芽遭受微生物感染的風險，且被麥芽吸收之後，可抑制 N-
亞硝基二甲胺（N-nitrosodimethylamine, NDMA）的生成，而 NDMA
為強烈致癌物質。

雅柏酒廠人工開採的泥煤（圖片由酩悅軒尼詩提供）

◊ 泥煤的種類與採集

　　泥煤既稱「泥」又稱「煤」，顯然包含了炭化的植物和沉泥雜質，不唯出現在蘇格蘭或愛爾蘭，其實全世界都有，包括台灣，只要是過去的沼澤、湖泊或淺海地區，各類喬木、灌木、蕨類、苔蘚或藻類死亡後淹埋在水裡腐爛，並與土砂等雜物混合堆積，久而久之便形成腐植土，土壤科學的分類稱之為泥炭土。在堆積的過程中，植物裡的有機物被微生物緩慢分解，若分解環境中缺乏氧氣，則無法轉化成二氧化碳釋出，以致於千百年後形成炭化物，又由於沉積的環境富含水分和雜質，無法像煤炭般完全炭化，因此含水量偏高，必須曬乾才能使用。

　　蘇格蘭擁有不同的泥煤區，占據土地總面積的 20%，主要是不同的地形、氣候等環境因素所造成，而形成泥煤區的沼澤可分為兩大類，包括因氣候因素所造成的氣候型沼澤，以及因地形因素所造成的盆地沼澤。前者常見於蘇格蘭的西部、北部以及西海岸與北海岸的島嶼，因經年降雨而形成平面型沼澤（blanket bog），屬於「天降甘霖」（ombrotrophic）型氣候沼澤，地下掩埋的植物含較多的水苔、石楠或低矮的灌木，木本植物則較少。至於後者，原本是盆地或谷地（fens）的地形，水分來源不需要倚賴特定的氣候條件，而是來自周圍土壤的地下水，只要地下水持續流入便可以在任何位置形成沼澤，因此也稱之為「流變型」（rheotrophic），底層的植物概屬水生菅茅或水草。

　　由於泥煤區的形成環境為沼澤，即使歷經千百年後抬升，含水量仍達90%，只有 10% 為固體，而固體中 92% 為有機質，其餘 8% 為無機物。另外由於形成泥煤的植物種類眾多，其化學組成成分不一，但主要為木

質素（lignin），其它則包含碳水化合物如纖維素（cellulose）、半纖維素（hemicelluloses），也含有少量的氮基化合物。

　　根據「國際自然保護聯盟」（International Union for Conservation of Nature, IUCN）所作的統計，英國泥煤區總面積近 300 萬公頃（略小於全台灣總面積），其中蘇格蘭占據了 68%、英格蘭 23%、威爾斯 9%。至於每年採收的泥煤總量約 2 萬噸，絕大部分供園藝使用，小部分在鄉村郊區作為燃料，威士忌產業所用僅占極小部分。「國際泥煤協會」（International Peat Society）估計，若使用量保持不變，則 2,000 年內威士忌的供給量絕無問題。

　　不過近年來環保意識抬頭，根據「國家泥煤區保護團體」（National Peatland Group）的統計，70 ～ 90% 的泥煤區都受到或輕或重的破壞，導致生態環境改變、溫室效應加劇以及氣候變遷等等問題，因此倡議保護既有泥煤區。以威士忌產業而言，目前常見被開採的合法泥煤田如下表中 6 處：

常見的合法泥煤田		
泥煤田名稱	擁有者	位置
Glenmachrie	拉弗格	艾雷島區
Gartbreck	波摩	艾雷島區
Castlehill	波特艾倫	艾雷島區
Hobbister Hill	高原騎士	島嶼區（奧克尼島）
St Fergus	－	高地區（亞伯丁郡）
Tomintoul	－	斯貝賽區

上述泥煤田因地形地質及生長的植物影響，化學組成各自不同，根據貝里哈里森等人（Barry Harrison et. al., 2009）針對艾雷島、高地區（亞伯丁郡）、島嶼區（奧克尼島）以及斯貝賽區取樣分析研究，其化合物含量比例如下圖所示：

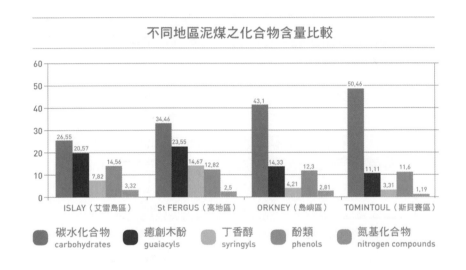

由圖中明顯可見各區泥煤有所差異。此外，上圖合併了來自艾雷島的3處泥煤田，若再細究，來自盆地沼澤沉積的 Glenmachrie 和 Gartbreck 十分相似，難以用紅外光譜分辨，但 Castlehill 因屬於平面型沼澤沉積，具有更多的木質素衍生物和碳水化合物。

除了地區、位置之外，同區泥煤於不同深度其化合物含量也有顯著差異。所有的泥煤層若以地下水位為界，可粗略分為 2 層，包括地下水位以上的頂層，其深度約在地表下 10～50 公分，含有較多的碳水化合物，但酚類物質較少；地下水位以下則為飽和含水層，屬於厭氧環境，可能因微生物的代謝而具有較多的氮基、硫基化合物，某些微生物能於厭氧環境下從木

質素代謝出香草醛。綜合而言，即便是同一區的泥煤，淺層區域含富未完全炭化的植物根莖，燃燒不完全而容易產生煙氣，深層的泥煤則炭化程度較高，易產生熱量但煙氣較少。

以怪手開採的 Hobbister 泥煤田

　　蘇格蘭泥煤的平均累積速率為 0.5～1.0mm／年，因此每 1 公尺厚的泥煤至少需時 1,000 年。筆者於 2018 年造訪高原騎士酒廠時，全球品牌大使 Martin 針對酒廠擁有的 Hobbister 泥煤田解釋，依其開採深度大致分為 3 層，最上層包含尚未完全分解的植物，碳水化合物含量較高，但酚類物質較少，燃燒產生的香氣偏向於燒烤煙燻；中間層的植物在地下水位以下進行無氧分解，燃燒時含煙量高，產生的香氣趨於辛香以及香草等風味；最底層則因為炭化較徹底，燃燒時溫度較高、含煙量少，賦予麥芽焦油、煤炭等等的氣味。

　　在過去的印象裡，泥煤採收者利用特製的採割鏟，倚靠全身重量重重踩入泥煤田，切割並將一條條長條形的泥煤柱拋擲出來堆疊一旁，是一項既傳統又艱辛的體力活。只不過由於泥煤的需求量增大，這種純靠人工的採收方式早已不切實際，因此目前絕大部分的泥煤田均利用機械採收。筆者於造訪 Hobbister 泥煤田時，首先便注意到一塊塊的泥煤是利用怪手挖掘，再以類似鏟路機的機械將泥煤鋪平曬乾，泥煤鏟放置一旁，顯然只是給觀光客的體驗活動。以蘇格蘭而言，由於冬季凍土影響開採，因此採收的時期約從每年 4 月到 9 月。

◊ 泥煤的風味

　　由於泥煤的炭化程度低且含水量偏高，燃燒時將產生大量煙霧，這種

煙霧含富各種酚類的懸浮微粒，附著在潮溼的麥芽顆粒上，便是我們習稱的泥煤味。不過口語裡的泥煤，其實是各種酚類的組合，而麥芽的泥煤含量，可於實驗室內藉由儀器來測定，如一般發麥廠最常使用的比色法，或是較為精密的「氣相質譜層析儀」（Gas Chromatography / Mass spectrometry, GC-MS）或「高效液相層析儀」（High Performance Liquid Chromatographic, HPLC）等等，並以百萬分之一（ppm）為單位。但儀器間可能出現誤差，譬如比色法得到的讀值往往比 HPLC 還要低，尤其是酚值越高，比色法與 HPLC 的差距也就越大，這便是某些蒸餾廠的酚含量比競爭對手高上 1 倍的原因。

　　此外，我們看到酒標上標示的泥煤值或酚值，指的都是麥芽中酚類化合物的總量。泥煤燃燒後生成的煙霧中含有 8 種重要的酚類物質，但可分為三大類，包括苯酚類（苯酚、4- 乙基苯酚）、癒創木酚類（癒創木酚、4- 甲基癒創木酚、4- 乙基癒創木酚）和甲酚類（鄰甲酚、間甲酚、對甲酚），各自帶來不同的氣味感受，但也各自具有不同的嗅覺門檻濃度（專業術語

波特艾倫發麥廠使用的泥煤（圖片由 Kingfisher 提供）

稱為「閾值」），若以十億分之一（ppb）為單位，如下表^{註3} 所示：

名稱	嗅覺門檻 ppb（溶於水中）	氣味特徵
苯酚（phenol）	5900	消毒藥水
鄰甲酚（o-cresol）	650	消毒藥水、煙燻
間甲酚（m-cresol）	680	消毒藥水、煙燻
對甲酚（p-cresol）	55	汗水、豬圈
癒創木酚（guaiacol）	3〜21	焦烤、木頭、培根、煙燻、藥水、香草、征露丸
紫丁香酚（syringol）	1850	焦烤、辣味、培根、煙燻、藥水、香草、奶油、肉味
丁香酚（eugenol）	6〜30	精油、丁香、煙燻
4- 乙基苯酚（4-ethylphenol）	140	乾草、消毒藥水
4- 乙基丁香酚（4-ethylguaiacol）	600	培根、香料、丁香、煙燻

根據「蘇格蘭威士忌研究院」（Scotch Whisky Research Institute）建構的風味輪，泥煤的風味可區分為三大類：

◎ 焦味（瀝青、煤灰、灰燼）

◎ 藥水（TCP 藥水、消毒水、germoline 軟膏、醫院）

◎ 煙燻（燒木頭、煙燻鯡魚／培根／起司）

註3 取自陳正穎《泥煤、泥煤味和泥煤威士忌全方位探討》，酒訊雜誌第 87 期，2013／09

其中藥水味和煙燻味是最常讓我們察覺並用以形容的風味，但這兩種風味又是從何而來？

　　上表中，紫丁香酚和丁香酚的含量非常低，即便嗅覺閾值低，一般麥芽廠都不會量測這兩種酚類；苯酚類的嗅覺閾值相對極高，通常無法察覺，因此也可忽略。癒創木酚的名詞來自「癒創木」，這是已知自然界中最硬、單位重最大的樹木，其硬度比橡木還要高3倍，心材的主要成份便是癒創木酚，不過一般橡木的木質素於加熱裂解後都會產生癒創木酚，聞起來如同烘焙咖啡或木頭燃燒後的煙燻位。至於嗅覺閾值同樣低的甲酚類，主要是以藥水或消毒藥水味為主，也是我們時常用於描述泥煤的風味。

　　上表中的各種酚類經儲存、磨碎、糖化、發酵、蒸餾及橡木桶熟陳種種過程，所含的酚值均將產生變化，但是這些變化消費者都無從得知，因為所有酒款所公布的酚值都僅只於麥芽，僅有少數以泥煤著稱的蒸餾廠可查到麥芽和新酒的總酚含量。下表係參考 Misako Udo 於 2005 年所著之《蘇格蘭威士忌蒸餾廠》，顯然新酒與麥芽的酚含量不存在明確的比例關係，但概略說來可為麥芽酚值的 1/2～1/4。至於裝瓶前的數據則幾乎未曾見過，唯一的例外是 Ailsa Bay 於 2016 年首度裝出的 Sweet Smoke，酒標上註明的 ppm021，指的是裝瓶前的量測值。

　　輕度泥煤產品，無論香氣或口感都難察覺，中度泥煤則足以感受其神秘威力，至於重度泥煤，一向以艾雷島上的雅柏酒廠為代表，愛好者趨之若鶩。不過最重的泥煤不在上述酒廠，而是傳統上只做無泥煤產品的布萊迪。

　　2015 年退休、對蘇格蘭抱有強烈熱情的大師吉姆麥克尤恩（Jim McEwan）在擔任酒廠經理時，心一橫地想：「既然大家都認為布萊迪不作泥煤版，那麼我就來跌破大家眼鏡！」為了達到前無古人的麥芽酚值，吉姆要求 Bairds Malt 發麥廠降低燃燒泥煤的溫度，而且全程使用泥煤，在薩拉丁箱內進行長達 5 天 5 夜的煙燻，製作出驚人的奧特摩系列。2002

麥芽蒸餾廠之泥煤（酚）含量			
蒸餾廠	說明	麥芽（ppm）	新酒（ppm）
雅柏	1979 ～ 1996 年期間	42	24 ～ 26
波摩		20 ～ 25	8 ～ 10
布萊迪	波夏（Port Charlotte）	40	20 ～ 25
	奧特摩（Octomore 'Futures'）	80.5	29.6
	奧特摩 01.1 2003/2008	131（註4）	46.4
卡爾里拉		30 ～ 35	12 ～ 13
拉弗格		40 ～ 43	25
樂加維林		35 ～ 40	16 ～ 18
齊侯門		55	23
高原騎士	地板發麥 30 ～ 35ppm，但每年 6 個星期做 40 ～ 45ppm 之重泥煤	10 ～ 15	2 ～ 5
泰斯卡		25 ～ 30	—
雲頂	朗格羅（Longrow）	55	—
BOX（瑞典）	酒心取至 60%	45	10
南投酒廠	酒心取至 62%	35 ～ 40	15 ～ 20

註4 Misako Udo 書中測出的泥煤含量為 129 ppm（T&T 公司使用比色法測出的數值），但奧特摩 01.1 的酒標上註記的是 131 ppm

年初次現身的「Futures」版本已創造歷史新高，2003 年製作的 01.1 版更突破 100ppm，到了 2017 年的 08.3 版高達不可思議的 309ppm！顯然全球泥煤瘋子所在多有。如果拿動輒 100、200ppm 的奧特摩與左頁上表比較，便可知道如此高的酚值帶給消費者何種驚奇的口感。

◊ 泥煤麥芽的製作

　　正如先前針對烘乾麥芽作業所作的說明，早期的烘麥窯分為上下兩層，中間以有孔鑄鐵板隔開，上層放置厚約 1.2～1.5 公尺的濕麥芽，下層則為燃燒燃料的窯爐。在泥煤還未被透徹研究清楚之前，普遍認

格蘭蓋瑞酒廠廢棄之窯爐底部，上方為烘麥室

為提早使用泥煤可獲得較高的泥煤度，一旦麥芽的含水量降低到折點後，由於麥芽表面的水份已被蒸乾，泥煤煙霧再也難以附著。在此種觀念下，傳統的作法是利用兩種燃料、分兩階段來烘乾麥芽，第一個階段以泥煤為燃料，其燃燒效率較差，爐內溫度約 800 度，當等麥芽濕度降至 20～25% 時進入第二階段，投入熱效率較好的無煙煤為燃料，可提高爐內溫度達 1,500～1,700 度，將麥芽烘乾到含水量約等於 4% 左右。

　　這種兩階段的烘麥芽方式，可有效利用不同燃料的熱量，目前仍為部分自行發麥的酒廠所採用，如雲頂酒廠內部便高懸著烘麥解說牌，說明旗下無泥煤的赫佐本直接以熱空氣烘乾，低度泥煤的雲頂使用泥煤 6 個小時＋熱空氣 30 個小時，而高泥煤的朗羅則必須使用泥煤至少 48 小時。筆者於造訪高原騎士時，也看到窯爐旁邊的壁面草寫著「Peat 9 HOURS，Coke 20.00」的字樣，意思是燃燒泥煤 9 小時後，再改用無煙煤 20 小時。不過雙燃料的使用時間不可能恆定不變，即便來自相同的泥煤田，不同區塊所含成分多有不同，導致燃燒後產生的效果（附著於麥芽上的酚值）也不盡相同。高原騎士為了達到設定的酚值 38～45ppm，平均約使用 1.5 噸泥煤來燻製 7.5 噸麥芽，2017 年總共使用約 160 噸，但 2018 年使用量提高到 220 噸，差異十分明顯。便因為如此，酒廠必須記錄烘麥室內的溫度及濕度，以掌握烘麥情形，其記錄圖形如下所示：

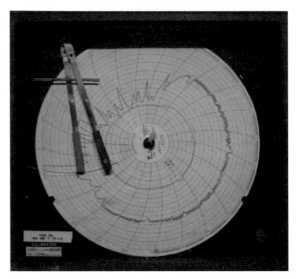

高原騎士酒廠烘麥室溫度與濕度的記錄圖

同心圓內圈（紅色）記錄的是濕度，外圈（藍色）則是溫度，徑向弧線標示的是時間（小時）。室內溫度愈高，濕度也愈高，麥芽的含水量則降低。當大部分吸附在麥芽表面的水分都離開之後（折點），必須靠著提高溫度才能讓其餘水分離開，因此改用無煙煤或熱空氣來繼續烘乾。這張記錄圖的折點發生在開始進行烘麥後約 9 小時左右，折點以前因採用泥煤作為燃料，因此溫度上下震盪並不穩定，改用無煙煤之後溫度便穩定下來。另外，室內濕度在第 16 小時陡升陡降，圖中註記 Turned，代表進行了一次翻麥，以便讓麥芽受熱均勻。

由於窯爐的尺寸小於烘麥室的地板面積，燃燒泥煤或無煙煤的熱量並無法均勻傳遞，又由於麥芽層厚約 1.2～1.5 公尺，表面的自由水受重力影響往下流，窯爐的熱量向上傳，以致不同位置、不同深度的麥芽，在同一時間的受熱程度和附著的泥煤量都不盡相同，因此除了須定期翻麥，也須定期取出麥芽來測定酚值和含水量。即便如此，最終測得的酚值仍可能不甚均勻，不過這種差異在後續混合無泥煤麥芽之後，都將被重新平均，因此也無須太過在意。

泥煤的熱效率不高，商業發麥廠興起後，逐漸揚棄將泥煤當作燃料的烘麥方式，而把它當作風味物質。此外，隨著量測酚值的儀器和技術進步，對於泥煤與酚類物質有了詳盡的研究，發現雖然麥芽在含水量 46% 以下便開始吸附泥煤煙霧，但是在折點以前的吸附效果並不好，必須等到水分都離開麥芽表層之後，吸附效率最高。因此目前泥煤麥芽的製作工序更改為：

① 輸入熱空氣，將麥芽的含水量降低到趨近「折點」，即 25% 左右；
② 切斷熱源供應，利用風扇將泥煤煙霧導流到烘麥室去燻製麥芽；
③ 當泥煤度達到設定值之後，停止輸送煙霧，繼續以熱空氣將麥芽烘乾。

　　至於泥煤煙燻製作的方法，則是在大而深的窯爐內，以高溫方式將泥煤熱裂解，可產生具有揮發性的物質和焦油等煙霧顆粒。以風味而言，傳統方式製作出的泥煤麥芽，癒創木酚的含量比苯酚、甲酚為高，因此風味以煙燻為主，加上焦甜、堅果與杏仁。至於現代化方法製作的泥煤麥芽，甲酚及苯酚等含量較高，產生較多的藥水、瀝青、焦油等風味。

　　此外，如同我們所熟知，發麥廠可依客戶要求製作特定 ppm 含量的泥煤麥芽，不過由於使用同樣的設備容量，為求經濟和效率，實際做法是以固定重量的泥煤燻製固定重量的麥芽，製作出某個酚值級距內的泥煤麥芽。舉波特艾倫發麥廠為例，每個批次的麥芽為 50 噸，使用 10 噸泥煤，烘乾後的麥芽泥煤含量約 30ppm ～ 80ppm 不等，經檢測後，再與非泥煤麥芽混合，便能依客戶需求製作出固定 ppm 的泥煤麥芽。布萊迪酒廠（正式的酒廠名稱應該為 Progressive Hebridean Distillers, PHD）的波夏系列（Port Charlotte, PC）要求的泥煤含量為 40ppm，剛開始 Bairds Malts 發麥廠依正常做法供料，但是等到奧特摩系列穩定上市後，波夏的泥煤麥芽便是使用奧特摩的超高 ppm 泥煤麥芽混合布萊迪的非泥煤麥芽製作完成。

　　很顯然，酒廠如果抽驗一把購入的麥芽，附著在不同麥芽顆粒上的酚含量一定不同，但也不致影響最終的產品，因為各批次新酒製作完成後，先混合儲放在暫存槽，而後入桶熟陳，最後再經過勾兌調和，每顆麥芽顆粒的微小差異早已被抹去。

◇ **奧特摩的特殊泥煤麥芽**

　　但奧特摩動輒數百 ppm 的泥煤麥芽又是怎麼做？根據官方說法，他們的泥煤麥芽由 Bairds 發麥廠利用浸泡、發芽、烘乾都在同樣箱體的薩拉丁

箱來製作，並使用採擷自高地的泥煤，以較低的溫度燃燒，花 5 天工夫慢慢將麥芽烘乾，因此可吸附較高的泥煤度，但到底是多少則全未控制。

由於泥煤在上述過程中不僅作為風味物質，也需要提供熱量，因此私下揣測使用的泥煤至少有 2 種，且可能的製作方式如下：

① 在窯爐內燃燒濕度較高、炭化程度較低的泥煤，產製出較高濃度的泥煤煙霧和較低溫的熱空氣並導入薩拉丁箱下方，由下而上的烘乾麥芽；

② 當麥芽含水量無法再降低時，更換濕度較低、炭化程度較高的泥煤，以明火燃燒方式產生較高的熱空氣，但導入溫度不應超過 65℃，以避免破壞麥芽的各類澱粉酶，持續將麥芽烘乾到約 4%。

再次強調，以上步驟雖乍看可行，但 Bairds 並未透露實際方法，因此僅能依學理推測。

根據奧特摩 6.3 委託 Tatloch & Thomson 實驗室以 HPLC 方法所作的測定，8 種主要的酚類含量經加總後高達 258.08 ppm。由於不同的酚類具有不同的氣味和香氣閾值，因此筆者根據「蘇格蘭威士忌研究中心」（Scotch Whisky Research Institute, SWRI）公佈的閾值資料，以及 T&T 的測定值，製作比較表如下頁：

根據表中的測定值／閾值比可知，我們最容易感受到的應該是來自癒創木酚的煙燻味，或許也可聞到微微的藥水味，又由於 HPLC 無法分離間甲酚和對甲酚，因此即便兩者的閾值差距大，但無法計算。

筆者必須強調，T&T 的分析結果僅針對麥芽。由於酚類物質的含量從糖化到蒸餾階段都會大幅折減，熟陳時可能從橡木桶得到微量補充，卻也會隨天使的分享而揮發更多，因此裝瓶時還剩下多少不得而知。不過新酒倒是有少部分的記載，如根據 Andrew Jefford 於 2005 年所著之《Peat Smoke and Spirit : A Portrait of Islay and Its Whiskies》一書，當吉

物質		香氣閾值（ppm）	Octomore 量測值（ppm）	量測值／閾值	主要香氣
guaiacol	癒創木酚	0.04	12.7	317.5	煙燻、藥水、木質、培根
4-methyl guaiacol	4-甲基癒創木酚	0.95	8.07	8.5	刺激、甜味、丁香
o-cresol	鄰甲酚	0.61	74.67	122.4	酚味（碘酒、墨水）
phenol	苯酚	19.2	138.62	7.2	藥水、消毒藥水
4-ethyl guaiacol	4-乙基癒創木酚	0.11	3.95	35.9	煙燻、甜味、香草
p-cresol	對甲酚	0.05	19.26	—	酚味（碘酒、墨水）、微刺激
m-cresol	間甲酚	0.58		—	酚味（碘酒、墨水）
4-ethyl phenol	4-乙基苯酚	0.47	0.78	1.7	藥水、煙燻

姆麥克尤恩想做出「世界最重泥煤的烈酒」時，遠在本島 Inverness 的發麥廠 Bairds Malt 於 2002 年交出的麥芽酚值高達 80.5ppm（即奧特摩「Futures」），已超出吉姆的預期（60ppm 以上），隔年更做出不可思議的 300.5ppm（奧特摩 01.1）！不過就以這兩批泥煤麥芽來講，2002 年於蒸餾成新酒後，泥煤度只剩下 29.6ppm（36.8%），而 2003 年更只剩下

46.4ppm（15.4%），似乎麥芽的酚值愈高，折損率也跟著提高。

　　讀者也須留意，不同方法量測得到的麥芽酚值不盡相同。奧特摩「Futures」的 80.5ppm 是採用 HPLC 法，但比色法量得的數據為 68.2ppm；300.5ppm 也是布萊迪自行送 T&T 實驗室採 HPLC 分析，換作 Bairds 發麥廠以比色法得到的結果僅有 76.5ppm，而 T&T 公司的比色法稍高，但也只是 129ppm，由此可知量測方法之間的差距大到不可忽視。至今為止，HPLC 仍是業界（化工、食品、環工等行業）公認較為準確的量測方法，但一般商業麥芽廠大多繼續使用比色法，如 Bairds Malt，這種方法測定低酚質含量時相當準確，不過對於高酚質含量將嚴重低估。因此，假若把某些高泥煤度的麥芽（如雅柏酒廠的 Supernova）送交 HPLC 重測，或許可以得到更高的數值。

◊ 影響泥煤風味的其它因素

　　一般而言，吸附於泥媒麥芽上的酚類物質，於威士忌的製作過程中將持續增減，其變化情形說明如下：

① **糖化及發酵階段：**泥煤麥芽於磨碎之後，將經過多道高溫熱水的沖洗與攪拌來進行糖化，此時少部分酚類物質將隨水蒸氣蒸散，而將麥汁濾清之後，一部分的酚類殘留在糟粕裡成為動物飼料，因此總酚量將微微下降。至於發酵時，酵母菌將某些非酚類物質轉化成酚類物質，因此其濃度可能微幅上升。以上兩階段的變化幅度都不大，已故威士忌大師 Jim Swan 曾以 27ppm 的泥煤麥芽於實驗室內進行量測，以總重量而言，兩階段合計將損失約 2.5%。

② **蒸餾階段：**製程中損失最大的階段。同樣根據 Jim Swan 的量測，發酵完成後的酒汁經第一次蒸餾，絕大部分的酚類物質都隨廢液排出，僅存約 35% 保留在低度酒內，而後進行二次蒸餾，再度將殘存的酚類物質洗去，所以在最終的新酒中，以重量而言，只量測到初始麥芽總酚量

的 3.4%。這個數值驚人的低，但並不表示新酒的泥煤度降為 1ppm，而是因蒸餾後提取的新酒量同樣也降低，換算下來，新酒的酚類濃度大約減為麥芽階段的 1/3～1/4 左右。

不過 Jim Swan 的量測只是實驗室規模，酒廠實際操作時，許多細節都將影響新酒的泥煤度。例如酚類化合物的分子量較大，提取所需的動能（熱能）較高，因此酒心切點（即烈酒蒸餾時取出酒心的終止酒精度）越往後延，越能取到較高濃度的泥煤。一般酒廠的酒心約取到 65、64%，雅柏取 62.5%，波摩取到 61.5%，而樂加維林則取到 59%，台灣的南投酒廠釋出 2 種泥煤版威士忌，分別取在 64% 和 62%，酒友們可以比較看看其間差異。此外，蒸餾時提供的熱能越快越多，將越容易將較重的物質提取出來，同樣也可以得到較多的酚類物質；相對的，緩蒸慢餾能得到較輕盈乾淨的酒體。

③ **熟陳階段：**新酒放入橡木桶，經長時間熟陳後，原本的酚類物質將隨著天使的分享而緩慢蒸散，但是也會從木桶中萃取、生成酚類，其中又以製桶過程中烘烤、燒烤產生的癒創木酚最為明顯。所以就算是非泥煤麥芽的威士忌，同樣也能讓我們感受到煙燻味。

但是橡木桶的影響非常複雜，尤其是純粹以感官判定時，其他香氣將干擾泥煤風味的表現。過去不少相關實驗，如 Tao Yang 的博士論文[註5] 便曾量測 6 種市售泥煤威士忌的酚類物質和品酩小組的評分，以及將泥煤威士忌加入無泥煤的乙醇、穀物威士忌和麥芽威士忌，用以測試需要多少添加量才能感受到泥煤味……等等。而結論是？簡單說，熟陳後的

註5 Tao Yang "The impact of whisky blend matrices on the sensory perception of peaty flavours" Doctral Thesis, International Centre for Brewing and Distilling School of Life Sciences, Heriot-Watt University, Edinburgh, September 2014

變化維度太多，難以判定。

④ **流經泥煤田的水：** 在無限放大的泥煤想像裡，蒸餾廠使用流經泥煤田的水，來進行糖化和稀釋步驟，因此讓威士忌充滿獨特的泥煤風味。有關水的討論詳見下一節，不過原則上，最終會進入消費者之口的水，按英國法規，都必須進行處理以滿足飲用水的標準。所以經過處理後的水，即便曾流經過泥煤田，能否留下酚類化合物質不無疑問。Craig A. Wilson[註6] 於 8 間酒廠中取得製作用水的樣本（含我們熟悉的泥煤酒廠泰斯卡、卡爾里拉和拉加維林），並取得用於波摩酒廠的溪水，而後測定水中的 8 種酚類。根據他的量測，所有樣本的酚類含量基本上是 0，唯一不是 0 的酚類只有 4- 乙基癒創木酚，但含量也接近於 0（0.01ppm）。所以，明顯的結論是，流經泥煤田的水，在風味上一點影響也沒有。

註6 Craig A. Wilson "The Role of Water Composition on Malt Spirit Quality" Doctral Thesis, International Centre for Brewing and Distilling School of Life Sciences, Heriot-Watt University, Edinburgh, September 2008

WHISKY KNOWLEDGE

蒸餾廠選址的最重要因素
水

　　每座蒸餾廠興建之初，務必考慮的最重要因素不是大麥或其它穀物、亦非酵母菌，而是水，選址時務必鄰近豐沛無虞、水質良好的水源。務實的原因在於，早年蒸餾廠的動力來源通常是水車，而在水質處理能力不及現代的當時，良好的水質確實也是酒質的保證，因此所有的蒸餾廠無不強調其用水。格蘭利威使用富含礦物質的喬西之井（Josie's Well），格蘭菲迪擁有羅比度之泉（Robbie Dhu Spring）；當今正夯的日本威士忌中，山崎與白州蒸餾所使用的「離宮之水」與「白州尾白川之水」均名列日本名水百選之內，就算在台灣，金車酒廠選在素以「水的故鄉」聞名的宜蘭員山建廠，南投酒廠則引汲流經中央山脈岩層與原始林區的地下水。

　　從行銷的角度看，絕大部分的酒廠都不會拿廠裡使用的大麥（麥芽）、酵母菌種或泥煤田產區作為賣點，因為來源大多相同，但對於水源無不傾力宣揚，其道理也簡單，每瓶威士忌中，水可能占據 60%，若說水對酒質沒有影響是說不過去的。

格蘭傑酒廠的 Tarlogie 湧泉（圖片由酩悅軒尼詩提供）

◊ 軟硬水的使用和水質過濾方法

一般而言，蒸餾廠使用的水，依使用目的可區分為 2 種：（1）直接參與反應的製作水；以及（2）不與原料或酒接觸的輔助用水。用途上雖涇渭分明，但水源卻可能相同，而不同的水源具有不同的特性。河川溪流或湖泊屬於地表水，其礦物質含量較少，但容易受到微生物或是其它汙染源的感染，供應上受到降雨量的影響而不穩定。泉水或水井為地下水，受到流經的地質影響，其礦物質可能含量較高，但微生物較少，水質及水源供應一般較為穩定。至於公共自來水，其供應量基本上不受氣候影響，也幾乎不受污染，需要考慮的是加氯問題。

下表係整理《蘇格蘭威士忌蒸餾廠》書中所列營運中酒廠的水源，其中紅字部分為硬水，其餘皆為軟水，另少數酒廠水源不只一處。從表中可知，絕大部分酒廠的水源來自泉水或河川、溪流，其次是湖泊和水井，少部分酒廠，如穀物蒸餾廠，使用的是都市供水系統提供的公共用水。

斯貝賽產區最重要的河流——斯貝河，橫跨河面的拱型鐵橋為興建於 1814 年的魁列奇鐵橋（Craigellachie Bridge）

蘇格蘭營運中蒸餾廠使用水源統計表

泉水	河川／溪流	湖泊	水井／地下水
Ardmore	Aberfeldy	Ardbeg	Auchroisk
Balvenie	Aberlour	Auchentoshan	Dufftown
Benriach	Allt-a-bhainne	Bruichladdich	Glenlivet
Benromach	Aultmore	Cameronbridge	Glenrothes*
Cardhu	Balblair	Caol Ila	Glen Scotia*
Convalmore	Balmenach	Glengyle	Macallan
Craigellachie	Banff	Glen Scotia*	Strathisla
Edradour	Ben Nevis	Glentauchers	
Fettercairn	Benrinnes	Invergordon	
Glenallachie	Bladnoch	Lagavulin	
Glenburngie	Blair Athol	Laphroaig	
Glencadam	Bowmore	Loch Lomond	
Glendullan	Bunnahabhain	Oban	
Glen Elgin	Caperdonich	Old Pulteney	
Glenfarclas	Clynelish	Springbank	
Glenfiddich	Cragganmore	Tobermory	
Glen Garioch	Daftmill		
Glenglassaugh	Dailuaine		
Glen Grant	Dallas Dhu		
Glenkinchie	Dalmore		

＊水源不只一處

蘇格蘭營運中蒸餾廠使用水源統計表

泉水	河川／溪流	湖泊	水井／地下水
Glenmorangie	Dalwhinnie		
Glenrothes*	Deanston		
Highland Park	Glendronach		
Inchgower	Glengoyne		
Isle of Arran	Glenlochy		
Jura	Glenlossie		
Kininvie	Glen Mhor		
Linkwood	Glen Moray		
Longmorn	Glen Ord		
Mortlach	Glenturret		
Royal Lochnagar	Macduff		
Speyside	Mannochmore		
Strathclyde	Miltonduff		
Strathmill	Royal Brackla		
Tamdhu	Scapa		
Teaninich	Speyburn		
Tomintoul	Talisker		
	Tomatin		
	Tormore		
	Tullibardine		

＊水源不只一處

　　另外從統計表中可以看出，絕大部分蒸餾廠使用的水源都為軟水[註7]，主要原因是地質因素。根據英國的水質管理局資料，大部分的蘇格蘭地區都是軟水，愈往英格蘭靠近水質愈硬，因此僅有少部分蒸餾廠因地理位置不得不使用硬水。軟水的優勢在於，酵母菌喜好弱酸環境（pH＝5.4，詳〈第三篇、原料的處理〉），而硬水中的鹼性離子將讓水質呈弱鹼性。但也有例外，譬如美國肯塔基州的波本威士忌，所使用水源便是流經石灰岩的硬水，用以過濾水中的鐵離子，而解決弱鹼問題的方法，便是在糖化時的穀物糊內加入前一次蒸餾後留下的酸性廢液再進行發酵，這種特殊作法稱為「酸醪」（sour mash）製程。

格蘭花格酒廠前的水車（圖片由隼昌提供）

　　所有酒廠都盡可能取得品質良好、供應穩定的水源，但除了入桶、裝瓶前稀釋用水必須符合飲用水標準之外，其它的製作水品質門檻倒也不至於太高。外觀上當然得清澈透明，礦物質含量則須達到不同的製作要求標準，若水源無法滿足所有需求，則使用前須加以處理，可行的方法如下：

◎ 使用活性炭過濾含有中等濃度有機物的地下水及地表水，如農藥，酚類和氯化合物，也能有效過濾懸浮固體，或去除大眾供水系統中過量的氯，達

到改善味道，顏色和氣味的目的。

◎ 對於過度混濁的水，可先通過砂柱、靜置沉澱、添加凝結劑或高分子凝絮或氧化過濾等方式過濾澄清，而後再進行活性炭處理。

◎ 針對不需要的礦物雜質，可利用離子交換樹脂（IER）、逆滲透（RO）或奈米濾膜等方式移除。

◎ 針對水中的微生物，可以紫外線消毒、加熱或無菌過濾法來去除。

◊ 水的用途

一、製作水

製作流程中，將直接與原料和酒接觸及反應的水，也將在裝瓶後多多少少進入消費者的口中，包括：

① **浸泡大麥用水**：少數自行發麥的蒸餾廠用於浸泡大麥、促使發芽時用到的水，必須達到外觀清澈無汙染、不致影響健康等等基本要求，通常需要換二次水。另須注意的是溶氧量，由於大麥發芽需要呼吸，因此須打入空氣以提高發芽率。

② **糖化用水**：製程中最重要的水，水的品質影響麥汁，進而影響後續的發酵、蒸餾以及最終製作出來的新酒，其中又以水中溶解的鹽類影響最大，必須考慮的特定鹽類及離子包括：

◎ 硫酸鹽：可降低麥汁的 pH 值，利於發酵

◎ 鈣離子：有助於酵母菌的生長和繁殖

◎ 碳酸離子：硬水中存在的離子，將提高麥汁的 pH 值而不利發酵，且將在管線內形成積垢而難以清除

◎ 硝酸鹽：一般當作水質受到汙染的重要指標

◎ 鎂離子及鋅離子：為酵母菌生長所需的微量元素

從以上原則來看，各種離子的影響利弊不一，關鍵在於濃度，使用的

水質須在硬度和酸鹼值之間取得平衡，也是每間蒸餾廠針對水源所需考慮的重點。

③ **入桶前稀釋水**：剛剛蒸餾出來的新酒在注入橡木桶之前，依法令（如美國威士忌）或陳年風味需求（橡木桶之酒精溶性或水溶性萃取物，詳〈第五篇、熟陳〉）都會加水降低酒精度。這項作業若在酒廠內進行，使用的應該都是相同的水源，但若運到他處裝桶，如從艾雷島運到本島入桶，則使用的可能為都市公共用水。

④ **裝瓶前稀釋水**：威士忌熟成後裝瓶，除非保留原桶的酒精度，否則一定需要加水稀釋。請謹記在心，一批新酒從原料到製成不過短短幾天，後續的陳年卻長達數年或數十年，製程中水的影響逐漸式微，反而是裝瓶階段的稀釋用水特別重要，必須維持完全中性才不至於影響熟陳風味，所以裝瓶前的稀釋水一般都採用無色無味的離子交換水或蒸餾水。至於我們飲用前也可能加水稀釋，但取決於各人喜好。

二、輔助用水

製作過程中必須使用的水，用量極大，但不會直接與原料或酒接觸，包括：

① **冷凝水**：又分為兩種，其中之一用於冷卻蒸餾出來的低度酒或新酒，可參考〈第四篇、蒸餾〉。由於這種冷凝水影響酒精蒸氣與銅質冷凝管的接觸時間，而銅又具有去除硫化物的功能，因此水溫高低是為重點。假若冷凝水溫提高一些，可延緩酒精蒸氣的凝結，蒸氣與冷凝管銅壁接觸反應時間較長，效果較為顯著。不過一般蒸餾廠並未特別升溫或降溫，而是搭配戶外蓄水池循環使用，導致夏季、冬季的水溫不同，製作出來的新酒風味也有些許差異。因此某些酒廠，如艾雷島上的齊侯門，酒標上特別註明其蒸餾季節，便是這個原因。

除了上述冷凝水之外，糖化汁送入發酵槽之前，必須將溫度從約 60℃ 降低到 20℃ 左右，也必須在板式熱交換器內使用冷凝水。實際操作上，

格蘭菲迪酒廠的冷凝水送至戶外冷卻再循環使用

全廠加溫、降溫的能源規劃極其重要，可以節省大量成本，譬如蒸餾器可配置輔助冷凝器（sub-cooler），冷凝器使用的冷凝水溫度較高，循環到鍋爐升溫，而輔助冷凝器的冷凝水溫度較低，循環到戶外蓄水池，相互搭配達到最有效的能源利用。

② **熱交換水：**蒸餾器若採用間接加熱法，則必須以鍋爐加熱製作水蒸氣，而後導入蒸餾器內與蒸餾液進行熱交換以取得酒精。另外酒汁輸入酒汁蒸餾器之前，為避免在銅壁上產生「梅納反應」，一般需要預熱至約65℃左右，同樣也需要熱水來作熱交換。這些熱交換水與冷凝水均屬於酒廠的能源規劃，建廠前均需詳細設計，但水質無須符合飲用水標準。不過水質過硬，碳酸離子容易積垢在管線內，不僅清除不易，也將造成管線腐蝕破洞而影響效能，因此仍需檢查其離子濃度，必要時須進行去離子處理。

③ **清潔用水：**批次處理的糖化槽、發酵槽、蒸餾器及相連管線，於批次

使用後都必須清潔，以避免微生物感染、殘留而破壞下一批次的使用。一般的清潔原則為現場清潔（Cleaning In Place, CIP），不需要勞師動眾的拆解槽體或管線，通常以熱水加氫氧化鈉（NaOH）成鹼性水消毒清潔後，再以磷酸或硝酸調製的酸性水中合，最終以洗滌劑、漂白劑或其他化學消毒劑移除所有可能的微生物，而後以大量清水沖洗。這部分的用水一般消費者較不熟悉，但清潔不夠徹底將影響風味，其用量大也無法循環使用，使用後必須另行進行處理以符合環保排放標準。

PART

WHISKY KNOWLEDGE

3

20 20

原料的處理

決定酒精產出和
芳香風味的因子

人類數千年之久的飲酒史中,從第一次發
現酵母菌到近代酵母菌製酒的激烈論戰,
都說明研磨、糖化、發酵這 3 個製酒流程,
任一步驟都影響著最終的酒質和風味。製
酒師如何在現實環境中掌控理論最佳化的
酵母菌生存並同時抑制雜菌生長?品酒,
也得略懂生化知識!

格蘭花格的糖化槽（圖片由隼昌提供）

根據考古研究，人類早在 9,000 年前便懂得釀製啤酒，不過若以文獻記載而言，1494 年《蘇格蘭財務卷》中有關生命之水的製作記載，或是 1516 年德國專為啤酒頒布的法規《啤酒純釀法》（Reinheitsgebot），都可以作為人類早期製酒的可靠證據。

只不過以穀物製酒數百年或數千年，關於穀物如何發酵成酒精卻始終是個謎或不傳之密，而且也無法保證每次發酵都能成功。古時候人類唯一能做的事，便是在發酵後，將液體中棉絮狀沉澱物保留下來，作為下次成功發酵的保證。就算是荷蘭自然學家、也是顯微鏡的發明人雷文霍克（Anton van Leeuwenhoek），於 1680 年在顯微鏡下第一次觀察到酵母菌的存在，仍未把它視作有生命的微生物，而認為是無生命的球狀結構。這種無人能解的謎持續數千年，得等到 1837 年德國的生理學家 Theodor Schwann 才真正研究出酵母菌的特徵。

法國的微生物學家，也是日後創立加熱消毒法的巴斯德（Louis Pasteur），於 1857 年發表的論文中論述發酵是因為微生物的生長繁殖所造成，並非來自化學變化。影響微生物生長的因素則包括了環境、溫度、pH 值等，至於這種微生物的產物除了酒精（乙醇）之外，還包含各種酯類和酸類。此一論點引發生物學家及化學家的大論戰，化學派力主發酵過程不一定需要酵母菌，譬如 1814 年 Kirchhoff 早已發現將大麥泡水後，可將澱粉轉換成糖的物質；1833 年法國化學家 Payen Persoz 更發現將發芽大麥泡水一段時間後，將水取出沉澱，可得到白色沉澱物，這種沉澱物乾燥後再泡水，與原來的沉澱物同樣具有將澱粉轉化為糖的功效，這中間完全無需微生物插手，稱之為「可溶性發酵劑」（soluble ferments）。

論戰延續數十年，直到 1897 年德國的 Buchner 兄弟—哥哥是化學家，

弟弟是生物學家—攜手發現酵素，才真正確認所謂的發酵，必須先由酵素將澱粉轉化為糖，再由酵母菌將糖分解為酒精。而現代由於生化科技的發展，讓我們完全瞭解酵素和酵母菌的運作，以及大麥發酵產出酒精的原因。

　　這一篇主要探討麥芽進廠後的研磨、糖化以及發酵流程，這些製程說來簡易，卻有許多細節值得探究，每個步驟都將影響最終產品的風味。

製作威士忌的第一步
磨麥

各位讀者或多或少都曾造訪過威士忌蒸餾廠，如果沒有，不妨走一趟宜蘭員山的噶瑪蘭酒廠，或是位在南投的南投酒廠。當我們進入酒廠，擔任導覽的工作人員可能會先介紹大麥或麥芽的種種知識，看看各式各樣不同尺寸、類型的橡木桶，而後帶著參觀者進入廠房介紹各種製作設備。在巨大的不鏽鋼製糖化槽前，可能讓大家嚐嚐甜甜的麥汁，到了木製或不鏽鋼製發酵槽，警告大家務必小心二氧化碳的衝鼻威力，然後停留在金光閃閃、熱氣撲鼻的蒸餾器前。此時，一般參觀者會崇敬地仰望、張大嘴巴發出訝嘆，且目光被酒汁蒸餾器與烈酒蒸餾器之間牽來繞去的管線所吸引；或許還有機會進入酒窖倉庫，感受被橡木桶環繞的陰涼，用力吸取空氣中瀰漫的酒精與木桶氣息。基於安全理由，通常不會提供桶邊試飲的機會，所以導覽人員帶領著參觀者坐進品飲室，桌上已經擺放著好幾杯酒，專業品飲者引領大家如何舉杯、聞香、啜飲，細細感受酒中不同的風味和力道，並回答各式各樣稀奇古怪的問題。

如果你是參觀者之一，回頭想想這一小段路程的所見所聞，等等，就在麥芽與糖化槽之間，似乎漏掉了一部體積不大，也缺少閃亮外觀的機器，那是……？你舉手發問，

波摩酒廠使用的研磨機（圖片由 Max 提供）

麥芽運載專車正在百富酒廠卸料，每 1 車運進約 30 公噸麥芽

導覽人員拍一下額頭，說：對吼～確實忘了提，那叫作麥芽研磨機（malt mill），只是將麥芽磨碎的機器而已……

但，確實是如此嗎？

◇ 製酒的源頭──研磨

麥芽運到蒸餾廠之後，先經過秤重、目視檢驗，取出一小部分麥芽作簡單試驗後過篩，將麥芽碎屑或小穀粒剔除，並以振動方式濾去小石頭或較大的雜質，再通過電磁場將金屬物質吸附，最終存放在穀倉裡。上述篩選的過程不一定在麥芽入廠的時候進行，也可能在研磨麥芽之前，但無論如何，蒸餾廠必須根據每日消耗量，預存一定量的麥芽在廠內，這些都屬於製作威士忌的準備步驟，尚未真正開始製酒，等到將麥芽從穀倉裡提出、磨成細粉，才是絕大部分蒸餾廠生產威士忌的第一步。

格蘭冠酒廠使用的篩選機，左側用以篩選麥芽顆粒尺寸，右側則將小石頭等雜物吸除，研磨機上方另有電磁鐵將金屬物質吸附剔除（圖片由 Max 提供）

　　絕大部分的蒸餾廠都有 1 部（或以上）的研磨機（少數蒸餾廠如 Arran、Edenmill 及 Strathean 沒有研磨機，而是直接購買磨好的麥芽），但研磨不因為是第一個步驟所以重要，而是麥粉的粗細比例將影響糖化和麥汁過濾效果，進而影響發酵以及新酒的蒸餾，等同是一切的源頭和關鍵。機械本身並不起眼，被忽視的程度，就如同許多蘇格蘭酒廠愛用的 Porteus 牌研磨機一樣，因為太過經久耐用，生產廠已經關門，消費者也選擇性忽略，但蒸餾廠絕不會輕忽研磨的重要性，尤其是組成成分的比例。

　　磨碎的麥芽統稱為麥粉（grist），由麥殼（husk）、粗顆粒（coarse grits）、細顆粒（fine grits）和麵粉（flour）所組成。以麥殼來說，雖然所有的麥粒通過研磨機之後都會被磨碎，但必須盡量減少對麥殼的損傷，因為完整的麥殼鋪在糖化槽中多孔篩板上方，可更有效率地過濾麥汁。至於粗、細顆粒及麵粉的比例必須達到完美平衡，倘若細顆粒比例高，則容易阻塞多孔濾板導致麥汁難以分離；又如果麵粉比例過高，將可能在熱水中結成團而不容易溶解。因此每間酒廠都必須針對特定糖化槽調整出最佳研

格蘭花格酒廠的麥粉篩分析（圖片由隼昌提供）

磨比例，一旦更換不同種類、不同批次或來自不同麥芽廠的麥芽時，就必須重新調整研磨機的設定，也必須依據季節或環境濕度變化來進行調整。此外，如同在〈第二篇、原料〉中所提及，修飾程度較高的麥芽可磨得較粗，而修飾程度較低的麥芽必須磨得更細，目的在於盡可能釋出澱粉顆粒以利糖化。

　　為了確認正確比例，蒸餾廠必須時時抽樣，利用不同網目的篩網來分析檢查。一般而言，麥殼、麥粉（含粗細顆粒）和麵粉所占比例分別約20%、70% 和 10%，但每間酒廠都不完全相同，如慕赫酒廠的比例為20%、72% 和 8%，且由於糖化槽不同，需求也不同，因此必須分別調整如下：

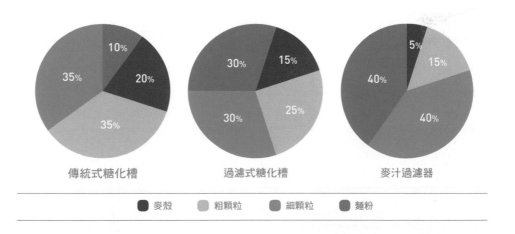

為什麼不同型式的糖化槽需要不同組成分布？這部分留待後續「糖化」再做討論，但上面的分布圖當然也非定值，若再細分，Briggset al.（2004）提出以 EBC/Pfungstadt 篩分析系統，提出建議如下：

篩網編號	網目（mm）	成分	傳統式糖化槽	過濾式糖化槽	麥汁過濾器
1	1.27	麥殼	27	18～25	8～12
2	0.26	粗顆粒	9	8～10	3～6
3	0.15	細顆粒 I	24	35	15～25
4	0.07	細顆粒 II	18	21	35～45
5	0.04	麵粉	14	7	8～11
底盤	－	細麵粉	8	11～15	12～18

　　表中篩網編號 1 略等於傳統分析中的麥殼與粗顆粒的總合，編號 2～5 為細顆粒，至於底盤上的細麵粉則為傳統分析中的麵粉。不過這些比例只是個概略值，終究得回歸到蒸餾廠根據糖化效果所作的調整。

◊ 研磨機的分類：滾軸與錘壓

　　研磨機分為滾軸式（roller mill）與錘壓式（hammer mill）兩種，先前提到將碎石雜物及金屬物質篩除的機制也可以在磨麥前進行，端看蒸餾廠的規模和設備配置。滾軸式又分為 4 軸及 6 軸兩種，不同型式的機械構造彼此相似，主要是藉由兩兩相對的滾壓軸將麥殼擠碎，因此可調整第一對滾壓軸的間距以保留較完整的麥殼，而後再利用第二或第三對滾壓軸不同的間距，以及設置在每一對滾壓軸之間的分選篩網，達到預期的細度和分布。

　　今日麥芽威士忌蒸餾廠最常見的機種是 4 軸式研磨機，我們造訪酒廠時看到的機種大抵都是這一

波摩研磨機用以調整滾軸間距的標尺和轉盤
（圖片由 Max 提供）

常見於麥芽威士忌蒸餾廠之 4 軸式研磨機（根據〈參考文獻 13〉重繪）

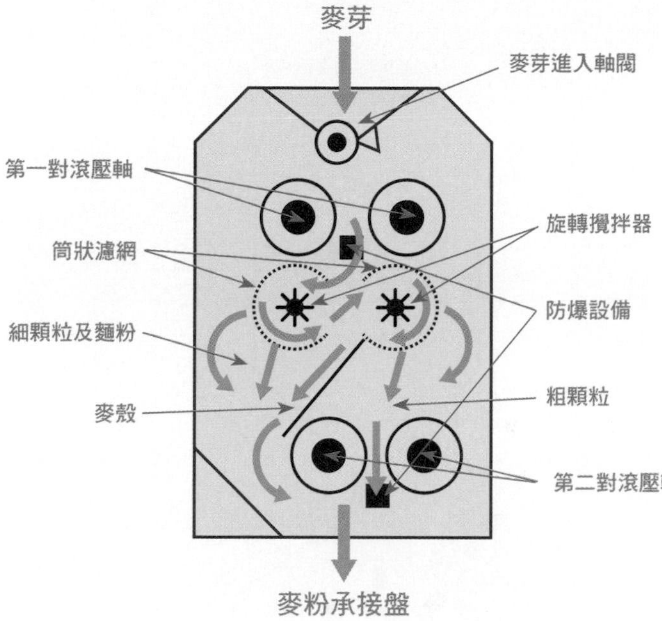

麥芽

麥芽進入軸閥

第一對滾壓軸

旋轉攪拌器

筒狀濾網

防爆設備

細顆粒及麵粉

麥殼

粗顆粒

第二對滾壓軸

麥粉承接盤

型，至於 6 軸式研磨機可將穀粒磨得比 4 軸式細，常用於修飾程度較差的麥芽。某些酒廠在磨麥前，讓麥芽短暫（約 30 秒～1 分鐘）通過低壓蒸氣以潤濕麥殼，可更完整地保留外殼，進而達到更好的糖化效率。

　錘壓式研磨機，過去筆者將它稱為錘擊式其實並不正確，其機械原理請參考示意圖，主要是利用裝置於中央滾軸上的凸狀錘將上方料斗傾洩而下的穀粒壓碎，再經由篩網將特定細度的顆粒篩出。這種研磨方式一方面無法保留麥殼不致破壞，二方面所有通過篩網的碎穀粒顆粒大小均一且通常為粉狀，因此後續進行糖化作業時，並不適用於一般糖化槽，而必須配合啤酒產業常用的「麥汁過濾器」（mash filter），採用多層濾網及高壓方式將麥汁壓出。便因為如此，錘壓式研磨機罕見於麥芽威士忌蒸餾廠，倒是在不需要過濾的穀物蒸餾廠較為常見，或是使用綠麥芽的蒸餾廠。針對後者，由於是在含水量較高的環境下磨碎而形成漿狀，必須盡速使用完畢。

錘壓式研磨機

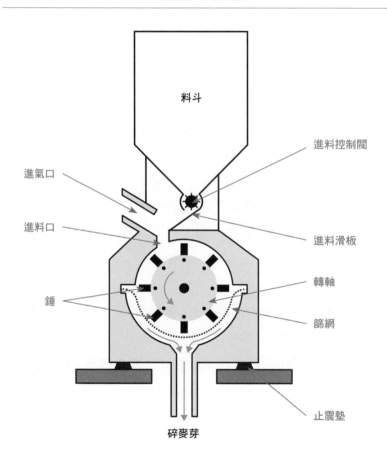

料斗

進氣口

進料控制閥

進料口

進料滑板

轉軸

錘

篩網

止震墊

碎麥芽

　　磨麥產生的麥芽粉塵可能導致爆炸，屬於高風險作業，這也是為什麼需要將碎石頭、金屬篩除的原因，除了避免機械損壞，也避免引發火花。不過較現代的磨麥機內部設置了防爆裝置，萬一爆炸發生，可導引爆炸方向而不致傷及人員或其它廠房設備。

嚴密控溫的製程
糖化

麥芽發芽時合成的各種酵素，即將在此時大展身手。

如同〈第二篇、原料〉中所提及，大麥在發芽的過程中已經被「修飾」，但只有一小部分澱粉轉化為酵母菌可消化的糖，其餘修飾作用主要是分解圍繞在澱粉顆粒周邊的細胞壁和蛋白質框架結構。因此糖化製程便是再度加水，將這些被釋放的澱粉顆粒全數轉化為糖。

為了達到這個目的，主要仰賴 α - 澱粉酶、β - 澱粉酶以及極限糊精酶，其中 α - 澱粉酶扮演開路先鋒，也是 3 種澱粉酶中能力最強的酵素，可以將長鏈澱粉分子任意切割為麥芽糖（2 個葡萄糖單元）、麥芽三糖（3 個葡萄糖單元）以及其它高於 4 個葡萄糖單元鏈結的糊精（dextrins），另外也可以分解未糊化的澱粉顆粒，但速度較為緩慢。

除此之外，α - 澱粉酶可以存活在 67℃以上的高溫環境，甚至到 70℃依舊持續工作，即使活性遞減，但還不致完全喪失。另外當水中有鈣離子的情況下，可在 pH 值等於 6，近乎中性的環境下工作，活動力是主要酵素中最強的一種。

由於酵母菌無法消化糊精，給予了 β - 澱粉酶施展身手的空間，主要功能便是將糊精剪切為麥芽糖以及少部分的麥芽三糖，不過活動能力略遜 α - 澱粉酶一籌，在 65℃的環境裡工作 40～60 分鐘便幾乎消失殆盡，若溫度高到 67℃則完全喪失活性，也因此糖化時溫度的控制非常重要。不過僅靠著 α - 澱粉酶和 β - 澱粉酶仍無法將澱粉支鏈從主鏈中剪切下來，必須仰賴第三種主要酵素——極限糊精酶將支鏈分解，而後讓 α - 及 β - 澱

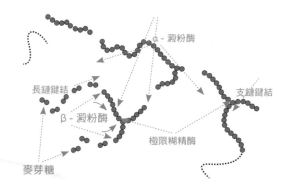

α- 澱粉酶

長鏈鍵結

β - 澱粉酶

支鏈鍵結

極限糊精酶

麥芽糖

不同種類酵素作用於澱粉長鏈及支鏈之情形
（根據〈參考文獻 13〉重繪）

粉酶接下後續的工作繼續剪切及轉化。至於 α - 葡糖苷酶則可分解麥芽糖、麥芽三糖與少部分的麥芽四糖（maltotetraose），只不過它與極限糊精酶對溫度都較為敏感，在糖化過程中很快就喪失活性，不過也負擔了約 15% 的重責大任。

從以上的敘述可知，酵素對於工作環境條件非常敏感，包括溫度、pH 值、麥芽糊的濃度等等，而且酵素也需要足夠的轉化時間，各種條件的影響如下表所列。

環境因素對酵素的影響
（取自 Institute of Brewing and Distilling 2014）

環境	低於	最佳	高於
溫度	較低的溫度不會對酵素活性影響太多，但澱粉必須先糊化，而糊化溫度為 60 ～ 65℃	65℃	高溫將抑制所有酵素的活性，高於 70℃ 則所有活性幾乎均喪失
pH 值	過低的 pH 值將導致酵素喪失活性	5.4	較高的 pH 值將減低酵素活性，但高於 7.0 仍可繼續作用
水分（濃度）	在較稀薄的麥芽糊裡，酵素濃度低，也對溫度較為敏感	每公斤穀物容於 2.5 ～ 3.5 公升的水	在較濃稠的麥芽糊裡，酵素的濃度較高，也對溫度較不敏感
時間	低於 30 分鐘分解不完全	30 分鐘	轉化幾乎完成，較長的時間無法轉化更多的糖，但可提高發酵效率

　　再有效率的酵素、糖化槽和操作方法，糖化結束時仍只有約 72% 的澱粉轉化為可被酵母菌食用的糖，另外 15% 左右的糊精將在發酵初期繼續糖化，稱為「二次轉化」（secondary conversion）。二次轉化非常重要，必須設法保留部分酵素來完成，否則每噸麥芽可能損失約 60 公升的純酒精（以 400 公升／噸的酒精產出率概略計算）。至於蛋白質，在麥芽修飾階段已經被部分分解，胚乳內含少數胺基酸和蛋白酶（proteases），到了糖化階段，剩餘的蛋白質將被繼續轉化成胺基酸分子，成為酵母菌生長繁殖所需的營養素。

　　麥芽威士忌使用的穀物原料為大麥，在發芽過程中大多已被修飾完成，糖化時可在相對低溫下進行糊化，而後只須注意酵素所需的環境條件即可。但是對於穀物威士忌，85～90% 都是未發芽的穀物，如玉米或小麥，其澱粉顆粒被鎖緊在細胞壁和蛋白質框架中，必須靠著高溫蒸煮才能將澱粉糊化。

　　實際操作時，舉壓力蒸煮方式為例，先以 1 噸穀物與 2.5 噸溫水的比例混合後，放入內部具有攪拌裝置的壓力鍋內，而後輸入蒸氣，讓鍋內的壓力高於 1 大氣壓、溫度達 130℃，5 分鐘後即可停止輸入蒸氣，並依安全規範方式打開壓力鍋，稱之 Blowing，以瞬間釋放壓力的方式讓澱粉完全糊化，而後將溫度冷卻到 70℃ 以下，便可加入麥芽糊進行糖化。此外，穀物可先以錘壓式研磨機磨碎以加速糊化，也可加入來自蒸餾後固液體分離後的液體（backset），一來節省水資源，二來降低 pH 值。

　　由於穀物威士忌一般並不分離固態和液態的糖化糊，或使用麥汁過濾器來分離，因此麥粉無須保留完整穀殼，可以磨成細粉加入穀物糊內，混合更為均勻。同樣的，必須維持糖化酵素所需環境條件，包括約 1.06～1.08 的比重，5.2～5.8 的 pH 值等等。蘇格蘭威士忌規範不容許使用來自大麥芽原料以外的酵素，不過微生物合成酵素具有許多優點，包括較為便宜（相

對於來自麥芽的酵素）、轉化率較高（可提高約 4～10%）、對於溫度及 pH 值的環境適應能力較佳等，美國與加拿大威士忌的規範均允許使用。

◇ 蒸餾廠的高技術性流程

　　研磨麥芽雖然重要，但對蒸餾廠來說糖化才是製作威士忌的關鍵。2013 年建廠、位在蘇格蘭本島最北端的沃富奔（Wolfburn）酒廠，其創建者安德魯湯普森（Andrew Thompson）於 2016 年底曾經來台，他提到所有酒廠參觀遊客最喜愛拍照的地點就是「性感的」蒸餾器，但是，他說：「你如果到酒廠工作，大概只需要 4 個月就可以學完蒸餾器的一切，但是糖化，得花你兩年時間。」原因在於糖化是動態操作，每日都必須根據麥芽的狀態進行微調，因此需要絕大的技巧才能得到穩定一致且有效率的結果，甚至業界認為這是整個蒸餾廠最困難也最需要技術的流程。在威士忌產業，酒精產出率是否達標、品質夠不夠好等數據，常被當作評斷技術能力的因子，而這些因子又常取決於酒廠是否擁有技術高超的 mashman。不過效率差的糖化，雖然並不代表新酒風味會出現問題，但產出率一定不符水準。

　　麥芽蒸餾廠進行糖化時，必須先注入一定溫度的熱水與磨碎的麥芽混合，讓澱粉糊化形成麥芽漿（mash），而後再讓澱粉酶把麥芽漿內的澱粉轉化為糖，成為由液態的麥汁（wort）及固態的麥芽穀殼所組成的懸浮物。接下來將固液態分離，其中固態稱為糟粕（draff），可作為動物飼料使用，而液態麥汁經冷卻後，輸入發酵槽作後續的發酵。

　　這一系列的工作統稱為糖化，但可分為兩個主要步驟，一是如何讓澱粉轉化為糖，二是如何將麥汁分離。傳統

提安尼涅克酒廠使用的麥汁過濾器
（圖片由董欣珩提供）

上這兩個步驟都合併在糖化槽（mash tun）內進行，包括傳統式及半濾式（semi-lauter）糖化槽，至於常見於啤酒產業的麥汁過濾器（mash filter），則是將糖化後的麥芽糊打送到另外的獨立設備來進行固液態分離，不過在麥芽威士忌產業目前僅有提安尼涅克（Teaninich）酒廠，以及 2015 年剛成立的新酒廠 Inchdairnie 各裝置 1 套。

　有效率的固液態分離必須盡可能地將麥汁濾出、減少流出懸浮顆粒，同時還必須保留部分酵素，以便在發酵的初期作二次轉化。為了達到這個目的，在傳統或半濾式糖化槽內，可利用鋪在多孔篩板上的麥殼作為濾層，並藉著操作輸出閥門的大小來控制流出速率和麥汁的澄清程度。麥汁可能極為澄清，也可能略呈混濁，端視使用的糖化槽以及操作而定。而澄清或混濁，代表著裡面所含物質的多寡，當然影響發酵以及蒸餾後的風味，這便是糖化成為製程關鍵的原因。

一、傳統式糖化槽

　一般傳統式糖化槽指的是無頂開放式鑄鐵或鋼製圓筒，利用可旋轉的中央軸帶動上下滾動的攪拌槳來拌合麥芽漿。底板裝置可拆裝的金屬篩板（false bottom），篩板上每平方公尺約有 2,500～3,000 個長度 30～70mm、頂部寬 0.7～0.9mm 而底部放大到 3～4mm 寬的細長開孔，總開口率約 12%，用以將固液態分離。由於篩板開孔為上窄下寬的楔形，因此顆粒不致堵塞開孔，麥汁滲流通過篩板後，經由管線輸送到稱為 Underback 的麥汁暫存器。

汀士頓（Deanston）酒廠使用至今的傳統式糖化槽
（圖片由熊大提供）

Underback 是利用連通管原理，平衡糖化槽流出麥汁的液壓，達到控制流出速率的目的。每批次糖化完成後，過去是以人工，較進步的酒廠則利用機械耙犁，將固態糟粕推移到活動篩板的出口，再排出槽體。

布萊迪酒廠正在做 mashing-in 的傳統式糖化槽
（圖片由 Winnie Ng 提供）

　　目前蘇格蘭仍有布萊迪、布納哈本、雲頂、汀士頓（Deanston）、皇家藍勛（Royal Lochnagar）等少數酒廠沿用這種傳統設備，更古老的糖化槽則是連機械式攪拌槳和耙犁都無，純粹倚靠人工，不過也僅有陀崙特（Glenturret）蒸餾廠繼續使用。近年來傳統式糖化槽也加上銅製或不鏽鋼頂蓋，以避免異物進入污染發酵以及熱量喪失過快，同時也安裝熱水噴灑系統（sparging system），可更簡單並均衡的進行後續注水。

　　磨碎的麥芽不可能直接倒入糖化槽再添加第一道水，不僅拌合耗時，而且勢必不均勻，因此須藉由拌合器與第一道熱水拌合均勻後，再送入糖化槽內，這個步驟稱之為 mashing-in。大部分的蒸餾廠仍是採用傳統式攪拌器（Steel's mashing machine），少部分已更改為渦流式混合器（vortex mixer），但兩種機型的功能差異不大：磨碎的麥芽從上方料斗進料，同一時間熱水從側邊管線導入，讓麥粉與熱水以固定速率充分混合成糊狀，再進入糖化槽。渦流式混合器則是讓熱水注入混合器的時候產生漩渦，讓麥芽糊拌合得更為均勻再注入糖化槽。

　　雖然機械原理和流程相當簡單，但操作上比想像中困難，因為即使來自相同的麥芽廠，麥芽顆粒仍然尺寸有別，研磨機刻度每天需要微調，而料斗進料的速率和熱水量也必須相互配合。也許有人會問：為什麼不減緩混合速度以便拌合得更為均勻？水溫是一大關鍵。

　　先回到前一個步驟。在麥芽糊進入糖化槽之前，必須先在空槽體內加入熱水，直到裝滿有孔篩板下方空間並蓋過篩板為止，這個動作稱為underletting，除了預熱底板之外，更重要的是讓麥芽糊「浮」在底板上方，減少懸浮顆粒通過底板。Underletting 和 mashing-in 的熱水並非純水，而是糖化注入的最後一道熱水，經與糟粕分離後，因殘餘的糖分少，不再放入發酵槽，而暫存在熱水槽（hot liquor tank, HLT）作為下一批糖化使用。

　　HLT 內的熱水與冷水混合後，輸出的水溫約為 68～70℃，稱為 striking temperature，與麥粉混合之後送入糖化槽，溫度將下降到約 63.5～64℃，恰好是最適宜的糖化溫度。因此若放慢 mashing-in 的速度，則進入糖化槽前將喪失較多的溫度，而必須提高 striking temperature。但由於麥芽糊形成後，澱粉酶便開始工作，因此 mashing-in 階段為糖化處理的關鍵，必須維持適當水溫，假若超過 65℃，將導致澱粉酶快速衰減，不過水溫也不能過低，否則澱粉將無法完全糊化。

　　Mashing-in 需時約 20～30 分鐘，視麥芽量或糖化槽的處理量而定，進入槽內的麥芽糊一開始無須攪拌，避免細顆粒阻塞有孔篩板，等所有麥芽糊都進入糖化槽之後快速攪拌，讓較完整的麥芽殼鋪在底部形成濾層，可有效協助麥汁的過濾。麥芽糊床成形後，靜置約 10～30 分鐘讓澱粉酶有充裕時間工作，待大部分的轉化均已完成，打開閥門將麥汁流出，部分仍

布萊迪酒廠糖化槽於麥汁瀝乾後（左）再度注水（右）（圖片由 Winnie Ng 提供）

保持活性的酵素也跟著被帶出。麥汁流出時務必控制流出速率，或是利用連通管原理的暫存槽，讓槽內和流出麥汁間的液體壓力保持平衡，避免滲流過快擠迫麥芽糊床，導致帶出過多的細顆粒而讓麥汁過於混濁。假若流速不穩定，可以適時的攪動麥芽糊以控制流出速率。

隨著麥汁流出，槽內液面緩慢降低，等露出麥芽糊頂部時，開始注入第二道水，水溫約為 70～75℃。傳統上熱水從 mashing-in 的攪拌器流入，若已改裝熱水噴灑系統則從頂部灑入。為了讓熱水與麥芽糊充分混合，必須攪拌重新形成麥芽糊床，同時溶解剩餘的糖，而後再濾出麥汁、注入第三道水，水溫大於 80℃。請讀者們注意，由於水溫關係，注入第二、三道熱水時澱粉酶的作用已經停止，因此這兩道水純粹只是利用高溫將殘糖溶解並洗出。幾乎所有的酒廠都只使用 3 道水，但仍有非常少數的酒廠（如布萊迪、格蘭冠）使用水溫大於 90℃的第四道水。每一道注入的水量不盡相同，各酒廠差異也大，產生出來的麥汁比重也跟著不同，概略而言，每噸麥芽需 4、2、4 立方公尺的水，而第一道麥汁的濃度較高，第二道較為稀薄，第三及第四道水不再進入發酵槽，而是作為下一批次糖化使用的第一道水。

麥汁的清澈與否和麥芽成份、研磨方式，以及糖化時的麥芽糊厚度、攪拌速率、篩版狀況、麥汁收取的流速等等有關。傳統式糖化槽的麥芽糊床較厚，約 1.0～1.5 公尺，因重力因素，麥芽糊顆粒間孔隙較小，可以發揮較好的過濾效果，濾出的麥汁也較為清澈。不過也由於孔隙較小，麥汁流速較慢，且採用批次方式注水，每一次注水後必須重新攪拌形成麥芽糊床來進行過濾，因此效率較差，每批次的糖化需時約 6 個小時。

註1　比重：20℃溫度下，1 毫升溶液的重量與 1 毫升純水的重量比，記載時乘上 1,000，也就是 1.04×1000=1,040，但必須注意，量測時須過濾懸浮細顆粒，以免影響量測結果。

波摩酒廠半濾式糖化槽的碎麥芽料斗及 mashing-in 設備（圖片由 Afra 提供）

早年的設計產生的麥汁比重[註1]較小，約 1040～1050，修改後的糖化槽可製作出比重 1055～1060 的麥汁，但仍比不上半濾式的 1065～1070。比重越大，代表麥汁所含可發酵糖的濃度越高，後續發酵產生的酒精量也越多。不過堅持使用傳統式糖化槽的酒廠認為其特殊風味才是重點，主要是麥汁中含有部分可在糟粕中找到的微小顆粒。這種由未修飾完全的胚乳細胞經細研磨而來的懸浮顆粒，含有高含量的脂質（lipid），可提供酵母現成的脂質與游離脂肪酸而加速初始發酵的速率，產出的酒汁擁有較高濃度的甘油與高級醇，進而讓新酒擁有較多的堅果、辛香料與餅乾風味。

二、半濾式糖化槽

啤酒產業中，糖化過程在糖化槽中進行，完成後將麥芽糊打送到過濾槽作固液態分離，這套程序稱為過濾（lautering）。分離時先將溫度提高到77℃來中止糖化並提高流動性，濾出的麥汁較為混濁，通常會將這道麥汁再一次循環注入、過濾後放入發酵槽，這個步驟在德國稱為 vorlauf，最後經由熱水噴灑系統注入約糖化時 1.5 倍的水量，將剩餘的糖分洗出，而執行流程的槽體便稱為過濾槽（lauter tun）。《麥芽威士忌年鑑》將許多蘇格蘭酒廠的糖化槽都寫成 full-lauter，包括格蘭菲迪、百富、奇富等，心存懷疑的筆者詢問格蘭父子公司的首席調酒師布萊恩金思曼（Brian Kinsman），得到的回覆是德夫鎮內的 3 間酒廠全都使用半濾式糖化槽，顯然《年鑑》的註記有誤。

半濾式糖化槽自 1970 年開始廣為採用，與傳統式糖化槽的差異僅在於熱水噴灑系統和攪拌刀型式，由於部分傳統式糖化槽也安裝了熱水噴灑系

（上）麥卡倫酒廠半濾式糖化槽內旋轉中的
　　　耙刀（圖片由愛丁頓寰盛提供）
（下）拉弗格酒廠半濾式糖化槽底部的金屬
　　　篩板（圖片由 Max 提供）

統，兩者間差異不大，因此半濾式糖化槽也被稱為「在全濾式糖化槽內進行傳統式糖化作業」。不過到底半濾式和全濾式糖化槽又有何差別？許多參考資料寫道，之所以稱為「半」（semi-），乃因「過濾」僅其功能之半，另一半的「糖化」功能同樣在槽中完成。

沃富奔的安德魯不這麼認為，蘇格蘭威士忌業界所稱呼的 lauter 與啤酒產業有別，這種糖化槽同樣於中心豎立旋轉桿，桿的頂端往兩側延伸手臂，手臂上則往下安裝多支「耙」（rake），而 lauter 指的便是耙。耙上裝置各種不同型式的葉片（又稱沙魚鰭），如果是半濾式，那麼耙上的葉片是固定的，無法改變其平面角度，如果能改變，那麼就是全濾式。另一方面，布萊迪酒廠廠長艾倫羅根（Allan Logan）告訴筆者，半濾式與全濾式糖化槽的差異在於底板，如果底板是平的，則為半濾式，若是稍微向中央傾斜呈錐狀，便是全濾式糖化槽。

上述說法為生產最多製酒設備的弗賽斯集團（Forsyths Group）所推翻，他們同時製作半濾式與全濾式糖化槽。根據集團總裁理查弗賽斯（Richard Forsyths）所言，這兩種型式唯一的差別不在過濾麥汁的效率，而是麥汁過濾後，處理糟粕速度的快慢。更改耙上葉片角度的目的，不在於提高過濾能量，而是加速將糟粕移除，以便進行下一個批次的糖化。不過有趣的是，由於設備技術精進，兩種糖化槽的糟粕處理效率都已經大幅提升，甚

灑水中的格蘭花格糖化槽（圖片由隼昌提供）

至沒多少差別，在某些同時擁有兩種設備的蒸餾廠中，全濾式糖化槽大約比半濾式快 7 分鐘而已。至於底板形狀，直徑大於 10 公尺的大型糖化槽底板若呈平面型，則結構支撐力不足，所以必須採用錐形設計，而大型糖化槽通常為全濾式則純屬巧合。

　　耙的功能並非用來攪拌麥芽糊，而是當手臂以每小時約 1 ～ 2 圈的速度緩慢旋轉時，同時也上升及下降，帶動著耙切割並提起麥芽糊來減輕篩板承受的壓力，也藉由耙上葉片的螺旋效應產生麥汁的滲流通道，用以控制滲流速率。實際操作時，從麥芽糊進入糖化槽的初期過程與傳統式並無二致，不過槽內麥芽糊床的厚度較薄，約 0.5 ～ 1.0 公尺，給予糖化水較短的滲流路徑。耙刀緩慢旋轉，可輕柔又均勻地擠壓麥芽糊迫出更多的麥汁，如果要增加滲流量則可加快手臂的旋轉速度，更先進的設計可以正轉、倒轉，解決麥汁滲流不穩定的問題。

　　除了耙刀及葉片的設計之外，從第二道水開始，熱水噴灑系統提供連續性的熱水柱，麥汁便不間斷流出，經冷卻後放入暫存槽內，再輸入發酵槽，直到發酵槽裝滿到預期容量為止，此時將殘餘的麥汁導引到熱水槽，做為下一批麥芽糖化的第一道水。這種連續注水方式，可持續提高水溫以模仿傳統三次注水的模式，最高可達 85 ～ 95℃，讓麥芽糊床的溫度也跟著上升到 95℃，若使用較低的水溫，則需要提升耙刀的轉速以增進滲流速率。同樣的，麥汁的流出速率攸關最後發酵槽內糖水比重，部分新穎的酒廠以儀器監控並調整注水量和流出速率，讓每個批次產生的麥汁比重一致。

　　部分蒸餾業者仍是遵從傳統，即是使用半濾式糖化槽，仍採用 3 次注水方式，也就是先停止麥汁流出，再注入第二、三道水，或甚至如格蘭

冠採用 4 次注水。後續注水時，由於熱水積在麥芽糊床的頂部，必須轉動耙刀來重新形成糊床，效率上當然比不上連續注水方式。又由於熱水噴灑系統的速率較慢，若採用批次注水，也可能從 mashing-in 的攪拌器輸送熱水。

為了讓讀者更能了解糖化步驟，底下便以雅柏酒廠為例，說明其運作方式：

步驟 1：4.5 公噸 的 麥芽 與 來 自 前 一 批 次 17,500 公升、溫 度 68 ℃ 的 熱 水 Mashing-in，需時 15 分鐘；

步驟 2：靜置 10 分鐘後，開始緩慢的釋出麥汁，經冷卻後輸入發酵槽，共計 2 小時；

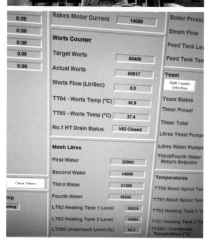

（上）雅柏酒廠糖化槽底部複雜的管線
（圖片由 Max 提供）

（下）格蘭冠酒廠的儀控板顯示採用 4 次注水方式（圖片由 Max 提供）

步驟 3：噴灑 7,500 公升、80℃ 的熱水 45 分鐘，同時釋出麥汁，經冷卻後輸入發酵槽，共計 1.5 小時；

步驟 4：噴灑 17,500 公升、85℃ 的熱水 15 分鐘，再將瀝出的熱水導入儲槽，作為下一批次麥芽糖化的第一道水，共計 2 小時；

步驟 5：清潔 2 小時後，進行下一批次的糖化作業。

藉由水溫控制和耙刀的使用，半濾式糖化槽平均比傳統式多析出 1% 的可發酵糖，而麥汁流出的時間最多也可縮短到 1 個小時，視酒廠的操作方式而定。相較於傳統式糖化槽，半濾式效率提高許多，且由於麥芽與熱水接觸時間縮短，酵素的活性也較容易保留到發酵槽去做二次轉化。

◊ 穀物威士忌的糖化

如前所述，蘇格蘭威士忌規範只允許使用來自麥芽的內原酶，因此穀物威士忌酒廠購買的麥芽必須含有較高的酵素值（DU/DP，請參考〈第二篇、原料〉），其中又以 α-

澱粉酶和 β - 澱粉酶最為重要。麥芽使用前必須先磨碎，通常使用錘壓式研磨機磨成粉狀，並與溫水拌合形成糊狀，於 40℃ 靜置 20～30 分鐘，再與高溫蒸煮並冷卻到 65℃ 以下的穀物糊均勻混合。以重量比而言，麥芽的使用量約為 10～15%。

穀物的糖化與麥芽相同，一般也在糖化槽內進行，但也可能是在不含固液態分離裝置的糖化槽，或是在連續式輸送管內進行。如果是糖化槽，則溫度維持在 62～65℃ 左右，約 30 分鐘完成轉化，但若是在連續輸送管內，由於溫度較高且酵素與澱粉接觸較為緊密，約 20 分鐘便能完成轉化。其它條件與麥芽的糖化類似，如必須維持 5.0～5.5 的 pH 值等，比較不同的是固液態分離方法。由於麥芽威士忌的過濾方式既複雜又耗時，並不符合產量極大的穀物威士忌酒廠的經濟效益，因此乾脆不過濾，直接將轉化完成的穀物糊冷卻後送進發酵槽，因此開始發酵的比重往往高達 1085。

未經過濾的穀物糊省卻了固液態分離的麻煩，卻無法避免在連續式蒸餾器的蒸餾板上留下穀物雜質，久而久之將導致蒸餾效率以及清潔的問題。雖然將蒸餾板抽出後，使用離心機去除固態雜質已成為標準作業流程，但某些穀物蒸餾廠已考慮將麥汁過濾後發酵，可大幅降低蒸餾過程中引起的問題。不過另一方面，過濾屬於批次作業，勢必延遲其生產週期，也可能因此濾除少部分的糖分，進而減少酒精產量，況且由於糖化期間只有約 10～15% 的蛋白質被溶解，若將未水解的蛋白質濾除，將減少酵母菌生長繁殖所需的游離胺基氮含量，也因而減少酒精產量。

穀物蒸餾廠的年產量動輒上億公升純酒精，其規模為麥芽蒸餾廠的 10 倍以上，不能以麥芽蒸餾廠的方式思考，譬如減少 1% 的糖分轉化，每年可能便減少 100 萬公升純酒精，影響非常驚人。因此即便採用麥芽蒸餾廠的糖化分離方式，譬如在糖化槽內進行 3 道水的噴灑或是使用分離式過濾器，其設備和製程將修改得更為複雜也更有效率，包括能源和水資源的管理，最終仍取決於酒精產量的經濟性，也是酒廠長期追求的目標。

製造酒精的微生物 酵母菌

酵母菌（yeast）的字源來自古英語系的 gist 以及 gyst，意思是躺下或休息，又或者是印歐語系的 yes-，意思是沸騰、起泡或泡沫，也就是當穀物製品（如麵粉）與水混合躺下來休息後，便會慢慢地浮出氣泡，而導致起泡的物質，便是酵母菌了。

酵母菌的學名為 Saccharomyces，由代表糖的 Saccharo 與代表真菌 myces 結合而成，種類極多，目前已知的便超過 1,500 種，譬如烘焙業常用的為 S. Cerevisiae，拉格啤酒酵母為 S. Pastorianus，愛爾啤酒則包括 S. Cerevisiae 以及 S. Bayanus，蘭姆酒最常使用 S. Cerevisiae 和部分野生雜菌，葡萄酒則大部分為 S. Cerevisiae、S. Bayanus 和野生雜菌，至於威士忌行業，以 S. Cerevisiae 為主，但也摻了少部分其它種類。

酵母菌為單核真菌，形態略呈球體，尺寸大小不一，大約介於 5～10 微米（μm＝10-6m）之間，比大多數的細菌還要大一些，具有一般細胞所擁有的細胞器，較重要者說明如下：

◎ **細胞壁**：為保護細胞內部組織、減少外界傷害並維持形狀的結構。

◎ **細胞膜**：用於控制化學物質的進出，讓有用的營養物質進

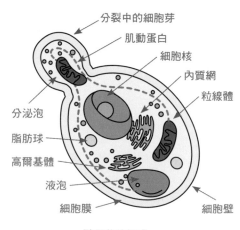

酵母菌的組成
（根據〈參考文獻 13〉重繪）

入，並排出生長製造的廢物，如乙醇和二氧化碳。

◎ **細胞質**：由細胞膜包裹下的膠體狀物質，於顯微鏡下略呈顆粒感，主要是因為裡面存在賦予細胞生命力的粒線體，而轉化酒精的酵素也在細胞質內。

◎ **粒線體**：含有細胞於有氧環境下呼吸所需要的酵素，用以協助細胞呼吸，並產生腺苷三磷酸（ATP），用以儲存和傳遞能量。

◎ **液泡**：存在於細胞質內的透明液體泡泡，主要用於儲藏營養素和部分未被排除的廢棄物質，並用於調整滲透壓。

◎ **細胞核**：不同種的酵母染色體數不同（如 S. Cerevisiae 和 S. Pastorianus 便不相同），且細胞核的形態會隨著細胞分裂週期而變化。

　　酵母菌可行無性繁殖或有性繁殖，以酒類產業而言，因品質的一致性為考慮重點，長期篩選後大部分都選擇使用無性繁殖的酵母菌種。當酵母菌進行無性繁殖時，細胞核開始分裂並凸出芽體，新的細胞核以及部分細胞質移往芽體而不斷成長，最後與母體分離，母體及子體於分裂部位將留下分裂痕跡。

　　為進行分裂，必須提供酵母菌足夠的氧氣和營養素來生成新的細胞壁，因此在發酵初期，由於溶解在麥汁內的氧氣充足，酵母菌可消化糖份並進行有氧繁殖，待溶氧都耗盡而呈現無氧環境時，酵母菌讓糖分通過細胞膜，而後透過細胞質內一系列酵素的轉化，將糖分分解為細胞生存所需的能量，並將分解產生的代謝物乙醇和二氧化碳排出細胞，此即我們所熟知的發酵。

　　從酵母菌的需求而言，發酵只不過是將糖轉化為能量的方式，也不是酵母所專有，乳酸菌、醋酸菌等其它菌種都會進行不同的發酵反應。不過酵母菌屬於「兼性厭氧生物」（Facultative anaerobic organism），可以在有氧或無氧的環境下發酵，氧氣充足時，可通過有氧呼吸來產生 ATP，並排放二氧化碳；無氧環境下，則執行無氧反應來獲取能量，排放出乙醇和二氧化碳。

　　但是發酵並沒有那麼簡單，牽涉到一系列化學反應，並與環境因素息息相關。當葡萄糖存在的狀況，葡萄糖分子經分解可產生丙酮酸、ATP 和最重要的輔酶 NADH。在有氧狀態下，NADH 可經由「電子傳遞鏈」將電子傳給氧，同時釋放出能量形成 ATP。但是當細胞缺氧時，「電子傳遞鏈」無法運作，葡萄糖分解反應難以持續，因此酵母菌會將丙酮酸轉變成乙醛，再將乙醛利用 NADH 還原成乙醇，排放出細胞體外。由於酵母菌利用呼吸作用可得到 36～38 個 ATP，但在無氧環境下只能靠著發酵作用產生 2 個 ATP，因此假若環境中保有充分的氧氣，似乎走呼吸作用更有效率，不過假若存在足夠濃度的葡萄糖（大於 1%），酵母菌更傾向於發酵作用，以避免細胞內充滿過多的 ATP。此種作用稱為「有氧發酵」，與無氧發酵相比，可產生更多的乙醇（酒精）。

　　對蒸餾廠來說，選擇合適的酵母菌非常重要，但與啤酒或葡萄酒相較，蘇格蘭威士忌在發酵上的文獻記載相對較少。就製程而言，威士忌的發酵與啤酒頗為類似，也因此古早時候，無論是烘焙業或威士忌產業，大多使用當地或鄰近的啤酒廠廢酵母，不僅取得容易，而且也較為便宜。

　　經長久使用後，某些菌種具有較佳的表現，譬如更高的酒精產出率、更強的酒精耐受性、對於滲透壓、糖濃度、溫度、pH 值具有更高容忍性、能快速發酵、適當的凝絮結合、以及使用前能有更好的生存發育能力等，逐漸廣受歡迎而取代了鄰近的啤酒廠廢酵母。由於蘇格蘭威士忌產業並不像啤酒廠一樣，發酵完成後將酵母菌回收做下一批次使用，規範中也不容許在發酵時添加促進酵母生長的營養素，因此必須選擇最適合酒廠環境、製程和風味的酵母菌種。

◇ **商業酵母**

　　所有的蒸餾廠都希望酵母菌純淨不摻雜菌、能快速並有效率的進行發酵；少數蒸餾廠自行培養，但絕大多數都購買自商業酵母廠。一般專業酵

母廠擁有多種酵母菌種，每一種菌種都保持在無污染的狀態，通常以糖蜜（molasses）為主的培養液來培養酵母，並添加些銨鹽（ammonium salts）以及其它營養補充物，同時提供充分的氧氣和適宜的溫度，讓酵母菌保持活性和繁殖能力。等酵母收成之後，可根據不同的收成方式提供 3 種狀態供蒸餾廠選用：

① 收集凝絮狀態並沉澱後的乳液狀酵母，含有 18%（乾重）的酵母菌，可採用罐裝車運送並可直接投入發酵槽使用，不過為避免運送風險，一般運送距離不可過遠，約在 400 公里以內，同時蒸餾廠必須擁有冷藏庫，並且在 7 天內使用完畢。

② 利用旋轉真空過濾器製作出壓縮的酵母餅，其酵母菌含量約 28%（乾重），蒸餾廠內同樣需有冷藏設備，但使用期限可延長到 2～3 星期。

③ 以離心機或真空乾燥機製作的乾燥粉末，酵母菌含量可達 95%（乾重），裝在真空密封袋運送，放置於較涼爽的地方並在未開啟的情況下，可長期保存超過 1 年。與 1、2 比較，價格較高，且投入前必須先水解以恢復酵母菌的活性。

① 與 ② 合稱新鮮酵母（fresh yeast），都必須低溫冷藏在 1～4℃的冷藏室內，以保存其活性並延長生命，當然，也降低感染其它細菌的風險。

商業酵母的命名除了使用目的之外（如烘焙、啤酒或蒸餾酒），通常是以製作的實驗室加上一個數字編號，如 M-1 等等。蘇格蘭最早的威士忌酵母菌株在 1870 年代於 Keith 被分離出來，但僅限於少數酒廠；1920 年代中期 DCL 公司製作出 DCL S.C. 以及 DCL L-3 等菌株，使用在 DCL 所屬的麥芽及穀物蒸餾廠，是否被其它蒸餾廠採用不得而知。

南投酒廠使用乾式酵母，投入前先於此設備內水解

　　不過在二次大戰以前，絕大部分的蘇格蘭酒廠都使用來自啤酒業產業的酵母，或自行培養。啤酒廠於完成發酵後，收集發酵池底多餘的酵母，以麻布袋裝（塊狀）或桶裝（液狀）方式運送到蒸餾廠。這些酵母在運送途中並未做特殊溫控保存，蒸餾廠也不一定做環境衛生管理，因此不僅酵母的活性可能有問題，也可能摻雜了其它雜菌。

　　二次大戰後，一項重大發展則是乾燥酵母的出現，可延長保存期限，並運送到遠離蘇格蘭的國外地區。到了 1952 年，DCL 研究開發出來的 M-strain 酵母，由於是在消毒過的糖蜜中進行有氧擴培，雖然啟動發酵的速率較慢，但比較不需要倚賴麥汁中溶解的氧氣，可在後續加速發酵。當時的「蘇格蘭麥芽蒸餾者公司」（SMD）同時使用 M-strain 與啤酒業酵母，以 1：1 的方式來發酵，原因在於 M-strain 直接與水混合時很容易遭受細菌感染，而來自啤酒廠的酵母曾在麥汁中進行無氧繁殖，因此能快速的適應麥汁環境成為主流酵母，一方面抑制雜菌的生長，一方面也彌補了 M-strain 初期發酵速率較慢的問題，兩者可說是相輔相成。至於其它的蒸餾廠也逐漸放棄酒精產量較低的啤酒酵母，紛紛改用這種蒸餾者酵母，以致 M-strain 橫掃蘇格蘭威士忌產業一直到 1980 年代。

　　回想格蘭傑的比爾梁思敦博士曾提到，他與麥可傑克森於 1980 年代末的談話，他們憂心忡忡於當時大部分蒸餾廠都使用相同的大麥品種和酵母菌，導致製作出來的威士忌風味也相差無幾。對照當時產業處於風雨飄搖的狀況，酒精產率確實是酒廠追逐的第一目標，而為了提高產能，當時的蒸餾廠都提高酵母的投入率（pitching rate），並且讓酵母在較高溫的環境下發酵，雖然能快速完成發酵，卻也導致酒汁中含有較多的高級醇和較少的酯類，讓新酒擁有較多的堅果、辛香料等風味，而我們喜愛的水果味就減少了。相對的，如果在較低溫（16～18 度）的環境下進行較長時間（72 小時）的發酵，則可避免這種情況。

WHISKY KNOWLEDGE
延伸閱讀
格蘭傑私藏系列第十版 Allta

　　先說個楔子，我於 2016 年寫下的「再談大麥——從 Tusail 品酒會談起」（參見〈第二篇、原料〉的延伸閱讀），文章末尾寫到比爾博士神秘地預告即將推出酵母菌的實驗性裝瓶，但不是格蘭傑，而是……？果然快人快語的話不能講滿，人生中充滿變數，何況是無從控制的酵母菌。

　　酒廠的產製流程中，發酵是最花時間的一項，為了能快速並有效率地進行發酵，所有蒸餾廠都希望使用的酵母盡可能純淨而不摻雜菌，也因此絕大多數蒸餾廠使用的酵母都來自專業酵母廠。這些酵母廠擁有多種酵母菌株，每一種菌株都保持在無污染的狀態以維持活性和繁殖能力，並依據客戶需求調配菌株，因此所謂的商業酵母並非單一菌株，而是數種酵母菌的組合。

　　比爾博士於 1983～1986 年博士班的研究領域便是酵母，但是當他從 1986 年 9 月開始進入 Diageo 工作時，酒廠已經不再使用自己的酵母，而是粉末狀的 M-strain 或 MX-strain。1990 年他曾在 Linkwood 和 Glen Elgin 擔任酒廠見習經理，其中 Glen Elgin 將一整個星期的酵母使用量在不鏽鋼桶內調配好之後，再漸次使用，因此到了週末酵母的活性已經降低到 50%，不過當時產業才艱辛地從谷底翻身，沒有人關心「產率」這件事。愛開玩笑的比爾博士提到一個趣事，不知是真是假，他說 Glen Elgin 廠內有隻寵物貓，某天不見蹤影，以為不知野到哪裡去，等到酵母液槽的液面逐日下降後，四隻腳慢慢的露出來……各位，1990 年的 Glen Elgin 得好

好注意其特殊風味了。

　　記得比爾博士於 2016 年 10 月來台時，提到他和麥可傑克森針對大麥、酵母菌品種的對話，但真正促使他認真研究酵母使用的契機，是 1997 年注意到麥可傑克森所著的《The World Guide to Whisky》（1987）書中，提到 Glenmorangie's unique yeast。他身為格蘭傑廠長，將整個廠翻過一遍後仍找不到任何酒廠酵母的資料，所以乾脆在 12 年前（2002）首次在 Ardbeg 酒廠進行試驗，以開放式發酵槽的自然落菌方式來取得存在於酒廠的酵母菌，其結果，仍丟在倉庫角落而不願多講，只提示風味可比 Lambic 啤酒（沒錯，乳酸菌大量繁殖的後果）。

　　因此接下來在格蘭傑酒廠的試驗就得小心翼翼了。比爾博士從位在酒廠南方的自有 Cadboll 莊園所種植的大麥上，採集了麥穗並送到 Lallemand Biofuels & Distilled Spirits（格蘭傑的酵母供應廠）進行解析，分別在 12 個培養皿分離出 20 種不同的酵母菌株。篩選出其中 3 種之後，再以實際有效的發酵成果選出 1 種，命名為 Saccharomyces diaemath。Diaemath 是蓋爾語，意思是 God is good，據說希臘或埃及人喝了發酵水果酒後，醉醺醺的稱許這種將水果轉化為酒精的物質是神賜的恩物。Lallemand 將 S. diaemath 培養一個星期的用量之後，比爾博士按照格蘭傑的標準製程來製酒，再將新酒放在 15% 的 2nd-fill、85% 的 3rd-fill 橡木桶內熟陳，經過 8 年半～9 年，哇啦～私藏系列第十版 Allta《野生》上市！

　　由於在品酒會前，已經藉著觀看威士忌達人姚和成（K 大）參加倫敦上市活動時的直播，以及他在 FB 上發表的文章和私下討論，大致了解 Allta 的種種，所以寫下幾個問題先交予比爾博士。他在講解時雖然沒有針對問題一一作答，但我根據他的說明，以 Q&A 的方式整理如下：

Q 為什麼是 Cadboll 大麥？還有使用其他大麥嗎？

A 純粹是湊巧，製作時剛好發麥廠送來 Cadboll 麥芽。不過以大麥品種而言，Cadboll 莊園種植的大麥並不特殊，目前是主流大麥 Concerto。

Q 如何決定某一酵母菌株適合使用？

A 簡單說，仍以發酵效率（或出酒率）為評斷標準，使用 S. diaemath 的出酒率比商業酵母低了 15～20%（約 350 LPA/噸），以商業標準而言，確實非常低。附帶一提，Tusail 使用的冬季大麥 Maris Otter，其出酒率也比春麥低了約 15%。

Q 中式白酒或葡萄酒常用的廠內自然落菌，威士忌是否可用？

A 比爾博士最早在 Ardbeg 酒廠所做的實驗已經證明，自然落菌需要很長的一段時間才能發展出適合酒廠使用的主流酵母，在這之前，因不敵如乳酸菌等雜菌的繁殖能力，產製的酒是無法入口的。

Q 和一般商業酵母比較，S. diaemath 的投入量、發酵時間有何差異？

A 因為使用的是溶液狀酵母，所以無法確定投入的酵母菌數。至於發酵時間，也按照標準方式發酵 72 小時。

Q S. diaemath 能不能吃二糖、三糖或甚至四糖？

A 對於這個問題，比爾博士露出懊惱表情，因為他並沒有想到去做，但只需要測定發酵後的殘糖成份可以輕易完成，他保證下一次一定會記得做。不過他猜測，S. diaemath 大概只能消化單糖和二糖。

Q 野生酵母在 wash 以及 new make 的影響有多大？包括 wash 的酒精度和 spirit yield，蒸餾後，來自野生酵母的特質可以保留多少？

A　酒汁的酒精度約 7.8%，比正常情形的 8% 略低一些。至於新酒風味，與正常格蘭傑的果香系不同，而是帶有更多的土地（earthy）氣息，也更為生猛強勁，這些差異當然便是來自於酵母。

Q　**應該也使用 1st-fill 波本桶來熟成，但為什麼只選擇 2nd-fill 和 re-fill 桶？也使用其他的橡木桶如雪莉桶、葡萄酒桶嗎？**

A　雖然 Allta 只選擇 2nd-fill 和 re-fill 的波本桶，但確實也實驗性的放入 1st-fill 桶，不過橡木桶的風格太過強烈，掩蓋了酵母菌特色，同理，雪莉桶、葡萄酒桶等也都不適合。

Q　**裝瓶（熟成）時間如何決定？**

A　兩個要素：

(1) 酵母菌的特色隨陳年時間緩慢遞減，木桶風格快速上升，在還不致掩埋酵母特性時，推出裝瓶正是時候。

(2) 許多新興酒廠都在做各種創新，比爾博士曾看過某一間酒廠的實驗項目列表，都是他早已經進行的（他做出空中打勾動作，口中念著 boring, have done），不過其中也包括酵母實驗，依時間估算可能的裝瓶時間，趕在之前推出 Allta 搶第一，正所謂「文無第一，武無第二」，江湖險惡啊～

Q　**在過去的私藏系列，你已經裝過大麥和酵母，有沒有水的試驗？你認為水的影響有多大？**

A　這一點比爾博士沒做說明，我也忘記問，不過 Murphy 提到水的變數大概占了 5%，只是我很好奇，格蘭傑使用的是硬水，如果改用軟水呢？比爾博士沒想過嗎？

於我觀之，除了 2015 年的私藏系列第六版 Tusail 之外，Allta 是比爾博士最具實驗精神的一款酒，展現的是全尺寸的控制變因實驗，因為除了酵

母和橡木桶以外，其他製作條件完全相同，讓酵母菌主導風味特色。不過，正如同比爾博士所言，LVMH 集團給他的任務並不是埋首做實驗，而是製酒，所以不可能以實驗室的精確規格去要求產品，也就是說，不可能拿格蘭傑 Original 當作對照組，要求 Allta 除了酵母菌之外的每一個製程都完全相同。但另一方面，LVMH 確實很支持比爾博士，所以在酒廠旁興建一對一模一樣的全尺寸蒸餾器，2020 年 3 月已經完工。由於與產能脫勾，比爾博士可進行各種天馬行空的實驗了，好希望新冠疫情過後，有機會能到酒廠去造訪參觀啊！

此外，目前酒廠每年仍使用 S. diaemath 一星期，但「私藏系列」僅此一版，所以這些酒怎麼辦呢？比爾博士露出微笑，說他也不知道如何處理，或許幾年後再看行銷部門有什麼好點子吧。

Glenmorangie「Private Edition 10 - Allta」
51.2%, OB, 2019

時間	3 / 20 / 2019
Nose	一開始偏向深沉的果甜，烤麵包、烤餅乾，一些辛香調和蜜蠟，轉換為紫羅蘭的花香以及濃縮的香草甜，很是豐滿優柔。
Palate	一入口便是濃稠的白巧克力和奶油，許多的蜜蠟或蠟質感，柑橘皮、肉桂、胡椒等辛香，以及大量的蜂蜜、果醬和香草甜，一些烤麵包、烤麥芽餅乾，並透出一絲玫瑰花暗示。
Finish	中～長，蠟質感延續，烤麵包、麥芽餅乾，果醬、香草甜以及白巧克力。
Comment	除了香草、蜂蜜、柑橘、奶油等格蘭傑經典風味之外，還帶著烤麵包、麥芽餅乾、蜜蠟種種沉凝濃縮的滋味，十分圓潤飽滿，是我非常喜愛的一款私藏。

時代的巨輪依舊朝向商業規模前進，1990 年代由 Kerry Group 公司所發展的 MX-strain，發酵速率略比先前的 M-strain 快一些，風味則類似，尤其是針對比重愈來愈高的麥汁，無論速率或效率都更好。另外 Mauri Group 公司所發展的 Pinnacle，原先是具有高酒精耐受度的烘焙酵母，使用在蒸餾產業又比 MX-strain 快約 1 個小時便到達發酵的最高峰。

統計從二十世紀末以降，最常被使用的商業酵母包括 DCL M、M-strain、Quest M、Rasse M、M-1、D1 或 WH301，都是過去由 DCL 酵母有限公司（DCL Yeast Ltd.）所生產，現在則是產自 Kerry Biosciences 公司。下頁這張表統計了部分酒廠使用的商業酵母種類，資料取自 Misako Udo 所著 《威士忌蒸餾廠》一書。

商業酵母品牌使用的酵母菌株通常不會只有一種，而是混合了多種菌株，其品質標準包括生長發育能力必須大於 95%、雜菌污染則小於每公克 1×10^4、乾燥酵母受到醋酸菌、乳酸菌或片球菌污染須小於每公克 1×10^3、並且不得存在任何病菌，當然還包括酒精轉化能力、快速發酵以及風味上的考量等等。不過從統計表中可以發現，蘇格蘭威士忌酒廠使用的酵母品牌多半相同，顯然對大部分蒸餾廠來說，比起麥汁的比重、發酵時間、溫度等等因素，酵母菌種對風味影響不大，生長繁殖及發酵生產能力才是重點。

另一方面，許多蒸餾廠依舊摻用啤酒酵母。以風味而言，摻用啤酒酵母將產生較多的硫化物以及較少的脂肪酸，尤其是乾燥的愛爾酵母。由於啤酒酵母比蒸餾酵母提早失去活性或甚至死亡，發酵後期將增加乳酸菌（lactic acid bacteria, LAB）污染的風險，進而降低 pH 值，也跟著改變後續的發酵風味。至於穀物蒸餾業者，多半使用 British Fermentation Products（BFP）或 Anchor Yeast 公司所製作的乳液狀酵母。

M	MX	Mauri	+ Brewers	Anchor/BFP
Aultmore	Bowmore 25% （+Mauri）	Aberlour	Ben Nevis （50/50）	Auchentoshan （+Mauri）
Blair Athol	Bunnahabhain （+M）	Ardbeg	Balblair	Daftmill
Bruichladdich （+Mauri）	Craigellachie （+Mauri）	Auchentoshan （+Anchor）	Benromach	Grain distilleries
Bunnahabhain （+MX）	Glengoyne （+M）	Benrinnes	Cardhu	
Glengoyne （+MX）	Lagavulin （+Mauri）	Bowmore 75% （+MX）	Glenburgie	
Glen Scotia	Speyside （+M）	Bruichladdich （+M）	Glenmorangie （5dist, 2brew）	
Highland Park		Caol Ila	Imperial	
Lagavulin （+Mauri）		Craigellachie （+MX）	Jura	
Macallan （+Mauri +brewers）		Dalwhinnie	Longmorn	
Speyside （+MX）		Glenfiddich	Macallan （+M+Mauri）	
		Lagavulin （+M）	Miltonduff	
		Laphroaig	Oban	
		Macallan （+M+brewers）	Speyburn	
		Strathmill （+brewers）	Strathmill （+Mauri）	

◊ 發酵四大階段：投入、有氧、厭氧、結束

　　威士忌與啤酒的發酵過程存在許多相似之處，但最大差異在於，啤酒的麥汁在發酵前必須煮沸，以阻絕任何雜菌生長的風險，卻也讓殘餘的澱粉酶失去功能。相對的，威士忌的麥汁無須煮沸，因此隨第一道水進入發酵槽的澱粉酶不會失去活性，並且在發酵期間繼續分解較大的碳水化合物分子，成為酵母菌可以代謝的小單位糖。

　　依比例而言，典型的麥汁所含的糖類包括蔗糖 2%、果糖 1%、葡萄糖 10%、麥芽糖 50%、麥芽三糖 15%、麥芽四糖 10% 和糊精 10%。這些糖不會同時被利用，其中葡萄糖分子最小，首先被酵母菌攝取；麥芽糖和麥芽三糖合計的量最大，但必須等到葡萄糖濃度下降後才會被使用，至於麥芽四糖和糊精須藉由澱粉酶分解成更小的分子，才能被酵母使用。

　　蒸餾廠內提供酵母菌生長繁殖的槽體稱為發酵槽（washback），一般不是木製便是不鏽鋼製，其中木製發酵槽主要是由奧勒岡松木（Oregon pine）或西伯利亞落葉松木（Siberian Larch）所構成，許多雜菌容易藏身在木質纖維以及板與板之間的空隙，不可能完全清潔消毒，但因為屬於傳統的一環而十分常見，且雜菌時常也被視作重要的風味來源。不鏽鋼製發酵槽容易清洗並做現場消毒（CIP），不致發生以上諸多缺點。每間蒸餾廠使用的發酵槽大小形狀不一，不過通常為深度不同的圓柱形槽體，底部略向圓心傾斜而呈錐狀，有助於排放

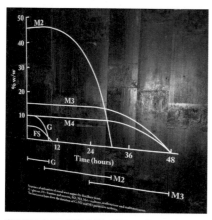

慕赫酒廠內懸掛的說明顯示麥汁中各種糖類（G：葡萄糖；FS：果糖和蔗糖；M2、M3、M4：麥芽糖、麥芽三糖、麥芽四糖）的比例以及發酵速率（圖片由 Max 提供）

酒汁和清潔。無論是木製或不鏽鋼製，大部分的發酵槽都設計頂蓋，避免任何可能的外來雜物或甚至昆蟲、鳥、老鼠等生物掉落槽內。

由於發酵旺盛時冒出的二氧化碳會產生許多泡沫，為避免泡沫溢出槽體，部分蒸餾廠使用旋轉的槳（switcher）將泡沫掃除，或使用消泡劑，又或者將槽體容量擴大，便無須使用槳或消泡劑。不過由於二氧化碳有害人體，雖然單位重大於空氣，即使洩漏也不至於擴散，但許多蒸餾廠仍設置二氧化碳吸除設備，以維安全。

在蒸餾廠控制環境下的發酵，主要目的是產生乙醇，但是對酵母菌而言，發酵只是生長繁殖的過程，所以蒸餾廠必須設計合適的環境並提供足夠的營養素讓酵母菌生長繁殖。為達到最佳效率，考慮的因素包括糖分濃度、酵母菌投入量、投入時的溫度以及發酵時間。一般而言，從酵母菌投入開始，發酵過程可分為4個階段：

一、投入（pitching）

糖分是各種細菌競食的養分，為避免其它雜菌搶在酵母菌之前生長，必須盡快投入酵母菌。一般而言，將麥汁冷卻到 14～26℃之後輸入發酵槽，無須集滿整個批次的麥汁，當深度達到約 50 公分——許多蒸餾廠甚至在深度 25公分時——便立即投入酵母菌。倘若延遲，將可能遭受以乳酸菌為

（上）**格蘭花格酒廠的麥汁正注入發酵槽**
（圖片由 Paul 提供）

（下）**格蘭花格酒廠用以掃除二氧化碳泡沫
的旋轉槳**（圖片由 Paul 提供）

主的雜菌感染，除了與酵母菌競爭消耗糖分，也會因分泌過多的酸類化合物而降低pH值，導致酒精產出減少，同時也影響風味。

投入的酵母菌愈多後續發酵就愈快速，譬如葡萄酒約投入 5×10^6/ 毫升的酵母菌，發酵時間可長達 14 天，但威士忌約在 2～3 天便可完

乾式酵母於投入前須與水拌合以利生長
（圖片由隼昌提供）

成，所需投入的酵母菌約每毫升 $3～4 \times 10^7$，到發酵終了，酵母菌的數目因繁殖而增加到約 2×10^8/ 毫升。投入量若以重量比計算，約為麥芽重量的 1.8%，也就是 1 噸的麥芽需要 18 公斤的酵母，若併用啤酒酵母，則需增加到 22 公斤，不過仍得配合菌種和麥汁的濃度，以達到最少用量、最快發酵以及最大酒精產出的目的。

乾燥酵母可直接投入，但效果不好，必須等待一段時間才開始生長，因此可先拌合 5 倍重量、水溫為 38℃的溫水，約等 5 分鐘後再投入。至於新鮮的乳液狀酵母或是酵母餅，則可與冷水拌合，降低酵母重量比到 14%時，便可投入。

二、有氧發酵

酵母菌投入數小時之後（可能為 3～24 小時，視投入的酵母數量及環境而定），由於麥汁內存在氧氣，加上糖分以及其它營養素的充分供應，酵母菌開始快速繁殖。不過如前所述，即使在有氧環境下，酵母菌依舊傾向發酵反應，因此同一時間也會釋出酒精和二氧化碳。而後隨著發酵的進行，糖分逐漸被消耗，酒精和二氧化碳的比重又比水低，因此麥汁的比重

緩慢下降，又由於熱能的排出，溫度也緩慢上升。

　　酵母菌經過二或三代繁殖後，麥汁內的溶氧逐漸耗盡，二氧化碳浮在液體表面阻絕外界氧氣溶入，得不到氧氣補給的酵母菌，必須具有足夠的營養素如脂肪酸、固醇（sterols）及胺基酸等，才能製造健康的細胞膜及細胞內部組織，其中又以固醇最為重要。由於酵母菌分芽繁殖時，母代及子代細胞膜上的固醇被稀釋，需要足夠的氧氣或脂類才能合成膜固醇，再繼續分裂形成新的細胞，如果缺乏氧氣與脂類，酵母菌將停止繁殖，進入厭氧發酵階段。

　　酵母菌被投入的環境是充滿著單糖、雙糖、三糖、糊精、胺基酸、蛋白質、維生素和礦物質的複雜溶液，若沒有適合的營養素、溫度和 pH 值，酵母將難以生長。以環境而言，蒸餾酵母可以在 pH 值為 3.5～6.0 的環境下存活，但最適合的 pH 值為 5.0～5.2；酵母菌也可以適應 5～35℃的溫度，但最佳溫度則在約 30～33℃。為了繁殖，酵母菌還需要各種礦物質，尤其是磷酸鹽和硫酸鹽，以及金屬離子如鐵、鉀、錳和鋅，另外也需要吸收各式各樣的氮化合物，包括氨、尿素和許多胺基酸，作為細胞蛋白質的構建單元。雖然蘇格蘭威士忌法規不允許製作時投入其它添加物，不過麥汁內通常都含有足夠的營養素，只是若缺乏上述化合物或金屬離子均可能導致發酵遲緩。

三、厭氧發酵

　　這是主要產生酒精的階段，但如果僅僅是酒精，絕無法單純倚靠後續的橡木桶陳年帶來各種令人沉醉的芳美物質，而是在同一時間，酵母菌也分解了麥芽中其它化合物，進而產生各式各樣的同屬物（congeners）。

　　所謂同屬物，是指來自發酵產生的少量化學物質，如醇類、酯類、酸類、醛類、酮類、酚類、單寧和硫化物等，提供蒸餾烈酒重要的風味和香氣，

以及可能的頭痛和宿醉。雖然發酵階段的後續製程，包括蒸餾以及橡木桶陳年，將影響這些物質的最終含量，但如同大眾較為熟知的脂肪酸或酯類，在發酵中均將透過一系列的化學轉換而形成，如下圖所示，並且在威士忌的「風味」上扮演著舉足輕重的角色。

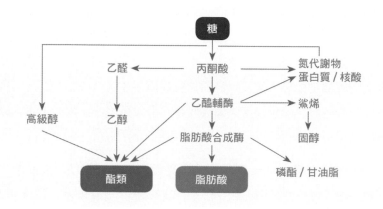

當酵母菌被投入麥汁時，如果營養充分且環境適宜，便開始出芽繁殖，並產生多種不同的有機酸、脂肪、固醇以及其它中間產物，部分物質將滲出並溶入麥汁。隨著氧氣和營養素逐漸耗盡，酵母菌停止繁殖，但仍以厭氧方式吸收環境中糖分的能量而繼續存活。在以上的過程中，酵母產出的各類同屬物分述如下：

◎ **醇類：**乙醇的分子鏈擁有 2 個碳，高級醇是比乙醇的碳鏈更長的其它醇類，如戊醇、異戊醇、丁醇、丙醇和庚醇等，統稱為高級醇或雜醇類（fusel oil），其含量取決於酵母菌的繁殖生長，在有氧環境下，如果氮含量較多或者溫度較高，都將促使高級醇類的產生。高級醇為具有特殊風味的油狀物質，一般以尖銳的溶劑香調來形容，因此並不受大眾歡迎，但若與酸類反應可形成酯類，產生水果、花香等各種香氣，反倒成為威士忌中極其重要和期望的風味。

◎ **酯類：**一般被視為芳香物質的重要來源，其形成取決於麥汁中的高級醇和有機酸含量，也取決於乙醯輔酶 A（Acetyle AoC）的活性，更重要的是酵母菌種。不同的酵母菌有其適應的溫度和 pH 值，生長繁殖所需要的

氧氣和胺基氮含量也不盡相同，分解合成的產物當然也跟著不同。到了
繁殖時期，由於脂肪被用於構建細胞膜，導致長鏈脂肪酸的含量減少，
因此形成較多碳鏈較短的脂肪酸酯，可分為乙酸酯（乙酸＋醇）和乙酯
（乙醇＋脂肪酸）兩種。乙酸酯的含量較高，但乙酯的芳香濃度門檻極低，
通常帶給我們的感官刺激如乙酸乙酯（ethyl acetate）的梨子果甜、丁酸
乙酯（ethyl butyrate）的鳳梨味、以及甲酸乙酯（ethyl formate）的覆盆
子、紅莓果甜和果酸味。各種不同的酯類產生的氣味如下表：

酯類	氣味
己烯丙酯（Allyl hexanoate）	鳳梨
醋酸苯酯（Benzyl acetate）	梨子、草莓、茉莉
乙酸冰片酯（Bornyl acetate）	松木
丁酸丁酯（Butyl butyrate）	鳳梨
乙酸乙酯（Ethyl acetate）	梨子果甜、去指甲油、模型漆
丁酸乙酯（Ethyl butyrate）	鳳梨、香蕉、草莓
己酸乙酯（Ethyl hexanoate）	鳳梨、青香蕉
肉桂酸乙酯（Ethyl cinnamate）	肉桂
甲酸乙酯（Ethyl formate）	覆盆子、紅莓果甜、檸檬、草莓、蘭姆酒
庚酸乙酯（Ethyl heptanoate）	杏桃、櫻桃、葡萄、莓果
異戊酸乙酯（Ethyl isovalerate）	蘋果
乳酸乙酯（Ethyl lactate）	奶油、乳脂
壬酸乙酯（Ethyl nonanoate）	葡萄
戊酸乙酯（Ethyl pentanoate）	蘋果
乙酸香葉酯（Geranyl acetate）	天竺葵（geranium）
丁酸香葉酯（Geranyl butyrate）	櫻桃
乙酸異丁酯（Isobutyl acetate）	櫻桃、莓果、草莓

酯類	氣味
甲酸異丁酯（Isobutyl formate）	莓果
乙酸異戊酯（Isoamyl acetate）	梨子、香蕉
乙酸異丙酯（Isopropyl acetate）	水果味
乙酸芳樟酯（Linalyl acetate）	薰衣草、鼠尾草
甲酸芳樟酯（Linalyl formate）	蘋果、桃子
乙酸甲酯（Methyl acetate）	膠水
鄰氨基苯甲酸甲酯（Methyl anthranilate）	葡萄、茉莉
苯甲酸甲酯（Methyl benzoate）	水果、香水樹（ylang ylang）、斐濟果（feijoa）
丁酸甲酯（Methyl butyrate）	鳳梨、蘋果、草莓
肉桂酸甲酯（Methyl cinnamate）	草莓
戊酸甲酯（Methyl valerate）	花香
苯乙酸甲酯（Methyl phenylacetate）	蜂蜜
水楊酸甲酯（Methyl salicylate）	沙士（root beer）、冬青（wintergreen）
乙酸辛酯（Octyl acetate）	水果、橘子
乙酸戊酯（Amyl acetate）	蘋果、香蕉
丁酸戊酯（Amyl butyrate）	杏桃、梨子、鳳梨
己酸戊酯（Amyl caproate）	蘋果、鳳梨
戊酸戊酯（Amyl valerate）	蘋果
乙酸丙酯（Propyl acetate）	梨子
己酸丙酯（Propyl hexanoate）	黑莓、鳳梨、起司、葡萄酒
異丙酯（Propyl isobutyrate）	蘭姆酒

麥卡倫酒廠的發酵槽（圖片由愛丁頓寰盛提供）

高級醇、游離脂肪酸以及醋酸的含量和比例十分敏感，過量乙醇的醇類將形成刺激的溶劑味，而過量的游離脂肪酸也將帶來腐臭味。假如穀物的氮含量較低、麥汁的原始比重（OG）較高、投入的酵母較多，加上在溫度較高的環境進行較長時間的發酵，麥汁裡的糖含量較高，將產生更多的短鏈酯類，例如具有典型香蕉風味的乙酸異戊酯（isoamyl acetate）。較高的發酵溫度通常會產出較多具有水果香味的乙酸酯，但仍會形成部分油感、蠟質感的中長鏈乙酯類。

◎ **酸類：**發酵全程都會形成各種有機酸，其中影響氣味的包括乙酸、丙酸、異丁酸、丁酸和異戊酸，至於脂肪酸類則包括辛酸、己酸、癸酸和月桂酸，其中異戊酸具有強烈的刺激性味道。酸類含量高時，會出現醋味以及類似嘔吐物和酸穀物味，這些有機酸將與其它化合物繼續反應。

◎ **雙乙醯：**是羰基化合物（carbonyl compound）和酵母氮代謝的副產物，也是細菌代謝的產物。其氣味門檻低，約 1ppm 便可產生滑順的奶油或爆米花的香氣，但是濃度更高時則會轉變為不討喜的異常氣味。發酵時間過短常導致過量的雙乙醯，蒸餾時的熱也會提高酮轉變為雙乙醯的濃度，由於其沸點為 88℃ 與酒精差不多，一旦存在便不容易去除，因此部分蒸餾業者和部分啤酒業者拉長發酵時間（啤酒業者常在熟成階段去除雙乙醯），讓酵母菌移除過量的雙乙醯。

◎ **硫化物：**酵母菌的發酵也會代謝出許多以二氧化硫為主的硫化物，二氧化硫很容易被還原成具有臭蛋味的硫化氫。發酵過程中產生的二氧化碳可清除大部分的硫化氫，但如果投入量較少或溫度較低導致緩慢發酵，或是發酵時遭受雜菌污染，又或者是不健康的酵母菌，都可能因二氧化碳產生較多的二氧化硫，進而提高麥汁中硫化氫濃度。除了二氧化硫之外，氣味門檻極低的硫化物還包括二甲基硫（DMS）、三硫化物（DMTS）、二甲基亞碸（DMSO）和 S-甲基甲硫氨酸（SMM）等，其中三硫化物（DMTS）具有支配性的影響，其感官門檻在純水中約 1.0ppb，或是在 20% 的乙醇中為 33ppb。這些硫化物全源自麥芽，經酵母菌代謝後濃度或增或減，但是在厭氧狀態

下，如果共同使用啤酒酵母與蒸餾酵母，將產生更多的硫化物。不過這些硫化物在後續蒸餾過程中，透過與銅的接觸反應可中和部分不討喜的氣味，而部分硫化物也會在熟陳過程中減少。

◎ **酚類**：麥汁裡的酚主要來自烘乾麥芽時使用的泥煤，但某些風味活潑的酚類化合物可在發酵時產生，譬如野生酵母可產生顯著的 4-乙烯基癒創木酚（4-vinyl guaiacol），其酚類香味便十分豐富。但在啤酒產業，酚類味道被視為不討喜的異味，因此通常選擇不會產生這種風味的酵母菌種。

根據統計，經由發酵產生並對風味造成影響的同屬物超過 400 種，雖不全然是在厭氧發酵中產生，但絕大部分在這個階段中都陸續反應變化，也因此蒸餾業者間流傳著「做壞的酒汁永遠蒸餾不出好酒」這句至理名言。這些同屬物的重要性不一，濃度、感官門檻和揮發性都是重要的影響因素，當然，在後續的製程中，這些同屬物將隨蒸餾工藝和橡木桶熟陳而持續組合轉變。

四、發酵結束

蘇格蘭威士忌業界使用的麥汁初始比重（Original Gravity, OG）約為 1060～1070，穀物威士忌稍高，約 1080，比重愈高則糖分愈多，產生的酒精也愈多。當糖分消耗殆盡，由於酒精和二氧化碳的比重都比水低，因此最終比重（Final Gravity, FG）將降低到 1000 以下，通常為 975，此時發酵作用愈趨緩慢至最終停止，酒精含量也不再上升。

發酵會產生熱量，麥汁的溫度將隨著發酵而升高，但是酵母菌不耐高溫，35℃以上其發酵能力便大幅銳減，超過 38℃便停止發酵。事實上，酵母菌對溫度非常敏感，最適合的工作溫度為 30～33℃，也因此啤酒業者必須緊盯著麥汁的溫度，控制在 0.5℃的範圍內，除了發酵效率之外，更重要的是維持酵母菌的健康，才能製作出一致的產品。

蒸餾業者不像啤酒產業那樣重視溫度控制，罕有酒廠在發酵槽裝置控溫

設備，而是依循傳統讓溫度隨發酵而升高，頂多啟閉窗戶來調節室溫。因此酒廠必須根據氣候環境慎選初始發酵溫度，如冬天時將麥汁的冷卻溫度稍微提高到 22℃，而夏天時則降低為 19℃，以便讓發酵時的最高溫都落在 33、34℃左右。

另一方面，由於熱量來自酵母菌的代謝，酵母菌的量愈多或代謝速度愈快，則溫度上升的速率也愈快，因此假若麥汁的初始比重較高，可能就得稍稍降低發酵的初始溫度。如果使用不鏽鋼發酵槽，某些蒸餾廠建造雙層槽體，藉由冷水管在兩層鋼槽間循環流動來達到降溫的目的，或是將麥汁循環到槽外的冷卻器降溫再送回。理論上，木製發酵槽也可以在內部裝置循環冷卻水管，但似乎沒有蒸餾廠這麼做，一切均以「遵古法」為最高指導原則。啤酒酵母的耐熱度較好，通常在 33、34℃依舊保持活性，不過對拉格酵母來說又太高溫了，所以如果蒸餾廠併用拉格酵母，其功用僅限於初期的繁殖階段，溫度超過 30℃可能很快就失去活性。

整個發酵過程中，比重、pH 值、乙醇含量、溫度以及酵母菌數量隨時間變化的關係如下圖（根據〈參考文獻 13〉重繪）。在前 30 小時內，酵母菌大量繁殖，乙醇含量和溫度隨之升高，而 pH 值和比重則跟著下降。等繁殖期結束，酵母菌數量不再增加，乙醇含量提高以及比重降低的速率都雙雙放緩，pH 值約略持平，溫度則不升反降。

根據下頁圖，只要投入的酵母菌數量夠多、環境也適合，發酵最短可在 48 小時內完成。不過根據《麥芽威士忌年鑑》所提供的資料，只有少數蒸餾廠採用 48 小時的發酵時間，大多為 50、60 小時，部分蒸餾廠甚至超過 100 小時，譬如雲頂酒廠常年做 110 小時以上的長發酵，而斯卡帕酒廠更曾長達 160 小時，不過目前已下修為 52 小時。

發酵並非每批次都能順利完成，偶而也會因不同因素而「卡住」，可能的原因包括：

◎ 在糖分充足的情況下，若缺乏如氮（胺基酸）、磷酸鹽、維生素及金屬離子等營養素，可能導致酵母放緩或停止繁殖生長，其中又以氮最為重要，游離胺基酸的含量必須維持在 120 毫克／公升的濃度。

◎ 非預期的雜菌入侵或過度生長繁殖，尤其是乳酸菌產生的乳酸和乙酸降低環境的 pH 值，導致發酵提早停止。

◎ 糖分濃度過高，酵母菌細胞膜內外的滲透壓過大，或麥汁中水分過少而無法讓酵母菌正常的吸收糖分。

◎ 酵母菌適合在逐漸升溫的環境下生長，溫度過低或突然變化過大，都將讓酵母菌難以適應。

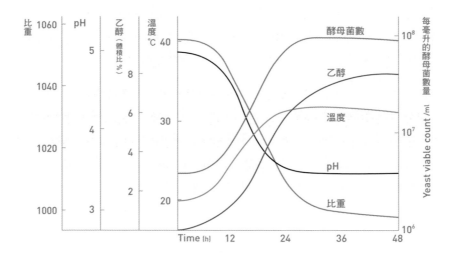

　　除營養素之外，其它 3 種潛在原因都很容易檢測，包括檢查麥汁的初始比重是否過高以瞭解糖分濃度，或紀錄發酵期間溫度以及 pH 值的變化，如果這些數據都正常，那麼最可能的原因便是營養素不足了。只不過蘇格蘭威士忌法規不允許添加營養素，因此必須回頭檢查購入麥芽的規格以及糖化製程，以避免下個批次發生同樣情形。

◊ 發酵時間與雜菌

從季節變換的角度來看，發酵時間必須隨環境溫度而調整，但更需要根據預期的 FG ——代表糖分是否已完全被轉化為酒精——的量測結果來決定，因此理論上，發酵時間不應該是固定值。不過絕不能忽略的現實是，一間有效率的蒸餾廠其運作必須形成固定的節奏，糖化—發酵—蒸餾，每個製程都得環環相扣，其中又以發酵時間扣得最緊，因為這是從麥芽到新酒製程中最耗時的一環，也因此每間蒸餾廠數量最多的設備便是發酵槽。

由於蒸餾者不可能每日等著發酵完成再急急忙忙的上工，所以真實的作業流程是發酵時間倒過來配合蒸餾，可能稍微短一點，也可能延長，最明顯的資料是，常有蒸餾廠因相隔一個週末而自動延長發酵時間，如下表所示，與週間的發酵時間相比差異極大。這種遠超過酵母菌作用時間所產生的影響，將反映到雜菌生長或二次發酵，需要仔細思量。

威士忌產業為保留酵素活性，以便在發酵過程中持續將糊精、澱粉等長鏈分子轉化為可發酵糖，使用的麥汁不經煮沸，因此就算是盡快投入酵母菌以形成主流菌種，仍難免其它雜菌入侵。常見的雜菌包括乳酸菌

蒸餾廠	發酵槽材質	發酵時間（小時）	
		短發酵	長發酵
Blair Athol	木質（Oregan pine）	46	104
Bowmore	木質（Oregan pine）	48	100
Bruichladdich	木質（Oregan pine）	60	105
Bunnahabhain	木質（Oregan pine）	48	110
Caol Ila	木質（Larch pine）	60（泥煤）	80（無泥煤）
Dalwhinnie	木質（Oregan pine）	60	110

（接續下頁）

蒸餾廠	發酵槽材質	發酵時間（小時）	
		短發酵	長發酵
Glen Dronach	木質（Larch pine）	60	90
Glen Elgin	木質（Larch pine）	80	120
Glengoyne	木質（Oregan pine）	56	110
Highland Park	木質（Oregan pine）	50	80
Pultney	不鏽鋼	50	110
Royal Lochnagar	木質（Oregan pine）	70	110
Tobermory	木質（Oregan pine）	50	90
Tomatin	不鏽鋼	54	108

（LAB）、醋酸菌、大腸桿菌和其它野生酵母，這些雜菌體積通常比酵母菌小，長度在 1 微米（1×10^{-6} 公尺）以下，不同菌種有不同形狀，包括球狀、桿狀或螺旋狀等。這些微生物或來自麥芽，或躲藏在木製發酵槽的木質纖維中生存下來，甚至清潔用水或使用的商業酵母都可能含有微量的野生酵母和 LAB，因此不可能完全清除滅絕。

　　下表顯示的是各種可能的雜菌及其來源、影響以及影響時期。由於蒸餾業者使用的麥汁通常溫度較低，加上較低的 pH 值以及較少的溶氧和營養素，以及酒精含量的持續增加，對其它微生物而言都是不適宜生長或甚至生存的環境，也因此酵母菌得以成為主流。

　　LAB 是包括乳酸球菌屬（Lactococcus）、片球菌屬（Pediococcus）、鏈球菌屬（Streptococcus）和一些乳酸桿菌屬（Lactobacillus）的統稱，由於本來就是屬於麥芽滋養的微生物群之一，對於上述環境條件也多少具有耐受能力，成為最可能入侵的其它菌種，通常固定存在於蒸餾廠中，但也會受到麥芽來源以及酒廠的清潔衛生習慣而變化。乳酸菌攝取糖分之後，代謝

菌種	可能來源	可能的影響	影響時期
乳酸菌（LAB）	麥芽、穀物屑、商業酵母	酒精產量減少，產生酸和雙乙酰的不良風味	全程，發酵後期較多
醋酸菌	植物、水源	酸性不良風味	麥汁、發酵初期、酵母菌供應源
大腸桿菌	植物、水源	硫化物和雙乙酰產生的不良風味	麥汁、發酵初期、酵母菌供應源
野生酵母	麥芽、穀物屑、商業酵母	酒精產量減少，產生雜醇油和雙乙酰的不良風味	全程，好氧菌種則在發酵初期

出乳酸、二氧化碳和乙醇或乙酸，由於與酵母菌競食糖分，所以對威士忌產業具有相當影響，其生長繁殖隨著酵母菌的投入，概略可分成 3 個階段：

階段 1：從投入酵母菌到繁殖終止，視投入的數量及生長環境而定，約為 0 ～ 30 小時左右。剛開始入侵的 LAB 種類繁多，但因為酵母菌的繁殖抑制了 LAB 成長，酒精含量的增加也消滅了部分菌種，因此不僅數量難以成長，LAB 的種類也大為減少。

階段 2：約為酵母菌進行厭氧發酵時期，同樣視環境影響大概在 30 ～ 70 小時左右，酵母菌數量不再成長且開始下降，而酒精產量也完成 80 ～ 90%。由於酵母菌的死亡，LAB 菌屬如乳酸桿菌、LP 益生菌等數量大增，產生的乳酸、醋酸含量也持續增加。到了本階段的後期，因 pH 值下降加速酵母菌的死亡，也讓乳酸菌成為主流菌種。

階段 3：約在 70 小時以後，乳酸菌屬的數量達到最高峰，而後開始下滑。在這個階段因糖分已經消耗殆盡，乳酸菌以死亡後溶解的酵母菌為食。

從上述各階段來看，動輒進行 70、80 小時甚或超過 100 小時長發酵的

蒸餾廠，到了發酵的中後期，都免不了面臨酵母菌死亡、LAB 取而代之的情形。只不過在極度工藝化的今日，為什麼這些蒸餾廠仍一以貫之的維持傳統做法？

對威士忌產業來說，LAB 的存在及增長有好有壞，端看入侵的時機以及如何控制。如果大量（＞ 1×10^6/ 毫升）的 LAB 於發酵初期入侵，那麼不僅會與酵母菌競爭糖分，且因產生過多的乳酸、醋酸而抑制酵母菌的繁殖，其產生的脂肪酸也會影響酵母菌的代謝。與酵母菌比較，LAB 每食用 1 個糖分子就減少 2 個乙醇分子的產生，最終除了風味變調，也大幅減少酒精產量。不過酵母菌於發酵初期產生的各類同屬物中，含量最多的是高級醇，包括丙醇、異丁醇、異戊醇等，LAB 若於初期入侵，除了減少乙醇產量之外，也會抑制高級醇的濃度。

如果 LAB 初期的侵入量控制在 $1 \times 10^3 \sim 1 \times 10^5$/ 毫升，那麼發展情形便如同前面所述的 3 階段，一直到酵母菌完成發酵後 LAB 才開始大量增長，所以不致影響酵母菌的繁殖或酒精產量。至於風味，LAB 的發酵時期由於乳酸持續累積以及乳酸乙酯濃度的增加，許多酯類和其它化合物產生複雜的化學變化，進而提高酯類含量，而酯類則是眾多討喜的水果滋味的來源。除此之外，LAB 的發酵也會提高內酯濃度，這種化合物可於熟陳階段從橡木桶萃取出來（詳見〈第五篇、熟陳〉），也存在於麥芽和發酵階段，其感官門檻較低，能帶給飲者愉悅的甜美奶油風味。

很顯然，蒸餾廠的長發酵便是在酵母菌逐漸失去功能後，容許雜菌進行二次發酵，但所謂的雜菌除了 LAB，還可能包括其它野生酵母，只是因為受到主流酵母的抑制而難以大量繁殖。不過由於生物化學上的相似性，這些野生酵母依舊會與主流酵母競食糖分，同時產生不預期的風味，所以長發酵存在許多變數和風險，尤其是週末乏人照顧的長發酵。但或許是多慮了，因為這些「週末長發酵」產製的新酒，通常都與正常發酵的新酒混合

後，再入桶熟陳，也因此消弭了影響，反而增加些許特殊風味，正是這些
蒸餾廠期望的風格。

　　至於穀物威士忌產業，因使用的小麥或玉米於糖化前須經過高壓蒸煮，
麥芽僅占 10～15%，已經除去大部分可能來自穀物的污染源，加上使用的
不鏽鋼發酵槽比起木製槽體容易清潔消毒，較不容易遭受雜菌侵入。不過
大規模工業化的操作卻也提供了其它可能的污染途徑，譬如用水的循環、
熱交換器和管線可能的堵塞，以及更大、更多的發酵槽，都進一步讓問題
更加複雜。

PART

WHISKY KNOWLEDGE

20 20

蒸餾

天使與魔鬼並存的蒸餾技術

有一說法是:「蒸餾器形狀決定酒廠風格」,
但器材外型可以模仿,內涵則全屬 know-
how,單純從外型來臆測產製風味,可能
導致瞎子摸象般的結果。看蒸餾技術如何
環環相扣,影響百年大廠的酒質!

筆者於 2015 年 10 月因參加 Keepers of the Quaich 的晚宴而首次造訪蘇格蘭，抵達德夫鎮的頭一天參訪的第一座蒸餾廠，是 2014 年興建、罕為人知的迷你酒廠 Ballindalloch。酒廠經理自豪地帶領我們穿過糖化、發酵設備，來到大家最感興趣的蒸餾器前，望著形狀各異的酒汁、烈酒蒸餾器，筆者提出一個讓他感到十分詫異的問題：「你是如何決定蒸餾器的形狀？」他愣了好一陣子，搔搔頭回答：「不是我設計的，是蒸餾器製作商做出來的。」

Ballindalloch 酒廠的烈酒蒸餾器

酒廠經理誤解了我的問題，當然蒸餾器不可能是酒廠自行設計，而是交由專業廠商來設計、製造，甚至到廠組裝、測試。但是，全球眾多的威士忌品項中，蘇格蘭麥芽威士忌可能是最堅持傳統的一種，數百年來都是簡單的以壺式蒸餾器做批次蒸餾來取得新酒，所差者，形狀、大小之別而已。以尺寸言，可以大到如布納哈本、卡爾里拉的超過 35,000 公升，也可以小到如艾德多爾、南投酒廠的 2,000 公升，或者更迷你到 2013 年建廠、容量僅 500 公升的 Strathearn 蒸餾廠，加上洋蔥形、梨形、燈籠形，或是像 Strathearn 如白蘭地蒸餾器（Hoga still）的奇特造型，無怪乎筆者從 2004 年開始認真品飲威士忌開始，便不斷接收到相同的資訊：蒸餾器形狀決定酒廠風格。所以理所當然的猜想，新酒廠在創建之初，必定對於風格有著期許與目標，以致參觀蒸餾廠時，總是不禁想問問酒廠經理，是否心中有個蒸餾器藍圖，來完成構想中的獨特風味？

蒸餾器形狀與酒廠風格

　　任何一間蒸餾廠中，閃耀著黃金般色澤的蒸餾器總是引人驚嘆，高矮胖瘦各式各樣的造型，或曲線優美，或鼓腹平頂，又或者崢嶸長頸，都成為酒廠用於宣揚自家獨特風格的代言利器。但是蘇格蘭酒廠歷史動輒百年，在建廠之初，可連「單一麥芽威士忌」的名詞都尚未發明，瓶身上要看到酒廠名稱，已經是二十世紀中期以後的事，何來所謂酒廠風格？但若說這全是行銷話術，又不能否認蒸餾器的形塑能力，所以，該如何談蒸餾？

　　回溯歷史，蒸餾器的材質隨冶金技術的發展而逐漸改變，不過蒸餾方式並無太大變化，均以壺或罐的簡單構造來完成。如果曾觀看過探索頻道（Discovery）播出的「私酒大鬥法」便可得知，最簡單的蒸餾器只需要能從底部加熱的金屬桶，加上導引蒸氣的林恩臂——也就是從蒸餾器頂部延伸的管狀物，再加上銜接林恩臂、讓酒精蒸氣凝結的冷凝裝置便完成了。但如果想利用類似的簡易設備取得更乾淨的酒液，則必須透過二次、三次或甚至更多次的蒸餾，譬如〈第一篇、細說從頭〉中所提到，1690年蘇格蘭西北方的路易斯島便留下了三、四次蒸餾的文獻紀錄。但這種情況於連續式蒸餾器在1830年發明之後便改觀了，烈酒於歷經十數層或甚至數十層蒸餾板之後，不僅純淨、酒精度高，而且單位時間內的產量大，成本也隨之降低，從此開啟現代化蒸餾的另一扇大門。

　　從以上的敘述可知，早期的蒸餾器主要由三大部分組成，包括用來填注蒸餾液體的壺或罐，以及壺或罐上方用於導引蒸氣的導管，這條導管將延伸進入裝滿水的槽體，以便讓蒸氣冷卻凝結。蒸餾方法也很簡單，便是在壺內注入發酵後的葡萄酒或穀物酒汁，將壺頂的頂蓋放置上方，為了防止

1 | 2
　| 3

① 擁有全蘇格蘭最高蒸餾器的格蘭傑酒廠（圖片由酩悅軒尼詩提供）

② 擁有全斯貝賽區最小蒸餾器的麥卡倫酒廠（此為 2018 年以前之舊廠，圖片由愛丁頓寰盛提供）

③ 蘇格蘭最小的蒸餾廠 Strathearn，500 公升的蒸餾器形狀有如白蘭地蒸餾器（圖片由 Paul 提供）

蒸氣外洩，早期會用濕黏土塗在兩部分的接縫地帶。整座蒸餾裝置放在爐灶上，利用燃燒木柴、泥煤或煤炭產生的熱量緩慢小心地加熱，以便讓酒精先行蒸發，如果火力太猛、溫度太高，可能會讓酒精與水一起蒸發而降低酒精度。蒸氣隨著導管通過裝了大量冷凝水的槽體慢慢凝結為液體，從冷凝槽下方的開口滴落，收集起來就是新酒了。

　　這種小型蒸餾器屬於家用或農莊式經營，並不具備商業規模，在接下來的幾個世紀，雖然在不同國家、地域使用不同的形狀和材質，但都維持相

似的結構。材質上多使用較為便宜又容易製造的陶土與陶瓷蒸餾器，其內部必須上釉以防止滲漏，至於玻璃或金屬材質蒸餾器也廣受歡迎，不過價錢較為昂貴又容易破裂。以金屬而言，主要為黃銅、白鑞、青銅、紅銅或甚至有毒的鉛來製造，不過當銅（copper）從十七世紀初愈來愈容易冶煉也愈來愈便宜之後，蒸餾者很快就發現其優異的鍛造性能和蒸餾效果，逐漸淘汰其它材質，進而成為蒸餾器的首選。西元 1620 年後，開始在銅製蒸餾器和蟲桶的冷凝管內部鍍上一層錫，用以延長設備的使用壽命。

◊ 設備與風格間的對應關係

當然，酒廠追尋的酒液體魄不同，輕盈或粗壯各有千秋。格蘭傑的蒸餾器擁有全蘇格蘭最高的頸部，製作出輕柔細緻的新酒；麥卡倫則以斯貝賽區最小型的蒸餾器著稱，造就雄渾厚實的體質，而連續式蒸餾器製作的穀物威士忌最是輕盈，適合作調和式威士忌的基底。

但千萬別誤會，新酒酒體的塑造並非如此單純，就以批次蒸餾而言，除了蒸餾器的形狀之外，其它如加熱的方式和速率、蒸餾液的填裝量、林恩臂上舉或下垂的角度、可讓蒸氣凝結後回流的裝置、蒸氣冷凝的設施和冷凝水溫，甚或酒心提取的範圍以及蒸餾的次數等等，全都對酒體造成影響。

南投酒廠的蒸餾器（圖片由南投酒廠提供）

位在蘇格蘭西岸的艾莎貝（Ailsa Bay）蒸餾廠於 2007 年建廠時，為了製作出更多變的酒體，將 8 對蒸餾器的 2 對銅製冷凝器改為不鏽鋼製，根據筆者的品飲，銅製冷凝器下產製的新酒呈現清楚的果甜與花香。不鏽鋼製則偏向肉質和金屬味，兩者大相逕庭，也充分顯示了設備與風格的對應關係。

　　蒸餾器由累積數十年或上百年工藝的專業廠商製作，這些廠商握有眾多既有酒廠的資料，因此可根據新酒廠所希望的風味走向提供專業建議。但也不盡然如此，舉台灣的兩座蒸餾廠為例，噶瑪蘭酒廠確實是委託 1930 年代成立的弗賽斯集團（Forsyths Group）作整廠規劃、製作、安裝及測試的「交鑰匙」服務；但南投酒廠卻是徵調、整修台灣菸酒公賣局時代，原來用於蒸餾白蘭地的老蒸餾器，加上 1 座新購蒸餾器組成製作陣容，兩間台灣的蒸餾廠各具不同的立足點，也各自摸索發展出自我的風格。

　　依此思考，新蒸餾廠當然必須先具體描繪未來的可能，不過蒸餾器的形狀僅是其中之一，還包括上下游的諸多槽體、管線、溫控、能源系統等設備，以及操作這些設備的複雜流程，只不過這些細節過於繁雜，非生產人員難以理解，所以化繁為簡的獨尊最吸引人的蒸餾器。但對於溯源追尋威士忌風味的愛酒人士如我輩者，歷經麥芽穀物的處理及發酵之後，來到龐大又精巧的蒸餾器面前，除了張嘴訝嘆，更希望了解其中細節，探尋可能造成新酒風格差異的秘密。

　　不過，古人有言「登高必自卑，行遠必自邇」，在進入更多細節之前，先解決一個重要的問題：為什麼是銅？

◊ 銅的功效

　　銅除了具有良好的延展性、導熱性以及不易腐蝕之外，更重要的是能夠去除雜味而讓酒質更為乾淨。從〈第三篇、原料的處理〉中我們瞭解，由於穀物原料中各類化合物的存在，發酵時將被酵母菌轉化為包含硫化物的各式同屬物，並產生諸如包心菜捲、硫磺、臭雞蛋等等複雜的滋味，這些雜味常為人所不喜，但可以在蒸餾時與銅作用而去除，因此蒸餾器各種形狀的設計，無非就是為了控制氣態或液態酒精與銅壁的接觸時間。譬如低矮的蒸餾器由於酒精蒸氣容易被收集，與銅壁的接觸時間短，導致雜味較多、酒體較為粗獷複雜，但天鵝頸部若鼓出蒸餾球，如同 Ballindaloch，

早期的小型白蘭地蒸餾器（圖片由愛丁頓寰盛提供）

可讓蒸氣體積膨脹後凝結，再流回壺體重新蒸發，最後呈現的酒體便顯得較為乾淨柔和。

　　根據 2009 年的製作規範，所謂麥芽威士忌，是以水及發芽大麥為原料，並以壺式蒸餾器（pot still）做批次蒸餾（batch distillation）所得。這種原始又古老的蒸餾器，一般均以銅打造，主要便是利用銅於淨化酒質上的功效，只不過其機制及化學反應並未被一般人所熟知。但另一方面，由於銅製蒸餾器於運作時容易磨損，必須經常維修而增加營運成本，近年來也逐漸出現以不鏽鋼取代銅的聲浪，譬如冷凝管或甚至壺體，在美國已有少部分的蒸餾廠開始採用不鏽鋼蒸餾器，不過內部還是置放銅網來與蒸餾液作化學交換。

　　從歷史發展來看，當威士忌仍在「生命之水」的古早年代，蒸餾器是由陶罐所構成，容量較小，而後隨金屬技術發展逐漸改變材質，包括錫、鐵、黃銅（brass）和銅（copper）等，其中銅質輕且容易鍛造，約在十五世紀時成為英、法等國的主流。

　　到了十九世紀，絕大部分的歐洲國家都採用銅製蒸餾器，但仍有少數較為窮困的蒸餾廠（當時的蒸餾廠規模都不大，且大部分非法）使用錫製或是白鑞（錫和鉛的合金），不過至少在蒸餾器的底部和冷凝蟲管依舊使用銅。

　　到底什麼時候發現銅可去除硫味已不可考，不過可以確信的是，最早使用銅的時代，絕對不是因為銅能讓酒更為乾淨，只單純的取其優良的鍛造特性。但針對硫化物而言，根據近年來的研究，在各式各樣的硫化合物中，三硫化物（DMTS）具有支配性的影響，其感官閾值約 0.1 微克/公升（μg/litre），或是在新酒中的濃度約 1～6 微克/公升。根據 Harrison etal. 於 2011 年的實驗研究，當使用銅製與不鏽鋼製蒸餾器時，各類硫化物中只

有 DMTS 產生明顯的差異，如下面這張圖所示：

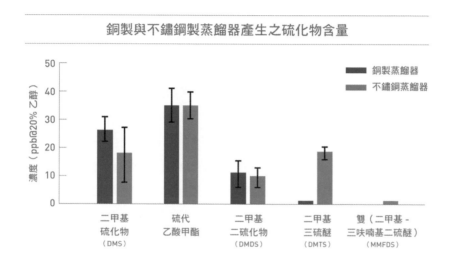

並非所有的銅都有相同效果，譬如在玻璃蒸餾器的試驗中，加入銅鹽（氯化亞銅）將增加 DMTS 的含量，而放入銅網則會降低，用過的銅製蒸餾器效果又比新品來得好，甚至在酒汁中的其它金屬離子也會造成影響。另外銅所扮演的觸媒催化角色也十分重要，可將硫醇類轉換成較不刺鼻的羰基，不過對酯類的形成並無太大貢獻，並且在蒸餾過程中多少會降低酚類的含量。

目前一般的蒸餾廠，無論酒汁或烈酒蒸餾器，從頭到尾的材料全使用銅，但是壺體、林恩臂以及冷凝器在蒸餾過程中將承載液體或氣體，並承受不同的溫度，銅是否具有相同功效不無疑問。為了解答這個問題，Harrison et al.（2011）將酒汁和烈酒蒸餾器拆解為六大部位，分別以不鏽鋼來置換，不過置換前先用全銅製和全不鏽鋼製蒸餾器來做率定，並請「蘇格蘭威士忌研究學院」（Scotch Whisky Research Institute, SWRI）受

過專業感官訓練的小組做感官定性分析，顯示全銅製蒸餾器確實能移除令人不悅的硫質、肉質等雜味而顯得較為乾淨。

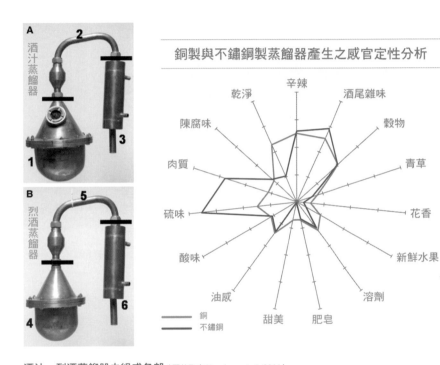

酒汁、烈酒蒸餾器之組成各部（圖片取自 Harrison et al. 2011）

　　下一張圖中，C 及 S 分別代表全銅製和全不鏽鋼製蒸餾器，S1、S2 則代表以銅置換全不鏽鋼製蒸餾器中的第一和第二部分（酒汁蒸餾器的壺體、林恩臂），其餘類推。根據實驗結果：

◎ S6（烈酒蒸餾器的冷凝器）置換效果最差，幾乎和全不鏽鋼製蒸餾器沒兩樣。

◎ 只要將 1～5 任一部分置換掉，則至少可降低幾乎一半的硫質風味。

◎ 肉質風味大致都可降低，但以 S2（酒汁蒸餾器的林恩臂）的置換效果最好。

◎ 整體而言，S2（酒汁蒸餾器的林恩臂）為最經濟有效的置換方式。

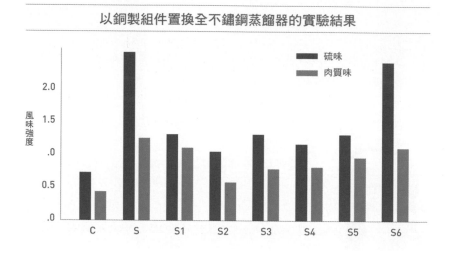

以銅製組件置換全不鏽鋼蒸餾器的實驗結果

反過來，若以部分不鏽鋼組件來置換全銅蒸餾器時，可發現：

◎ 不鏽鋼取代酒汁蒸餾器的任一部位，或烈酒蒸餾器的壺體、林恩臂，對風味都不致發生太大的影響。

◎ 唯一可能影響風味的是置換 C6（烈酒蒸餾器的冷凝器），無論硫質或肉質風味都有顯著增加。

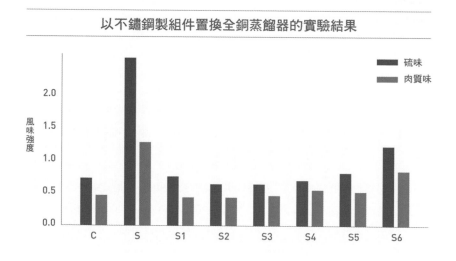

以不鏽鋼製組件置換全銅蒸餾器的實驗結果

請注意，以上的結論是來自於試驗室級的實驗結果，酒汁和烈酒蒸餾器的容量分別只有 2 公升和 1 公升，其中酒汁蒸餾器注入 1.65 公升、來自一般蒸餾廠的酒汁，蒸餾出 550ml 的低度酒之後，將 500ml 注入烈酒蒸餾器，再蒸餾出 25ml 的酒頭、100ml 的新酒以及 160ml 的酒尾。

綜合而言，烈酒蒸餾器的冷凝器角色相當微妙，在全不鏽鋼蒸餾器中以銅製冷凝器取代幾乎毫無幫助，但全銅蒸餾器中若拿不鏽鋼製冷凝器取代則大幅提昇雜味，顯然在蒸餾的最後階段，銅的存在具有決定性影響，更可能的原因是，高酒精度的烈酒更容易與銅反應。

對蒸餾廠來說，傳統工藝必須維持，但研究成果可提供一個思考方向：是否可將部分易磨損的零件以不鏽鋼取代，甚至包括體積最大的壺體？成本、效能與酒廠風格之間的關係，值得進行較大尺度的探討。

事實上，某幾座較新的蒸餾廠，譬如前面提到的艾莎貝，加上 2009 年建廠的羅斯愛爾（Roseisle）、以及位於英格蘭、於 2014 年興建的湖區（Lakes）蒸餾廠，都有部分使用銅製及不鏽鋼製冷凝器，以探究各種新酒的可能性。

（上）艾莎貝酒廠的銅製及不鏽鋼製冷凝器
　　　（圖片由 James 提供）

（下）可自由切換銅製及不鏽鋼製冷凝器的羅斯
　　　愛爾酒廠（圖片由 James 提供）

蒸餾原理與蒸餾設備

接下來篇章將先從最基礎的蒸餾原理開始，而後再進一步探討壺式蒸餾器的內部構造細節，以及批次蒸餾的方式，後續再討論更為複雜的連續式蒸餾器以及特殊的羅門式（Lomond）蒸餾器。

◊ 蒸餾原理

從巨觀物理學來看，世間萬物均隨溫度、壓力的改變而呈現固態、液態及氣態等三態變化，蒸餾便是利用熱能將蒸餾液體轉變為氣態，經冷凝後再由氣態回復到液態。前後兩種液態組成成分並不相同，主要差異來自蒸餾液內各種物質的沸點不同所致。

一般而言，完成發酵的酒汁所含的物質包括：

◎ **水**：當然是最大宗，約 86～94%

◎ **酒精**：約 6～14%

◎ **揮發性同屬物**：風味化合物質，可隨蒸器蒸發，約 0.1%

◎ **不可揮發的物質**：不會隨蒸餾而蒸發，極少量

經由蒸餾後，新酒所含的物質包括：

◎ **水**：約 35～5%

◎ **酒精**：約 65～95%

◎ **同屬物**：約 0～0.5%

在 1.0 大氣壓下純水的沸點為 100℃，純酒精的沸點為 78.3℃，若將這兩種液體混合，則沸點將介於 78.3～100℃ 之間，視混合液內酒精與水的比例而定。由於酒精揮發性高，在上述溫度區間，酒精的蒸發量高過於水，

因此蒸氣裡的酒精濃度比水還要高。根據理論，在 1.0 大氣壓力（1.013 bar）下，混合液在不同溫度產生之酒精（乙醇）液態及氣態含量可計算得到（vle-calc. com 網站提供簡便的計算，可自行設定混合液的種類和濃度單位）。計算結果如表所示：

溫度 (℃)	莫耳比 (mol/mol)		重量百分比 (%)		體積百分比 (%)	
	液態	氣態	液態	氣態	液態	氣態
100.434	0	0	0	0	0	0
97.5765	0.01	0.11164	2.51802	24.3208	3.17006	28.9424
95.2407	0.02	0.191084	4.95998	37.6588	6.20412	43.3628
93.3913	0.03	0.250545	7.32929	46.0885	9.11076	52.0041
91.8908	0.04	0.296723	9.62913	51.8984	11.8978	57.7608
89.6092	0.06	0.363757	14.0323	59.3832	17.1416	64.9495
87.9641	0.08	0.410055	18.1916	63.9959	21.9868	69.2573
86.7289	0.1	0.443977	22.1267	67.1259	26.4772	72.1291
84.6828	0.15	0.499494	31.0951	71.8473	36.3851	76.3847
83.4286	0.2	0.53421	38.9986	74.5732	44.7598	78.8009
82.5578	0.25	0.559616	46.0163	76.4683	51.9316	80.4634
81.8891	0.3	0.580662	52.2891	77.9785	58.1422	81.7784
81.3351	0.35	0.599829	57.9296	79.3094	63.5729	82.9299
80.8518	0.4	0.618504	63.029	80.5672	68.3618	84.0119

溫度 (℃)	莫耳比 (mol/mol)		重量百分比 (%)		體積百分比 (%)	
	液態	氣態	液態	氣態	液態	氣態
80.4171	0.45	0.637546	67.6614	81.8119	72.6163	85.0769
80.0209	0.5	0.657542	71.8882	83.0796	76.4212	86.1556
79.659	0.55	0.678935	75.7605	84.3935	79.8442	87.2672
79.3314	0.6	0.702103	79.3211	85.7693	82.94	88.4244
79.0401	0.65	0.727397	82.6061	87.2181	85.7533	89.6355
78.7886	0.7	0.755174	85.6463	88.7487	88.3213	90.9068
78.5813	0.75	0.785817	88.4682	90.3682	90.6745	92.2428
78.4236	0.8	0.819759	91.0944	92.0827	92.8389	93.6471
78.3214	0.85	0.857498	93.5446	93.898	94.8364	95.1227
78.2813	0.9	0.899622	95.8359	95.8192	96.6854	96.672
78.2843	0.92	0.917853	96.7114	96.6185	97.3872	97.3128
78.299	0.94	0.936948	97.5647	97.4359	98.0687	97.9659
78.3258	0.96	0.956964	98.3968	98.2718	98.7307	98.6314
78.3439	0.97	0.967335	98.805	98.6967	99.0548	98.9689
78.3652	0.98	0.977959	99.2083	99.1264	99.3743	99.3094
78.3899	0.99	0.988845	99.6066	99.5608	99.6893	99.6531
78.2867	1	1	100	100	100	100
100.434	0	0	0	0	0	0

　　根據上表，可繪製化學及工程界常用之「酒精－水平衡曲線」，下圖顯示的是酒精體積百分比濃度隨溫度變化情形，以兩條曲線分隔為液態、氣液態及氣態，其使用方法如下：

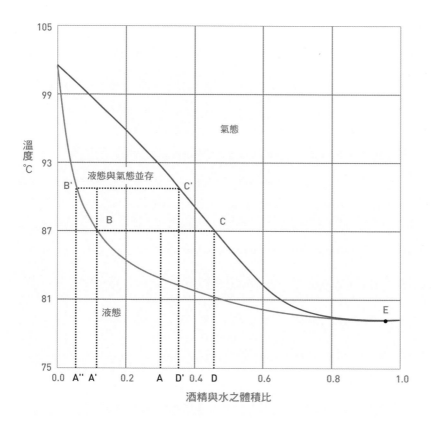

① 假設一開始的水酒混合液的酒精濃度為 30%（A 點），當溫度提升至 87℃並達到平衡時，劃一條與橫軸（X- 軸）的平行線，與曲線交於 B 點及 C 點，再分別從 B、C 各做一條垂直線與 X 軸交於 A' 點和 D 點。

② A' 點為經過蒸發作用後，存留在混合液的酒精濃度，約為 12%，而 D 點為蒸發後重新凝結為液態的酒精濃度，約 44%。也就是說，當溫度提升到

87℃時，較多的酒精被蒸發為氣體，冷凝後可得到最高為 44% 酒精濃度的混合液，而由於較多酒精被蒸發，存留的混合液酒精濃度將從 30% 下降到 12%。

③ 如果讓 A' 的液體蒸發，必須將溫度提高超過 87℃，再重複上述步驟，可以分別得到 D' 以及 A'' 酒精度的液體。而顯然，D' 和 A'' 的數值都低於 D 和 A'，也就是說，隨著蒸發時間增加，無論是液態或是氣態的酒精濃度都將逐漸降低。

上述步驟是以作圖方式解釋蒸餾時酒精如何被提析出來，至於直覺上，由於酒精沸點比水低，因此無論何時，蒸氣中的酒精濃度都比原來的混合液高。隨著蒸餾的進行，混合液中的酒精濃度將持續降低（A → A' → A''），氣化所需溫度則逐漸提高，而氣態及冷凝後的酒精濃度同樣也逐漸降低（D → D'）。當蒸氣中酒精濃度降低到 1% 時（逼近 Y- 軸時），混合液的酒精僅為 0.1%，假若想繼續取得剩餘酒精，所需耗費的能量過大而不符經濟效益，因此絕大部分的酒廠都在此時停止蒸餾。

至於圖中 2 條曲線於右方交會處（E 點），酒精濃度為 97.17%，一旦溫度升高到 78.29℃時，混合液將直接從液態轉變為氣態而濃度不變，即水與酒精發生「共沸」現象，該點溫度即為「共沸點」（Azeotrope point）。在此種酒精濃度下，再也無法利用蒸餾方式將水與酒精分開，換句話說，單靠蒸餾的方式無法得到 100% 的純酒精。

由於蒸餾液不是只有水和酒精，還包括其它多種化合物，即使含量極少，其溫度—濃度曲線將更為複雜。不過理論基礎相同，也是蒸餾者得以操控最終酒精量的關鍵。

◇ 壺式蒸餾器構造說明與解析

當我們進入酒廠參訪，蒸餾器絕大部分的外部構造都可以看得到，但不一定知道名稱，以下便以金車噶瑪蘭酒廠的蒸餾器為例來解釋各部位名稱：

金車噶瑪蘭酒廠的蒸餾器（圖片由噶瑪蘭提供）

① **壺體（Pot）**：用以儲存蒸餾液並加熱的主體容器，擁有不同的形狀及尺寸，壺體上必須銜接加載、卸載的管閥，若採用間接蒸氣加熱則另須銜接蒸氣管閥，其它附屬設施還包括通氣閥和清潔人孔。容量上可以大到如布納哈本、卡爾里拉的超過 35,000 公升，也可以小到如艾德多爾、南投酒廠的約 2,000 公升。但這些數字是以最大安全容量計算，實際裝入的蒸餾液不會滿載，一般約裝入 2/3，讓液面保持在人孔下方。

沃富奔酒廠的安德魯曾提到，蒸餾器上標示的容量只不過是個近似數字，並非定值，譬如沃富奔的蒸餾器在製作商弗賽斯的報價單上是 5,300 公升，在製作圖上是 5,500 公升，而在委交文件中是 5,400 公升。但他們於實際使用時，放入的蒸餾液僅稍微高過加熱蒸氣管，以求加熱均勻。事實上，每間蒸餾廠的裝填量都不是由壺體容量控制，而是：

◎ **酒汁蒸餾器**：必須與其它設備共同考慮，包括糖化槽、發酵槽的容量和數量。舉樂加維林為例，1 個發酵槽可產生 21,850 公升的酒汁，分別放入 2 座 12,300 公升的酒汁蒸餾器內，填裝量近 9 成。再舉沃富奔為例，酒廠採用所謂的「同批次平衡系統」（1 balances system），也就是一對一的設備系統，在 1 噸的糖化槽放入 1.1 噸的麥芽，製作出約 5,000 公升的麥汁和酒汁，再放入 5,500 公升的酒汁蒸餾器。

◎ **烈酒蒸餾器**：每批次來自酒汁蒸餾器產生的低度酒，加上烈酒蒸餾後的酒頭和酒尾，便是下一批次蒸餾的裝填量。同樣舉樂加維林為例，2 座酒汁蒸餾器各做 2 次蒸餾之後，可以產生 17,600 公升的低度酒，

加上 500 公升的酒頭和 7,700 公升的酒尾，共計 25,800 公升，再分別放入 2 座 12,900 公升的烈酒蒸餾器內，剛好滿載。

② **天鵝頸（Swan neck）：** 指的是自壺體向上延伸的頸部，與壺體合併形成洋蔥、梨子、燈籠、球狀等各式各樣、高矮胖瘦的造型，可讓蒸氣上升後凝結沿銅壁回流（reflux）回壺體，以增進蒸氣與銅的作用，被視作對形塑新酒的風格有決定性的影響。少部分酒廠於頸部裝設「水冷夾套」（water jecket），產生的回流影響更大，詳見「附屬回流裝置」。

由於酒汁蒸餾器的蒸餾液仍存在許多雜質，加熱時將產生泡沫，因此在頸部開設窗口，用以觀察蒸餾時泡沫上升的情況，傳統上也以木槌敲擊方式檢視泡沫位置，部分酒廠加開用來投入「消泡劑」的投入口。至於烈酒蒸餾器，因蒸餾的低度酒較為純淨而毋需裝設觀察窗，但為維持蒸餾安全，無論是酒汁或烈酒蒸餾器頸部均設置安全閥，一旦蒸氣壓力超過設定標準，閥門將自動開啟以卸除超額壓力。

傳統上天鵝頸與壺體採銲接方式銜接，不過某些酒廠已經將相關設備模組化，彼此間以法蘭接頭銜接。這種方式的優點顯而易見，由於各部位耗損

（左）格蘭冠酒廠烈酒蒸餾器上特殊的高頂紳士帽型天鵝頸（圖片由 Max 提供）
（右）大摩酒廠裝置於天鵝頸上的水冷夾套（圖片由尚格酒業提供）

日本白州蒸餾所擁有上舉或下垂各式林恩臂的蒸餾器，用以製造不同風格的新酒

程度不一，因此修補或更換時，只須拆解耗損或破損的部位即可，可縮短處理時間，也可減少處理費用。

③ **林恩臂（Lyne arm/lye pipe）**：自天鵝頸水平延伸的銅臂以銜接冷凝器，可能呈上舉、水平或下垂等不同角度，於形塑新酒風格同樣有決定性影響。原則上若上舉角度大，導致回流率大，氣態及液態酒精與銅的交互作用較多；相對的，下垂角度大則回流率低，蒸氣可以快速通過到達冷凝器，與銅的交互作用較少。許多蒸餾廠為了增進回流率，於林恩臂上加裝不同型式的「淨化器」（purifier），詳見「附屬回流裝置」。

④ **冷凝器（Condenser）**：用以將蒸氣冷凝之裝置，傳統上是由與林恩臂相同尺寸的銅管逐漸縮減至約 3 英吋（76 mm）直徑，一圈圈地迴繞並沉浸在木製或鑄鐵製的水箱內，箱體內的冷凝水與蒸氣進行熱交換後溫度上升，因此必須持續補注以保持一定溫度，並讓最終進入保險箱（safe）的酒精溫度降至約 20℃，此種裝置稱為蟲桶（worm tub）。蟲桶冷凝因蒸氣與銅的接觸面積較小，交互作用較少，新酒的硫化物含量較高，目前僅有少數蒸餾廠仍繼續採用。

今日絕大多數的蒸餾廠使用直立式銅製圓筒、內部含許多小銅管的殼管式（shell-and-tube）冷凝器。使用時冷凝水於銅管內由下往上流動，與外部蒸氣做熱交換，水溫逐步上升，而酒精蒸氣冷凝後由上而下沿銅管壁體滑落，溫度逐漸下降，二者在冷凝器的底部溫度保持約 20℃，用以在標準環境下

慕赫酒廠的蟲桶冷凝器（圖片由 Max 提供）　　湯馬汀酒廠展示之殼管式冷凝器（圖片由熊大提供）

量測酒精度。相對於蟲桶，此種冷凝器的銅管總表面積較大，蒸氣與銅的交互作用較多，因此可製作出較為乾淨的酒質，至於更新穎的設備為銅板製熱交換箱，可產製更為純淨的新酒風味。

少部分注重環保綠能的蒸餾廠因考慮全廠能源分配，流經殼管式冷凝器的冷凝水並不特意做降溫處理，使流出的水溫達 80℃以再度運用，但必須使用輔助／二次冷凝器（subcooler）讓酒精溫度降至 20℃，如格蘭利威、格蘭冠等等。至於台灣的噶瑪蘭及南投酒廠，由於廠房常年高溫，為節省能源而使用 2 套冷凝器，第一套的冷凝水溫度為室溫，第二套水溫則降至約 10℃，目的同樣是讓最終酒精溫度降至約 20℃。

上述節能冷凝器流出約 80℃的水，遠較一般冷凝器 45～65℃的溫度高許多，可透過「熱蒸氣再壓縮」（Thermo-vapour recompression, TVR）技術，藉由加壓方式來提高蒸氣溫度，而後導入蒸餾器作加熱使用。一般而言，使用 TVR 可節用約 30% 能源，效果非常好，缺點是由於冷凝器內流通的水溫較高，使用壽命從約 8～10 年降低到 6、7 年。但整體而言，能源使用效率大幅提升，因此保樂力加公司旗下 14 座麥芽蒸餾廠全數採用這種新穎的裝置，格蘭莫雷（Glen Moray）在 2017 年擴廠時，新增的 3 組蒸餾器同樣也採用 TVR。

筆者曾與幾位達人就冷凝速率的快慢交換意見，除了傳統蟲桶式冷凝以及大部分蒸餾廠皆採用的殼管式冷凝之外，也包括冷凝水溫。一般而言，蟲

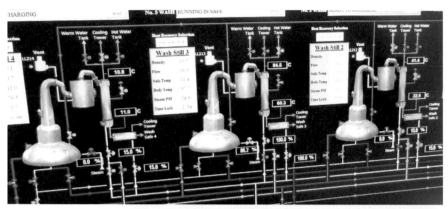

① **格蘭冠酒廠的控制面盤顯示，不同的酒汁蒸餾器其冷凝水的輸入、輸出溫度均不同，併同使用輔助冷凝器作酒廠能源管理**（圖片由 Max 提供）
② **噶瑪蘭酒廠使用的 2 套殼管式冷凝器**
③ **雅柏酒廠之溫度——酒精對照表**（圖片由 Max 提供）

桶式冷凝讓酒精蒸氣在蜿蜒迴繞的銅管中緩慢凝結，似乎蒸氣與銅壁的反應時間拉得更長，產生的酒質應該更為純淨，實際上卻是較為粗壯且多雜味，因此，到底是氣態還是液態酒精與銅的反應較為顯著？

針對此爭執，除了 Harrison et al. 所做的實驗之外，艾莎貝以全然相同的蒸餾過程，但使用銅製與不鏽鋼製冷凝器製作的新酒，提供全尺寸的控制變因實驗（參考「延伸閱讀 1：艾莎貝初探」）。酒精蒸氣來到冷凝器之前，已經與蒸餾器的銅壁反應了好幾個小時，通過冷凝器銅管的時間不過短短幾分鐘，而不鏽鋼冷凝器就因為少了這幾分鐘，製作出與銅製冷凝器迥異的新酒。這兩種冷凝器的效果，似乎暗示了液態酒精與銅壁的反應大於氣態酒精，但很顯然，這個解釋忽視了冷凝器內銅管的表面積，即便蒸氣在蒸餾器內與銅壁進行反應，但銅壁面積遠小於上百根銅管表面積的加總，

雲頂酒廠的保險箱（圖片由橡木桶洋酒提供）

因此冷凝器的淨化效果遠大於蒸餾階段。依據此說，若想取得較乾淨的新酒，可使用較高的冷凝水溫配合 subcooler 來延緩蒸氣凝結，或增加冷凝銅管數量等方式來達成。

此外，冷凝後的溫度保持恆定 20℃不太可能達到，傳統酒廠都有一張酒精度與溫度的對照表，方便讓蒸餾人員根據量測得到的溫度和酒精度決定酒心切點（cut point）。

⑤ **保險箱：**目前已不再作課稅用途的「保險箱」（參考「延伸閱讀 2：保險箱還有課稅功能嗎？」），主要功能為分析酒精度的工具，一般內部有 2 或 3 支量測酒精度的比重計，必須以 20℃的水溫來校正。從酒汁蒸餾器流出的低度酒，其酒精度降至 1% 以下時，便停止蒸餾；烈酒蒸餾器則依酒廠設定的酒精度，將酒心與酒頭、酒尾分離，酒尾同樣在酒精度降至 1% 以下時停止蒸餾。酒頭與酒尾暫存於收集槽內，一般均與下一批次的低度酒混合，再進行下一次的烈酒蒸餾。

⑥ **附屬回流裝置：**當我們討論天鵝頸或林恩臂對新酒風格的影響，不可忽略的是許多可促進回流率的特殊裝置，譬如大摩酒廠裝設於烈酒蒸餾器的水冷夾套，猶如冷凝器一般環狀圍繞在天鵝頸周遭，蒸餾時水流持續流經夾套，讓頸部的蒸氣遇冷凝結回流後再次蒸餾。類似的裝置也可安裝在林恩臂上，如格蘭冠的酒汁及烈酒蒸餾器便分別在林恩臂中段設置了水冷式回流裝置，為全蘇格蘭唯一裝置在所有蒸餾器的酒廠。

此外，部分蒸餾廠也使用較小型的淨化器，如雅柏酒廠，其內部無須充水，而是設置多層銅製隔板讓蒸氣回流，較重的油質無法通過而凝結，經由淨化器底部的銅管回到蒸餾壺體內重新蒸餾。至於泰斯卡酒廠則更簡單，僅

格蘭冠酒廠著名的水冷式回流裝置（圖片由 Max 提供）

將林恩臂彎折如 U 型，U 的底部裝設銅管回到壺體，其作用與淨化器相同。

上述各種附屬裝置的目的，無非都在增加蒸氣的回流率，其功效與拉高天鵝頸、設置回流球或提高林恩臂向上傾斜的角度並無二致，唯有最輕的氣體才能通過重重考驗而成為新酒。但很顯然，蒸氣壓力愈大，衝過回流關卡的蒸氣量也愈大，而壓力則與加熱方式及速率息息相關。

⑦ **加熱方式**：通常我們參觀蒸餾廠時，站立的平台只看得到蒸餾壺體的上半部，下半部為加熱空間。傳統的加熱方式很簡單，便是在壺體下方架設爐灶或支架，以木柴、煤炭為燃料直接生火，而後隨著時代進步，演進為

```
1   2
    3
```
① 雅柏酒廠裝置於林恩臂上的回流器（圖片由 Max 提供）
②③ 泰斯卡酒廠酒汁蒸餾器的 U 型林恩臂，穿牆後以蟲桶冷凝（圖片由 Paul 提供）

1	3
2	

① 波摩酒廠蒸餾器的內部蒸氣管（圖片由 Max 提供）
② 皇家藍勛（Royal Lochnagar）酒廠蒸餾器內盤旋的蒸汽管（圖片由 Paul 提供）
③ 雅柏酒廠酒汁蒸餾器底部的蒸汽管（圖片由 Max 提供）

天然瓦斯。這種加熱方式火候不易控制，酒汁蒸餾器的罐底因酒汁所含的澱粉及蛋白質燒焦而產生焦垢，必須在蒸餾器底部加裝附掛銅鏈的刮除器（rummagers）來刮除，卻又容易刮薄銅底，因此絕大部分的蒸餾廠於1960 年代紛紛改採蒸氣間接加熱。

蒸棄加熱的蒸氣管盤迴在壺底，也可能是為盤或罐等型式，不一而足。蒸氣與壺體內的蒸餾液進行熱交換，所需要的蒸氣來自中央鍋爐。由於蒸氣飽和時，溫度與壓力成正比，因此僅需調節壓力閥門便能控制輸入蒸氣的溫度和速率，與直火加熱方式相較更容易掌控火候。部分蒸餾廠的酒汁蒸餾器加裝第二套蒸氣管，用較溫和的方式取得酒心（低度酒同樣也需注意酒心提取）並保證充分的回流率。

WHISKY KNOWLEDGE

延伸閱讀 ①
艾莎貝初探

　　位於低地區的艾莎貝是格蘭父子公司（William Grant & Sons）運作中的第四座麥芽蒸餾廠，名稱來自離岸約 10 英里的神秘小島「Ailsa Craig」，於 2007 年緊鄰著穀物威士忌酒廠格文（Girvan）興建，也靠近 1975 年關廠的 Ladyburn 舊廠址，以便與格文共享銅匠等等資源。建廠之初，擁

位於蘇格蘭西岸的艾莎貝酒廠
（圖片由 James 提供）

有 1 座糖化槽、12 座不鏽鋼製發酵槽和 8 座蒸餾器（4 座酒汁蒸餾器、4 座烈酒蒸餾器），目標年產能為 500 萬公升純酒精，不過 2013 年另擴建了相同的一組 1× 糖化槽、12× 發酵槽和 8× 蒸餾器，所以總產能倍增到 1000 萬公升純酒精（《麥芽威士忌年鑑 2020》的資料為 1,200 萬公升），成為全蘇格蘭產能第三大的麥芽威士忌蒸餾廠（前三名分別為格蘭利威、格蘭菲迪和羅斯愛爾）。

　　根據所有可蒐集得到的資料，興建艾莎貝的主要目的是為了補足調和式威士忌格蘭（Grant's）所需的麥芽威士忌，所以蒸餾器的形狀依據百富酒廠來打造，而其風格既然是以斯貝賽區的百富為藍本，顯然與低地並不相干。為了加速生產，酒汁蒸餾器的加熱方式除了內部裝置蒸氣管，外部也同時裝置了熱交換器，但烈酒蒸餾器僅使用蒸氣間接加熱。蒸餾室內最獨特的是八角形的保險箱，每一面各自負責 1 座烈酒蒸餾器。

　　不過就如同許多蒸餾廠都在試驗各種可能，格蘭父子公司也不例外，不僅控制 2 種發酵時間（60 小時、68 小時）以製作出較重以及較輕的酒體，且將 2 對酒汁和烈酒蒸餾器的冷凝器更改為不鏽鋼製，以製作出具有較多硫味的新酒來。整體而言，廠內共製作 4 種不同風格的新酒，包括較輕較微甜美的百富風味、較重且具有硫味的烈酒，以及輕、重泥煤版本，其中重泥煤風格的酚含量可達 50ppm。60～70% 的橡木桶為再次使用的波本桶，另外則使用全新波本桶以及雪莉桶。

　　以下這兩個樣本分別來自銅製、不鏽鋼製冷凝器，可一窺製酒人的玄機。整體而言，根本是兩款不一樣的新酒。

	Ailsa Bay 2015 Spirit（70%, OB, Copper Condenser）	Ailsa Bay 2015 Spirit（70%, OB, Stainless Steel Condenser）
時間	8 / 22 / 2015	8 / 22 / 2015
Nose	濃郁的水梨、葡萄柚等果甜和麥芽甜，一些穀物，許多的花香和一點點丁香暗示，加些水之後，燻烤麥芽的滋味較為明顯，柑橘、柑橘皮，溫和溫暖的巧克力。	非常肉質感，微微的硫味、金屬暗示，底層藏著麥芽甜，兩相混合顯得突兀，並產生少許臭蛋般的不適感，加些水之後，硫味更是清楚，水煮甘藍菜，一點點腐敗感。
Palate	強烈的酒精刺激下隱藏不了濃郁的奶油油脂，大量水梨、柳丁等水果甜和微微的柑橘類果皮，少許麥芽、穀物和一點點煙燻麥芽暗示，尾端殘留些許咖啡牛乳，加些水之後，柑橘以及柑橘皮滋味明顯，許多澀感留在舌面。	入口的奶油油脂相當豐富，酒精也相當刺激，大量鮮明的柑橘果甜下隱藏有微微的肉質硫味，以及一些燻烤麥芽和咖啡牛乳，煙燻味明顯，加些水之後，金屬硫味在前端，居然還多了清楚的鹹。
Comment	相當可親的新酒，香氣裡的果甜花香很是書是，且無論香氣或口感都頗有份量，油脂豐富，且燒烤味很是清晰。Balvenie style 嗎？可能需要 Balvenie 的新酒來相互對照一番。	香氣一開始便讓我產生肉質的聯想，金屬味似乎更多於硫味，但加了水之後則硫味上升，並隨時間拉長而越加的清楚。口感與香氣大有不同，香氣裡難以察覺的果甜則大幅躍升，尾端浮出的鹹味很是有趣。

WHISKY KNOWLEDGE

延伸閱讀②
保險箱還有課稅功能嗎？

　　這個問題會被提起，源自於我在 2016 年 2 月造訪南投酒廠時，走到蒸餾器組前，突然想到在美國威士忌歷史中曾因課稅問題而引發暴動，而眼前的保險箱上蓋可輕易掀起，顯然並不「保險」，所以請教潘廠長國內稅法。當然，台灣的稅制是以瓶中酒精含量來課，細節可參考《菸酒稅法》，共分為釀造酒（啤酒及其他釀造酒）、蒸餾酒、再製酒、料理酒（一般料理酒、料理米酒）、其他酒精以及酒精等六大類來，以蒸餾酒而言，每公升的酒稅額為 2.5 / 酒精度。

　　為什麼會觸動我的奇思亂想？按蘇格蘭的蒸餾史，保險箱有其課稅淵源。早年曾以麥芽、酒汁或蒸餾器容量課稅，但在 1823 年通過了《貨物稅法案》之後，蒸餾廠只需擁有大於 40 加侖的蒸餾器，繳交 10 英鎊的執照費，以及約合今日約 12 英鎊 / 加侖的稅金之後，便能合法經營。上述 40 加侖的限制原因在於，由於私釀者為逃避查緝需求，其蒸餾器都很小，以便放進馬車快速搬運。當新法案要求蒸餾器尺寸達一定規模且賦稅低廉，私釀業者的產能無法和合法大廠競爭，法案施行後 10 年內幾乎都消失了。不過徒有法案不足以防止

拉弗格酒廠頂蓋敞開的保險箱（圖片由 Max 提供）

業者從蒸餾器中偷酒逃稅，為有效管制，必須倚靠保險箱的發明，以便於第一時間量測新酒數量以做為課稅基準，而保險箱的鑰匙當然是掌握在稅務機關手中。

　　叫人驚訝的是，最早使用保險箱的蒸餾廠居然不是在 1824 年首間依新法輸誠的格蘭利威，而是位在艾雷島上的波特艾倫，時間大約在 1824 年左右。而且，根據業界人士說明，波特艾倫的廠長 John Ramsay 在 1848 年建造了第一座銷往美國的保稅倉庫（貯存其中的應稅貨物可暫時免稅，作為日後轉口，或於免稅商店出售），堪稱是蘇格蘭威士忌外銷的先驅。這也說明了我於造訪格蘭菲迪酒廠時，見到不同的倉庫大門分別標上 Duty Free 和 Duty Paid 的標示，其中 Duty Free 是尚未課稅、仍在熟陳中的倉庫，而 Duty Paid 則是已繳稅、可裝瓶銷售的倉庫。蘇格蘭對於倉庫內酒量管制極嚴，如果進行桶邊試飲，都必須登記。

　　回到主題，那麼從 1823 年至今近 200 年，保險箱是否持續維持它的課稅功能？我問了好幾位品牌，也得到回覆，但最終仍得回歸到稅法。依據英國於 2018 年所公告的 Excise Notice 39: spirits production in the UK，蒸餾酒稅可在蒸餾完成或其他階段徵收，但普遍是在陳年裝瓶後徵收，徵收的依據以新酒的量（純酒精，LPA）減去合理的損失量，也就是每年 2% Angel's Share，若損失高於合理數字，則必須提出確切的解釋。計算的方式，請參考本篇前述「出酒率的計算」。

　　由於課稅仍以新酒為依據，所以目前蘇格蘭的保險箱仍上鎖，但從 1983 年起，鑰匙就不再只掌控在稅務機關手中，酒廠經理手中也有一把，以致於保險箱的主要用途成為分析酒精度的工具，以便將酒頭、酒心和酒尾分開收集。以百富酒廠的烈酒保險箱為例，背部 2 支管分別來自酒汁及烈酒蒸餾器。所有的低度酒均流到收集槽，而二次蒸餾時，則經由量測其酒精度，決定何時從酒頭切換到酒心再切換到酒尾，酒頭與酒尾將於下一批次再次蒸餾。

蒸餾方式與操作技術

◊ 批次蒸餾：二次蒸餾

　　以壺式蒸餾器進行二次蒸餾是麥芽威士忌酒廠最普遍的方式，簡單而言，發酵完成的酒汁以酒汁蒸餾器完成蒸餾，取得之低度酒與二次蒸餾後的酒頭、酒尾混合，再以烈酒蒸餾器進行蒸餾取得新酒，其流程可以下圖說明（根據〈參考文獻 13〉重繪）：

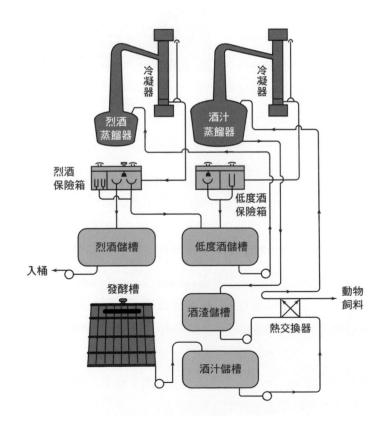

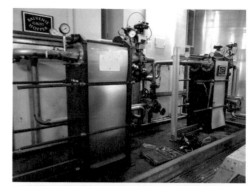

（上）百富酒廠用於預熱的板式熱交換器
（下）慕赫酒廠的加載槽（圖片由 Max 提供）

一、酒汁蒸餾

發酵完成的酒汁溫度雖超過 30℃，但若直接放入蒸餾器內加熱，很容易因銅的導熱效果較佳，蒸餾液與銅管（蒸氣加熱）/ 銅壁（直火加熱）之間溫差過大，導致酒汁中殘留的蛋白質和極少的糖分因接觸銅管 / 銅壁產生熱裂解而燒焦，稱之為梅納反應（Maillard reaction）。為避免此種現象，必須在加載前先行預熱，一般利用「板式熱交換器」（Plate Heat Exchanger）與前一批蒸餾後的高溫酒渣作熱交換，加溫到 60℃左右，而後暫存於加載槽內，再以泵浦打送至蒸餾器內。

開始進行加載時，必須先關閉卸載閥並打開通氣閥，而後填裝至清潔人孔蓋下緣左右，即可關閉加載閥及清潔人孔蓋（若打開），檢查天鵝頸上的安全閥是否操作正常，便可開始加熱。假若產生泡沫，可由天鵝頸上的觀察窗注意泡沫消長位置，必要時投入消泡劑（anti-foam）或降低加熱溫度，避免泡沫衝出林恩臂導致不正常的蒸餾情況。消泡劑為食品級界面活性劑，添加量不多，以布萊迪約 1.7 萬公升的蒸餾器而言，僅需 150 毫升便已足夠，且不一定需要使用，若能降溫讓泡沫位置降低，而後再保持此種溫度讓低度酒穩定的冷凝流出即可。不過部分酒廠（如 Blair Athol）蒸餾前先直接投入，以避免任何意外發生。

清潔人孔蓋及常裝置於酒汁蒸餾器上的探視窗（圖片由愛丁頓賽盛提供）

　　酒汁蒸餾持續至酒精度降至 1% 時停止，此時幾乎所有酒汁所含的酒精都被蒸餾出來，因此可利用酒精總量簡單計算取出的低度酒量：假設酒汁的酒精度為 8%，低度酒平均酒精度為 24%，則低度酒約為加載量的 1/3。當蒸餾完成，打開卸載閥前必須先打開通氣閥，若直接卸載，蒸餾器內將產生極大的負壓，筆者曾看過蒸餾器被負壓壓垮的照片。卸載所得的殘留酒渣經固液態分離並與下一批次酒汁進行熱交換後，固態物質仍含富蛋白質，可作為動物飼料，但液體無用，經環保處理後排放。上述從加載到卸載所需時間約 5～8 小時，其中加載與卸載各需約 0.5～1 個小時，實際蒸餾時間各酒廠因預熱溫度及加溫速率的不同而有所差異。

　　加溫速率是必須考慮的重點，因為強力蒸餾可能產生巨量波動（surging）現象。假若酒汁充滿細微顆粒而較為混濁，或是蒸餾器裝得比較滿，又或者是壺體較為瘦高，為了讓底部的熱傳遞到頂部，必須提高輸入的熱量，而這種高溫將使得與罐底（直火）或蒸氣管（間接）接觸的液體快速蒸發，形成一波一

達爾維尼酒廠利用 CCTV 設備遠端監控泡沫的升起狀況（圖片由 Paul 提供）

格蘭冠酒廠混合低度酒及前一批酒頭、酒尾儲槽
（圖片由 Max 提供）

波向上湧動的蒸氣，讓流進保險箱的低度酒，同樣也是一波一波的噴發出來。雖然噴出的低度酒酒質無虞，但如果遲遲無法達到穩定流的狀況將十分難以控制，也可能損毀保險箱內的收集器。此外，如果間接加熱的蒸氣管阻塞，輸入的熱量不穩定，同樣也會發生這種現象，就算是烈酒蒸餾器也難免，因此定期清理蒸氣管對酒廠管理而言非常重要。

年輕的沃富奔酒廠於一次蒸餾冷凝時，利用調節冷凝水量的方式，讓冷凝器內的水溫稍高於 20℃，用以保留更多的麥芽風味。實際操作時，必須將保險箱蓋打開，以嗅覺評斷適宜的溫度，也可以在冷凝器的某個高度做記號，以手觸覺感溫，並據以調整閥門大小來控制流入冷凝器的水量。此種古老的技術稱為 run hot，酒廠經理 Shane Fraser 早年於皇家藍勛酒廠便曾使用過，但似乎已被業界遺忘，因為連威士忌大師查爾斯麥克林都不清楚這種做法。不過藉由提高冷凝水溫可增加蒸氣與銅的交互作用，降低硫化合物含量，不讓較重的肉質風味壓抑可能的麥芽、水果風味，因此確實可行。

二、烈酒蒸餾

烈酒蒸餾器的加載、加熱及卸載流程與酒汁蒸餾並無太大差別，包括加載的容量及開關管閥等注意事項，不過由於蒸餾液的酒精度較高，一般不預熱，以避免酒精蒸發喪失，但仍有部分酒廠考量成本效益，仍在密閉容器以其它較熱的液體進行熱交換，減少蒸餾時所需輸入的熱能。

（上）麥卡倫的保險箱，用於切換酒頭、酒心和
　　　酒尾（圖片由愛丁頓賽盛提供）
（下）慕赫酒廠的烈酒暫存槽（圖片由 Max 提供）

烈酒蒸餾器將產生酒頭（foreshots, head）、酒心（middle cut, heart）和酒尾（feints, tail）等 3 個部分，其中酒頭為最早釋出的部分，酒精度最高可達約 85%，且含富高揮發性的化合物以及芳香物質，如甲醇、乙酸乙酯等，並不適合飲用；待酒精度逐漸降低到約 75%（各酒廠不同）以下時，經「除霧試驗」（demisting test）證明酒液轉為澄清後，可開始收集適宜飲用的酒心。隨著蒸餾進行，酒精度持續下降，較重的高分子物質如脂肪酸及雜醇油（fusel oil）含量逐漸提高，則轉而收集酒尾，此時酒精度約 62%（同樣的，各酒廠不同），並一直收集到 1%。

各批次的酒心先存放於烈酒暫存槽（Intermediate Spirit Receiver, ISR），再輸入新酒入桶槽（Spirit Warehouse Receiver Vessel，SWRV），經加水稀釋到酒廠設定的入桶酒精度之後，便可注入橡木桶開始熟陳。至於酒頭、酒尾則與下一批次的低度酒混合後，再進行下一批次的烈酒蒸餾。

並非所有的酒廠都有 ISR，部分酒廠製作的新酒直接送到 SWRV 而後稀釋入桶。ISR 的優點是，萬一某個批次的蒸餾出現問題，譬如酒心切點切錯，那麼只會浪費一個批次的酒，而不致白耗整個星期的工作（如果 SWRV 容量可裝滿 1 個星期的製作量），同時 ISR 也較容易計算每個批次的新酒產量。

　蒸餾的新酒中，不同化合物的沸點以及表現的風味各有不同，請參考本頁列表。酒頭所含的化合物包括了低沸點的丙酮、乙醛、甲醇、甲酸乙酯和高揮發性的硫化物，以及部分溶解於高酒精度的脂肪酸等，氣味清甜不會不好聞，但是對人體有害。愈接近酒尾，風味愈偏向皮革、菸草、灰燼或是起司等味道，泥煤威士忌所存在的酚類也在酒心提取的尾段，因此酒心切點愈低，酚類物質含量則愈多，但各種雜醇油含量同樣跟著增多，某

化合物種類	沸點（℃）	氣味
丙酮（acetone）	56.5	去指甲油溶劑
甘油（glycerol）	290	甜味
醋酸（acetic acid）	118	醋酸味
醛類（aldehydes）		
乙醛（acetaldehyde）	20.2	刺激的水果味、青蘋果、金屬味
糠醛（furfural）	161.7	杏仁
醇類（alcohols）		
甲醇（methanol）	65	甜酒精味
乙醇（ethanol）	78	酒精味
1-丙醇（1-propanol）	97	水果味
2-丙醇（2-propanol）	82.5	水果味
丁醇（butanol）	118	香蕉、去漬油
戊醇（amyl alcohols）	102-138.5	尖銳的燃燒刺激感
2-苯基乙醇（2-phenyl ethanol）	219	花香、玫瑰

化合物種類	沸點（℃）	氣味
酯類（esters）		
乙酸乙酯（ethyl acetate）	77.1	梨子、水果甜
丁酸乙酯（ethyl butyrate）	121	鳳梨
甲酸乙酯（ethyl formate）	54	蘭姆酒、覆盆子、紅莓
乙酸己酯（hexyl acetate）	171.5	水果味
硫化物類（sulphur compounds）		
硫化氫（hydrogen suphide）	-60.3	腐敗的蛋
二氧化硫（sulphur dioxide）	-10	燃燒的硫磺
二甲硫（dimethyl sulphide）	37	捲心菜、蔬菜
脂肪酸類（fatty acids）		
月桂酸（lauric acid）	299	月桂葉油、皂味
棕櫚酸（palmitic acid）	351	蠟味、奶油、肥皂

酒廠於 1980 年代讓人津津樂道的著名肥皂味，極可能便是切取過多酒心所致。因此從酒頭切換到酒心，以及酒心切換到酒尾的兩個時機點要十分小心，酒心提取範圍窄，風味純淨但耗能大成本高，範圍過寬則風味雜。

　　回過頭來看進入烈酒蒸餾器的蒸餾液。酒汁蒸餾產生的低度酒其酒精度約 24%，與前一批次的酒頭酒尾混合後，酒精度可能高於 30%。由於較重的酯類及雜醇類等高分子物質不溶於水但溶於酒精，若蒸餾液的酒精度低於30%，則這些物質將分離漂浮在上層，僅有少部分溶解於下層，一旦酒精度提高，則蒸餾液內溶解的重油酯類含量高，蒸餾時讓「除霧試驗」可能無法得到澄清的結果，也可能讓酒心充滿讓人不喜的酒尾風味。

Strathearn 酒廠殘留在管線內的重油酯類物質（圖片由 Paul 提供）

不過即便蒸餾液的酒精度降低到 30% 以下，漂浮在上層的重油酯類經蒸餾後，仍可能誤導「除霧試驗」結果。為解決此種問題，首先在混合低度酒與酒頭酒尾之後，必須加水稀釋讓酒精度降至 30% 以下，再以吸附方式移除飄浮在上端的重油酯類，不讓這些物質進入烈酒蒸餾器。

「除霧試驗」是習用的傳統方法，用以決定何時開始提取酒心。由於酒頭的酒精度高，所能溶解的油酯類物質也多，因此於保險箱內操作時，將酒頭加水稀釋到 45.7%（即 80proof），不溶於水的油酯類將凝結浮現而讓稀釋液呈現混濁的霧狀。此種試驗需進行數次，但有經驗的蒸餾者容易判斷，當加水稀釋的酒頭轉變為澄清，便是切換提取酒心的時候了。

不過就算是傳統，如何加水稀釋到 45.7% 酒精度仍是個問題。筆者曾就此詢問過貝瑞兄弟（Berry Bros. & Rudd, BBR）公司烈酒部門的負責人道格（Doug McIvor），他回答就記憶所及應該是慢慢加水，因此推測傳統酒廠進行蒸餾時，依據經驗在開始蒸餾一段時間後取一定量的酒頭加一定量的水，作為品管測試之用。

有趣的是，目前全蘇格蘭最小的蒸餾廠 Strathearn，純粹以蒸餾者的嗅覺和味覺來決定切點，絕對是最「遵古法」的方法了。當然，倚靠人工的「除霧試驗」或靠感官判斷勢必品質不一，大部分的酒廠早已不再使用，而是以儀器紀錄蒸餾新酒的溫度、酒精度等，或直接由電腦管理提取酒心的時間，可將人為誤差降到最低。部分酒廠則介於此二者之間，如格蘭冠，每個批次蒸餾仍由專人執行酒精度的量測，再與電腦數字比對。

Strathearn 酒廠的酒頭，肉眼可見許多混濁
物和藍色硫化銅碎屑（圖片由 Paul 提供）

麥卡倫用以濾除新酒雜物的濾網
（圖片由愛丁頓賽盛提供）

　　一般烈酒蒸餾所需時間從加載到卸載約 5 ～ 8 小時，大致與一次蒸餾相同，但各酒廠差異極大，可以超過 12、13 個小時，也可能僅 5、6 個小時，印度的雅沐特酒廠甚至長達 16 個小時。不過蒸餾時間必須配合其它製程，包括糖化、發酵所需要的時間進行全廠規劃，讓酒廠的運作形成有效率的節奏。

　　但無論蒸餾器的形狀為何，加熱速率——即單位時間內輸入的熱量，具有決定性的影響。速率快，產生的酒精蒸氣壓力高，容易衝破重重回流陷阱而冷凝，與銅的作用時間自然縮短；速率慢，酒精蒸氣壓力較低，不容易通過回流裝置而回到壺體再度蒸餾，與銅的作用時間自然拉長。快與慢、短與長並無好壞，端在酒廠意欲塑造的風格，只不過酒廠一般不會告訴消費者操作資料，尤其是這些技術細節。

　　舉同樣位在斯貝賽區的格蘭菲迪和麥卡倫為例，兩者蒸餾器尺寸相差不大，其烈酒蒸餾的相關數字如下表（取自 Misako Udo 所著之《蘇格蘭威士忌蒸餾器》，2005）：

酒廠	蒸餾器 （公升）	升溫 （小時）	酒頭 （分鐘）	酒心 （小時）	酒尾 （小時）	加載／卸載 （小時）	合計 （小時）
格蘭菲迪	4,550	1	30	2～2.5	4～4.5	1.5	8～9
麥卡倫	4,000	－	5	70分鐘	－	－	5
雅柏	16,957	0.5	10	5	3.5	0.5/0.5	～11
樂加維林	12,900	1	30	4.5	3～3.5	0.5/0.5	10.5

　　雖然表中部分數據並不清楚，但單純從酒頭、酒心的提取時間和總蒸餾時間來看，顯然格蘭菲迪的蒸餾速率緩慢許多，因此製作出乾淨、果味清晰的酒體，即便多數蒸餾器都採用直火加熱，但呈現的風格與想像中的直火加熱差異極大；麥卡倫不僅升溫速率快，其蒸餾器形狀矮胖、林恩臂又呈30度向下，在在都是為了製作出質量重的酒體，不過酒心提取的範圍窄，可平衡蒸餾器形狀及蒸餾速率產生的影響。

　　此外，上表也詳列了雅柏和樂加維林酒廠的相關數據作比對。這兩間酒廠的蒸餾器都比格蘭菲迪大上許多，酒心提取所花的時間當然也比較長，不過使用蒸氣間接加熱的速率顯然較快，且切換到酒尾時也加足火力，以致整體時間並不比格蘭菲迪長太多，顯然格蘭菲迪就算是採用直火加熱，但火力不強，無怪乎產製的酒體偏輕柔而非強悍。

　　過去印象中全直火的格蘭菲迪，於2018年起開始進行擴廠計畫，不過以舊廠擁有的31座蒸餾器（其中3座為備用）而言，21座採用直火，包括5座酒汁蒸餾器和16座烈酒蒸餾器，其餘10座不知何時改為蒸氣加熱，未來擴廠完成後可能的直火/蒸氣加熱比例不明。由於酒廠參觀導覽看到的是整齊壯觀的1號蒸餾室，室內裝置的13座蒸餾器（5座酒汁和8座

烈酒）全都使用直火，也因此讓人誤以為全廠都使用直火加熱。不過，既然酒廠中直火／蒸氣並用，兩者間是否造成差異？而這種差異又是否在不同酒款中反映出來？

官方說法當然是兩者相同，而且對大酒廠來說，他們需要的是品質、產量二者皆穩定的新酒來源，因此並未區分不同加熱方式取得的新酒，而是收集在新酒儲存槽之後再入桶熟陳，也因此市面上不會出現標榜加熱方式的酒款（對於這一點筆者存疑，站在增加酒款複雜度的立場，我相信 Brian Kinsman 不會放棄分開存放的可能）。

蒸餾學問大，天使或魔鬼都藏在細節裡，譬如酒心提取範圍也會造成影響，雖說一般約 72～65%，但每間酒廠各因風格堅持而不盡相同。同樣以上述兩間蒸餾廠為例，格蘭菲迪的酒心取 75～65%，而酒頭、酒心及酒尾各占 5%、15% 及 40%，剩餘 40% 部分棄置；麥卡倫向來標榜 16% 的 Finest Cut，酒頭加酒尾占 70%，剩餘 14% 棄置。以上比例指的是與加載量的比值，但嚴格來算，假設低度酒混合上一批次的酒頭與酒尾之後，酒精度為 30%，則 1,000 公升所含的純酒精為 300 公升。假若 15% 指的是新酒取走 150 公升，則因平均酒精度約為 70%，因此純酒精量為 105 公升，所以真正的取酒率為 105 / 300 ＝ 35%。

依此計算，大部分蒸餾廠的取酒率相差不多，但提取所花的時間、成本差異明顯，當然也忠實反映在新酒酒體上。消費者若能深層探尋細節，思考各種可能性，自然可以挖掘行銷話術底層的真相。

延伸閱讀③
酒心切點的差異比較——以 TTL 泥煤版為例

　　每間酒廠自有其酒頭、酒尾的切換點，年輕、充滿實驗精神的南投酒廠在製作泥煤版威士忌時，為了深入瞭解製程可能導致的差異，做了不少酒心切點的研究。以下 2 個樣本都在同一天蒸餾，分別放在波本桶，而後在同一天取出，唯一差別是酒心與酒尾的切換點，其提取範圍分別是74～64% 以及 74～62%。

　　根據試飲的風味辨識結果，兩者表現明顯有異，也證實了切點的重要性，絕對是酒心提取的良好教材。至於何種風味較為人所喜愛？大概就青菜蘿蔔、各有所好了。

	TTL「Peated」Middle Cut 74%～64%（5/27/2014～10/14/2015）	TTL「Peated」Middle Cut 74%～62%（5/27/2014～10/14/2015）
時間	3 / 6 / 2016	3 / 6 / 2016
Nose	略顯得混濁的煙燻、泥煤，許多麥芽與蜂蜜甜，但與另一個 sample 比較，一開始感覺的混濁立即乾淨起來，酒體也輕盈許多，柑橘甜、一點點奶油和薄荷糖甜，風味很快散去而露出新酒感。	煙燻、泥煤顯得較為清楚，混濁感較多一些，麥芽與蜂蜜甜也顯得較為豐盛，咀嚼感與質感加重，這種偏重的煙燻泥煤長長延續，少許柑橘甜，並且增添了一絲木炭味，整體風味延續較長，但最終仍是露出新酒感。
Palate	略帶柑橘甜的煙燻與泥煤，新酒感並不明顯，胡椒的刺激性似乎比另個 sample 弱一點，少量的奶油和蜂蜜，麥芽甜則愈來愈多。	一點點的硫味暗示在前端，很年輕的新酒，大量刺激性強的煙燻、泥煤以及許多的木炭，很鹹，再慢慢反饋出麥芽、蜂蜜甜，木炭、咖啡和焦烤苦味略顯混濁。
Finish	麥芽、蜂蜜甜，略苦的木炭、咖啡和許多煙燻、泥煤，許多胡椒刺激。	持續混濁的炭烤、煙燻在口中流連不去，偶而露出新酒感。

◇ 批次蒸餾：多次蒸餾

　　蘇格蘭絕大部分的麥芽蒸餾廠都是以壺式蒸餾器做二次蒸餾，但仍有極少部分的酒廠採用非主流的多次蒸餾方式。從歷史上來看，三次蒸餾技術源自於愛爾蘭，在十九世紀初期，蒸餾廠大都混合使用麥芽及其它穀物為原料，但由於二次蒸餾很難得到足夠乾淨且強度夠高的新酒，改善的方法如下圖，將一次蒸餾的產物分為強低度酒與弱低度酒，分別進行再次蒸餾，其中弱低度酒蒸餾後又分為強與弱，強者與強低度酒蒸餾後產物混合，放入烈酒蒸餾器，弱者與下一批弱低度酒混合，再進行中餾。透過上述流程可將酒精度拉高到接近 90%，因此酒質較為純淨、輕盈。

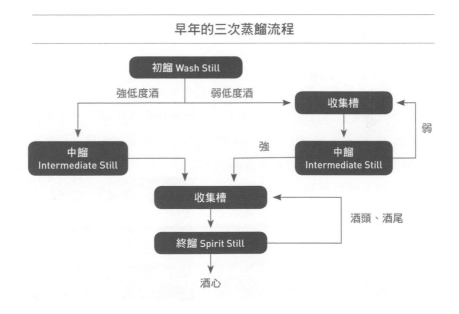

由於愛爾蘭威士忌於十九世紀末以前產量大過蘇格蘭，且在蘇格蘭、英格蘭的銷售量也大過蘇格蘭威士忌，因此蘇格蘭低地區的蒸餾業者起而效尤，不僅使用穀物原料，也包括三次蒸餾技術，相關說明詳見〈第一篇、

細說從頭〉。但三次蒸餾終究費工費時，根據《聯合王國的威士忌蒸餾廠》作者阿弗列德伯納德於 1887 年以前的訪查結果，低地區總共 31 間蒸餾廠中，僅有 4 或 5 間使用三次蒸餾，另有少數幾間酒廠採用連續式蒸餾器。至於使用三次蒸餾的酒廠中，Dundashill、Clydesdale、Greenock 及 Glentarras 都早已關廠消失，我們熟知且同樣關廠的羅斯班克則僅部分做三次蒸餾，至於歐肯在阿佛列德訪查的當時，使用的仍是二次蒸餾。

一、歐肯：僅存的全三次蒸餾酒廠

歐肯到底什麼時候開始使用三次蒸餾難有定論。從歷史來看，酒廠自 1823 年創立以來共換手 6 次，在十九世紀中曾使用三次蒸餾，不過當阿弗列德伯納德於 1887 年前後造訪時，已經更改為二次，而後在二十世紀初同時做過二次及三次蒸餾。酒廠的全球品牌大使告訴我，比較確定的是在 1969 年重建之後，一直到今天都是使用三次。

無論如何，「低地」加上「三次蒸餾」具有維持產區風格的重大意義，也讓大多數消費者都存在刻板印象，只是無論傳統或產區風格都有些吊詭，終究 31 間蒸餾廠中的 5 間不具有代表性，更難稱低地產區風格是由三次蒸餾所打造，若要探究，十九世紀所模仿的愛爾蘭輕盈風格影響更大，還包括其它穀物的使用。不過目前蘇格蘭一百多間蒸餾廠中，能經年累月、持續做三次蒸餾者，唯有歐肯而已，雲頂的赫佐本（Hazel burn）每年只做 2 星期，慕赫另有不同的工序，至於本利林（Benrinnes）曾做過部分三次蒸餾，但於 2007 年已經終止。

歐肯特軒酒廠進行三次蒸餾的蒸餾器
（圖片由台灣三得利提供）

　　過去歐肯官方網站上可找到三次蒸餾的詳細流程，目前仍展示在酒廠內，重新繪製如下：

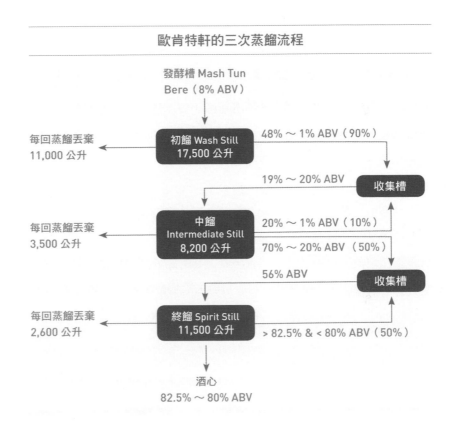

歐肯特軒的三次蒸餾流程

發酵槽 Mash Tun
Bere（8% ABV）

每回蒸餾丟棄　　初餾 Wash Still　　48% ～ 1% ABV（90%）
11,000 公升　　17,500 公升

19% ～ 20% ABV　　收集槽

每回蒸餾丟棄　　中餾　　20% ～ 1% ABV（10%）
3,500 公升　　Intermediate Still
8,200 公升　　70% ～ 20% ABV（50%）

56% ABV　　收集槽

每回蒸餾丟棄　　終餾 Spirit Still
2,600 公升　　11,500 公升　　> 82.5% & < 80% ABV（50%）

酒心
82.5% ～ 80% ABV

　　官網提供精確的數字，每做一次終餾（烈酒蒸餾），初餾和中餾都必須各做 2 次，其中初餾產生約 11,000 公升的酒糟將固體分離後，可作肥料使用，中餾將捨棄約 3,500 公升，依此可作簡單計算：

　　（17,500-11,000）×2 = 13,000 公升

　　→ 2 次初餾，分 2 次進入中餾，每次 6,500 公升

6,500×（1+10%）＝ 7,150 公升

→ 每次中餾量（90% 來自初餾，10% 來自前一次中餾）

（7,150-3,500）×2 ＝ 7,300 公升

→ 2 次中餾後進入 Feints receiver

7,300+7,300-2,600 ＝ 12,000 公升

→ 終餾（50% 來自中餾，50% 來自前一次終餾）

　　上述的計算與官網略有出入，不過蒸餾不會以單一批次來計算產出率，因此差異是可以接受的。此外，若考慮發酵槽 38,000 公升的容量約略是初餾器的 2 倍，以上的計算尚稱合理。

　　歐肯的酒心提取範圍相當狹窄，約 82.5～80%，但因其餘部分回收到酒尾收集槽做再次蒸餾，因此烈酒蒸餾後捨棄的量僅為 2,600 公升，而每年的純酒精產量約 200 萬公升，在蘇格蘭酒廠中屬於中小規模。至於歐肯的新酒酒體雖輕盈，但絕非清清如水，最重要的影響是歷經多次蒸餾後，可讓酒精蒸氣盡可能與銅壁接觸，也盡可能去除發酵時產生的硫化物。

二、雲頂赫佐本：2.5 次蒸餾

　　除了歐肯之外，雲頂酒廠發行的赫佐本（Hazelburn）是蘇格蘭地區第二個完全使用三次蒸餾製程的品牌。雲頂酒廠使用同組設備和製酒團隊，分別製作了 3 種風格不一的產品：

◎ 赫佐本：使用無泥煤烘焙的
　　麥芽，進行三次蒸餾

◎ 雲頂：使用輕度（～15ppm）

雲頂酒廠的蒸餾器（圖片由橡木桶洋酒提供）

泥煤烘焙的麥芽，進行 2.5 次蒸餾

◎ **朗格羅（Longrow）**：使用重度（～ 55ppm）泥煤烘焙的麥芽，進行二次蒸餾

　　赫佐本是一間曾真實存在於 1837～1925 年的酒廠，在《聯合王國的威士忌蒸餾廠》書中記載，當時便是採用三次蒸餾方式，而且在低度酒及烈酒蒸餾器的天鵝頸，安裝了非常特殊、類似於殼管式冷凝器的回流裝置，可能是蘇格蘭絕無僅有的 1 組，目的當然是增加回流率而產製出更輕盈的酒體。雲頂酒廠於 1997 年開始製作赫佐本系列產品，使用和雲頂系列同組蒸餾器，其三次蒸餾流程如下：

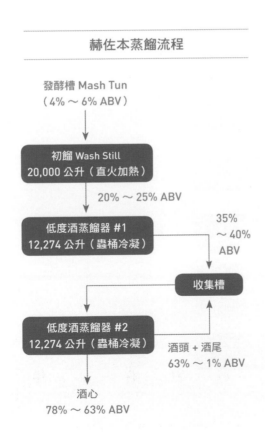

赫佐本蒸餾流程

發酵槽 Mash Tun（4%～6% ABV）→ 初餾 Wash Still 20,000 公升（直火加熱）20%～25% ABV → 低度酒蒸餾器 #1 12,274 公升（蟲桶冷凝）35%～40% ABV → 收集槽 → 低度酒蒸餾器 #2 12,274 公升（蟲桶冷凝）酒頭+酒尾 63%～1% ABV → 酒心 78%～63% ABV

　　雲頂酒廠由 Mitchell 家族經營，是目前蘇格蘭唯一從地板發麥到桶陳、裝瓶完全不假手於他人的酒廠（艾雷島上的齊侯門也幾乎完全在廠內製作及裝瓶，不過僅自行發麥 25%），2004 年在坎貝爾鎮興建了格蘭格爾（Glengyle）酒廠，讓當地的蒸餾廠至少維持 3 座，以維繫「坎貝爾鎮」產區的名稱。2008 年曾因財務關係而休停，隔年恢復部分生產，目前已完全恢復生產。由於擁有 3 種不同泥煤度的製程，為

減緩前後蒸餾造成的泥煤衝擊，每年的生產週期為：朗格羅－雲頂－赫佐本－休息 6 星期－赫佐本－雲頂－朗格羅－休息 6 星期……，其中赫佐本的生產時間最短，每年僅約 2 個星期，而雲頂最長，占 2/3 以上。此外，蒸餾團隊每年撥出約 1 個月的時間前往格蘭格爾工作，以生產齊克倫（Kilkerran）單一麥芽威士忌。

雲頂系列的製程與二次蒸餾不同，號稱 2.5 次蒸餾，根據過去官方網站提供的圖示，其蒸餾流程如下：

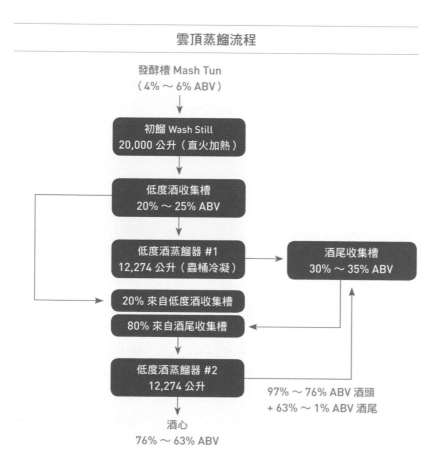

雲頂蒸餾流程

發酵槽 Mash Tun
（4% ～ 6% ABV）

初餾 Wash Still
20,000 公升（直火加熱）

低度酒收集槽
20% ～ 25% ABV

低度酒蒸餾器 #1
12,274 公升（蟲桶冷凝）

酒尾收集槽
30% ～ 35% ABV

20% 來自低度酒收集槽

80% 來自酒尾收集槽

低度酒蒸餾器 #2
12,274 公升

97% ～ 76% ABV 酒頭
+ 63% ～ 1% ABV 酒尾

酒心
76% ～ 63% ABV

無論是赫佐本或雲頂系列，其蒸餾製程有幾個特點值得觀察：

① 雲頂只有在酒汁蒸餾時採用直火加熱方式，後續的 2 道蒸餾程序都使用蒸氣間接加熱。

② 只有在中餾時才使用傳統蟲桶冷凝設備。

③ 官網缺乏確切的數字來計算何謂 2.5 次蒸餾，尤其是針對進入低度酒蒸餾器 #2 的酒汁，只說明了 20% 來自 wash still、80% 來自低度酒蒸餾器 #1，也因此產生「每做 4 回二次蒸餾再做 1 回三次蒸餾」的說法，流程如下：

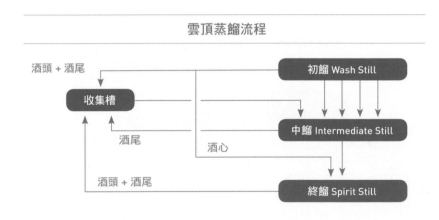

上圖的流程其實也是模糊而缺乏數據支持，無法計算驗證，所以只能闕疑了。

三、慕赫：2.81 蒸餾

有關多次蒸餾絕不能不提慕赫（Mortlach）這間有趣的蒸餾廠。Mortlach，又稱 Mortloch，1867 年由 George Cowie 父子經營時，採用不同於蘇格蘭其它酒廠的方式製作新酒。他們將各 3 座大小不一的酒汁蒸餾器與烈酒蒸餾器任意組合，以產製出各具不同風味的新酒。Cowie 獨子於戰爭中喪命，在後繼無人的情形下只能售予 John Walker & Son 公司，並

因此併入 DCL，最終成為帝亞吉歐
旗下的重要酒廠。

　　對於大公司來說，類似繁複的作
法除了增加操作麻煩和降低工作效
率之外，並不具太大意義，所以趁
著 1963～1964 年間進行大規模整建
時，將蒸餾製程重新規劃並沿用至
今，整套流程可以用下圖表示。

慕赫酒廠的蒸餾器，最遠端即為第 1 號
「小女巫」（圖片由 Max 提供）

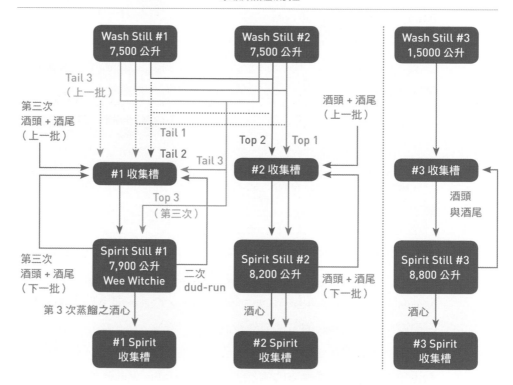

慕赫蒸餾流程

　　在這號稱全蘇格蘭最複雜的蒸餾流程中，第 3 號蒸餾器組與一般二次蒸餾的酒廠並無不同，但第 1、2 號並聯蒸餾的工序繁複，其中第 1 號烈酒蒸餾器於 1960 年代被當時的酒廠經理 John Winton 暱稱為「小女巫（The Wee Witchie）」。為了詳細瞭解製程，先定義在進行酒汁蒸餾時，總蒸餾時間約 3 小時中，前 2 小時取出的酒液稱為 Top，後 1 小時則為 Tail。若以顏色區分，1、2 號蒸餾器以蒸餾 3 次為一套循環，前兩次酒汁蒸餾的 Top 全進入第 2 號系統，Tail 則進入第 1 號系統，比較麻煩的是第三次酒汁蒸餾，Top 直接送入 1 號烈酒蒸餾器（即小女巫），Tail 則與前兩次蒸餾併入 1 號系統內。

　　2 號系統內的烈酒蒸餾與一般酒廠無異，且與 3 號烈酒蒸餾的酒心提取歷程相同，包括酒頭酒精度 74～75%，約 30 分鐘；酒心酒精度 74～64%，約 2 小時 20 分鐘；酒尾酒精度 64～1%，約 3 小時。不過 1 號系統的烈酒蒸餾（即小女巫）又分為：

第一輪烈酒蒸餾：包含 1、2 號酒汁蒸餾器 3 次蒸餾的 Tail，以及上一回循環的酒頭與酒尾，不分酒頭酒尾進行一次「空蒸餾」（dud-run）。

第二輪烈酒蒸餾：將第一輪烈酒蒸餾所得到的酒液，不分酒頭酒尾再進行 1 次「空蒸餾」。

第三輪烈酒蒸餾：將第二輪烈酒蒸餾所得到的酒液，加入第 1、2 號酒汁蒸餾器第三次蒸餾所得的 Top，一起進行蒸餾。酒頭之酒精度～76%，約 20 分鐘；酒心酒精度 76%～64%，約 3 小時；酒尾酒精度 64～1%，約 3 小時，酒頭和酒尾加入下一回循環的第一輪烈酒蒸餾。

　　是不是看得人眼花撩亂、暈頭轉向？幸好慕赫的蒸餾者已經不需要強記程序，一切交由電腦管控，否則搞混的機率極大。

慕赫酒廠著名的第 1 號蒸餾器──小女巫（圖片由 Max 提供）

　　經過如此繁複工序所取出的魔力菁華液，一大部分的來源是雜醇油豐富的 Tail，2 次空蒸餾的過程，雖可盡量將雜質濾除並提高酒精度，但酒體仍偏粗厚，再加上以蟲桶冷凝，成為「肉質感」（meaty）風格的來源，作家戴夫布魯姆（Dave Broom）因此稱酒廠為「德夫鎮的野獸」。最終入桶熟陳的新酒，其實是混入其它兩對蒸餾器所得到的酒液，蒸餾次數介於 2 到 4 次之間，帝亞吉歐取「2.81 蒸餾」為註冊商標，但並非指 2.81「次」，因為根本無從比較。只是如果少掉小女巫的加持，慕赫酒廠將風格丕變，因此直到今天依舊不厭其煩的「遵古法」持續製作新酒。

四、本利林：消失的局部三次蒸餾

　　最後附帶本利林這間較不知名的酒廠，目前也屬帝亞吉歐所有，於 1974～2007 年期間曾做過部分三次蒸餾，其製程如下頁圖所示。按其流程，是將所有蒸餾器的酒尾都收集起來，再送入中餾多做一次蒸餾，其目的無非是增加酒汁與銅接觸和反應，以便除去酒尾中的雜質。但由於這間酒廠的重要性對帝亞吉歐來說顯然遠不如慕赫，蒸餾程序耗時費工，最終也不過是去做調和，所以 2007 年後更改製程也是預料中事！

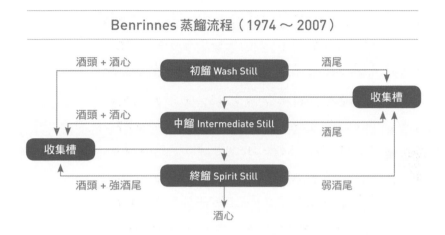

Benrinnes 蒸餾流程（1974 ～ 2007）

五、布萊迪：四次蒸餾

除了以上這幾間酒廠，還有哪間蒸餾廠曾做過三次蒸餾？ 2005 年布萊
迪首次遵循 1695 年的古法做出了艾雷島上唯一的三次蒸餾，並以 Trestarig
Future 的方式對外販售（與奧特摩 Octomore Future 的模式相同），新酒
酒精度為 84%。眾所皆知的，布萊迪於 2000 年由 Murray McDavid 公司
接手重生並聘請吉姆麥克尤恩擔任酒廠經理之後，做了許多大膽、看似離
經叛道，卻又打著「遵古法」旗幟的蒸餾和裝瓶，除了上述的三次蒸餾之
外，吉姆更在隔年變本加厲做出四次蒸餾（Quadruple distillation），同樣
也複製了 300 多年的蒸餾技術，其酒精度高達 92%，據稱可以驅動跑車。

這種四次蒸餾成了常態做法，目前已正式裝瓶 X4+3，甚至還為 Feis Ile
2014 裝出了超重泥煤加四次蒸餾的特殊款 Quadruple-Distilled Octomore
7yo。只可惜無論三次或四次蒸餾，都找不到製程圖說做進一步解釋。

◊ 酒頭酒尾的最終處置

　　無論是二次或多次蒸餾，每批次產生的酒頭酒尾都將再度送回蒸餾器重新蒸餾，但問題來了，以人人聞之色變的甲醇來講，因沸點低於乙醇，將集中在酒頭內，而後經不斷重複蒸餾，豈不是濃度將持續累積增高到危及人體的數值，酒廠如何處置？

　　甲醇來自穀物中的果膠，經發酵分解後產生，但是對穀物而言，其濃度極低，僅有約 2～3 ppm，經一次蒸餾後，低度酒的甲醇濃度可提高到約 6 ppm，若再經二次蒸餾，酒頭的甲醇濃度將介於 20～40 ppm 之間。不過無論是酒汁或低度酒的甲醇濃度其實都對人體完全無害，因為必須一次飲用約 10 毫升的純甲醇才可能導致失明風險，若以 6 ppm 計算，則必須喝下 1,660 公升！雖說如此，飲用過多酒頭，仍會讓人產生劇烈頭痛等不適症狀，因此取出是合理的。

　　但即使將酒頭剔除在酒心之外，酒心仍含有少量的甲醇，而其濃度，根據格蘭父子公司的首席調酒師布萊恩金斯曼和格蘭傑的比爾梁斯敦博士說明，約為 6 ppm。很顯然，這種濃度與低度酒幾乎完全一樣，也就是進入烈酒蒸餾器的甲醇量與提出量相當，因此酒廠無須針對甲醇做任何處置，即便重覆蒸餾，也不至於提高其濃度。當然，不同酒廠的不同酒心提取範圍可能會造成不同的酒心甲醇濃度，但差異極其微小，再混入酒尾及下一批低度酒之後，影響更是微乎其微。

　　至於含富高分子物質如脂肪酸等重油酯類的酒尾，經多次蒸餾後，其濃度確實會持續升高，也因此將酒頭、酒尾在儲槽內與低度酒混合之後，若再加水稀釋將酒精濃度降低到 30% 以下，這些重油酯類將浮在混合液的上層或凝結在儲槽壁上。

　　這些物質必須吸附移除或刷除，否則將影響下個批次的蒸餾，不過也非所有酒廠如此，譬如以「蠟質」（waxy）風味著稱的克里尼利基，據傳曾試

著將所有管線、槽體清洗乾淨，但做出的新酒喪失了既有風味，最終還是「改正歸邪」的繼續保留這些凝結物。這則酒國傳說謠詠已久，但從未被證實，筆者持闕疑態度，因為凝結的重油酯類不可能不清，否則影響蒸餾效率、堵塞酒尾流經管線等情事都會發生，或許克里尼利基也做清洗，但為了傳統風味而未完全清洗乾淨吧？

◊ 連續式蒸餾器

從十五世紀以來，酒精的蒸餾無論是一次、二次或多次，都是採用壺式蒸餾器來進行，

年產量超過 1 億公升純酒精的格文穀物蒸餾廠
（圖片由格蘭父子提供）

但耗時費工，需要大量的人力和成本，且除了將蒸餾器尺寸放大，似乎也無法加速生產，一直到十九世紀初才有了革命性的改變。

最早的連續式蒸餾器是由法國人 Edouard Adam 所發明，他從 Laurent Solimani 教授的化學講座中獲得靈感，改進了化學實驗常用的分餾裝置（Woulfe bottle）在酒精蒸餾上，於 1801 年製作並取得專利，堪稱第一座連續式蒸餾器。

只不過這支蒸餾器並非「柱式」，而是橫躺著分成好幾個壺體，有效地讓蒸氣的酒精含量逐漸提高。但這支蒸餾器並未獲得業界青睞，少部分蒸餾廠抄襲其設計卻也沒有大量使用，可憐的亞當先生於 1807 年窮途潦倒而終。

至於在英格蘭，最早的專利蒸餾器是由 Dihl 先生於 1815 年取得，但

並沒有人注意，接下來包括 James Miller 及 Joseph Corty 也都製作或繪出連續式蒸餾的雛形，同樣也無人聞問，直到 1828 年羅勃特史丹（Robert Stein）註冊柱式蒸餾器，才真正獲得商業上的成功。

他使用 3 組設置於外部的預熱槽來加熱酒汁，再以活塞將酒汁噴灑進一系列的蒸餾槽中，槽與槽間以毛織布分隔，可讓酒精通過但較不易通過水蒸氣。由於蒸餾時必須停下來清理酒渣，因此難稱連續式蒸餾，不過每一次蒸餾能製作出大量的烈酒，效率遠高過壺式蒸餾器。這套劃時代的設備於 1828 年獲准試做，1829 年第一次裝置在至今仍在運作中的 Cameron Bridge 蒸餾廠，也在已經消失的 Kirkliston 蒸餾廠使用數十年，主要是以麥芽為原料來製作琴酒。

但流傳至今的連續式蒸餾器不是由英格蘭或蘇格蘭人發明，而是愛爾蘭人埃尼斯科菲（Aeneas Coffey）。愛爾蘭在十九世紀初因產量需求，除了製造尺寸愈來愈大的壺式蒸餾器之外，也陸續發展類似連續式蒸餾器的裝置，如 Clonmel 蒸餾廠的 John Stein 便發明了串連 3 座壺式蒸餾器的裝置，Cork 蒸餾廠的 Joseph Shee 更串連 4 座，Andrew Perrier 於 1822 年修改法國人的設計並取得專利。

以上種種，說明了科菲構思其蒸餾器的背景。一開始他以木材和鐵件建造單一柱體的蒸餾器，但很快地修改為金屬製柱體，使用多孔的銅製蒸餾板，並分開為 2 個柱體，於 1830 年取得專利。

只不過愛爾蘭仍迷信大尺寸的壺式蒸餾器，僅有少數酒廠願意嘗試，科菲索性將生意搬到倫敦。最早使用科菲（Coffey）蒸餾器的蘇格蘭酒廠為 1834 年的 Grange，而後包括 Inverkeithing、Bonnington 以及 Cambus 酒廠陸續採用，科菲也逐漸成為蒸餾器製造商。這種柱式蒸餾器原本作為精餾及製作琴酒之用，但到了 1840 年中葉，蘇格蘭的蒸餾業者真正開始興建連續式蒸餾器酒廠，並用以蒸餾穀物威士忌。

下頁這張表統計十九世紀連續式蒸餾器的使用情形，可以發現自從科菲

蒸餾廠	蒸餾器 型式	採用 時間
Kirkliston	Stein	1828
Cameron Bridge	Stein	1830
Grange	Coffey	1834
Inverkeithing	Coffey	1835
Bonnington	Coffey	1835
Cambus	Coffey	1836
Yoker	Stein	1845
Kilbagie	Coffey	1845
Port Dundas	Coffey	1845
Seggie	Coffey	1845
Glenochil	Stein	1846
Haddington	Coffey	1846
Croftanrigh	Coffey	1846
Kennyhill	Coffey	1847
Sunbury	Coffey	1849
Carsebridge	Coffey	1852
Saucel	Coffey	1855
Glenmavis	Coffey	1855
Caledonian	Coffey	1855
Bo'ness	Coffey	1876
North British	Coffey	1885

蒸餾器發明之後，幾乎橫掃市場，且一直沿用至今。

連續式蒸餾器的運作原理，主要在於將蒸餾液中的酒精透過一層層的蒸餾板分離成酒精蒸氣，並逐層提高其濃度，直到酒廠所需要的酒精濃度為止。蒸餾理論可參考蒸餾原理所述之「酒精—水平衡曲線」，或者是以圖形來表示，使用自 1925 年便建立的 McCabe–Thiele 作圖法，所需要的參數包括輸入的液體溫度和組成、回流率等等，有興趣的讀者可以翻找化學工程相關書籍。

依此理論，蒸餾板的需求數量可根據次頁圖決定，其中利用回流率所定義的操作線（operation line）分為 2 段，分別為「脫離操作線」（stripping）以及「精餾操作線」（rectification），圖中橫向虛線便代表著蒸餾板位置。當某一層的蒸餾板上，某個酒精濃度的混合液轉化為氣態時，因酒精的沸點較低，所以氣態內的酒精含量提升，直到碰觸到上一層的蒸餾板，酒精蒸氣冷凝並與上一層的混合液混合，提高了酒精濃度，而後再繼續往上蒸

發。如此一層一層的持續蒸餾，酒廠可在任一層將酒精蒸氣導出冷凝成為
新酒，或一直到共沸發生而無法再將酒精度提高為止。

　　根據作圖法，計算達到預期酒精濃度所需的橫向虛線數目，便是蒸餾板
的數目。不過實際使用時，由於輸入的混合液及蒸氣溫度多有差異，也因
此裝設的蒸餾板數比理論值還多，便於彈性調整。

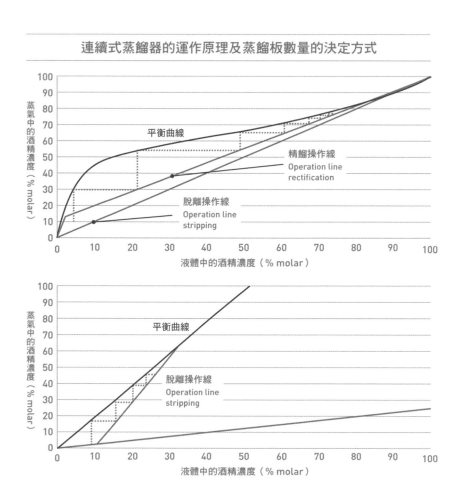

至於蒸餾器的設計，可參考下面這張圖片，蒸餾方式敘述如下：

連續式蒸餾器的運作流程

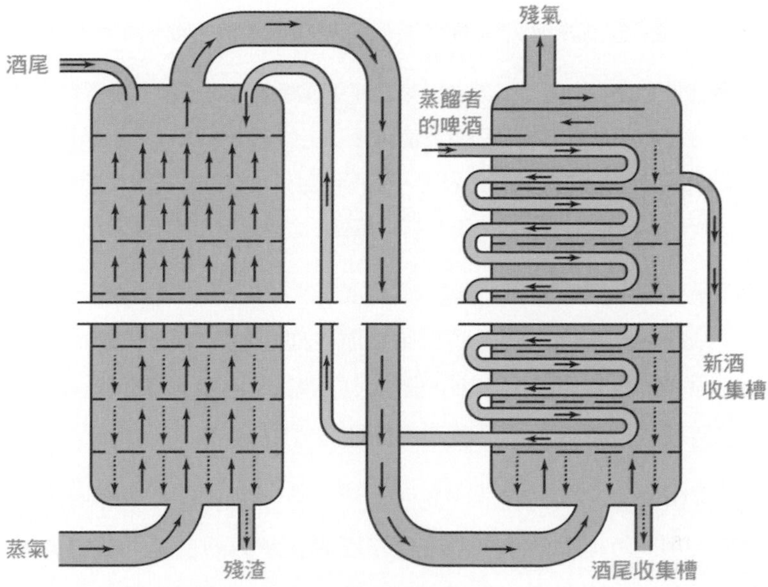

① 「蒸餾者的啤酒」、酒汁或未過濾過的發酵汁從上方導入精餾柱，沿著管路進行預熱，而迴繞進出精餾柱的目的是讓蒸餾液的溫度不致過高。

② 預熱後的蒸餾液從頂部進入分析柱，而後一層一層往下流，層與層間為多孔式蒸餾板，其開孔下方由蒸氣壓力托著不讓蒸餾液流下，而由板端開設的導流孔沿著導流管流到下一層蒸餾板。

③ 高溫蒸氣由分析柱下方輸入，當蒸氣碰到蒸餾板時，將帶走部分酒精及其它揮發性物質，而後與上一層板上的蒸餾液混合，再帶走更多酒精和其它物質。如此一層一層向上蒸發，酒精濃度愈來愈高，相對的，往下流動的蒸餾液其酒精濃度則愈來愈低，到了最底部，由於酒精度已接近 0%，收集後固液態分離，

其中固體可作為動物飼料，液體進行環保處理後放流，部分蒸餾廠則摻入下一批穀物之糖化用水，在美國這種作法稱為「酸醪」（sour mash）製程。

④ 分析柱最上方含富酒精的蒸氣導流至精餾柱底部，而後再往上蒸發，當碰上蒸餾板時，部分蒸氣凝結而形成液態而向下回流，另外蒸氣也會接觸到溫度相對較低、用以輸送「蒸餾者的啤酒」的管路，同樣也會凝結向下滴落而形成回流。

⑤ 根據酒廠設定之酒精度，將蒸氣從某一層蒸餾板的上方空間經由管路導流至冷凝器，凝結後即為新酒，至於該層蒸餾板以上的蒸氣，因包含更輕質的化合物（如甲醇），因此從頂層的管路導出，不再送回分析柱再做蒸餾；部分較重的酒尾，則從底部收集後，重新送進分析柱再做一次蒸餾。

這套設備相當於密閉系統，當「蒸餾者的啤酒」和固定溫度、壓力的蒸氣連續不斷的輸入後，終將達到穩定狀態，亦即輸入的酒精量（＝輸入速率 × 酒汁酒精含量）等於輸出的酒精量（＝輸出速率 × 新酒酒精含量），此時只需持續監控系統，便可源源不絕地取得新酒。

由於蒸餾板必須定期清理，因此停止蒸餾時，先將輸入蒸餾液的閥門關閉，並輸入相同溫度的熱水，同時也仔細測試新酒酒精度，當低於收集標準時，則導入酒尾暫存槽。此時可停止輸入蒸氣但持續輸入熱水，等分析柱底部的固態物質全都流乾淨後，則可停止供應熱水而完成停機作業。

重新開始運作時，必須先注入熱水以預熱蒸餾柱內的所有管路及蒸餾板，而後開始輸入蒸氣，再輸入混合了上一批酒尾的蒸餾液。剛開始取得的新酒因酒精含量不高，所以先導入酒尾收集槽，並密集測試，等達到酒廠預期的酒精度標準，系統也達平衡後，便可開始正式收集。

無論是分析柱或精餾柱，都必須設置許多蒸餾板，板與板之間的隔層便如同小型蒸餾器。蒸餾板為了發揮功效，必須具備如下四大功能：

① 讓蒸氣透過板上的小孔上升。
② 讓上升的蒸氣與板上的液體及凝結下降的液體相互混合。

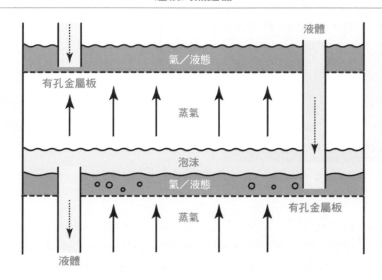

連續式蒸餾器

③ 使板上的液體蒸發。

④ 提供導流管道讓液體流動到下一層。

　　最簡單也是最傳統的蒸餾板為多孔銅板，孔數及孔徑大小須嚴密計算，除了讓蒸氣通過，蒸氣壓力也必須支撐板上的液體避免從小孔滴落。此外，業界也使用如 bubble caps 等不同的設計，主要目的不外乎上述 4 項。至於讓蒸餾液下滑的管道，必須突出於蒸餾板上，如同堰體一般讓板上的液體維持一定高度，而層與層之間也需足夠的空間，避免蒸餾泡沫直接接觸到上一層板。

　　上述設備可以作各種不同的修改，譬如蒸餾液可不經由精餾柱來預熱，而是於蒸餾柱外加設一套預熱設施；又譬如在分析柱和精餾柱上方增加一套抽風設備，可作減壓蒸餾，降低蒸餾液的沸點而減少蒸氣熱能供應；分析柱和精餾柱也可以整合成 1 座，但高度將非常高。美國威士忌業者通

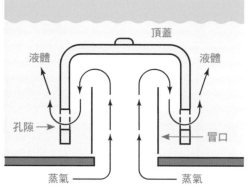

連續式蒸餾器常用之 bubble caps 型式蒸餾板（圖片由劉家緯提供）

常只使用分析柱，製作的低度酒輸入如同壺式蒸餾器的加倍器（doubler）
或重擊器（thumper），而後再做 1 次蒸餾，除了將酒精度提高之外，也
利用設置在頂部的銅質、類似海綿的吸附層（copper sponge），稱之為「除
霧器」（deminster），將酒廠不要的重脂類分子濾除，經冷凝後成為高度
酒（high wine）。

　連續式蒸餾器堪稱威士忌歷史上最重要的發明，今天的我們能享受如此
多采多姿的威士忌酒款，全拜連續式蒸餾器所賜。不過由於廠房內皆是高
溫高壓設備，操作時必須仰賴各項監控設施，產製的新酒酒精濃度又高，
因此外觀便如同化工廠一般，不僅一點都不浪漫，而且危險性高，至今除
了日本三得利的「知多蒸餾所」之外，還未曾聽聞哪間連續式蒸餾廠房設
有遊客中心並開放參觀，這也是我們很難一窺蒸餾廠堂奧的原因。站在酒
類發展歷史的角度看，人類無論生活在地球上哪一個角落，都會使用任何
可發酵的水果或農作物來釀製蒸餾酒，所以合理推論愛爾蘭或蘇格蘭威士
忌一開始絕對不會只使用大麥，其它穀物如小麥、燕麥、裸麥等等，同樣
也會被拿來製酒。

延伸閱讀④
穀物威士忌

　　站在酒類發展歷史的角度看，人類無論生活在地球上的哪一個角落，都會使用任何可發酵的水果或農作物來釀製或蒸餾酒，所以合理推論愛爾蘭或蘇格蘭威士忌一開始絕對不會只使用大麥，其他穀物如小麥、燕麥、裸麥等穀物同樣也會被拿來製酒。十九世紀以前確實如此，但隨後發展為大麥（麥芽）以及其他穀物兩大主流，與農作物的產地、產量、用途、保存期限和出酒率息息相關，且由於人口增加及需求的成長，必須以更經濟有效的方式來製作威士忌，革命性的發明便是埃尼斯科菲於 1830 年取得專利的連續式蒸餾器，可製作出酒體較輕、風味也較淡的穀物威士忌，成為十九世紀中期以後調和式威士忌重要的基酒。

　　蘇格蘭在二十世紀初曾有過 19 座穀物蒸餾廠，但目前僅存 7 座，分布如下圖，其中高地區僅有 1 座（Invergordon），其他 6 座都在低地區，主要原因在於運輸的便利性。少歸少，但產量驚人，根據 SWA 所公布的統計資料，2011 年穀物威士忌蒸餾廠的全年

蘇格蘭穀物蒸餾廠分布圖

產量為 2.9 億公升純酒精（LPA），高於麥芽威士忌的 2.28 億公升 LPA。不過從 2011 年以後，由於業界的保密，SWA 便不再公布穀物的蒸餾數字，但戴夫布魯姆（Dave Broom）所著的《世界威士忌地圖》中提到，低地區的 6 座蒸餾廠產量已超過 3 億公升，甚至格文酒廠便產製出 1 億公升 / 年，相當驚人。

　　為什麼穀物蒸餾廠能如此大量的生產威士忌？關鍵當然是連續式蒸餾器，但蒸餾之前的穀物處理也同等重要，包括磨碎方式、處理水的量和來源、蒸煮（糊化）方式和溫度（高壓或低溫）等等，都將影響設備的選用（蒸煮使用的高壓鍋、輸送黏性較高的穀物漿的壓力泵、控制發酵時泡沫產生的消泡劑等），也影響使用效能和最後的酒精產能。因此外觀上，穀物蒸餾廠不像麥芽蒸餾廠那般簡潔而吸引人，反而像是化工廠一樣，許多複雜盤繞的管線，而且因為安全因素而通常不開放參觀。不過簡化來講，穀物威士忌的製程如下圖所示：

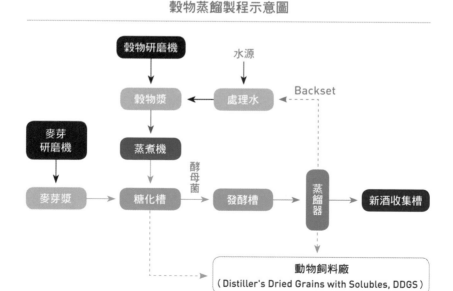

穀物蒸餾製程示意圖

　　上圖中蒸餾後的剩餘物質，可利用離心機將固液態分離，固態物質作為動物飼料，液態可回收加入糖化處理水再度利用，即所謂 backset。由於 backset 呈酸性（pH 值約等於 4），又仍含水溶性蛋白質，若以 40～50% 的比例與一般來自水源的處理水混合使用，有利於後續發酵（開始發酵的 pH 值約等於 5.2）並影響出酒率。美國威士忌傳統上使用酸醪製程，但穀物蒸餾廠，特別是採低溫蒸煮／糖化製程的蒸餾廠，已經將 backset 視為重要的添加物，用以維持品質的一致性，其實與酸醪的功能類似。（註：酸醪的主要功能就是降低糖化糊的 pH 值以利發酵）

　　目前常用的穀物包括玉米、小麥和麥芽，其澱粉含量、糊化處理溫度和最終出酒率如下表。與小麥比較，玉米蒸煮需要高溫且需時甚長，澱粉含量較高但出酒率未顯著增加，似乎較不符合經濟價值，不過穀物蒸餾廠的新酒不是中性酒精，其風味仍將影響調和威士忌，因此除了 Cameronbridge、Girvan 和 Strathclyde 僅使用小麥之外，North British 完全使用玉米，其他 3 家則玉米、小麥都有使用。至於麥芽，其主要功能是提供糖化酵素，因此使用量不高，約 10～15%。未發芽的大麥則因含有較多的膠質，產生的黏性會增加泵送和清理的困難，所以鮮少使用。

穀物種類	澱粉含量（%）	澱粉糊化溫度（℃）	出酒率（LPA／噸）
玉米	70～74	70～80	400
小麥	60～65	52～55	390
大麥	65～70	60～62	350

　　目前蘇格蘭運作中的穀物蒸餾廠詳細資料如下表，其中最老的 Cameronbridge 創立於連續式蒸餾器發明之前，當時只是壺式蒸餾廠，另 Loch Lomond 同時擁有連續式蒸餾器及壺式蒸餾器，也同時製作穀物及麥芽威士忌。由於穀物蒸餾廠一向神秘，公開的資料並不完整，部分資料應該也過時了，譬如產能，不過就以舊資料來計算，早已輕易超過 3 億公升。

蒸餾廠	創立	擁有者	穀物	蒸餾器	新酒酒精度	產能
Cameron-bridge	1824	Diageo	小麥（17 萬噸／年）	3 座 Coffey Still	94.8%	＞ 1 億公升
Girvan	1963	William Grant & Sons	小麥＋10% 麥芽	3 對 Vacuum column still	－	～ 1 億公升
Invergordon	1959	Whyte & Mackay	玉米＋小麥	4 座 Coffey Still	－	＞ 4,000 萬公升
Loch Lomond	1965	Loch Lomond	玉米＋小麥	－	－	－
North British	1885	Diageo / Edrington	玉米＋25% 未發芽大麥	3 座 Coffey Still	94.5%	＞ 6,400 萬公升
Starlaw	2011	Glen Turner Co.	玉米＋小麥	Vacuum column still	－	2,500 萬公升
Strathclyde	1927	Pernod Ricard	小麥	2 座 Column Still	－	＞ 4,000 萬公升

斯卡帕酒廠目前使用的酒汁蒸餾器
（圖片由台灣保樂力加提供）

◇ 羅門式蒸餾器

　　從蒸餾業者的角度來看，壺式蒸餾器製作極具個性風味的威士忌，可惜產能小而成本高；連續式蒸餾器大幅提高產能並進而壓低成本，但酒質輕而缺乏特色，所以，若能綜合這二者的優點並盡量減少缺點，便可臻至完美。此種考慮下，於壺式蒸餾器的天鵝頸內安裝幾片多孔蒸餾板，似乎是很理所當然的發明。

　　加拿大海倫渥克（Hiram Walker）公司在 1938 年於格拉斯哥西邊的敦巴頓（Dumbarton）興建了複合式酒廠，廠內除了當時最大的穀物蒸餾廠之外，也包括 1 座麥芽蒸餾廠因弗來芬（Inverleven）。到了 1955 年，為製作不同個性的麥芽威士忌，海倫渥克公司的化學工程師 Alistair Cunningham 設計特殊的蒸餾器，將頸部製作成圓筒狀，外部裝設水冷夾套，內部則設置了 3 片蒸餾板，並銜接把手延伸到圓筒外，可將蒸餾板旋轉為垂直向或水平向，也可注水冷卻。除此之外，林恩臂也設計為可自由調整向上或向下傾斜，在在都是為增加控制回流的彈性。

　　半尺寸的實驗設備於 1956 年裝置在因弗來芬酒廠，由於實驗相當成功，很快地將此裝置移到格蘭柏奇（Glenburgie），最後放置在斯卡帕（Scapa）酒廠，並製作了容量為 11,000 公升的全尺寸蒸餾器，作為蒸餾烈酒使用，另外使用因弗來芬酒廠的酒汁蒸餾器，成立了第二間麥芽蒸餾廠稱為羅門（Lomond）酒廠，產製的酒便以羅門威士忌（Lomond Whisky）為品牌

名稱。自此以後,這種特殊的蒸餾器便被稱為「羅門式蒸餾器」。

海倫渥克前後總共製作了 6 支羅門式蒸餾器,除了羅門酒廠的 1 支之外,陸續於 1958 年在格蘭柏奇(Glenburgie)酒廠安裝了 2 支,產製的酒名為「Glencraig」;1959 年製作 1 支放置於斯卡帕酒廠;1964 年在米爾頓道夫(Miltonduff)酒廠再安裝 2 支,酒名為「Mosstowie」,而各酒廠的羅門式蒸餾器除了斯卡帕用於蒸餾低度酒,其餘酒廠都是用於蒸餾烈酒。

可惜在歷經長期使用後發現,蒸餾板上的殘留物很難清洗乾淨,而產能效率又很難提升,因此格蘭柏奇和米爾頓道夫的羅門式蒸餾器於 1981 年便停止運作,羅門酒廠的蒸餾器也在 1985 年拆除,並關閉酒廠。至於號稱持續使用至今的斯卡帕酒廠,因為是酒汁蒸餾器導致殘留物更多,早在1971 年便將蒸餾板移除,今日我們看到的蒸餾器只剩圓筒狀的外殼。

布萊迪的「醜女貝蒂」為碩果僅存的羅門式蒸餾器,但僅保留外型(圖片由 Winnie 提供)

羅夢湖酒廠使用之特殊羅夢湖蒸餾器

起死回生的是，布萊迪在 2010 年將羅門酒廠棄置的蒸餾器搬移到艾雷島廠內，暱稱「醜女貝蒂」（Ugly Betty），捨棄原來的 3 層蒸餾板，修改為傾斜 45°並相互重疊的 6 層銅板，實質上放棄連續式蒸餾器中蒸餾板的功能，而是讓蒸氣向上繞流以增加回流率，用來製作命名為「植物學家」的琴酒。

至於時常被誤以為羅門式蒸餾器起源的羅夢湖（Loch Lomond）酒廠，又是怎麼一回事？早在二十世紀初，大西洋彼岸的波本或加拿大威士忌業者，也曾便構思類似的發明，稱之為「回流蒸餾器」（Reflux Still）。美國人鄧肯托馬斯（Duncan Thomas）於 1930 年將「回流蒸餾器」引進到蘇格蘭低地區的小磨坊（Littlemill）酒廠，同時也安裝水冷夾套，以二次蒸餾方式取代三次蒸餾來製作輕質酒體的低地威士忌，這套設備一直使用到 1994 年關廠為止。鄧肯另外也於 1966 年興建羅夢湖酒廠，同樣使用回流蒸餾器，但更改了蒸餾板的數量和位置。

筆者曾於 2017 年詢問羅夢湖酒廠的首席調酒師約翰彼得森（John Peterson），當年設計蒸餾器時，參考了已經在多間酒廠使用的羅門式蒸餾器，酒汁與烈酒蒸餾器的天鵝頸都製作成圓筒狀，但酒汁蒸餾器僅有水冷設施，而烈酒蒸餾器則一口氣在頸部裝置 17 片 bubble cap 型式的蒸餾板，便如同壺式蒸餾器加上精餾器（Rectifier）的組合，頂部另外加裝 1 支與殼管式冷凝器類似的裝置，蒸氣通過水冷管殼中的許多銅管，以增進

（上）噶瑪蘭的德製郝斯登蒸餾器
（下）勇於創新的「獨狼」蒸餾廠以及蒸餾器
（圖片由熊大提供）

回流率，即一般所稱謂的「分餾塔」（dephlegmator）型式。這組蒸餾設備仍持續使用至今，用以生產邑極摩（Inchmurrin）威士忌，因此對內稱之為「邑極摩蒸餾器」（Inchmurrin still），對外則為「羅夢湖蒸餾器」（Loch Lomond still），與羅門式蒸餾器並不相干。

以蘇格蘭威士忌法規而言，所謂「麥芽威士忌」只規定必須以壺式蒸餾器做一次或多次批次蒸餾，並未規定內部是否裝置任何回流設備，因此利用「邑極摩蒸餾器」產製的威士忌，仍可稱之為蘇格蘭麥芽威士忌。相對於此，羅夢湖酒廠另有 3 組不同的蒸餾器，包括傳統的壺式蒸餾器、專門用於生產以麥芽為原料的科菲蒸餾器，以及生產以其它穀物為原料的連續式蒸餾器，型式多變，也讓酒廠擁有各式酒種用於調和和使用。

歷經數十年的實驗，羅門式蒸餾器以失敗告終，立意構想雖佳，卻因執行上的困難無法解決而黯淡退場，不過仍有新酒廠願意嘗試，譬如 2015 年在低地區成立的 Inchdairnie，除了 1 座傳統壺式蒸餾器之外，另採用 1 座在天鵝頸部裝置 6 片蒸餾板的羅門式蒸餾器，用以進行三次蒸餾和各種配對實驗。

此外，注目當今烈酒蒸餾產業，與「邑極摩蒸餾器」相似的「混血式蒸餾器」（hybrid still）在雨後春筍般興建的工藝酒廠（craft distillery）大行

其道，雖然多用於蒸餾伏特加、琴酒、蘭姆酒等烈酒，卻也有少數酒廠用來做威士忌，如著名的工藝啤酒廠「釀造狗」（Brew Dog）於 2016 年在亞伯丁附近興建了「獨狼」（Lonewolf）蒸餾廠，使用 3 組功能先進也富彈性的蒸餾器，包括壺式蒸餾器、連續式蒸餾柱、分餾柱和不鏽鋼冷凝器等，以及 1 支高 19 公尺、內含 60 片蒸餾板的蒸餾塔，擁有許多客製化的管閥設計，讓酒廠可依需求自由切換，除了麥芽威士忌之外，也可製作穀物、裸麥風味的波本威士忌、伏特加、琴酒、蘭姆酒、水果白蘭地等各具風味特色的烈酒。雖然蘇格蘭威士忌產業向以「傳統」為最大依循標準，但既然可接受羅夢湖酒廠，應該也可擁抱這些功能齊全的蒸餾器，就讓我們拭目以待。

◇ **出酒率的計算**

由於各國大多以「純酒精」為課稅依據，為了掌握每間蒸餾廠所能產出的酒精量，英國稅務海關總署（Her Majesty's Revenue and Customs, HMRC）根據各酒廠採購的麥芽數量以及過去的生產經驗，以星期為週期利用公式進行估算。格蘭冠的蒸餾大師（Master Distiller，負責從製作到酒款開發及勾兌調製）丹尼斯麥爾坎訪台時也曾提到，蒸餾廠內麥芽原料約占 50% 的成本，其次是使用的各類能源，再其次是橡木桶，因此每一單位重量的麥芽能產出多少純酒精攸關酒廠的生計。

如何估算酒精產量？其計算方式如下（數字皆為假設值，單位為純酒精 LPA）：

◎ **發酵前麥汁的比重**：1.058（記作 OG = 1058°）
◎ **發酵完成後比重**：0.998（記作 FG = 998°）
◎ **根據經驗公式可得到發酵完成後的酒精度** =（OG-FG）×0.131 = 7.86%
◎ **酒汁總量**：470,000 公升
◎ **酒精總量** = 470,000×7.86% = 36,942 LPA

OG（Original Gravity） 為發酵前麥汁的比重，代表的是水與糖的混合物；FG（Final Gravity） 則為發酵後酒汁的比重，代表的是酒精與水的混合物，而 0.131 為經驗係數，各廠使用不一，如沃富奔使用 0.125，而慕赫使用 0.129。由於麥汁或酒汁仍有部分微小顆粒，為了

慕赫酒廠貼在牆上的酒精度計算方式說明
（圖片由 Max 提供）

避免影響讀數的精確性，量測前必須將懸浮顆粒濾除，並使用相同的比重計，如此才能正確預估酒精產量，而實際酒精產量則根據蒸餾後的數量來計算：

◎ 上星期產出之酒頭、酒尾數量：15,000 LPA ‥‥‥‥‥‥（1）
◎ 暫存於烈酒儲槽的數量：7,500 LPA ‥‥‥‥‥‥‥‥（2）
◎ 已入桶的烈酒數量：30,000 LPA ‥‥‥‥‥‥‥‥‥‥（3）
◎ 本星期產出之酒頭、酒尾數量：15,000 LPA ‥‥‥‥‥‥（4）
◎ 本星期之實際烈酒產出量 =（2）+（3）+（4）-（1）= 37,500 LPA
◎ 本星期使用之麥芽數量：90.36 噸
◎ 單位麥芽出酒率 = 37,500÷90.36 = 415 LPA / 噸

根據 HMRC 預估之酒精量（36,942 LPA）與實際產出量（37,500 LPA），其差異為：

（37,500÷36,942 - 1）×100 = 1.51%

由於 HMRC 針對酒精課稅，必須掌握酒廠的酒精生產量，但既然已揚棄保險箱，則以預期產量作為課稅基準。酒廠實際產量超過預期量若高過 3%，則酒廠必須解釋，稅務機關也會進行調查；若低於預期，因稅額基

百富酒廠的工藝銅匠 Denneis McBain 正在整修蒸餾器（圖片由格蘭父子提供）

準相同，酒廠必須自行檢討製程。計算時因 OG、FG 的量測對預期數值的估算十分敏感，因此稅務機關要求每間酒廠每星期需校驗至少 6 批次的發酵槽，包括比重測定儀及量測時的溫度等等。

◊ 蒸餾器的表現主義

筆者自 2005 年開始認真品飲威士忌以來，所有的專家達人都告訴我蒸餾器形狀塑造了酒廠風格，對此筆者也堅信不移，直到近年仔細探究蒸餾的諸多細節，才發現天使，或魔鬼，都藏在細節裡，如果單純只考慮蒸餾器形狀，便有如瞎子摸象般，只能瞭解其中一小部分。

加熱方式便是其中之一。傳統上當然是直接在蒸餾器下方加熱，便如同燒開水一樣，使用的燃料從木柴、煤炭演變到天然瓦斯。這種加熱方式需

要極佳的火候控制，且由於雜質容易與蒸餾罐的壁體接觸而燒焦，必須在蒸餾時不斷以機械旋轉銅鏈來刮除，導致內壁磨損快速而必須時常維修，因此絕大部分蒸餾廠在二十世紀中期都揚棄直火加熱，改用熱效率高又容易控制的蒸氣間接加熱方式。但仍有極少部分的酒廠堅持傳統，取其不易馴服的火候產生的特殊風味，堅果、焦烤或是蔬菜、硫味，讓單一麥芽威士忌的風味光譜更為擴大。

　　與加熱方式息息相關的是蒸餾時間，但又與尺寸交互影響，也和蒸餾液的填注量有關。如同烹飪一樣，大火快炒與細火慢燉各自帶來不同的味覺體驗，如果升溫快速，蒸餾時間較短，酒精蒸氣便沒有太長的時間與銅壁接觸，將產生較為粗獷且含雜味的酒體；相對地，速率放緩時，酒質可能將更乾淨、輕盈。

　　麥卡倫和格蘭菲迪 2 間酒廠過去都使用直火加熱，麥卡倫擁有斯貝賽區最小的烈酒蒸餾器，格蘭菲迪也只比麥卡倫稍微大一些。在這些近似條件下，根據 Misako Udo 所著之《The Scottish Whisky Distilleries》，（2005），麥卡倫花費 5 個小時取得新酒，而格蘭菲迪則放緩速度、耗費了 8～9 小時，再加上林恩臂的角度、酒心提取範圍以及冷凝裝置等考慮，兩間酒廠自然走向重與輕的風味差別。雖然麥卡倫於 2007 年（一說 2010 年）已全數更改為蒸氣加熱，而格蘭菲迪也不是全採直火，不過酒友若有機會比較兩家酒廠於直火時期的作品，或許可以突破種種交纏的控制因素，嚐得蒸餾器形狀之外的複雜度。

　　古早時候的蒸餾技術並不好，在尚未發現橡木桶陳年效果前，威士忌通常須兌上香料或浸泡乾果來飲用，酒質的好壞全由蒸餾次數來決定。蘇格蘭的三次蒸餾技術源自愛爾蘭，許多文章提到低地區時，由於全蘇格蘭碩果僅存的三次蒸餾酒廠歐肯便位在該區，因此誤導讀者、消費者以為低地區普遍使用這種技術。但若查看歷史資料，十九世紀末整個低地區共計 31 座蒸

餾廠中，僅有 4 或 5 座使用三次蒸餾，而歐肯在當時使用的竟是二次蒸餾！

　　耗時費工、成本相對提高的三次蒸餾，不過就是增加酒精與銅的接觸時間，實務上有各種方式來改進，所以理所當然的被揚棄。但麥芽威士忌是個既傳統又守舊的產業，免不了還是有極少部分的蒸餾廠堅持百年工藝，最著名的莫過於慕赫的 2.81 蒸餾。2.81 指的不是蒸餾次數，而是經過繁複計算後所得到的神秘數字，但最引人注目的是被暱稱為「小女巫」的蒸餾器，將酒心之外的酒頭和酒尾做四次蒸餾，用以發揮畫龍點睛的勾兌效果。桀驁不馴的布萊迪也曾在多年前複製十七世紀末的四次蒸餾工藝，將酒精度提高到超過 92%，甚至拿來發動跑車引擎而引發一陣騷動，不過以大眾化飲品而言，終究只是偶一為之的嘗試。

　　比爾梁思敦博士為格蘭傑公司的蒸餾、酒款開發及庫存管理總監（Director of Distilling, Whisky Creation & Whisky Stock），趁他訪台期間，筆者忍不住問他敏感問題：「格蘭傑蒸餾廠向以全蘇格蘭最高的蒸餾器聞名，但對於較低的蒸餾器，是否能透過其它方式，譬如增加淨化器，來達到相同的效果？」他不假思索地回答：「理論上是可行的，因為高聳的蒸餾器只不過增加蒸氣的回流率。」這種坦率答覆讓我驚訝，也不禁佩服他知無不言、言無不盡的科學家和工藝者角色，當然也更加確定了我的想法。只不過提到蒸氣與銅壁的對話，不免又要探索以銅製和不鏽鋼製冷凝器進行全尺寸控制實驗的艾莎貝和羅斯愛爾，迥異的新酒風格，證明發生在冷凝器裡的變化可能超過蒸餾壺體、天鵝頸獲是林恩臂，加上 Harrison et. al.（2011）的實驗成果，讓蒸餾器的材質和使用多了許多遐想空間。

　　蒸餾器的外型可以模仿，但內涵則全屬 know-how，更何況相關附屬配件的設計，單純從外型來臆測產製風味，可能導致是瞎子摸象般的結果。在謠諑既久的市井傳說中，噶瑪蘭的蒸餾器形狀從格蘭利威複製而來，所以等同複製了利威的風味。這一點筆者曾請教過噶瑪蘭，但其實不必，因

格蘭利威（左）與噶瑪蘭（右）蒸餾器的比較
（圖片分別由台灣保樂力加及噶瑪蘭提供）

為兩座酒廠的蒸餾器即使都屬於燈籠造型，但兩者設計、製造的生產商不同，管線的配置及附屬設備必然不同。

此外，格蘭利威烈酒蒸餾器的林恩臂近乎水平，噶瑪蘭則約呈 20 度向下，單單角度的差異便足以影響酒精蒸氣凝結的快慢，還未考慮到壺體容量與填裝量、加熱速率、酒心提取範圍、冷凝水溫度等等，更不提橡木桶的使用政策和熟陳環境，單憑蒸餾器的長相來說故事應可休矣。

近年來新酒廠紛紛成立，沃富奔（Wolfburn）、Inchdairnie、Strathearn、Lone Wolf 等小而精的「工藝酒廠」（Craft Distillery），不論設備或製程，都充滿大膽的思維構想，也讓蒸餾業界充滿異音而顯得熱鬧非凡。至於大集團，如全球最大的帝亞吉歐公司，於 Leven 裝瓶廠設置的實驗性蒸餾廠，極盡蒸餾工藝的巧思，包括模組化蒸餾器組件可相互更換，做足可能想像的實驗，據稱可用來仿製其它 28 座蒸餾廠的風格，大巨人靈活的腳步令人大吃一驚。

這些勇猛精進的生力軍，或許短時間內撼動不了傳統酒廠統領的市場地位，卻讓我們藉此更瞭解製作工藝的細節，每個蒸餾製程都還有許多操作的可能。只不過品牌講師不一定瞭解蒸餾的每個環節，實際操作蒸餾的技術人員又鮮少曝光，加上酒廠釋放的資訊必須考慮消費者的理解能力來行銷包裝，導致只能看圖說故事的半推理半猜測。「形狀塑造風格」不算錯誤，但蒸餾器上的分分寸寸都值得探究。

延伸閱讀⑤
算術練習——以 Auchroisk 蒸餾廠為例

　　我們查閱酒廠資料時，很容易找到製作設備的各種尺寸，不過各種資料之間也常出現數字不太一樣的情形。就以我為 TSMWTA 社團準備 Auchroisk 品酒會為例：

◎ **糖化槽**：11 噸（whisky.com）、11.5 噸（The Scottish Whisky Distilleries）、12 噸（Malt Whisky Yearbook 2017 以及 scotchwhisky.com）

◎ **發酵槽**：50,000 公升（http://www.whisky-distillery.net）、51,000 公升（The Scottish Whisky Distilleries）

◎ **發酵時間**：> 44 小時（The Scottish Whisky Distillerie）、53 小時（Malt Whisky Yearbook 2017）、75 ～ 80 小時（ scotchwhisky.com）、45 ～ 130 小時（http://www.whisky-distillery.net）

◎ **Wash still**：24,000 公升（whisky.com）、12,700 公升（裝載量 The Scottish Whisky Distilleries、http://www.whisky-distillery.net）、13,500 公升（裝載量 scotchwhisky.com）

◎ **Spirit still**：16,500 公升（whisky.com）、16,960 公升（廠內照片）、7,900 公升（ 裝載量 http://www.whisky-distillery.net）、9,000 公升（ 裝載量 scotchwhisky.com）

◎ **產量**：> 300 萬 LPA（The Scottish Whisky Distilleries）、310 萬 LPA（wiki）、340 萬 LPA（whisky.com）、590 萬 LPA（Malt Madness 以及 Malt Whisky Yearbook 2017s）

　　數字根本是眾說紛紜，差異頗大，不禁讓我想理解數字背後的玄虛。最簡單的計算是產量（或產能）了。以目前麥芽單位重的「預期酒精產出量」

（predicted spirit yield, PSY）約 420 公升為標準，假設產量（或產能）為 590 萬公升，那麼每年須使用 5,900,000÷420 ≒ 14,050 噸的麥芽。

接下來假設每年工作 50 星期（聖誕節和新年放假），每星期工作 6 天，那麼每天須用掉 14,050÷50÷6 ≒ 46.8 噸的麥芽。由於一般糖化時間，從 mashing-in 到清潔完畢需時約 6 小時，因此每天必須做 4 個批次的糖化，每批次平均用掉 11.7 噸的麥芽，才可能達到每年 590 萬公升的純酒精（Liter of Pure Alcohol, LPA）。

除非縮短糖化時間，每天 4 批次的糖化已經差不多是極限，至於日以繼夜 24 小時的工作有無可能？我相信是可以的，以目前蘇格蘭威士忌產業自動化的進步，每間酒廠大概只需 1、2 人便能夠操控，所以兩班或三班的輪值即可，也符合一例一休的勞工政策（好吧，我不知道蘇格蘭的勞動法令）。不過要做到每星期工作 6 天，每年只休 2 星期，可能性似乎不太高，因此假設每天只做 3 批次，每批次使用 11.5 噸麥芽（折中值），每星期做 5 天，每年休 4 星期長假，產量＝ 11.5×3×5×48×420 ＝ 3,480,000 公升，BINGO ！

從上述計算大致可推知，590 萬 LPA 應該是酒廠的產能，而 300+ 萬 LPA 則是產量，不過某網站提到酒廠在 2013 年曾作到 590 萬 LPA，而這個量在全蘇格蘭一百多間酒廠中，已經算是中大型酒廠了

再來就困難了，11.7 噸的麥芽，可做出多少麥汁？一般來說，大約是 4 ～ 5 倍左右，假設是 4.646 好了（Trial & error 結果），由於麥汁比重約為 1.07，所以：

麥汁量＝ 11.7×4.646÷1.07×1,000 ＝ 50,800 公升

為什麼是 4.646 ？因為可以從 wash still 的裝載量反算，我認為 12,700

公升比較合理，因為 12,700×4 = 50,800 公升，剛好 1 個發酵槽的酒汁，可以放入 4 支酒汁蒸餾器。

最後來算算蒸餾次數。酒汁蒸餾器產出的低度酒約為裝載量的 1/3（可從酒精度換算，由於酒汁的酒精度約為 7〜9%，低度酒約為 20〜25%），因此每座酒汁蒸餾器約可產出 4,200 公升的低度酒，實際進入烈酒蒸餾器的量，則必須加上一批次烈酒蒸餾的酒頭與酒尾。假設所有的蒸餾都是 1 對 1：

① 烈酒蒸餾器的裝載量為 7,900 公升，則上一批次酒頭與酒尾的量為 3,700 公升，占 46.8%；

② 烈酒蒸餾器的裝載量為 9,000 公升，則上一批次酒頭與酒尾的量為 4,800 公升，占 53.3%

就以 590 萬 LPA 的年產量來算好了，同樣假設每年工作 50 星期，每星期工作 6 天，由於有 4 座 spirit still，因此每一座蒸餾器每天必須產出：

5,900,000÷50÷6÷4 = 4,916 LPA／蒸餾器

4,916 LPA 是純酒精，假設酒心提取的平均 ABV 為 68%，則必須產出 4,916÷0.68 = 7,230 公升的新酒。

一般烈酒蒸餾的時間約 6 〜 12 小時都有，所以每天最多只能蒸餾 4 批次，則每批次可以產出 7,230÷4 = 1,807.5 公升的新酒，酒心提取率為：

假設裝載量 7,900 公升，提取率= 1,807.5÷7,900 = 22.9%

假設裝載量 9,000 公升，提取率= 1,807.5÷9,000 = 20.1%

大於 20% 的提取率未免過高，20.1% 勉強可以接受，雖然還是太多了。

綜合以上的算術，假設最高年產量 590 公升純酒精，則從零開始的每天作業如下：

時間	06:00 ～ 12:00	12:00 ～ 18:00	18:00 ～ 24:00	00:00 ～ 06:00
第 1 天	糖化	糖化 #1-1 發酵槽	糖化 #2-1 發酵槽	糖化 #3-1 發酵槽
第 2 天	糖化 #4-1 發酵槽	糖化 #5-1 發酵槽	糖化 #6-1 發酵槽	糖化 #7-1 發酵槽
第 3 天	糖化 #8-1 發酵槽	糖化 #1-2 發酵槽 #1 ～ #4 酒汁蒸餾 #1 ～ #4 烈酒蒸餾	糖化 #2-2 發酵槽 #1 ～ #4 酒汁蒸餾 #1 ～ #4 烈酒蒸餾	糖化 #3-2 發酵槽 #1 ～ #4 酒汁蒸餾 #1 ～ #4 烈酒蒸餾
第 4 天	糖化 #4-2 發酵槽 #1 ～ #4 酒汁蒸餾 #1 ～ #4 烈酒蒸餾	糖化 #5-2 發酵槽 #1 ～ #4 酒汁蒸餾 #1 ～ #4 烈酒蒸餾	糖化 #6-2 發酵槽 #1 ～ #4 酒汁蒸餾 #1 ～ #4 烈酒蒸餾	糖化 #7-2 發酵槽 #1 ～ #4 酒汁蒸餾 #1 ～ #4 烈酒蒸餾
第 5 天	糖化 #8-2 發酵槽 #1 ～ #4 酒汁蒸餾 #1 ～ #4 烈酒蒸餾	糖化 #1-3 發酵槽 #1 ～ #4 酒汁蒸餾 #1 ～ #4 烈酒蒸餾	糖化 #2-3 發酵槽 #1 ～ #4 酒汁蒸餾 #1 ～ #4 烈酒蒸餾	糖化 #3-3 發酵槽 #1 ～ #4 酒汁蒸餾 #1 ～ #4 烈酒蒸餾
第 6 天	糖化 #4-3 發酵槽 #1 ～ #4 酒汁蒸餾 #1 ～ #4 烈酒蒸餾	糖化 #5-3 發酵槽 #1 ～ #4 酒汁蒸餾 #1 ～ #4 烈酒蒸餾	糖化 #6-3 發酵槽 #1 ～ #4 酒汁蒸餾 #1 ～ #4 烈酒蒸餾	—
第 7 天	—	—	—	—
第 1 天	糖化 #7-3 發酵槽 #1 ～ #4 酒汁蒸餾 #1 ～ #4 烈酒蒸餾	糖化 #8-3 發酵槽 #1 ～ #4 酒汁蒸餾 #1 ～ #4 烈酒蒸餾	糖化 #1-4 發酵槽 #1 ～ #4 酒汁蒸餾 #1 ～ #4 烈酒蒸餾	糖化 #2-4 發酵槽 #1 ～ #4 酒汁蒸餾 #1 ～ #4 烈酒蒸餾

　　由於第七天不工作，所以等到下個星期的第一天，尚未蒸餾的發酵槽內的麥汁已經發酵了 #7-2：78 小時；#8-2：72 小時；#1-3：66 小時；#2-3：60 小時，若以一個星期平均，則共計做了 18 批次的發酵，其中 48 小時的發酵做了 14 次：

　　總發酵時間＝ 48×14+78+72+66+60 ＝ 948 小時

　　平均發酵時間＝ 948÷18 ＝ 52.7 小時

BINGO！

　　以上純為個人根據各項數字所作的臆測，實際運作可能大不相同，不過若有雷同，概屬巧合，也會讓我這門外漢歡欣不已。

QUIET PLEA

Whisky

熟陳

橡木桶的追逐與迷思

無論是波本桶、雪莉桶或台灣人戲稱的豬頭桶，橡木本身的的生命力對威士忌的風味有著重要影響。但是當台灣市場不斷追逐著當潮威士忌品項，可曾思考養成威士忌最重要元素的來源及製造？

在威士忌仍是「生命之水」的古早年代，剛蒸餾完成、無色透明的新酒，不僅酒精度高，而且辛辣刺激，並不好喝也不適宜直接喝，通常會調入各式各樣的香料、藥草、莓果或水果，或作為醫藥使用。

這種情況從十五到十九世紀中期都不曾大幅改變，「桶陳」觀念在當時並不存在，酒質的好壞不在於是否放置在木桶中，以及放在木桶裡多長的時間，而是以夠不夠烈、酒精度強不強來評斷，因此蒸餾次數可達3次或4次。

但由於威士忌是農作收成後的副產品，有其秋收冬藏的季節特性，蒸餾出來的酒必須存放在容器內以供全年飲用，家居最方便的容器便是各式木桶或陶罐，不過陶罐質重而易破，不利運送，木桶還是較佳選擇。

到了私釀猖獗的時代，為躲避稅務官員的查緝，更需要四處儲存和運送，手頭最好的容器便是各類二手木桶，因此無論是葡萄酒桶、蘭姆酒桶、波特酒桶、啤酒桶、白蘭地桶、雪莉酒桶，或甚至是裝過漁獲、鐵器以及其它任何雜物的木桶都可能被拿來使用。這些木桶來源不同，使用的木質種類也不同，但目的無關乎效果，只要滲漏量小即可。

WHISKY
KNOWLEDGE

威士忌陳年的關鍵
橡木桶

　　人類自古便使用木桶儲存及運送貨物，最早的證據，可能是西元前 2,600 年左右，埃及 Hesy-Ra 墓中壁畫所發現的一個由木板與木製桶箍製成的木桶，另外在西元前 1,900 年的埃及墳墓壁畫中，同樣也發現了用來盛放葡萄的木桶；希臘地理學家 Strabo（BC 63～AD 24）記錄塗上防水塗料的木桶，用來保存葡萄酒以防止滲漏；羅馬歷史學家 Pliny the Elder（AD 23～79）也記載了高盧人將飲料儲存在木桶中。到了五世紀以後的英國，木桶已經被大量用來儲存啤酒、牛油、蜂蜜和蜂蜜酒，甚至喝酒用的碗也由木條製成，很顯然，這時候的製桶工藝已經相當進步，才能普遍用來存放液體。

　　木桶如何成為威士忌陳年的關鍵？歷史上缺乏明確的記載，但大抵來自市場法則，也就是當客棧、旅館、雜貨店開始賣酒，消費者逐漸發現放在某些特定的木桶一段時間後，威士忌變得更好喝，聰明的店家因此追逐消費習性，慢慢成為流行。

　　最早有關木桶陳年的文獻，可能是 1843 年以前所公布的貨物稅法，法條中明訂入桶酒精度以及木桶的最小尺寸，但有關木桶熟陳的好處得等到

西班牙橡木種籽（圖片由愛丁頓寰盛提供）

十九世紀下半才廣為人知，不過當時絕大部分的威士忌都是調和式，並未刻意強調陳年時間。進入二十世紀之後情況依舊，僅有少數麥芽威士忌標示酒齡，並且以偏低的 5～10 年為主，即使 1963 年格蘭菲迪首度將單一麥芽威士忌的品牌推向國際時，瓶身上也看不到陳年時間，不過據猜測不會超過 8 年。事實上，在威士忌產業大爆發的 1970 年代，最常見的陳年時間僅約 6～8 年，而且咸認最好不要超過 15 年，否則將因吸取過多的木桶風味而讓酒「味同嚼木」！

雖然早在 1915 年，政府為了減少民眾飲酒習性而與酒商協議，在《未熟成烈酒法》中訂定「熟陳 3 年」的規定，但叫人驚訝的，如今我們所熟悉的陳年規範，一直到 1988 年《蘇格蘭威士忌法案》（Scotch Whisky Act 1988）才堪稱完備。目前執行的規範是在 2009 年修訂，其中與橡木桶使用有關的規定如下：

◎ 必須在小於等於 700 公升的橡木桶內熟陳
◎ 必須在蘇格蘭境內熟陳
◎ 必須熟陳 3 年以上
◎ 必須在保稅或合乎規定的倉庫內熟陳（依據「稅務及海關總署」之規定）
◎ 必須於製作、熟陳後，仍保存來自原料之顏色、香氣及口感

從威士忌的發展史來看，威士忌新酒製作完成後，儲放在各種滲漏量少的器皿內，其中也包括各式各樣的木桶。由於蘇格蘭山丘起伏、氣候陰寒，缺乏可製作木桶的木材資源，因此木桶多半為已存放過其它貨品或酒類的二手木桶，這種方式歷數百年而不變。不過這些木桶不一定是「橡」木桶，一直到 1988 年以前，只規定新酒必須放在「木桶」（wood cask）內熟陳，得等到 2 年後 Scotch Whisky Order（相當於「施行辦法」）才明確規定必須使用 oak，甚至傳統上的威士忌五大產國中，僅有蘇格蘭和美國要求使用「橡木桶」。所以讀者們不妨留意酒標上的標示，以及 wood cask 和 oak cask 風味上的差異。

西班牙橡木森林（圖片由愛丁頓寰盛提供）

◊ 橡木的種類與組成

　　全球橡木桶使用最多的橡木種類為美國白橡木（或白櫟木，學名為 Quercus alba），生物學的分類為「櫟屬」之下的「櫟亞屬」，主要生長在美國中部及東部各州，如肯塔基州、密蘇里州。「櫟屬」共計 600 多種，而「櫟亞屬」也有 450 多種，所以除了白橡木之外，包括大果櫟（Quercus macrocarpa）、黃橡樹（Quercus muehlenbergii）、黃背櫟（Quercus bicolor）、星毛櫟（Quercus stellata）、琴葉櫟（Quercus lyrata）、狄氏櫟（Quercus durandii）等均可使用，但仍以白橡木為最多。

　　至於歐洲橡木，則包括生長在西班牙北部山區以及法國的夏櫟（Quercus robur）和無梗花櫟（Quercus petraea）。夏櫟原生於歐洲，以及接近亞州的小亞細亞至高加索地區，也分布在北非部分地區和中國青島；無梗花櫟為近似品種，生長範圍也多有重疊。與美國白橡木相較，歐洲橡木紋理緊密但細胞壁較薄，以低溫烘烤便容易彎曲製桶；美國白橡木紋理較為疏鬆，但細胞壁較厚，一般以高溫蒸氣軟化組織以彎曲板材。除此之外，日本也有用於製作水楢桶（Mizunara cask）的蒙古櫟（Quercus mongolica），分布甚廣，包括日本、韓國、俄羅斯以及中國大陸的東北地區，因毛細孔較為開放，與上述 2 種主要橡木比較，其水密性較差。

　　一般用於製作橡木桶的橡木，時常被區分為「美國白橡木」與「歐洲／西班牙紅橡木」兩種，但實情是無論美國的 Q. alba 或是歐洲的 Q. robur、Q. petraea 都是屬於白橡木。紅橡木之所以為「紅」，乃因秋天時樹葉會轉紅，但除了外觀之外，兩者之間的最大差別在於白橡木生長時，

細胞將被「侵填體」（tyloses）所填塞，進而阻塞輸水管路，且不透水的「木質髓射線」（medullary ray）比紅橡木長，因此水密性良好，較適合製作橡木桶，這也是為什麼無論歐洲、美國都採用白橡木製桶的原因。

　近年來葡萄酒業或蘭姆酒業做了許多研究，除了橡木（櫟木）以外，部分木種也擁有陳年酒類的潛力，但由於熱裂解後的揮發性物質及油脂，常常造成感官上的不平衡或複雜度不足，難以與橡木相提並論，所以目前威士忌、葡萄酒產業仍以橡木為主。

　橡木的組成成份按含量多寡，包括纖維素（cellulose）、半纖維素（hemicelluloses）和木質素（lignin）等高分子物質，以及其它萃取物（extractives）如低分子的橡木單寧（oak tannins）、橡木內酯（oak lactones）、揮發性的酚類和有機酸等，不同的橡木種類含量也不同：

橡木樹種	纖維素（%）	半纖維素（%）	木質素（%）	萃取物（%）	灰質（%）
歐洲橡木 夏櫟（Quercus robur）	39～42	19～26	25～34	3.8～6.1	0.3
歐洲橡木 無梗花櫟 （Quercus petraea）	22～50	17～30	17～30	2～10	—
美國白橡木 （Quercus alba） 喬治亞州	44	24	24	5.4	1
美國白橡木 （Quercus alba） 田納西州	42	28	25	5.3	0.2

取自 C. Gunther & A. Mosandl（1986）Liebigs Ann. Chem. pp. 2112～2122

美國白橡木的橫斷面（圖片由酩悅軒尼詩提供）

至於這些組成成份於加熱後，產生的反應變化如下：

◎ **纖維素：**為構成細胞壁的主要物質，因不溶於水或酒精，因此對威士忌的熟陳並無太大影響。不過加熱至超過150℃以上開始焦化，因此經大火燒烤後，纖維素將被熱裂解並釋出糖分，溶於酒中形成焦糖甜味，另外在熟陳過程中，也會釋出部分糠醛（furfural），因而形成烤烘的氣味。

◎ **半纖維素：**存在於細胞壁的多醣類，包括戊糖（pentoses）、己糖（hexoses）等各種醣類，當受到超過140℃的高溫烘烤時，將裂解為糖，而在木桶內壁形成焦糖層，與威士忌作用後，可以產生焦糖、太妃糖等種種甜味，並且為酒體添上焦糖色澤和黏性，飲用時產生順滑口感。

◎ **木質素：**存在於細胞壁和細胞間的區域，為木材細胞的結合劑，加熱裂解後將產生癒創木酚，這種同樣存在於泥煤中的化合物是類似烘焙咖啡香氣的油脂，也是木頭燃燒後煙燻香氣的來源。癒創木酚另外帶出香草醛（Vanillin）和丁香酚等化合物，形成香草、奶油、巧克力、煙燻或丁香辛辣等主要氣味。若將木質素加熱到接近200℃，將提升上述化合物含量，不過若繼續加熱至焦炭化時，則會因揮發和炭化而讓這些化合物的含量下降，只提升煙燻味。一般而言，木質素的萃取量在熟陳階段將隨時間增長而遞增，也因此上述風味也都會隨著陳年時間而逐漸增濃。

◎ **橡木單寧：**主要由「沒食子酸」（gallic acid）或「鞣花酸」（ellagic

波本桶、重組桶、葡萄酒桶、雪莉桶和波特酒桶
（圖片由愛丁頓寰盛提供）

acid）所組成，可溶解於水中，屬於強力抗氧化劑，在葡萄酒產業也是陳年的要素。不過橡木裡單寧含量高，其中歐洲橡木的單寧含量又遠高於美國白橡木（8～10 倍），製桶前必須經自然水洗將大部分粗糙的單寧溶出，燒烤後單寧含量也會減弱，並與威士忌產生柔化變化，有助於減弱年輕威士忌的硫化物。單寧同時也有穩定色澤的功效，有利於長時間陳年。

◎ **橡木內酯（oak lactones）**：一般歸類於萃取物，普遍存在於橡木內，分為「順式」（cis-）和「反式」（trans-）兩種，美國白橡木的含量尤其高，與威士忌作用後將釋出木質及椰子的風味，不過燒烤深度愈深，內酯的影響愈小。

◊ 橡木桶的種類與尺寸

一、波本桶

在 1949 年以前，蘇格蘭威士忌不曾有使用波本桶的文獻記載，雖然拉弗格酒廠的官方網站提到，酒廠在 1935 ～ 1954 年間已經開始使用波本桶，但文獻上最早進口波本桶的蒸餾廠為格蘭傑，究其原因，與美國威士忌的發展有關。美國波本威士忌在南北戰爭後大為流行，因產業興盛，導致許多「精餾者」（rectifier，這個字與連續式蒸餾器的「精餾柱」相同，但切勿搞混）的摻假做法。由於波本威士忌是以燒烤橡木桶進行熟陳著稱，為了模仿酒色和木桶風味，不肖商人在無色無味的中性酒精中添加各種物質，讓新酒一夕之間搖身變成陳年波本。

這些欺騙行為，加上當時社會的虛華風氣，著名的小說家馬克吐溫將南北戰爭後的時期稱為「鍍金年代」（Gilded age），泛指社會亂象被繁華表

象所遮掩，金玉其外、敗絮其內。尤有甚者，由於威士忌可存放於保稅倉庫內，稅務人員與酒商勾結爆發「威士忌圈」（Whisky ring）醜聞，牽扯的人員上達總統私人秘書，再加上從十九世紀末幾個主要禁酒團體如「反沙龍聯盟」、「婦女基督節制聯盟」的奔走倡議下，禁酒浪潮一波接著一波，迫使塔夫總統於 1909 年簽屬《聯邦規範》（Taft Decision），制定波本、玉米、麥芽、裸麥、小麥威士忌的定義以及生產方式。

不過上述規範並未規定到橡木桶的使用，純威士忌（Straight whiskey）必須使用全新燒烤橡木桶的法規，是在禁酒令（1920～1933 年）廢除之後才制定。當時的威士忌產業百廢待興，必須重新修訂規範，於是製桶商與木材商聯手遊說，於 1938 年制定的法規中納入相關規範。不過，隨即發生第二次世界大戰，美國也捲入戰爭中，等大戰於 1945 年結束後，威士忌的產業才真正復甦，波本酒廠大舉擴建，使用過的橡木桶必須找尋去化管道，銷往國外為優先選擇，進而成為全球橡木桶的最大來源。

這種用過的橡木桶，一般我們習稱為「波本桶」，但更精確的說法應該是美國白橡木桶或 American Standard Barrel，因為並不一定是用於存放波本威士忌，也可能是田納西威士忌（例如來自產量最大的美威酒廠傑克丹尼），或是裸麥、小麥及其它威士忌，只有標示 Ex-Bourbon 或 Bourbon cask 才是真正的波本桶。因此若看到酒標上的 American Oak 或 Traditional Oak，千萬不要誤以為波本桶，不過為了行文方便，後續均以波本桶概稱。

目前波本桶的標準尺寸為 53 加侖，約 200 公升，不過偶爾也可以看到 48 加侖（180 公升）的尺寸。48 加侖為二次大戰前的標準尺寸，剛好可以放置於倉庫的木棧架，二次大戰期間因木料缺乏，因此放大容量到 53 加侖，是工人憑人力足以滾動的最大尺寸。由於採用燒烤（charring）方式製作，木質表面炭化，所陳放的波本威士忌又以玉米為主要穀物原料，用於熟陳他種威士忌之後，可釋放出香草、奶油、椰子、杏仁種種甜美風味，以及細緻的花香和果甜。

二、雪莉桶

西班牙雪莉酒早於十六世紀中葉便以整桶運輸的方式輸往英國,蘇格蘭的愛丁堡在 1548 年便記載了雪莉酒飲用文獻,但是得等到十八世紀才蔚為時尚。不過雪莉酒清空之後,橡木桶等同廢棄物,可能拆解作為木材或移作其它容器使用,或繼續儲放其它酒種,如威士忌,但也僅限於雪莉酒的輸入港或販售雪莉酒的都市,如倫敦、利物浦、格拉斯哥或愛丁堡等。

英格蘭的烈酒產量直到十八世紀仍遠大於蘇格蘭,儲酒容器的需求量當然也超過蘇格蘭,不過當時仍欠缺陳年觀念,沒有人真正關心橡木桶能賦予的風味。至於山丘起伏、交通不便的蘇格蘭,威士忌仍屬農家年終的農作副產品,少部分走私進入英格蘭,或許因載運貨物而帶回各式木桶,但不可能為了取得雪莉桶而耗費偌大人力將 500 公升的空桶搬運回去,因此合理推測,早年的蘇格蘭威士忌與雪莉桶並無太多關係。

到了十九世紀中葉,烈酒商充分瞭解橡木桶熟陳的優點以及可能增加的價值,因此在大都市如愛丁堡建立倉庫,向酒廠購買酒桶後,自行於倉庫

棄置不用的西班牙雪莉酒桶（圖片由愛丁頓寰盛提供）

內進行熟陳，許多調和商也儲備大量空桶，運送到酒廠填注新酒。等《烈酒法》（Spirit Act）於 1860 年通過之後，橡木桶熟陳的優點更廣為人知，雪莉酒恰巧也在此時開始大量輸往英國。留下來的空桶便可用於儲存威士忌。不過當雪莉桶的需求量大增之後，運送雪莉酒的木桶不足，調和商（同時也是西班牙 González Byass 雪莉酒的代理商）William Phaup Lowrie 於二十世紀初開始從美國買回橡木材，由格拉斯哥的木桶廠製作全新橡木桶，而後再以雪莉酒進行潤桶，用來仿製雪莉運輸桶，可以說是開潤桶工藝先河的第一人。

在 1980 年代以前，使用在威士忌產業的雪莉酒桶主要都是運送雪莉酒的木桶，稱為「運輸桶」（shipping cask 或 transport cask），與雪莉酒莊索雷拉系統（Solera system）使用的老雪莉酒桶大不相同。以木質材料而言，大多為使用便宜的歐洲橡木（相對於索雷拉系統使用的進口美國橡木）製作的年輕橡木桶，通常為釀製雪莉酒時，用來讓葡萄汁發酵的木桶，經多次使用後移作運輸使用。以儲放雪莉酒的時間而言，視運送時間及販售速率而定，可能從幾星期到幾個月都有，從今日的角度看，「潤桶」時間或嫌不足，不過使用的雪莉酒卻是來自索雷拉系統，與今日特別為潤桶製作的「雪莉酒」有所不同。至於索雷拉系統的老雪莉橡木桶，一般都使用數十年或甚至上百年，屬於雪莉酒莊的珍貴資產，基本上不會釋出，而且因為長年使用，木桶的橡木材質早已失去活性。

蘇格蘭威士忌在二次大戰後產業大爆發，產量與庫存量都來到歷史新高，橡木桶的需求量當然也急遽升高。但是在 1960 年代，雪莉酒開始以不鏽鋼等較便宜的容器運送到英國，留下的雪莉空桶逐漸減少，且西班牙雪莉酒產業為提升形象，於 1981 年立法通過「雪莉酒必須在西班牙裝瓶後外運」，再加上 1983 年起，歐盟的前身「歐洲經濟共同體」禁止組織成員國家產製的葡萄酒以整桶方式運送出國，導致雪莉桶價格飛漲，威士忌產業擁有的雪莉桶也逐漸短缺。

到了 1986 年，西班牙嚴禁雪莉酒的整桶運輸方式，完全斬斷了過去賴以為主的雪莉運輸桶來源。蘇格蘭蒸餾業者只得再度採用 Lowrie 的策略，直接在西班牙訂製新桶，再以雪莉酒潤桶。也因此雪莉酒產業一分為二，除了裝出供消費者飲用的雪莉酒，另一條生產線專為威士忌產業服務，包括製桶廠和雪莉酒廠，而這種採

百富酒廠使用的波本桶、波特酒桶和雪莉桶
（圖片由格蘭父子提供）

用潤桶方式製作的雪莉桶，成為今日雪莉桶的主流。

　　由於在 1970 年代以前，絕大部分的威士忌都是調和品項，所以酒廠並不太在意雪莉橡木桶的存量。不幸的是，威士忌產業於 1970 年代中期開始蕭條，調和商不再向酒廠購買新酒，蒸餾廠只得自行裝出單一麥芽威士忌。這種風潮帶動下，消費者逐漸接受各酒廠獨特的個性，而雪莉桶迷人的乾果、蜂蜜、堅果、黑巧克力等風味也受到重視。時至今日，雪莉桶的價格依舊居高不下，為了保障雪莉桶的來源，蒸餾廠—尤其是以雪莉風味著稱的酒廠，莫不積極與雪莉酒產業簽訂契約，甚至上溯更源頭的製桶廠，形成一條完整的產業鏈。

三、重組桶

　　除了波本桶以及雪莉桶之外，市場上最常見的另一種橡木桶為重組桶（Hogshead），事實上，這是目前威士忌產業使用最多的橡木桶桶型。Hogs 原意是「豬」，head 當然是「頭」，因此在台灣被戲稱作「豬頭桶」，有人便因此而胡亂猜想，稱說是因為整桶的重量與一頭豬相當，或是大得像個豬頭。不過要讓這些說法失望了，因為名稱與豬一點關係也沒有，而

是來自十五世紀時的英語，某種容量單位為「hogges hede」，約為 63 加侖，也相當於 238.5 公升。

　　波本橡木桶輸往蘇格蘭時，初期採整桶運送，但因載運麻煩且占據空間，慢慢地更改為拆除後以板材方式運送。等到達蘇格蘭之後，必須送到木桶廠重新組裝，此時增加桶板的數量，約每 5 個標準波本桶組裝成 4 個重組桶，利用重新製作的桶箍以及直徑較大的邊板，將容量擴充到 250 公升（顯然蘇格蘭人比美國人健壯），因此其外型從側邊來看，比標準規格的波本桶胖，但高度不變。這些木桶會被冠上「dump」或「remake」的英文字樣，表示是經過修改的尺寸，又由於重組使用的板材來源不一，可能帶來混合了波本桶或其它木桶的風味。不過目前波本桶絕大部分都使用貨櫃整桶運送，因此重組波本桶的數量逐漸減少。

　　除了上述的重組之外，偶爾還是可以見到標明 sherry Hogshead 的木桶種類，南投酒廠初期使用的雪莉桶全都是這一種。由於重組桶代表的是尺寸，因此確實有以此種規格製作的雪莉桶，這部分將在後續「雪莉桶的製作──以愛丁頓集團為例」中說明。

四、各種橡木桶特色比較

　　除了上述 3 種主流橡木桶，其它各式各樣的橡木桶，譬如過去十分罕見的全新橡木桶、蘇格蘭橡木桶（Scottish Oak），或是日本獨有的水楢桶（Mizunara Oak），都賦予威士忌不同的風格與滋味。又譬如噶瑪蘭獲得2014年 WWA 大獎肯定，當年造成一瓶難求的 Vinho，使用的是葡萄酒桶，運回台灣後將內壁進行淺層刨除，再加以烘烤及燒烤。這種木桶由已故的大師 James Swan 獨創、稱為 STR（Shave-Toast-Rechar）的重製桶，可減卻殘留的果酸並留下果甜，同時加深橡木桶木質的熱裂解以活化木桶，雖然有些冒險，但顯然大為成功。

　　整理目前流行的橡木桶種類，依尺寸由大至小可歸納如下：

名稱	容量 （公升）	說明
Gorda 桶	600～700	為蘇格蘭威士忌產業允許使用的最大尺寸。過去使用於美國威士忌產業，將幾個波本桶（barrel）的威士忌調和之後，放入 Gorda 桶內一段時間，完全融合後再裝瓶，這個步驟稱為 marrying。由於來自美國，因此使用的橡木也是美國白橡木。
馬德拉桶 （Madeira Drum）	650	使用於葡萄牙馬德拉酒產業，木桶高度較矮，直徑較寬，使用的材質為法國橡木。
波特桶 （Port pipe）	650	使用於葡萄牙波特酒產業，外型如同是波本桶的放大版，但往兩端拉長許多，使用的材質為歐洲橡木。
雪莉桶 （Sherry Butt）	500	使用於西班牙雪莉酒產業，外型較為高瘦，最早使用的是西班牙橡木，但從 19 世紀晚期以來均使用美國白橡木。目前大部分的雪莉桶來源已脫離雪莉酒產業，因此西班牙橡木或美國白橡木均有使用。
Puncheon 桶	500～550	使用於蘭姆酒以及雪莉酒產業，有 2 種形狀，第 1 種被稱為 machine puncheon，桶身較為矮胖，由較厚的美國白橡木所組成。第 2 種則與雪莉桶類似，但桶身較為瘦長，由板材較薄的西班牙橡木所組成。
葡萄酒桶 （Barrique）	300	Barrique 意思是「barrel」，一般指的是波爾多葡萄酒桶（Bordeaux barrels），但普遍使用於葡萄酒產業，與其它木桶不同的是，桶箍使用木條而非金屬，噶瑪蘭 Vinho 便標明使用此種橡木桶。
重組桶 （Hogshead）	225～250	英國 15 世紀時「hogges hede」的標準容量為 63 加侖，蘇格蘭威士忌產業將美國波本桶拆解、重組時，增加板材片數以提高其容量，又稱為「re-made hoggie」。
美國波本桶 （American Standard Barrel, ASB）	200	使用於美國波本威士忌產業，為全球其它威士忌產業橡木桶的最大來源，其標準容量為 53 加侖，此種尺寸的木桶在裝滿酒液時，剛好可以讓一個成年人滾動並控制方向。
1/4 桶 （Quarter Cask）	125	為雪莉桶（Sherry Butt）的 1/4 容量，憑藉較小的尺寸，可增加酒液與木桶接觸的比表面積，達到快速熟成的效果。

除了上表所列舉的橡木桶之外，少數酒廠另使用其它較為罕見的橡木桶，譬如容量約 50 公升的 1/8 桶（Octave），或容量更小約 40 公升、常使用於啤酒業界的 Blood Tub 桶，都合乎 SWA 的規定。尤其是近年來「工藝酒廠」大為興盛，各種小型橡木桶被廣泛使用，以達到快速熟成的效果。

◊ 橡木桶的使用壽命

無論是波本桶或是雪莉桶，可用於陳年的次數約 3～4 次，若以每次 12 年估算，每個橡木桶的使用壽命約可達 50 年。不過隨著次數的增加，橡木桶能提供的風味、影響強度和作用速率都將逐漸減少、減緩。

以第一次使用的波本桶為例，可產生較高濃度的香草及奶油、椰子甜味，色澤加深的速率較快，單寧刺激也強。怪不得追求高強度風味的美國威士忌業者，時常拿「茶包」來比喻他們使用的全新燒烤橡木桶，他們認為橡木桶就如同茶包一樣，只能使用一次，再度使用便淡然無味了。

每間蒸餾廠為了製作酒廠的特色風味，均有獨到的橡木桶使用模式，可能平均使用波本桶及雪莉桶，也可能專注使用特定種類的橡木桶。至於使用次數，各蒸餾廠也有其特殊管理模式，一旦橡木桶達到所設定的使用年限，或直接廢棄交由其它業者處理，也可藉由去除桶內燒烤層並再次燒烤的方式，讓橡木桶重新恢復生命力。以目前橡木桶極度缺乏的情況，這種再度活化（rejuvenate 或 regenerate）的方式將更為盛行。

活化時必須先去除內部燒烤層，採用可旋轉的鐵刷或是數條金屬鏈來刮除表層，露出底部全新的橡木木質後再進行烘烤或燒烤，若是雪莉桶，則須放入雪莉酒作潤桶。經烘烤或燒烤之後，橡木的半纖維素將再度熱解為焦糖層，而木質素也將釋放與新桶相似的香草風味，不過其它諸如水解單寧或橡木內酯等化合物，則無法恢復如新桶，也因此活化後的橡木桶熟陳表現將與新桶大不相同。

不過傳統使用的旋轉鐵刷或金屬鏈並無法完全刮除已疲乏的木質。根據分層化學分析結果，疲乏的板材表層其化合物確實已經耗盡，但深層

部分則與新桶相差無幾。因此葡萄酒業在活化橡木桶時，即使木桶製作時採烘烤方式，但只要刮除超過 8mm 的厚度，便可恢復約 85% 的橡木活性，這也是噶瑪蘭 Vinho 購得葡萄酒桶之後，再採用 STR 製程的原因。

一般而言，重新活化後的橡木桶可再陳年兩次，而後或許還可以再進行另一次的活化，不過經二次再製後，大概已經是強弩之末，板材的厚度因為刨除 2 次也不夠厚，恐導致破裂或滲漏。

另外針對雪莉桶，除了風味上的優勢之外，另外一個賣點為可在短時間內賦予威士忌足以刺激嗅覺、味覺感官的深邃顏色。但是多次使用之後，上色的能力降低，在 E150a 焦糖著色劑還未合法使用之前，給了一種特殊的活化酒種 Pajarete 施展的空間。

Pajarete 雖採用 PX 葡萄品種來釀製，卻不被雪莉酒業者認同為雪莉酒品項。製作時利用水蒸法將酒液濃縮到 1/3 ～1/5 之後，再與 PX 或 Oloroso 雪莉酒調和，因此濃稠且甜度高，色澤又深，雖然也可以飲用，但長期以來便是蘭姆酒、西班牙白蘭地或威士忌潤桶所用。

當雪莉桶使用多次而疲乏時，使用 Pajarete 活化的方法是將 500 ml 或 1 公升的 Pajarete 噴灑在 250 公升的重組桶或 500 公升的雪莉桶內，而後從注酒孔灌注約 0.5 個大氣壓力的空氣，迫使 Pajarete 滲入木質讓橡木桶恢復染色能力，同時也添加甜味，僅需 10 分鐘便可完成。這種類似作弊的方法，雖然有效，但違背威士忌產業尊重傳統的精神，因而在 1982 年被 SWA 禁止使用，不過另一個說法是 1986 年，同時 1996 年間著名的 Loch Dhu，傳說也是使用 Pajarete，而後才被 SWA 禁止。

◊ **橡木桶規範的修訂**

因應全球威士忌產業的進步，謹守傳統的蘇格蘭威士忌也不得不做些讓步和修定。英國的「環境、食品與農業事務部」（Department for

Environment, Food, and Rural Affairs, DEFRA）歷經長時間的公共諮詢後，於 2019 年 6 月針對橡木桶的使用修訂了《蘇格蘭威士忌技術檔案》（Scotch Whisky Technical File）。

根據新規定，威士忌可熟陳在新橡木桶，以及曾熟陳過葡萄酒（蒸餾或加烈）、啤酒、麥芽啤酒或其它烈酒的橡木桶，但以下的酒種除外：

◎ 由有核的水果製成，或是與有核的水果一起製作的葡萄酒、啤酒、麥芽啤酒或其它烈酒。

◎ 啤酒、麥芽啤酒在發酵後，曾使用增甜劑或其它調味劑來進行調味。

◎ 其它烈酒在蒸餾後，曾使用增甜劑或其它調味劑來進行調味。

上述的葡萄酒、啤酒、麥芽啤酒或是其它烈酒桶都必須是傳統製作方式，而不是為了製作木桶而特別釀製的酒，且使用這些橡木桶之後，仍必須保持蘇格蘭威士忌傳統的色澤、香氣和風味特色。由於有核水果的果核含有氰糖苷（Cyanogentic glycosides），進入人體後恐形成劇毒物質氰化氫，因此被禁止使用，而各種增味劑的禁止是理所當然的。

按照這個新辦法，蒸餾業者可彈性利用許多非傳統的橡木桶類型，如陳放過龍舌蘭酒、梅茲卡爾酒（mezcal）、巴西的卡莎夏酒（cachaça）、日本的燒酒、中式白酒或是水果烈酒如卡巴杜斯蘋果酒（calvados）的木桶，不過儘管琴酒或西打（cider）逐漸流行入桶陳年，但因為不是傳統製程，所以這些酒桶被 SWA 否決了。至於如墨西哥 Tabasco 辣醬桶，雖然也是傳統製程，但如果拿來熟陳或過桶威士忌，勢必改變其香氣和風味，所以當然無法使用。讀者也許會問，南投酒廠利用梅子、荔枝等有核水果製作的水果酒桶，或是印度「雅沐特」（Amrut）利用新鮮橘子養桶所做出來的「真橙」（Naarangi）是否合法？答案很簡單，因為各國有各國的辦法，只要不掛上「蘇格蘭威士忌」，就不致侵犯其地理標記（GI），所以當然可以使用。

WHISKY KNOWLEDGE
延伸閱讀①
水楢木、水楢桶與山崎 18 年

　　日本山崎蒸餾所成立於 1923 年，時稱「壽屋」，建廠初期的歷史可參考 Stefan Van Eycken 所著的《日本威士忌全書》。在二次大戰時候，日本本土威士忌的需求量不降反升，但由於日本四處引戰，無法從歐美取得橡木桶，迫不得以之下拿水楢木來製桶。不過這種木材水密性不佳，且短期陳年之後的木質風味過強，所以便被擱置在一旁而不再聞問。到底什麼時候重新檢視這些木桶？山崎的全球品牌大使宮本博義先生於 2017 年底來台時並未講解清楚，只提到多年後發現水楢桶的熟陳需要長時間來發展，並且在調和時與其他風味融合後，可發揮畫龍點睛的效果。第一次正式使用便是 1989 年所發表的「響」，從此逐漸打響名號，成為我們現在時常描述、有點玄之又玄的「東方禪味」。

　　讀者們從以上的敘述中，是否心中浮出兩個大問號：1. 為什麼水楢木難以製桶？2. 為什麼水楢桶能產生特殊風味？不過在解答這 2 個問題前，我們先釐清什麼是水楢木。

　　從學名上區分，水楢是屬於蒙古櫟（Quercus Mongolica）的分支。蒙古櫟有極優勢的環境適應能力，甚至能適應西伯利亞零下 60℃的低溫，因此生長範圍很廣，包括大陸的東北、內蒙古、華北、西北等各區域，以及蒙古（當然）、韓國、日本、蘇俄等等國家，一般成樹的高度為 10～20 公尺，有些可達 30 公尺。至於在日本被稱為日本橡木（Japanese oak）或更廣泛被認知的水楢（Mizunara），其學名為 Q. Mongolica Var. Grosseserrata，也有學者認為是 Q. Mongolica subsp. Crispula，主要生長在日本、千島群島和庫頁島一帶。一般而言，蒙古櫟具有材質堅硬、強度高，耐磨、耐腐

等優點，但結構粗、含水量高而不易乾燥，且易開裂、翹曲，因此加工較為困難，日本傳統上用來作為高級家具的木材。

　　從木質組成來看。由於水楢木生長在緯度較高、環境較為嚴苛的區域，其生長速度遠比美國或歐洲橡木來得慢，需要超過 150 年的時間才能長成與 70 年的美國白橡木同等的樹徑，因此可用作木材的成樹不僅稀少，而且早期（心材）形成的毛孔密度較高，木質比重較美國白橡木來得輕。在橫切面上，可以看到樹木生長早期形成的 2〜4 行環狀毛孔，以及呈徑向排列無數的小毛孔，「侵填體（tyloses）」普遍存在，但不像白橡木那麼多，「木質髓射線（medullary ray）」明顯而且沒有鏡狀突起。此外，水楢木不像白橡木那樣筆直，不僅彎曲，而且多樹瘤，裁切時不容易取得徑向毛孔和髓射線平行的板材，加上侵填體填補較為不實，髓射線又較短，所以水密性比不上白橡木。另一方面，由於比重較白橡木為低，因此猜測其木質風味較容易被萃取出來，導致短期內木質風味過重。

　　我問了宮本先生水楢木在使用前是否需要做風乾（seasoning），主要是想知道其單寧含量，宮本先生回答不用，而且一般水楢桶的尺寸為 480 公升，屬於大型橡木桶，對於需要長時間熟成而言，似乎尺寸縮小會更快，推測這些萃取出的化合物必須花時間與酒慢慢融合變化，才能得到我們能接受、喜愛的風味。

　　那麼，到底是什麼風味讓全球的酒迷瘋狂追求？根據佑史野口（Yushi Noguchi）於 2016 年所發表的博士論文《The influence of wood species of cask on matured whisky aroma - the identification of a unique character imparted by casks of Japanese oak》，水楢桶通常會先以雪莉酒潤桶 1 年，而後填裝威士忌新酒，初期的發展類似波本桶，但 20 年後則呈現特殊的

「熟透的鳳梨」、「融化的奶油與肉桂」、「日本神社與寺廟」或「隆重的東方」氣味，我們時常形容為「檀香」、「線香」等等，但對於這些風味的來源卻不明所以。

　　佑史野口來自三得利，於愛丁堡的 Heriot-Watt 大學深造，招集了依蘇格蘭威士忌研究所 Quantitative Descriptive Analysis 訓練的風味品鑑小組，以 0～3 分來判定各種特定風味的強弱，使用的酒款樣本如下：

酒齡	日本橡木威士忌			美國橡木威士忌		
	酒種	酒廠	蒸餾年	酒種	酒廠	蒸餾年
20yo	穀物	Chita	1987	穀物	Chita	1988
27yo	麥芽	Yamazaki	1980	麥芽	Yamazaki	1980
40yo	麥芽	Yamazaki	1960	麥芽	Yamazaki	1968

酒齡	西班牙橡木威士忌		
	酒種	酒廠	蒸餾年
20yo	穀物	Chita	1988
27yo	－	－	－
40yo	－	－	－

最後完成的風味輪比較如下圖：

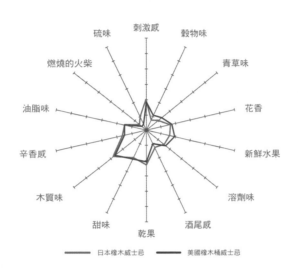

好像差異也不算太大，但是除了風味輪的單一風味之外，他們也要求品鑑小組使用普遍使用的形容詞來描述風味，其中又以「香」（incense）和「椰子」最為特殊：

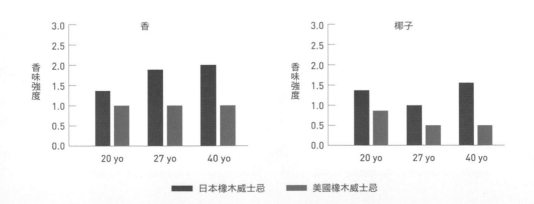

　　「香」不會是蘇格蘭傳統的風味，但為什麼水楢桶熟陳的威士忌可感受到更多的椰子風味？

　　椰子風味主要來自橡木桶中的「內酯」（lactone）成份，所以接下來便是對於內酯含量的檢驗。

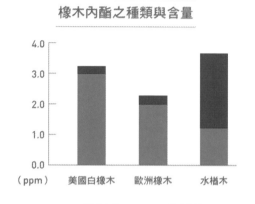

橡木內酯之種類與含量

反式內酯　　順式內酯

（ppm）　美國白橡木　歐洲橡木　水楢木

　　相對於熟陳在美國白橡木桶和歐洲橡木桶的威士忌，水楢桶得到的總內酯只稍微多一點點，不過其反式內酯（trans-oak lactones）的含量卻比順式內酯（cis-oak lactones）高上一大截，這一點和美國或歐洲橡木大不相同。但由於順式內酯帶有更強烈的氣味，約為反式內酯的 10 倍，因此上述測試結果讓人大呼不解。為了解決這個疑惑，研究人員將 1ppm 的順式、反式內酯溶解在 20% 的酒精溶液以及威士忌中，再請品鑑小組來作感官測試，結果發現，反式內酯的風味特徵確實比較弱，但和威士忌原本具有的風味組合之後，卻能呈現較強烈的椰子風味。

　　一篇研究論文是否就解決了所有疑問？當然沒有，不過研究中同時也使用 GC（氣相層析儀）和 HPLC（高效液相層析儀）分析各式化合物的含量，最後列成一張大表，但筆者覺得不太好懂，所以還是回到個人的感官測試。為了讓參加品酒會的酒友深入瞭解水楢桶的風味發展特性，宮本先生準備了在水楢桶內分別熟陳了 5 年、15 年以及一款非常老的 1969 年的樣本，來和正式推出的 18 年作比較。個人覺得 5 年的酒尚青，還未能感

受到水楢桶的神奇魅力，15 年就依稀有那麼些許輪廓了，至於非常非常老的 1969 呢？香氣確實展現老酒不凡的優柔芳華，讓我不斷地舉杯聞嗅、目眩神移，只是一入口，既酸又澀猶如一段酸壞的老木頭，完全不適宜人喝。但最有趣的來了，在先前喝的幾支酒裡倒入少量的 1969，馬上轉變為讓人沉迷的東方風味，不禁讓人感嘆，長年熟陳的水楢桶果然擁有點石成金的神秘魔力。

Yamazaki 18yo「Mizunara Japanese Oak Cask」
2017（48%, OB）

時間	11 / 8 / 2017
總分	88
Nose	柔順甜美的奶油和香草、椰子、年輕的木質，以及特殊的線香，加上略沉的蜂蜜、蘋果派和一點點肉桂，一段時間後，香氣上揚，釋放出多種水果滋味，蘋果、甜桃、櫻桃、柑橘，甜蜜不可方物。
Palate	一入口便湧出各式蜜甜滋味和奶油、香草、椰子，但辛香感也十分明顯，許多的肉桂、荳蔻和胡椒、八角，微微的水楢桶暗示，柑橘、蘋果、蜂蜜甜延續。
Finish	中～長，單寧與木質感多了些，柑橘、蜂蜜甜。
Comment	若依照宮本先生的說明，18 年的熟陳時間還無法完全展現水楢桶的魅力，因此這支酒勾兌了少許 1969，怪不得可以得到清楚的期待中的水楢風味，只不過有必要瘋狂追逐嗎？

橡木桶的製作範例

　　雖然各式橡木桶種類繁多，不過根據非正式統計，蘇格蘭威士忌產業每個時間點約有 2,000 萬個橡木桶正在陳年，其中仍以波本桶為主流，使用量約占 90%，雪莉桶次之，但僅有約 6%，其它的橡木桶則瓜分剩下的 4%。為了深入瞭解橡木桶的製作方式，以下即以最常使用的波本桶及雪莉桶為例來進行說明。

◇ 波本桶的製作（以 KYC 製桶廠為例）

　　獨立木材公司（Independent Stave Co., ISC）由美國密蘇里州 Ozarks 市的 Boswell 家族所經營，早於 1912 年便創立鋸木廠，供應木材給製桶業者，並在禁酒令結束後生產波本酒和葡萄酒業所需要的木材。1951 年在密蘇里州的 Lebanon 成立第一間製桶廠，80 年代之後持續擴張，同時為

位於美國肯塔基州的 KYC 製桶廠

美國 Ozarks 山區生長的橡木（取自 KYC 資料）

保障法國橡木來源而在 90 年代成立國外分公司。目前 Boswell 家族已傳到第四代，而 ISC 已成為全球最大的鋸木製桶廠，各大洲都有分公司，另外有 5 座製桶廠，分佈在美國的密蘇里州、肯塔基州以及澳洲、智利和法國，依據各地需求製作烈酒或葡萄酒桶。至於位在肯塔基州的製桶廠（Kentucky Cooperage, KYC），則專注於製作波本酒所需的橡木桶。

一、橡木來源

由於 ISC 同時為葡萄酒和烈酒業製作橡木桶，因此根據不同需求，橡木分別來自美國、法國和東歐。對 KYC 來說，當然全都使用美國白橡木，這種橡木雖盛產於美國東部，不過中部 Ozarks 山區因土壤較薄且多岩，環境較為嚴苛，因此在慢速生長下，木質密度較高也較為挺直，被評定為最優良的橡木來源（格蘭傑酒廠於 Ozarks 便擁有一片林區）。

為了永續經營，歐洲的橡木砍伐一般須遵守「森林驗證認可計畫」（Programme for the Endorsement of Forest Certification, PEFC）的協定，不過美國缺乏類似的認證，因此 ISC 要求橡木供應商必須依據永續發展的精神提供木材，至今為止，橡木的生長速率比砍伐速率還要高。

簽約的林區屬私有，地主將與伐木業者討論砍伐的區域和方式。一般而言，伐木方式可分為整棵樹，或只砍採具商業價值的部分，後者可在 10 ～ 20 年後再度收成。當然，砍伐的樹木不限於健康、具有價值的

樹木，必須以最有利於全林區橡樹生長的方式評估，稱為 timber stand improvement，TSI。橡木砍下來之後，先去除枝幹樹葉，再載運到適當地點堆放銷售。

二、橡木處理

ISC 透過專業選木團隊挑選適合製桶的圓木，而後載運到鋸木廠，先根據 Doyle Scale 系統——用來計算可得到多少標準木材（12"×12"×1"）的方式——進行量測，並評估其品質及特性後一一加上電腦標籤，以便日後追蹤源頭產地。堆置場的圓木於夏天過熱時必須灑水，避免乾燥速度過快。

圓木在作分段切割之前，必須先以特殊機械將樹皮剝離，再以金屬探測器偵測樹幹內是否含金屬物，以免切割機受損。分段長度依據需求切割，長的作為桶板，較短的則作為側板。

一般木板裁切的方式有 3 種，分別為弦切（plain sawn）、徑切（rift sawn）以及刻切（quarter sawn），如下圖所示，製桶廠使用的切割方式為刻切，這種方式是將分段圓木從樹心裁成 1/4 後，先依據所需厚度沿邊切下，翻轉 90 度後再切一刀，依此類推，直到木板寬度過小、不敷使用為至。由於切割時須旋轉木幹而花費較多時間，因此整體成本介於弦切和徑切之間。

木材之 3 種裁切方式，由左至右分別為弦切、徑切和刻切

（上）刻割方式（取自 KYC 資料）
（下）儲存於戶外的橡木板，白色斜紋即為木質髓射
　　　線，線與線間則為侵填體

橡木之所以成為水密性極佳的容器，主要在於「木質髓射線」和「侵填體」2 種組織，其中髓射線從樹幹中心向外輻射，如圖中木材橫斷面的白色線條所示，其質薄而堅硬，且不透水，寬度僅約幾個細胞，但占據橡木體積的19～32%，美國白橡木約為 28%。至於侵填體則為樹木從邊材成長為心材時，細胞壁膨脹進而阻塞輸水導管，可防止水分侵入和散逸。

「刻切」的重要性在於，當板材切割後，數條髓射線斜跨木板，可形成阻止水分侵入或散逸的阻水層，加上侵填體填塞既有輸水導管，致使橡木桶內熟陳的威士忌僅能靠著木質孔隙以及板與板之間的空隙，藉由毛細現象向外擴散，盡量減少天使的分享。至於威士忌陳年時空氣是否得以進入，發生所謂的「呼吸作用」，將於後續討論。

木板裁切完成，送到磨邊機（Edger）加以修整，操作人員將判斷是否適合作為桶板、邊板或是其它用途。修整後的木材將隨機抽驗其尺寸，同時進行編號之後，便運送到製桶廠堆疊。

為了滿足需求，KYC 的廠房在任何時候都擁有可製作 80 萬個橡木桶的木材。由於橡木砍伐後，其含水率約在 50% 以上，必須降低到與未來陳年環境相類似的 12～16% 方適宜組裝，雖然隨著上述的步驟含水量持續下降，但仍然過高，因此木材運到 KYC 之後，必須堆疊在戶外自然風乾（natural seasoning），一方面讓微生物生長去更改木材內部的化學物質，

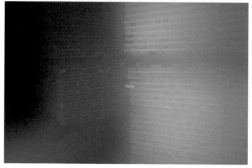

（上）KYC 的戶外堆置場
（下）充滿蒸氣的預乾室

另一方面讓木材的含水量降低到與大氣濕度相當。

　　相對於西班牙橡木，美國白橡木的單寧酸含量僅為 1/10～1/8，因此無需長時間的水洗。自然風乾的時間大多為 6 個月，含水量可降低到約 30%，不過也會因應客戶的要求而調整，譬如美格酒廠（Maker's Mark）便要求做 12 個月。至於前面提到的格蘭傑，則要求 2 年的風乾，但應該不在 KYC 製作。

　　由於含水量降低時將伴隨著龜裂的可能，因此必須時常檢查、控制木材內部的含水量。戶外堆置場無法將含水量降到製桶需求，所以在進廠組裝前，先放在室內 1 個月「預乾」（pre-dry），將含水量降低到約 20%，而後再移到「烘乾室」（kiln room）做最後的人工乾燥，需時約 7 天，參觀者可進入預乾室去感受室內超高的濕度。不過 KYC 提供的資料只提到自然風乾之後，便利用 dryers 將木材表面因降雨、降雪的水分移除，並未提到 pre-dryer 以及 kilning。

　　另外教科書《Whisky: Technology, Production and Marketing》中陳述，美國波本桶製桶業者一般採人工乾燥法，將木材放置於特定溫度、濕度下的乾燥室約 1 個月，這點與 KYC 的做法不同。瑞典 BOX 蒸餾廠的廠長 Roger Melander 於訪台時也提到，各製桶廠因應客戶需求，採自然風乾或人工烘乾做法不一，若直接進入烘乾室，則無需堆置、處理時間短，所以橡木桶的價格比較便宜，但後續熟陳的風味效果不同。

邊板燒烤區

三、製桶

為了保護商業機密，ISC 的製桶作業區僅有燒烤橡木桶允許拍照，其它區域一律禁止。

參觀者進入廠內，立即面對的是邊板製作區。過去瞭解的邊板拼湊方式，是在板材的側面鑽孔，而後兩兩以圓柱型木榫拼接。KYC 不同，在相鄰兩片板材側面車出相對應的舌和槽（tongue and groove）， 幾片板材以機械壓製後，再裁切成圓形並磨邊，而後進行燒烤。

至於桶材，必須先經由技術人員評估每片木材的寬度、薄厚，依據接下來組裝成圓筒的順序，將每個面都刨成弧面或斜面，兩端的寬度也必須稍微削窄一些。工匠的經驗和技術非常重要，只見到作業熟手在翻揀木材，合不合適全靠肉眼判斷，外行人全然不明所以。

木桶的組裝流程簡述如下：

① 首先將桶板一片片的排列圍繞成圓形，以底部的模型為限來調整板材，也就是讓板與板在底部緊密的接合。由於每一片板的寬度不一，所以每個桶使用的板數也不盡相同。

② 由於木板在這個階段仍然是堅硬挺直的，必須軟化板材才能彎曲成桶狀，因此將上述組裝完成的木材經由輸送帶送進蒸氣隧道內約 20 分鐘，加熱並提高濕度。

③ 通過蒸氣隧道的木桶，使用絞盤將桶的上緣縮緊，而後立即套上鋼圈而形成桶狀。初步成形的橡木桶很快被送進隧道內進行烘烤（toasting）作業，一方面將水氣烘乾，同時也讓形狀固定。從烘烤隧道輸送出來後，檢查人員以

燒烤橡木桶

波本橡木桶的燒烤程度

肉眼判釋有無明顯裂痕，以決定是否進行下一個步驟。

④ 燒烤橡木桶是製作過程中的重頭戲，網路上有許多相關影片，不過大部分都採用直立式燒烤，但 KYC 的燒烤區採水平向，先開小火約 30 秒，而後瓦斯噴嘴前移、密接在橡木桶緣，以中火、大火狂燒約 1 分鐘，橡木桶離開燒烤區後立即噴水熄火，水蒸氣大量蒸起，短短 1.5 分鐘內燒烤作業便已完成。

⑤ 放涼的橡木桶在桶邊內側車上一道槽溝，稱為 croze，以便讓邊板和木桶密接，另外也在桶側鑽孔作為注酒之用。小部分木桶在邊板上鑽孔，供直立式陳放使用。

⑥ 邊板裝置完成後，在桶內注入 2 加侖的水，而後加壓到 7 psi（磅/平方英寸），由品管人員做目視檢查是否漏水，如果有小瑕疵，則以錐形的修補器填補。

　　波本桶的燒烤是整個製程中最火熱、最高潮的部分，理論上，燒烤的等級並無限制，不過業界一般由輕至重分為 4 級，並依據時間來控制，大火加熱的時間分別約 15 秒、30 秒、45 秒及 1 分鐘， 最深的第 4 級將木材表面炭化，形成凹凸不平、又黑又亮有如鱷魚皮的結構，因此被暱稱為「alligator char」。

每間酒廠根據所需要的威士忌陳年風味來決定橡木桶的燒烤等級，譬如金賓酒廠使用的全是最重的第 4 級。但雖說 4 級，製桶廠仍可依酒廠需求客製化，具有強烈實驗精神的「水牛足跡」（Buffalo Trace）酒廠，便曾製作大火燒烤 3.5 分鐘的重燒烤木桶。

◇ 雪莉桶的製作——以愛丁頓集團為例

從台灣的單一麥芽威士忌發展歷史來看，愛丁頓集團旗下的麥卡倫堪稱首開風氣之先，已故的威士忌大師麥可傑克森（Michael Jackson）在其著作《麥芽威士忌品飲事典》（Malt Whisky Companion）中，將麥卡倫譽為「單一麥芽威士忌的勞斯萊斯」。

在過去的行銷文案裡，包括斯貝賽區最小的蒸餾器、16% 的酒心提取率以及堅持使用雪莉橡木桶政策等六大基石，都引領消費者一探究竟，也造就了麥卡倫稱霸一時的地位。但是當風潮愈熱、酒款品項的選擇愈多，消費者的眼界與知識都逐漸打開之後，不免會對這些行銷話術產生懷疑，一心想撕開包裝、挖掘酒廠最真實的面目。

另一方面，以雪莉橡木桶的產製、掌握能力而言，愛丁頓集團絕對是蘇格蘭威士忌業界翹楚，從橡木森林—製桶廠—雪莉酒廠—雪莉桶，一條鞭式的生產管理模式，號稱全蘇格蘭 90% 的雪莉桶都來自愛丁頓，不免引人好奇，同樣也產生許多質疑。

以下資料部分來自訪查，部分參考網路及書籍，雖盡可能爬梳釐清，但資料間時有矛盾，又無法取得第一手訊息，因此有所欠缺或闕疑，只能取得更新資料後再行補充。

一、橡木來源

愛丁頓集團使用的橡木產自西班牙以及美國，其中西班牙橡木主要產自

剛砍伐的西班牙橡木（圖片由愛丁頓賽盛提供）

北方的坎特貝亞（Cantabria）、阿斯圖瑞（Asturias）以及加里西亞（Galicia）等區域，而美國白橡木則來自俄亥俄、肯塔基以及密蘇里等州，其中又以俄亥俄州占最大比例。以結構言，兩種橡木有顯著的差異，西班牙橡木生長緩慢，木質具有多孔而透氣的結構，密度較低且具有較高的單寧；美國橡木生長快速又直挺，木質密度較高、水密性良好。因應不同的木質結構，後續採用的處理方式不盡相同，包括風乾、製桶及潤桶等等，使用時也因此有所差別。

西班牙北部地區具有適合橡木生長的土壤與岩石成份，橡木的平均樹齡約為 75～250 年。依據經驗，橡樹表面的樹節（knot）愈多代表愈健康，但若以使用的便利性考量，製桶廠的伐木業者會挑選樹幹挺直、樹節與支幹較少的橡木，高度約 6～7.5 公尺，直徑約 1 公尺，樹齡則約為 75～100 年。每棵砍伐的橡木先將樹幹表面的樹節與支幹切除，以保留主幹的平整，而後鋸成適當長度（通常每截長度約 1.5 公尺）運送至鋸木廠。

PEFC 標章（圖片由愛丁頓寰盛提供）

至於美國白橡木因生長快速，使用於波本桶的樹齡約為 30 年，但對於製作雪莉桶的橡木，仍選取 70 年以上的樹齡。

西班牙北部林區一半屬國有，一半為私人土地，製桶業者與地主世代合作，都屬於橡木桶供應鏈的一環。橡木的生長隨著自然生態循環，每年秋天橡樹子隨落葉落地後，隔年春天開始發芽，不過每 100 平方公尺僅有約 10 棵橡木有機會生長為百年樹材。為了保護林區與生態平衡，歐洲的橡木砍伐一般須遵守「森林驗證認可計畫」（PEFC）的協定，採分區開採制，每區林地只能砍 10～20%，每年平均開採 9,000 棵橡樹。PEFC 為獨立且非營利性的組織，藉由第三方驗證來推動森林的永續經營。林業業者要取得 PEFC 的驗證，首先國家必須先建立國家驗證系統，並經 PEFC 的審核通過，而後業者方能掛用 PEFC 的標章。

二、橡木處理

西班牙橡木由林區載運到盧戈（Lugo）和 Cabathon de la Salle 鄰近的鋸木廠，工人採用「刻切」的方式將板材裁下，這種方式與波本桶的裁切相同，但不一定採 4 分割，可能為 6 分割或 8 分割，端視年輪及木質髓射線的位置而定，而非考量木材的經濟利用。但同樣的，砍伐之後的橡木含水率過高，必須降低到 12～16% 方適宜組裝。

美國波本桶製桶業者除了自然風乾之外，一般也會採人工乾燥法，但根據已故威士忌大師吉姆史旺（Jim Swan）的研究，人工乾燥方式或許對波本威士忌影響不大，卻不利長期陳年，因此業者仍會依酒廠要求特別製作。

（左）木材廠切割橡木（圖片由愛丁頓寰盛提供）
（右）橡木堆置區雨水浸潤洗出的單寧酸液（圖片由愛丁頓寰盛提供）

　　西班牙橡木在所有橡木樹種中單寧含量為最高，約為美國白橡木的8～
10倍以上，但由於單寧可水解，因此可透過雨打風吹的過程將單寧洗去，
而風乾所需時間大致以含水率為控制依據。橡木砍伐後，先暫放在森林內
1～3個月，切割分段運至鋸木廠，再放置於廠外6～12個月，此時含水
率可降低到約30%上下。鋸木廠將橡木裁切成木板後，層層堆疊於戶外
持續風乾約6個月，再花3～6個月往南方的赫雷斯（Jerez）運送，抵達
後繼續堆放在戶外，讓含水率逐漸降低到適合裁切的12%。

　　上述過程相當緩慢，等到開始組裝橡木桶已歷時約4年，不過西班牙人
或許天性較為浪漫，不完全以科學標準來決定下一個步驟，而以經驗法則
來判斷是否南運、製桶，4年只是平均值。

　　至於美國白橡木，則於美國當地裁切成板材之後，直接運送到赫雷斯
地區，而後的流程步驟則與西班牙橡木大致相同，繼續堆放到適合組裝
為止。根據《Fortune》雜誌於2015年5月訪談麥卡倫的木桶大師史都
華麥克華生（Stuart Macpherson）的內容，美國白橡木於砍伐後，先運
到俄亥俄州進行裁切及風乾，再運到西班牙，不過並未說明在美國境內
的處理細節，但若依據KYC製桶廠的製作流程，極有可能切成板材之後，
直接裝船出港。

根據愛丁頓對西班牙橡木的訂製經驗，從砍伐開始，只有約14%的樹材可成為橡木桶，剩餘的木材則由當地的木匠取得並應用，不致造成浪費。

準備組裝的板材（圖片由愛丁頓寰盛提供）

三、製桶

裁切的板材在組裝前，必須以機器將每個面都刨成弧面或斜面，一切都依據工匠的經驗和技術，這點與波本桶的製作並無二致。但是將板材組立時，工人一手持鋼圈為樣板，另一手選取適當的板材一片一片拼湊成圓，再以鋼箍固定，拼裝出筒狀雛形。

接下來為了將仍然挺直的板材彎曲成桶狀，必須提高其濕度和溫度，各家製桶廠根據木料來源的不同而有不同的做法。愛丁頓主要的木桶供應商包括 Tevasa 和 Vasyma 兩家，說明如下：

灑水及烘烤橡木桶（圖片由愛丁頓寰盛提供）

◎ **Tevasa 製桶廠**：大部分製作西班牙橡木桶，每 1 立方公尺的木材可製作 4 個橡木桶，木板裁切固定為 4cm 厚，方便計算庫存木材來預估產量。木桶經組裝後，先灑水 1～2 小時以提高濕度，再以 150～180℃的溫度烘烤約 1 小時。烘烤時火爐放入碎木塊生火，火苗並不直接接觸到板材，並不時在板材表面灑水以避免溫度過高而燃燒，而後以圈圍在下方的鋼索逐漸將板材

束緊，最終形成木桶形狀再套上鋼圈。目前每天製作 90 個橡木桶，每年產量約 5,500 個。

◎ **Vasyma 製桶廠：**主要製作美國白橡木桶，每年從美國進口 150 貨櫃的木板，放置在廠內經 1 年的風乾，讓濕度降低至 14〜16%，不過如果是製作桶蓋的木板，因不需彎曲，所以拉長風乾時間為 1.5 年，讓濕度降得更低。由於美國橡木密度較歐洲橡木大，水密性較佳，因此栽切為 3.5cm 厚，組裝成筒狀雛形後，需要更長的時間來吸水，所以經灑水 24 小時，再用 200℃的溫度來烘烤，經 25〜30 分鐘之後同樣以鋼索將下方板材束緊而形成桶狀。比較特殊的是，完成塑形的橡木桶將再烘烤 10 分鐘，讓濕度再度下降以固定形狀，目前每天可生產 55〜70 個橡木桶。

上述烘烤（toasting）作業方式，與波本桶的燒烤（charring）大不相同，只在板材表面以約 200℃的溫度加熱，除了軟化纖維質以便彎曲板材之外，同時也裂解木質素釋放出香草風味並烘出暗褐色澤，而非如波

烘烤邊板（圖片由愛丁頓寰盛提供）

本桶一般讓木材燃燒炭化。

　　根據查考，法國干邑、白蘭地是最早放入木桶陳年的酒種，約在十六世紀，因此烘烤加熱的製桶工藝已流傳 500 多年，至今無論是雪莉酒、葡萄酒、白蘭地等，仍使用相似的方式製桶。

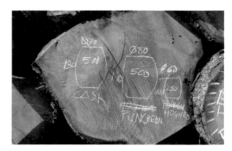
各種不同尺寸的橡木桶（圖片由愛丁頓賽盛提供）

　　由於「刻切」所裁切出來的板材寬度不一，導致每個橡木桶使用的板材數量也不盡相同，約 32 ～ 35 片不等。此外，即便每段橡木長度相同（1.5 公尺），但若有些裂隙瑕疵必須捨棄，因此可使用的板材長度也略有差異。製桶廠根據堪用的板材，製作不同尺寸的橡木桶，包括以下 3 種：

◎ Cask（Butt）：高 130 公分，邊板直徑 70 公分，總容量 500 公升
◎ Puncheon：高 110 公分，邊板直徑 80 公分，總容量 500 公升
◎ Hogshead：高 100 公分，邊板直徑 60 公分，總容量 250 公升

　　上述各種橡木桶的尺寸為標準值，不過對於製桶業者而言，裁切下來的橡木一定會善加利用，因此也一定會產生許多有異於標準長度的板材，收集起來可製作相異於標準尺寸的橡木桶，或容量相同但高度不一、又或是高度相同但容量不同。此外，上述 Hogshead 指的是全新橡木桶，與一般認知採用其它木桶片重組後的「重組桶／豬頭桶」並不相同。根據先前說明，所謂的重組桶本來就只是容量約 250 公升的橡木桶，與新或舊並無關係。麥卡倫過去裝出的「紫鑽」，使用的便是以 Oloroso 雪莉酒潤桶後的重組桶，這種桶型因酒液和橡木接觸的面積較 Butt 或 Puncheon 都還要大，因此可較為快速的從橡木中萃取出化合物。

　　早期在西班牙約有五六十家製桶廠，但由於當地葡萄酒市場沒落，製桶廠慢慢消失，導致目前的製桶廠必須依附於威士忌產業。與愛丁頓簽約的

製桶商包括 Tevasa、Hudosa 以及 Vasyma 等 3 家，其中 Tevasa 和 Hudosa
專門製作西班牙橡木桶，而 Vasyma 另外也製作美國白橡木桶。自 2015 年
開始，麥卡倫裝出 Edition 系列酒款，至 2020 年已經裝出第六版（最終
版），每個版本都清楚標註製桶廠、雪莉酒廠以及各種桶型的組合比例，
其透明政策十分讓人激賞。

四、潤桶

　　今日我們習以為常的「潤桶」二字，便是由麥卡倫早年的行銷人員所
創，英文稱為 wine／spirit seasoning，視使用的酒種，包括 wine（雪莉酒、
葡萄酒、波特酒、馬德拉酒等）或 spirit（波本酒、蘭姆酒等）而定，主
要是讓橡木桶的木質飽收這些酒之後，再釋放到後續陳放的威士忌進行
交互作用。

西班牙索雷拉陳年體系雪莉酒（圖片由愛丁頓寰盛提供）

不過有關潤桶的細節有點混亂，早期麥卡倫曾先使用 Mosto（Palomino 葡萄榨汁後、尚未「開花」之前的發酵酒汁）注入橡木桶內，以初步溶解單寧酸，達到「醇化」的效果，而後再注入 Oloroso，查爾斯麥克林於《麥芽威士忌年鑑 2016》的文章中也提到這套流程。但根據麥卡倫木桶大師史都華的說明，其它酒廠確實有先行使用 Mosto 潤桶的工序，但是愛丁頓集團發現，採用 Mosto 不僅增加填充、清洗的麻煩，並將降低後續威士忌陳年的可能性，所以不再使用，而直接填裝 Oloroso 雪莉酒。

確定的是，潤桶使用的雪莉酒與「索雷拉陳年體系」熟成的雪莉酒不同，而是酒廠特地為潤桶釀造的雪莉酒。從 Edition 系列公布的資料得知，潤桶可能由製桶廠完成，也可能在雪莉酒廠進行，而製桶廠則分別有不同的雪莉酒來源和潤桶酒廠。

簡單說，以潤桶方式來製作雪莉桶時，必須結合製桶商和雪莉酒商，其中製桶商負責取得橡木和製桶，而雪莉酒商則負責提供雪莉酒來潤桶。當一批橡木桶完成潤桶之後，愛丁頓取走橡木桶，並不干涉雪莉酒的去化，原則上可調和新雪莉酒再重複使用。但隨著次數的增加，來自新鮮橡木桶中的單寧將不斷累積，最終無法再度使用，或蒸餾成白蘭地，又或釀成雪莉酒醋，並不會直接裝瓶當雪莉酒出售。

至於潤桶使用的雪莉酒，如我們時常看到的 PX、Oloroso 或甚至罕見的 FINO 是如何製作？由於雪莉酒莊對此諱莫如深，從來沒能打聽清楚，但可確定的是，這些潤桶雪莉酒與裝瓶飲用的雪莉酒並不相同，一般都不是採用索雷拉系統來製作，雪莉酒的熟陳時間也僅符合法規規定的最短時間。

愛丁頓集團過去曾研究不同潤桶時間對橡木桶的影響，結果顯示最佳潤桶時間為 18～24 個月，目前便是以此為依據，每月派專人到潤桶廠查驗橡木桶的品質。台灣噶瑪蘭酒廠的前任首席調酒師張郁嵐曾提到，噶瑪蘭所使用的橡木桶也是以潤桶方式取得，自 2008 年起皆採用美國白橡木桶，

雪莉酒莊潤桶中的橡木桶（圖片由愛丁頓寰盛提供）

要求的潤桶時間為 5 年。顯然各種材質、尺寸不同的橡木桶，所需耗費的潤桶時間不盡相同，酒廠要求的特色才是最終考量。至於愛丁頓集團什麼時候開始以潤桶方式來製作雪莉桶？推測可能是在 1980 年代，但難以查考出確切的時間點。由於西班牙在 1983 年以後便禁止雪莉酒的整桶運輸，在雪莉桶獲取愈來愈困難的 1980 中後期，應該便是這種「契作」方式的登場時間。

五、雪莉桶的認證

我們熟悉的雪莉桶，到底能不能被稱為「雪莉酒」桶，是一個相當弔詭

百富酒廠工匠整修木桶並重新燒烤（圖片由格蘭父子提供）

的問題，主要原因在於，就如同蘇格蘭威士忌、甘邑、香檳、波本威士忌等酒種一樣，雪莉酒也受到「產地地理標示」（Geographical Indication, GI）的保障，必須產於雪莉酒公會規範合格產區內的加烈葡萄酒才能稱為雪莉酒。但是如果潤桶使用的雪莉酒並非來自這些地區，而是採用相似釀製工法製作出來的「雪莉酒風格」的加烈葡萄酒，那麼這種橡木桶還能稱為雪莉桶嗎？

針對這個問題，西班牙的 Consejo Regulador 自 2015 年起便開始提供認證，標的為潤桶使用的雪莉酒是否為真正的「Jerez-Xérès-Sherry」或「Manzanilla-Sanlúcar de Barrameda」。

雪莉酒公會也於 2017 年訂定《潤桶技術規範》（TECHNICAL SPECIFICATION OF SEASONING OF VESSELS），相關規定包括：

◎ 橡木桶的尺寸不得大於 1,000 公升。
◎ 注入木桶的雪莉酒必須超過木桶容量的 85%，而在潤桶的全程都必須超過容量的 2/3。
◎ 提供雪莉酒的酒莊和葡萄園必須向 Consejo Regulador 註冊。
◎ 雪莉酒必須使用經認證過的加烈酒將酒精濃度提高到 15%。
◎ 雪莉酒填注入桶後，一直到潤桶完成前都不能將木桶移動至他處。
◎ 潤桶時間必須超過 1 年才能被稱為雪莉桶（Sherry Cask），必須超過 2 年才能標明潤桶使用的雪莉酒種。
◎ 如果採二次潤桶的方式，則第二次潤桶使用的雪莉酒都必須符合上述規定。

　　此外，西班牙安達魯西亞自治區的「農業食品認證和合格評定機構基金會」（OECCA Foundation），於 2018 年底也公布了「潤桶過程稽核要點」（Auditing of the barrel seasoning process），用以查核潤桶業者是否確實依據技術規範執行。所以當我們查看威士忌酒標時，如果標註著「Oloroso Cask Wood」、「Pedro Ximenez Cask Wood」等，得非常小心，因為這些字眼並不等同於「Sherry Cask」，能不能稱之為雪莉桶，仍得回歸到西班牙雪莉酒公會的規範。

橡木桶的熟陳作用

◊ 橡木桶的三大互動熟陳階段

　　剛蒸餾出來的新酒透明無色，但絕非無味，除了尚未成熟的麥芽、穀物、硫質等雜味之外，或帶有水梨、青蘋果等新鮮水果風，或是厚實的油脂與泥煤海鹹，各展風姿、各具特色。全球最大酒商帝亞吉歐便將旗下麥芽蒸餾廠所作的新酒，概分為泥煤、堅果等 14 種基礎風味，當作維持酒廠風格的品管依據。不過這些新酒就算風味上可達裝瓶標準，依規範仍無法稱之為威士忌，因為尚未入桶陳年。

帝亞吉歐之新酒風味列表		
風味	蒸餾廠	區域
泥煤	泰斯卡（Talisker）	島嶼
	卡爾里拉（Caol Ila）、樂加維林（Lagavulin）	艾雷島
堅果	奧斯魯斯克（Auchroisk）、格蘭斯佩（Glen Spey）、英呎高爾（Inchgower）、納康都（Knockando）	斯貝賽
辛香	布萊爾阿蘇（Blair Athol）	斯貝賽
硫味	格蘭昆奇（Glenkinchie）	低地
	大雲（Dailuaine）、達爾維尼（Dalwhinnie）	斯貝賽
蔬菜	—	—

帝亞吉歐之新酒風味列表		
風味	蒸餾廠	區域
肉質	本利林（Benrinnes）、克拉格摩爾（Cragganmore）、慕赫（Mortlach）	斯貝賽
油感	格蘭洛希（Glenlossie）、斯特拉斯米爾（Strathmill）	斯貝賽
金屬	—	—
蠟質	克里尼利基（Clynelish）	東高地
甜美	—	—
水果	格蘭愛琴（Glen Elgin）、曼洛克摩（Mannochmore）	斯貝賽
青草	格蘭歐德（Glen Ord）、皇家藍勛（Royal Lochnager）	東高地
	德夫鎮（Dufftown）、提安尼涅克（Teaninich）	斯貝賽
香水	歐本（Oban）	西高地
	卡度（Cardhu）、格蘭都蘭（Glendullan）、林克伍德（Linkwood）	斯貝賽
潔淨	—	—

坊間、業界流傳著「橡木桶決定威士忌 70% 風味」的說法，不少書籍或大師、達人則稱 50～80% 的風味都來自橡木桶。確實，一批新酒若從麥芽開始，可在短短 1 個星期內製作完成，但是放入橡木桶之後，少則 3、5 年，多則數十年才會裝瓶出售，所以我們喝到的威士忌風味大半來自橡木桶，這一點已是普遍認知，不過影響到底有多大？

格蘭傑的比爾博士曾提到，橡木桶的影響至少為 60%，其中當然還包括橡木桶曾經儲放的其它酒種，如波本酒、雪莉酒或葡萄酒等。比爾博士擁有英國赫瑞瓦特大學（Heriot-Watt University）的生化博士學歷，主修釀造與生物科學，他所稱的「影響」一定有其量測依據，但筆者也曾就此一問題詢問格蘭父子公司的前任全球品牌大使 Samuel Simmons，他說沒錯，許

格蘭菲迪酒廠酒窖（圖片由格蘭父子提供）

多酒廠都有量測數據，不過很難確認熟陳後的威士忌與新酒之間的差異，到底是來自橡木桶？還是因為殘留在木桶中的酒液？又或者是與空氣的交互作用？因此他持保留態度，不過認為影響約在 70% 以下。

理論上，新酒在橡木桶的陳年反應可拆解為排除（subtractive）、賦予（additive），以及互動（interactive）3 種過程，每個過程可能平行發生，也將相互交錯影響，其中排除過程較易拆解，但影響較小，因為經由感官判斷，僅有少部分揮發性物質於熟陳後消失，但來自橡木桶的化合物，譬如各種酚類、酯類，都讓香氣表現產生顯著變化，而賦予及互動過程通常同時發生。

一、排除

主要在減卻新酒中不良的香氣分子，移除不想要的化合物，倚靠的是橡木桶內部燒烤層的吸咐、過濾作用。橡木桶採用燒烤或烘烤的方式，以及

燒烤程度不同，產生的效果也不同。波本桶於燒烤後將在木桶內側形成 2～4mm 厚的木炭層，其密度低、比表面積大，容易讓酒液滲入，是種良好的吸咐及過濾物質，因此可將新酒中可能存在且令人不喜的硫化物濾除，一般新酒只須放入橡木桶內數個月，便可發現硫化物明顯減少，因此部分以蟲桶冷凝、硫味較重的酒廠，採重燒烤的波本桶陳年，可快速濾除硫味而留下偏厚的酒體。至於以低溫烘烤為主的雪莉桶，由於熱解層僅約波本桶的 1/10 不到，且表面不致炭化，因此在雪莉桶陳年的威士忌，仍時常可察覺來自製酒過程中產生的硫磺、火藥等特殊風味，有人不喜，如我，但也有人趨之若鶩。

二、賦予

橡木桶與新酒接觸後，將逐漸釋放出芳香分子，增添各式我們所喜愛的化合物，讓新酒持續添加色澤及特性，影響程度除了橡木的木質來源（歐洲橡木、美國白橡木、匈牙利橡木、蒙古櫟等）以及製桶時烘烤、燒烤程度之外，是否曾經使用過以及曾經裝過的酒種也是關鍵因素。

最容易辨識的賦予效果便是威士忌的色澤了。新酒無色透明，歷經短期陳年後，逐漸染上稻草或金黃的顏色，時間越久色澤可能越深。這些色澤來自單寧以及熱裂解後的木質素，因此與烘烤／燒烤程度息息相關，不過又與橡木桶的使用次數以及原先存放的酒種脫離不了關係。舉美國波本威士忌為例，經深度燒烤並的全新橡木桶，可在短短 4 年將酒色染成極深遂的金黃色，而波本威士忌不允許添加著色劑，因此外觀即其本來面目。但除美國之外，其餘以蘇格蘭威士忌為主的規範，由於允許添加 E150a 焦糖色素調色，因此變數更多，酒色表現通常不是觀察重點。

橡木桶可賦予的風味來自木材本身具有的化合物、製作時經由熱解反應所產生的化合物，以及前一次儲存的酒種（波本酒、雪莉酒或葡萄酒等）。木材原來擁有的芳香物質以橡木內酯為主，可溶出椰子風味，而丁香酚

橡木桶熟陳時很快染上色澤（圖片由愛丁頓賽盛提供）

（eugenol）也會溶出丁香等辛香刺激感；半纖維素、木質素經由加熱可降解為焦糖、香草醛，同時也將釋出各種丁香醛、香草酸和丁香酸。

當燒烤程度提高，雖然表層炭化對香氣的貢獻有限，但由於木質組織裂解程度加深，熟陳時上述物質的濃度因而提高。實驗證實當加熱溫度超過200℃時，可提高上述芳香物質的濃度，不過由於香草醛在初始加熱階段便已形成，因此即使採低溫烘烤，同樣也會熱解產生。至於較深層的木質素即使未被熱解，但在熟成階段，可藉由水解及氧化反應持續釋出香草醛。

半纖維素於加熱後，形成的糖以及焦糖甜味相當顯著，但受到橡木桶的使用次數影響較大，因此第一次使用時釋放出的焦糖甜將最為明顯。水解單寧是另一種較易引起味覺衝擊的物質，橡木原本便具有各種單寧酸，在加熱以及熟成時將轉化成不同的物質，譬如鞣花單寧（ellagitannins）在加熱之後將轉變為酚類，感官上可產生各式複雜的飽足感。不過針對波本威士忌的研究顯示，除了鞣花酸之外，其它單寧的濃度都低於我們所能感知的門檻，換句話說，藉由加熱以及熟成反應，可降低水解單寧所帶來的澀味。

延伸閱讀②
TSMWTA 品酒會──烘烤橡木桶的影響

　　橡木桶是所有酒友踏入威士忌殿堂的踏腳石或敲門磚。在知識行銷當道的今天,幾乎所有的品牌都會告訴消費者有關橡木桶的資訊,包括材質(美國白橡木、歐洲橡木、西班牙橡木⋯⋯)、桶型(butt、barrel、hogshead⋯⋯)、潤桶方式(雪莉桶、波本桶、紅酒桶⋯⋯),讓消費者初步掌握在不同的橡木桶熟成後,酒款風味可能的走向,或更進一步探索利用不同橡木桶進行調和及過桶,政策透明的酒商還可能將酒款使用的橡木桶種類和比例明白告知消費者。

　　為什麼橡木桶如此重要?因為威士忌的生產若從麥芽開始,短則 4 天、多則一個星期便可汩汩不斷地蒸餾出新酒,接下來是漫長的等待。在物換星移的荏苒時光中,藉由橡木桶的吸附、賦予和互動反應,酒質產生的變化遠大於生產時的發酵及蒸餾。因此許多品牌行銷都會告訴消費者,我們喝到的酒款中,50～80% 的風味都來自橡木桶,但是影響到底有多大,沒有也不可能有確切的量測數據。

　　酒友對橡木桶的興趣及認知,大概就僅只於此,不過假如橡木桶的影響如此巨大,或許還有更多的學問值得探究。我於品酒會的課程說明中便提到,這堂課的主題不是酒,而是桶,所以稱為品「桶」課更為恰當。課程分為兩個階段進行,第一階段中,使用瑞典 High Coast(BOX)酒廠在 2013 年所裝出的 Advanced Master Class No 1「Toasting levels」,讓參加者分辨橡木桶於不同烘烤程度下產生的風味差異;第二階段使用的是麥卡倫免稅專賣的 Quest 系列,利用不同的橡木桶組成來解構調和工藝。不過先

說明，由於調和太難，無法透過幾款酒便能夠解析清楚，因此這篇文章將重點全放在橡木桶的烘烤程度上。

就在準備品酒課、搜尋資料的同時，我於網路上看了許多製作橡木桶的影片，除了曾造訪的肯塔基 ISC 之外，還包括同樣製作波本桶的 Jack Daniel's、法國葡萄酒桶製造商 Tonnellerie Radoux 和 Vicard Cooperage，以及西班牙的 Tevasa，酒友們有興趣也可以在 Youtube 上搜尋觀賞。這些影片給了我不少啟示，其中之一是如何彎曲原來直挺挺的板材為弧狀，再以桶箍塑型。傳統上採用邊灑水邊明火烘烤的方式，但是現代化的製桶廠可無須烘烤，而是利用生產線將簡單固定的木桶送入高溫蒸氣隧道，同樣可以達到提高板材的含水量和溫度、避免彎曲時折裂的目的。這一點，說明了製桶廠的作業雖大同卻小異，但魔鬼都藏身在細節，怪不得我於參觀 ISC 時，導覽人員嚴禁在某些區域攝影拍照。

橡木桶的烘烤或燒烤作也也是魔鬼之一。我玩咖啡 20 多年，咖啡烘焙講究溫度 vs 時間的升溫曲線，橡木桶的烘烤也是。橡木的主要組成成份如纖維素、半纖維素、木質素以及單寧、內酯等，加熱分解後的反應已詳述於「橡木的種類與組成」一節，若能掌握這些變化，製桶廠便可根據客戶需求，利用不同的升溫曲線來烘烤或燒烤橡木桶。傳統的製桶廠或許只能憑藉經驗，加大火苗來提高溫度，或是灑水降溫，但現代化的製桶廠如 Vicard Cooperage，可利用電腦設定升溫速率和烘烤時間，對橡木物質進行不同程度和深度的烘烤。而不同烘烤程度下，橡木物質的風味轉變可能如圖一所示。

這就是 High Coast 設計出 Advanced Master Class No 1 的目的，酒廠要求製桶廠根據以下的烘烤方式，製作出由輕到深 5 種不同烘烤程度的橡木桶：

◎ **Lightly toasted**：小火烘烤 5～10 分鐘，內層表面溫度約 150℃，仍保持木質原色

圖 1．不同烘烤程度的風味變化

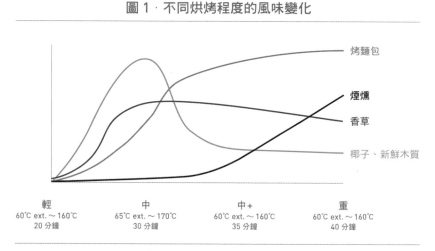

烤麵包

煙燻

香草

椰子、新鮮木質

輕	中	中+	重
60℃ ext. ~ 160℃	65℃ ext. ~ 170℃	60℃ ext. ~ 160℃	60℃ ext. ~ 160℃
20 分鐘	30 分鐘	35 分鐘	40 分鐘

資料取自法國 Doreau Tonneliers 製酒廠

◎ **Medium toasted**：中火烘烤 20～30 分鐘，內層表面溫度約 200℃，呈杏仁牛奶糖的顏色

◎ **Medium plus**：介於 medium toasting 和 heavy toasting 之間

◎ **Heavily toasted**：中火烘烤 35～45 分鐘，結束前加大火力，內層表面溫度約 225℃，木質呈現黑色，但並未著火

◎ **Charred**：大火 5～10 分鐘直到著火，燃燒約 10 秒再以水撲滅，木質呈現黑色且焦裂

　　除了烘烤程度，其他影響熟成的變因如橡木來源（瑞典耗時 150 年生長的 Quercus Robur）、板材裁切厚度（25 mm）、風乾處理（26 個月）、橡木桶容量（100 公升）、新酒入桶酒精度（64%）和熟陳時間（4/26/2011～11/1/2013）等等全部相同。這一套 5 瓶的實驗性產品，分別給予 1～5 的編號，品飲者必須從香氣或口感中找出 1～5 分別是採用何種烘烤程度。

為了讓品飲者有個比較基準，High Coast 也公布了 3 位廠內員工針對香草、焦糖甜、煙燻／藥水、辛香以及椰子／木質等風味，在不同烘烤程度下的測試結果。

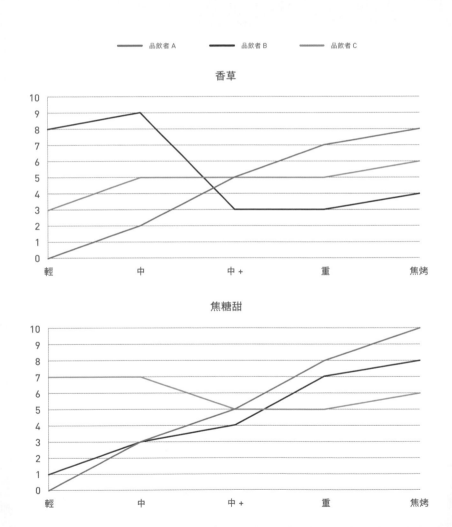

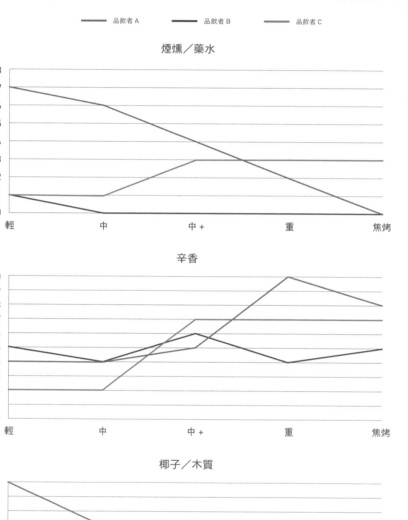

　　原本我以為憑藉酒色即可輕易辨別，但是 5 瓶酒倒出來後，由於陳年時間不長，色澤上差異不大，也不敢據爾判斷。況且從 High Coast 公布的結果，3 位測試者對各種風味強度的認知不盡相同，更增加了判斷的難度。近 30 位參加者竭盡感官能力，不斷比較、相互討論超過 20 分鐘，答案宣布後，竟然全軍覆沒，最多僅答對 3/5，顯然就算是資深品飲者，若非久經訓練，也難以掌握過於細微的差異。

　　其實 High Coast 這套訓練教材已暗中排除另一個重要的因素：時間。這批試驗樣品放入木桶只有 2 年半，讓新酒在橡木桶的陳年效果僅限於需時較短的排除和賦予反應，至於互動影響則需要更長的時間。不過以烘烤的效果而言，因為缺少炭化層，所以橡木桶的過濾、吸附作用不大，但已經釋出充分的色澤和芳香分子，又由於木桶本身並未裝過其他酒種，能聞到、嚐到的風味全由橡木桶提供，如單寧、香草、椰子、焦糖、奶油、煙燻、烤麵包等，烘烤程度不同，濃度有別。

　　High Coast 於 2019 年 10 月裝出了 Advanced Master Class No 1.1 版，將 No 1 的熟陳時間拉長到 5 年，讓橡木桶的化合物質在氧化反應下緩慢與酒液進行交互作用。針對這個應該更艱難的考題，我與品牌大使 Lars 聊起，他承認難度的確提高許多，卻因為陳年時間拉長後，色澤上就出現明顯差異，只有 Heavily toasted 和 Charred 這兩種較難分辨，所以如果拿來作訓練課程，必須準備有色酒杯。

三、互動

　　新酒一旦填入橡木桶，排除／賦予過程將在短時間內發生，而後再以較緩和的速率進入互動階段，透過與儲存環境交互影響，讓酒液內的化合物持續進行氧化反應，逐漸發展出每一桶酒獨有的風采特色。

　　蒸散作用在長期熟陳中占極重要地位，由於揮發性物質，包括水和酒精，在熟陳階段將從橡木桶表面散逸，若其中某些化合物的揮發性較酒精或水為低，則在長時間的蒸散之後，酒液內的化合物濃度將持續提高。

　　互動過程的化學變化以氧化為主，溶解於酒液中的氧氣與化合物反應，導致酸類、醛類的轉變以及酯類的增加，提升口感上的飽足感。不過上述變化的反應機制至今仍未研究透徹，部分研究顯示當木質的溶出物質增加時，與水解單寧、氧氣以及銅離子交互作用，可提高乙醛等化合物濃度。近年來的研究也指出，銅離子在化學反應中為極重要的促發因子，而木質也會釋放出抗氧化劑以減緩氧化。

　　綜合而言，熟陳時化學及物化的互動影響，可能是威士忌學術界尚難完全掌握的關鍵，尤其是我們至為關心的反應速率。格蘭傑的比爾梁思敦博士曾於 2011 年啟動一項「太空陳釀實驗」，將雅柏新酒與烘烤過的橡木桶切片裝在實驗管裡，送到太空站進行陳釀，嘗試瞭解微重力情況下酒液與橡木桶如何對話。這個樣品在歷經 1,045 日之後返回地球，2015 年 9 月公布結果，與留置在地球的對照組比對，兩者差異顯著，不過其內涵意義以及可能的發展仍待未來持續研究。

◊ 影響橡木桶熟陳的因子

　　橡木桶的木質種類、尺寸大小、製作方式、使用次數、每一次使用時間、儲存的溫度、濕度和波動頻率，都將影響陳年效果。就以我們熟悉的波本桶和雪莉桶為例，波本桶容量為 200 公升，而雪莉桶則為 500 公升，新酒

與木桶接觸的比表面積前者大而後者小，產生的互動當然不同。

橡木桶空桶運送時，為了防止木質乾縮，通常都會填充少數波本酒或雪莉酒在橡木桶內，抵達酒廠後即使將酒倒出，仍可能保留約 2% 或 3% 的酒液，尚不包括浸潤在木質內的

日本山崎蒸餾所的橡木桶，由右至左的尺寸分別為 180、230、480、480 及 400 公升

酒。這些波本或雪莉酒將與新酒融合反應，添加的不僅是風味，也包括色澤，這便是雪莉桶的酒色一般較波本桶還要深的原因。不過燒烤程度較深的波本桶同樣也可以陳年出偏深的酒色，南投酒廠裝出的波本原酒威士忌便是個好例子。

初次使用的橡木桶稱之為「首次裝填」（first fill），重複使用兩次以上統稱為「再次裝填」（refill），但也有某些酒標會註明「二次裝填」（2nd fill）。首次裝填的橡木桶當然受到原本存放的酒種影響最大，而後隨使用次數增加而逐漸減少，但又與每次使用的時間長短有關。使用時間愈長、重複次數愈多，橡木桶所能釋出的風味便愈少，最終將疲乏衰竭。至於儲陳環境若溫差較大、高低溫波動頻繁，將加速互動而讓酒液早熟，但「天使的分享」量也增大。

近年來台灣的噶瑪蘭、南投酒廠以及印度的雅沐特和保羅約翰（Pual John）酒廠，其共通特色就是酒齡極短、酒質精采，所仗者除製酒工藝外，高溫的儲存環境絕對是重要因素。

橡木桶種類如此之多，到底使用哪一類型的橡木桶才恰當？根據非正式

的統計，蘇格蘭在任何時間都有超過 2,000 萬個橡木桶在陳年，而依據品飲經驗，清爽細緻、體態輕盈的酒，較適宜放入波本桶陳年，架構結實、酒體粗壯的酒，雪莉桶將是較佳選擇，但純屬個人品味喜好而無關優劣。

山崎蒸餾所的展示桶，於歷經不同時間的熟陳後，其色澤及酒量的變化

只不過酒色深邃的雪莉桶為當今顯學，而雪莉桶的價格約為波本桶的 10 倍，因此愈來愈多酒廠於裝瓶前做「過桶」處理，也就是威士忌陳放在波本桶長時間之後，換到另一種橡木桶，如雪莉桶或葡萄酒桶等，以吸附風味並加深酒色；又有些酒廠利用小型橡木桶，如 1/4 桶（Quarter Cask）或 1/8 桶（Octave）來加速陳年，不一而足。有關過桶的種種，將在本篇中後續討論。

綜合而言，影響橡木桶熟陳的因素十分繁複且相互干涉，舉其大者說明如下：

一、時間

全球的威士忌法規都規範了最短熟陳時間，因此無論是「無酒齡標示」（Non-age statement, NAS）的酒款在今日是多麼的喧囂，陳年時間依舊影響威士忌的熟成至鉅。

有關橡木桶的萃取物質與時間的關係，過去累積了不少研究成果。一般而言，第一次或第二次裝填使用的橡木桶，由於橡木桶中化合物含量較高可自由擴散，因此在 6 ～ 12 個月內快速萃取出物質並進行轉換，而後經由溶解、氧化木桶中的熱解木質素及單寧，在後續的熟陳過程中穩定添加色澤與木桶成份，另外蒸發作用也將緩慢提高所有非揮發性物質的濃度。

　　至於多次使用的橡木桶，由於可自由擴散的化合物已經耗盡，因此萃取速率從初期開始就較為緩慢，主要倚靠水解及氧化反應，化合物濃度與時間約呈線性關係，但仍取決於木桶類型。

　　蒸散作用全程參與反應，在蘇格蘭地區因氣候及倉儲環境關係，酒精強度通常持續下降，因此在長時間的熟陳後，酒精度可能大幅降低，進而降低酒精可溶物質的濃度，包括酯類、油脂和木質素，不過水溶性物質如糖、水解單寧等濃度則隨之提高。

二、入桶酒精度

　　蘇格蘭威士忌法規並未規範入桶酒精度，不過從歷史上來看，調和威士忌剛開始的 1850 年代，貨物稅法規定入桶酒精度為 111proof（63.4%）或 125proof（71.4%），不過酒廠、酒商並未依從而相當混亂，多為

入桶（圖片由愛丁頓寰盛提供）

75～125proof 之間；一次大戰時期因穀物減少供應，為製造更多的威士忌而將酒精度降低到約 37% 入桶；到了 1970 年代，需求大爆發而產量大增，橡木桶供不應求，因此 DCL 等大公司不稀釋直接入桶，以致於部分當時蒸餾的酒裝瓶後酒精度高得嚇人，譬如我們至今偶爾還可看到的 Rare Malts 系列，裝瓶後酒精度屢屢高過 60%。

時至如今，一般麥芽威士忌酒廠均以 63.5% 入桶，穀物威士忌則為 68%，以作為酒廠間相互交換新酒以供調和的基準。但各酒廠依舊保留各自的管理方式，如布萊迪完全不稀釋入桶、亞伯樂的 69.1%、格蘭菲迪分別以 68% 和 63.5% 入桶，以及格蘭帝（Glen Scotia）的 62.5%。較高的入桶酒精度除了可減少橡木桶的使用量之外，更重要的目的是從橡木桶中萃取出不同的物質。

入桶酒精度影響水溶性及酒精溶性化合物的多寡。較低的酒精度有利於水溶性物質的萃取，包括水解單寧、甘油和糖；較高的酒精度則有利於汲取椰子風味的內酯，另外也將減緩揮發性酸以及色澤的發展，且由於部分酒與木桶的互動反應須靠水來完成，酒精度高時也將降低反應速率。

酯類是個比較特殊的情形，根據 Reazin 於 1981 年的研究[1]，入桶酒精度提高將稍微降低酯類的萃取，但變化極微。綜合而言，入桶酒精度不宜超過 80%，否則將過量萃取脂質以及木質素，而脂質將導致裝瓶前的過濾困擾。

雅柏酒廠的傳統酒窖（圖片由酩悅軒尼詩提供）

註1　George H. Reazin (1981) "Chemical mechanisms of whiskey maturation" Am J Enol Vitic. January 1981 32: 283-289

麥卡倫酒廠的木架式酒窖（圖片由愛丁頓寰盛提供）

◊ 倉庫裡的微氣候

　　傳統上，蘇格蘭的酒窖是以紅磚或石板構築的低矮建築，橡木桶以
2～3層的方式堆疊在煤渣或木質地板上，搬運時完全仰賴人力，且最低
一層的木桶須承受上層木桶的重量，所以無法堆疊過高，否則容易龜裂而
導致失酒、漏酒。1950年代出現木架式的倉庫，採高達數層樓的加強磚
造牆面以及混凝土板結構，橡木桶橫放在木架上，可疊放至8～12個橡
木桶高。最近則出現棧板式存放倉庫，同樣是木架式，不過橡木桶側邊朝

容量比	橫放	直放
1	0.096	0.096
0.9	0.083	0.084
0.8	0.084	0.086
0.7	0.086	0.088
0.6	0.090	0.091
0.5	0.096	0.096
0.4	0.104	0.102
0.3	0.118	0.113
0.2	0.143	0.135
0.1	0.206	0.201

上直立擺放，理論上堆疊高度並無限制。後二種方式可採用機械搬運而無須仰賴人力滾動，因此效率較高，但倉庫內須預留機械行進空間。

到底橡木桶以橫放或直放的方式較佳？可以做個簡單的計算。由於大肚造型的木桶形狀不一，為方便計算，簡化為圓柱造型，當桶內容量比隨時間從 1.0（100%）遞減到 0.1（10%）時，木桶浸潤面積與酒液體積的比值如表所示。

比值愈大，表示單位體積的浸潤面積愈大，所以與木桶的交互作用愈大，而根據右表可瞭解：

① 無論採用橫放或直放，其比值雖有差異，但差異不大，當酒液體積仍在一半以上時，採用直放的比值略大於橫放，但是當酒液體積在一半以下時，則採用橫放的比值略高於直放。

② 無論採用橫放或直放，當木桶內的酒液減少到一半以下時，與木桶的交互作用反而比裝滿時更好。

上述第 2 點並不表示為得到更好的木桶交換作用，爾後所有的木桶都以裝到半滿為佳，還必須考慮氧化的影響，以及最重要的成本因素。但無論如何，經由計算可瞭解只要水密性良好，橫放或直放的熟陳效果並無太大差別。

某些蒸餾廠宣稱傳統酒窖能陳年出較優質的威士忌，但與其比較橡木桶擺放方式，更應該探討的是倉庫環境裡的微氣候。事實上，每間蒸餾廠都擁有許多倉庫，每座倉庫都可能因座落的位置而形成獨特的儲存環境，而倉庫內的不同分區又可能形成微氣候環境，各自發展出略微差異的陳年效果。

不同倉儲環境的差異包括：

一、 溫度

　　木架式倉庫高度較高，室內溫度較容易受到外界氣候的變化而改變，當上層屋頂直接受到日曬且倉庫不具循環風扇時，頂層與底層的溫差將相當大。美國威士忌倉庫的溫度，夏季時頂層可能高達 50～60℃，但底層僅有 18～21℃。這種現象在蘇格蘭較不明顯，受到灣流的氣候調節，夏季時倉庫頂層的溫度約 16～20℃，底層為 10～15℃，上下溫差僅約 5℃左右。至於傳統式的低矮倉庫，室內溫度猶如木架式倉庫的底層，主要受季節性的變化而影響。至於傳統式的低矮倉庫，室內溫度猶如木架式倉庫的底層，主要受季節性的變化而影響，位在北緯 63 度的瑞典高岸酒廠（High Coast），在我們想像中應該終年低溫，但冬夏季的溫差可高達 60℃。但季節性溫差仍不足以說明對橡木桶熟陳的影響，逐日的溫差影響可能更大，請參考「延伸閱讀 3：High Coast 品酒會——一場對於蒸餾、熟陳的思辨與探討」。

美國金賓酒廠巨大的鐵皮屋式倉庫，產生上下層劇烈的溫差

　　高溫或溫差幅度、頻率確實能加速熟陳，但其影響或好壞難有定論。高溫地區的酒廠如台灣的噶瑪蘭、南投酒廠和印度的雅沐特、保羅約翰等，倉庫裡的酒短時間內可快速完成排除、賦予過程，酒質早熟具風味華麗，成為各大國際烈酒競賽的常勝軍，但因為無法緩慢發生互動反應，消費者難以從這些酒廠體會老酒的溫潤風華。事實上，由於大量的天使分享，這些酒廠也無法裝出高酒齡且桶味不致過重的酒。

　　此外，為什麼當我們走入酒窖倉庫，即使外界是盛夏酷暑，卻依舊感受低溫？原因在於倉庫內存放了大量充滿酒液的橡木桶，室內溫度為酒液升溫－降溫的幅度所控制，而控制的因素則為酒液與空氣不同的比熱。所謂比熱，是讓 1 公克物質每增減 1℃時，所須提供或釋放的熱能。水的比熱為 1.0，意思是將 1 公克的水提高或降低 1℃都需要 1 卡的熱量。酒精的比熱約 0.582，當水與酒精以 4：6 的比例混合時，比熱約 0.75，空氣的比熱約 0.117，二者之間比值約 6.5：1。

　　酒窖裡陳放成千上萬桶的酒，又由於空氣的比熱遠小於桶內酒液的比熱，所以使空氣升／降 6.5℃的熱量，大概只能讓酒液升／降 1℃，也因此當室外溫度大幅升高或下降時，橡木桶內的酒溫度升降幅度有限，成為調節酒窖溫度的重要因素，只有當室內外溫差過大時，才會影響倉庫內的溫度。以斯貝賽區為例，全年室外的溫度可能從 -25℃變化至 25℃，但倉庫內的溫度依舊保持在 4～10℃。

　　倉庫內的威士忌持續蒸發，每年平均消耗約 2～2.5% 的水和酒精（酒精需控制在 2% 以下），因此威士忌中水和酒精的含量會逐漸減少，但隨著酒精度的下降，蒸發作用也會逐漸趨緩。以酒精度 63.5% 的威士忌為例，酒精度降低至 58% 需時約 12 年，56% 則需 18 年，54～55% 需要 25 年，46～50% 至少需要 50 年的時間，不過再次強調，這些數值都與倉儲的環境相關，並非定值，無法從裝瓶的酒精度──假設為原桶強度──去反推酒齡。

二、濕度

單純考慮溫度並無法圓滿解釋蒸散效應，必須合併考慮倉庫內的溼度。當溫度提高時，水及酒精的蒸散都將增加，不過：

◎ **濕度高**：酒精的蒸散量比水多，導致酒精強度降低。
◎ **濕度低**：水的蒸散量比酒精多，導致酒精強度提高。

上述物理現象簡單明瞭，主要是蒸散所需考慮的因素除了液體轉化為氣體所需的溫度之外，另需考量濃度梯度（gradiant）。不過對酒廠而言卻不易控制，因為環境氣候的變化可能是季節性、或每月更迭，甚至日日不同。至於倉庫型式，木架式頂層受日曬影響，溫度提高而溼度降低，底層則與傳統式倉庫相同，穩定的保持較高濕度。以致長期陳年下來，上層木架的橡木桶其蒸散總量較下層為高，但桶內酒液的酒精度反而比下層高。

蘇格蘭的熟陳倉庫鮮少使用通風系統，可能是業者一向遵循傳統工藝，某些蒸餾廠繼續使用傳統式倉庫，無非是深信溼度較高、熟陳時間拉長，威士忌的酒質愈好。另一方面，通風效果也不容易評估，若再考慮桶與桶間或木架與木架之間的空間，要做定量分析確實有其難度。

延伸閱讀③
High Coast 品酒會——
一場對於蒸餾、熟陳的思辨與探討

　　High Coast（瑞典高岸）的酒廠經理 Roger Melander 是我非常佩服的人，他的背景與我相似，原來是一位機械工程師，在顧問公司工作十多年後，一頭熱地栽入威士忌製作領域，於 2010 年加入原來稱為 BOX 的蒸餾團隊，「棄文從武」轉換跑道，成為酒廠的廠長兼釀酒師兼調酒師。便因為知識背景，他潛心將酒廠打造成符合「透明且具有教育意義」的實驗風格，如前面提到的 Advanced Master Class No.1 和用於測試酒心切點差異的 No.2，以及從 2017~2020 年分別以瑞典歐洲橡木、美國白橡木、匈牙利橡木和蒙古櫟進行過桶的「映・橡」系列，無一不在教育消費者探索製程細節。相較於今日眾多酒款紛紛向消費者的喜好靠攏，面目風格趨於一致的現象，High Coast 個性鮮明，充滿實驗及實證精神。

　　Roger 於 2018 年應「Whisky Live Taipei」之邀訪台，舉辦了一場小型品酒會。由於他前一年來台時，我收集了 Adalen 地區的氣候資料，意圖反駁行銷上論及酒廠的巨幅高低溫差，雖然沒能得逞，卻讓他留下深刻印象，因此有備而來的準備更多的資料來探討氣溫如何影響威士忌的熟陳，分別利用以下 4 張圖進行非常詳細的說明（圖 1～圖 4 均由 High Coast 酒廠經理 Roger Melander 提供，並再重新繪製）：

① 圖 1 顯示的是印度的 Amrut、美國西雅圖的 Westland、蘇格蘭奧克尼的 HP 以及 High Coast 等 4 間酒廠，在鄰近區域的月平均溫度統計。一眼可看出 High Coast 在一年四季中溫差變化幅度最大，而 Amrut 最小，HP 則令人訝異的保持恆定。不過請大家注意，因為長年下來的平均統計資料，因此容易出現誤導，必須：

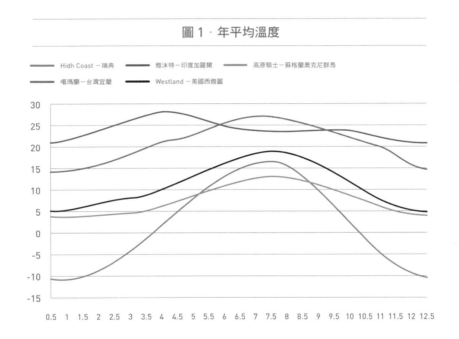

圖 1 · 年平均溫度

② 仔細檢查 High Coast 酒廠過去 30 年來每日溫度的平均值，如圖 2 所示，紅線是每日的最高溫，而藍線為最低溫，兩者的平均則為綠線，與圖 1 相同。但明眼人都可以看出，每日的高低溫差異（即紅線與藍線的差異）相當大，如第 10 天的最低溫是 -36 度，而高溫為 +2，同一天裡便出現 38 度的下起伏，但如果取其平均（-36+2）/2 = -17，完全無法顯示這種巨幅震盪。不過，同樣得小心檢視圖 2，因為仍然是平均，假如；

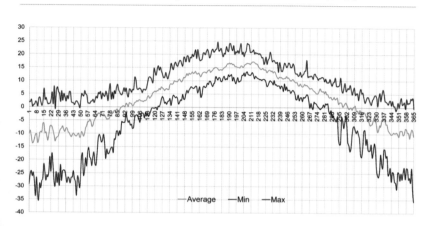

③ 不取平均而將 30 年來每日真實的溫度繪製於時間軸上，那麼可以得到一團亂的資料如圖 3，唯一能顯示的只有「溫度震盪帶」，不過，如果在這團資料中抽出任一年的資料，可得到；

圖 3·30 年來 High Coast 鄰近區域之每日溫度

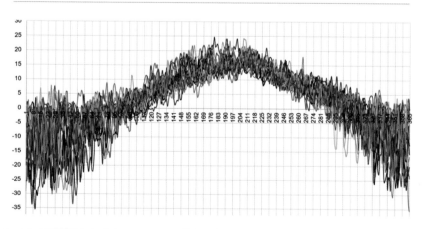

④ 酒廠在一整個年度中真正面對的溫度變化，如圖 4。這張圖顯示了明顯的溫度震幅，在冬季尤其顯著，可能在 1、2 日內就會面對 20 幾度的差別，夏季時則頂多 10 度左右。所以我們必須思考，橡木桶裡的威士忌在這種溫度變化中，會發生什麼事？

圖 4 · 2017 年 High Coast 鄰近區域之每日溫度

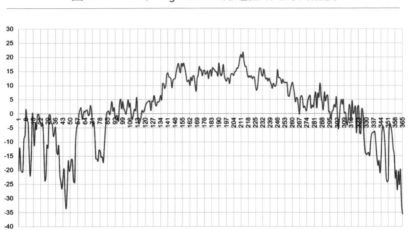

威士忌熟陳時與橡木桶的交互作用一般分為排除、賦予以及互動 3 種，當溫度介入這 3 種作用時，可用以下兩種情境來說明：

① 剛剛填注新酒的橡木桶：如下頁圖 5 左，當溫度提高時，由於液體的體積膨脹率遠高於木桶，因此將擠迫液體進入橡木桶的木質內，溫度降低時又重新回到液體。因此假若溫度的波動大，上述「壓進、壓出」的頻率增加，則可提增橡木桶的「賦予」作用，短時間內便可析出較多的橡木桶物質。對於較為恆定的氣候環境，只有因季節更迭才會產生較大的溫差變化，美國肯塔基州的 Heaven Hill 酒廠利用人工方式，讓酒窖內的溫度上下震盪，可在同一季裡產生 4、5 次季節循環。

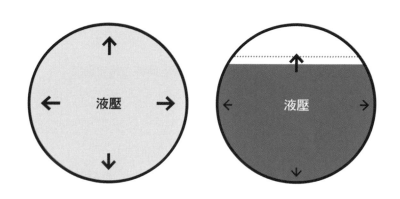

圖 5 · 橡木桶中酒液因溫度變化產生之壓力變化

② 已熟陳一段時間的橡木桶：如圖 5 右，由於部分酒液已經蒸散，讓木桶
　　內出現部分空氣。由於空氣的壓縮率遠高於液體，因此當溫度上升／下
　　降時，液面也隨著上升／下降，導致「賦予」作用減少，但由於空氣的
　　存在，所以此時進行的主要為氧化反應的「互動」作用。

　　Roger 這一連串的說明超級精采，我相信在座的人莫不屏氣凝神的仔細
聆聽，不過由於我吹毛求疵的個性，所以舉手發問：圖 1～圖 4 的溫度到
底是酒窖內還是酒窖外？ Roger 回答是戶外，他們也有量測酒窖內的溫度，
當然不致像戶外那麼上下波動劇烈，不過也足以催化熟陳效果。

　　好奇的我搜尋得到純水和乙醇的體積膨脹係數，水在不同溫度範圍其係
數不同，大致為 -5.0×10^{-5}（t <4℃），8.8×10^{-5}（t $= 10$℃），2.07×10^{-4}
（t $= 20$℃），3.03×10^{-4}（t $= 30$℃）；乙醇則恆定為 1.12×10^{-3}。經過
簡單的計算，200 公升的 barrel 在溫度升降 20 度時，桶內酒液的體積將增
減 2～3 公升，這些數據提供給各位讀者當個參考。

三、海風

除溫度與濕度之外，另一項有關倉儲環境的有趣辯論是「海風」。許多威士忌裝瓶，尤其是島嶼區、艾雷島區或坎貝爾鎮區的威士忌，品飲者都能從嗅覺、味覺中察覺酒中鹹味，並引發海風的諸多聯想，只不過這種鹹味至今為止仍是眾說紛紜。

最具有詩意的說法是，當橡木桶在濱海倉庫進行熟陳時，長期受到海風吹拂，因空氣中瀰漫著鹽類分子，附著在酒桶上，而後滲透入酒桶而為酒液所吸收。這種說法乍聽似乎有理，如果橡木桶放置在濱海倉庫，如著名的波摩 1 號酒窖，經年累月下源於海洋表面的固態或液態分子（稱之為海洋性氣溶膠，maritime aerosol），特別是氯化鈉水滴或晶體將散布在倉庫和橡木桶周遭，應該是毋庸置疑的，只不過這些大分子是否能滲透進入橡木桶內不無疑問。更大的問題是，大部分島嶼區的新酒都是運到遠離海岸的本島區熟陳，據此談論海風吹拂的浪漫懷想，確實難以服眾。

靠海的倉庫通常溫度較低、濕度較高，理論上熟成速率慢，長期陳放後酒精度下降，但由於氧化作用拉長，威士忌將呈現較突出的香草、花香和果香。至於鹹味，也許來自水源、生長於島嶼區的穀物原料，或用於烘乾穀物的泥煤，只不過這些都仍屬猜測，至今尚無定論。

波摩酒廠面臨海灣的 1 號酒窖（圖片由橡木桶洋酒提供）

為了解開橡木桶熟陳時到底發生什麼事，以及可能影響熟陳的特定因素，瑞典斯德哥爾摩大學的歐頭教授（Otto Hermelin）從 2011 年開始，進行一項長達 10 年的研究計畫。他一共蒐集 40 桶波本桶威士忌，陳放在4 間艾雷島上的蒸餾廠，每間蒸餾廠 10 桶，橡木桶、酒窖內外都裝置了自動監測溫濕度的儀器，同時每年取出 2 個樣品，以氣相質譜儀分析樣品內的化合物成份及含量，包括 pH 值、各種酯類、酒精度等等，再與溫濕度等環境因素交叉比對。以布萊迪酒廠為例，10 桶酒分別放置在酒窖的最低、中間以及最高位置，而歷經幾年的監測他發現，相較於高層位置，低層的溫濕度變異不大，當然也對熟陳造成影響。

另外他也計畫鑽取橡木桶板材上的樣品進行分析，研究木質裡的特定金屬物質，如銅以及鹽分，測試這些物質在橡木桶內外側的含量差異，以解開一直以來對於海風影響的浪漫情懷。由於研究計畫仍在進行，希望研究成果可以解開我們心中的疑惑。

◊ 橡木桶會進行呼吸作用？——天使的分享

我們極喜歡將凡間事物擬人化，譬如許多威士忌的文章，無論國內或國外，只要提及橡木桶的熟陳，莫不指出呼吸作用的重要性，似乎暗示著橡木桶在倉庫裡荏苒熟陳，有如道家修行裡的「吸收日月精華」，多年以後可修煉成醇酒。若以物理現象解釋，呼吸作用源自於倉儲環境的溫差效應，溫度提高時，橡木桶略為膨脹，蒸散作用加速如同呼氣；溫度下降時，橡木桶收縮，空氣進入橡木桶內有如吸氣。這種因環境溫度的改變，導致橡木桶產生膨脹—收縮現象，讓桶內酒精蒸氣與外界的空氣交換，進而促進酒液的化學反應而達到熟成的效果，只不過是否果真如此？

在「波本桶的製作——以 ISC 製桶廠為例」中，說明了橡木所以成為水密性極佳的容器，主要在於「木質髓射線」和「侵填體」兩種組織，也說明橡木裁切採用的「刻切」方式。這種裁切方式，會讓每一片板材的橫斷

面上，出現數條以不同角度橫越木材的「木質髓射線」，基於其不透水特性，勢必造成液體通過的障礙。

因此，當酒液儲存於橡木桶中時，藉由木質微小孔隙的毛細現象，酒液將緩慢滲透到木桶表面，而後蒸散於大氣中，此即我們所熟知的「天使的分享」。環境溫度提高，蒸散速率加大，便加速了「天使的分享」作用，但是當環境溫度下降時，空氣有可能回滲入桶嗎？理論上，由於酒液持續浸潤著木桶，橡木孔隙已經被液體占滿，空氣或是以小氣泡困在液體之中，或是溶解在酒液內，要直接從桶外透過木質間的孔隙進入可能性極低。

不過，既然有「天使的分享」，就一定有空氣進入，否則橡木桶內豈不是形成負壓？確實，假若橡木桶保持極佳的水密和氣密狀態，桶內將呈現負壓，也因此取酒試酒時，必須以木槌敲打桶塞周邊以鬆弛桶塞，拔開桶塞時也有可能會發出「啵！」的一聲。但如果一直不拔桶塞，是否負壓將持續增加？理論上，假若桶內的酒液未填滿或因蒸散而下降，部分木桶並未浸潤在酒液中，空氣由該處進入的可能性仍然存在，又如果橡木桶採直立放置，則上部邊板也是氣體可能透入的位置。

由於取酒、試酒將導致空氣的大量流入，也代表著桶內高濃度的酒精蒸

（左）橡木桶的桶塞（圖片由愛丁頓寰盛提供）
（右）使用過的波本桶板材，可以看到酒液滲透的深度

氣將藉此散逸，對於預期陳放數十年的老酒，調酒師絕不輕易試酒，而是稍微搖動橡木桶來推測存留的酒量，深怕過於頻繁的試酒將導致酒精度下滑過快。綜合而言，桶內酒液與外界空氣的交換依然存在，但絕非靠著橡木桶的一脹一縮來進行呼吸。

◇ 橡木桶使用策略

每間蒸餾廠都力求產製出具有鮮明特色的威士忌，且維持一致，除了在穀物處理及蒸餾流程之外，由於橡木桶影響風味甚劇，因此每間蒸餾廠也各自發展出橡木桶使用政策。

為了保持庫存平衡與酒質的一致，持續引進新木桶對酒廠來說極其重要。已經疲乏的橡木桶或許可經由活化而再度使用，但能萃取的風味有限，因此必須限制其使用比例。大多數的新木桶來自美國波本威士忌產業，其製作和燒烤方式並非蘇格蘭威士忌產業所能控制，相較之下，反而雪莉桶的來源較容易掌控，不過如果不瞭解雪莉酒產業，其品質也是混沌不明，這便是愛丁頓集團以類似「契作」的方式掌握雪莉桶來源的最大原因。

有效的橡木桶使用策略必須保證充分發揮每個橡木桶的熟陳潛力，同時木桶的管理也是為了確保酒廠特色。以下舉台灣噶瑪蘭蒸餾廠及愛丁頓集團為例，說明酒廠使用橡木桶的策略及目的，但由於兩間酒廠目前政策緊縮，資料無法更新，因此有否更改難以查證。

噶瑪蘭酒窖

一、噶瑪蘭的橡木桶策略

根據早期收集得到的資料，噶瑪蘭雪莉桶與波本桶的比例

約為 7：3，其中雪莉桶由西班牙 2 座雪莉酒廠提供（名稱保密），大部分屬於為威士忌產業特製的雪莉桶，小部分來自雪莉酒產業的老雪莉桶，後者價高且取得困難，目前僅於調和使用，不做單桶裝瓶。

酒廠成立之初（2006 年），採購的雪莉桶材質分別來自歐洲及美國，但由於倉儲環境及氣候影響，熟成速度快，歐洲橡木桶於短期內釋出過多的單寧及其它物質，並非酒廠追尋的風味走向，因此從 2008 年起，所有的雪莉桶都採用美國白橡木，又由於美國橡木密度較高，為確保木質充分吸收雪莉酒風味，酒廠要求的潤桶時間長達 5 年。至於入桶強度，由於國內法規規定 60% 以上的酒精度且容量超過 400 公升的酒，都必須依據「公共危險物品及可燃性高壓氣體設置標準暨安全管理辦法」來辦理，酒廠曾測試 55 ～ 65%、間隔 0.5% 的入桶強度，最終還是選擇 59.5% 入桶。

所有原桶強度的裝瓶均採用 First-fill，Second-fill 以後都作為經典噶瑪蘭等調配使用。橡木桶僅能使用 2 次，而後必須進行活化處理。廠內擁有刨除及再度烘烤設備，因此可自行辦理。

倉儲環境上，酒廠目前擁有 2 座倉庫，另一座正在興建中。每座倉庫均為 5 層樓建築，採用棧板式堆放，由於宜蘭地區時常發生地震，因此每 4 個橡木桶綑綁在一起，以避免地震發生傾倒。目前倉儲量共計 6 萬桶，由高樓層到低樓層依序放置尺寸最大的雪莉桶到最小的波本桶。

為了加速熟陳，酒廠刻意於夏季高溫時將頂層窗戶關閉，使室內溫度飆高至 42 ～ 45℃，冬季時頂層窗戶開啟，與外界同溫，因此擺放雪莉桶的最上層其夏季與冬季的溫差可達 20 幾度。酒廠曾針對環境效果進行測試，根據檢測成果，同時間內酒廠擁有的橡木桶所釋出的物質（量）約為蘇格蘭地區的 4 ～ 5 倍，也因此作出噶瑪蘭的陳年速率約為蘇格蘭的 4 ～ 5 倍，但顯然無法計入後續互動變化產生的影響。

二、愛丁頓集團的橡木桶策略

麥卡倫酒窖（圖片由愛丁頓寰盛提供）

經由「雪莉桶的製作——以愛丁頓集團為例」的說明可知，愛丁頓集團每年以潤桶方式製作 2 萬個新雪莉桶，但為什麼不直接使用「索雷拉系統」裡的老雪莉桶？一來雪莉酒莊的老雪莉桶在索雷拉系統裡數十年之後，屬於橡木桶的化學物質已經消耗殆盡，但雪莉酒不需要橡木木質來參與反應，而威士忌需要，因此使用這些老雪莉桶所能提供的僅有飽含於木質內的雪莉酒，缺乏橡木物質，並不符合威世紀產業的需求。不過更主要的原因是，雪莉酒莊的雪莉桶養成不易，一般用於葡萄酒發酵的新橡木桶在 10 年後方可用於索雷拉系統，一旦使用便長達數十年或上百年，絕對不輕易售出，因此根本取不到足夠數量的老雪莉桶。

麥卡倫新廠於 2018 年正式啟用，舊廠時期的資料顯示陳年中的橡木桶約為 205,000 個，其中雪莉桶占了約 85 ～ 88%（每年均有波動），其餘則為波本桶，而雪莉桶中又以 Butt 桶型最多，約占整體數量的 48%，Puncheon 為 18%，Hoghead 則為 22%。但尺寸各異的雪莉桶中，並不清楚美國橡木桶與西班牙橡木桶各自所占比例，也不明二者使用上的差異。

此外，愛丁頓集團堅持其雪莉桶使用不超過 2 次，而後便賣給經銷商或拍賣場。為了方便管理，凡使用過一次的西班牙橡木雪莉桶，其邊板上皆漆上紅漆，而美國白橡木雪莉桶，其邊板上則漆上白漆，如此一來便不致搞混。

　　愛丁頓集團過去宣稱在蘇格蘭威士忌產業中，擁有 90% 的雪莉桶，這一點頗值得商議，也容易招致懷疑。根據格蘭傑總調酒師比爾梁思敦提供的數據，蘇格蘭威士忌使用的雪莉桶約占 6%，又根據知名的威士忌作家查爾斯麥克林的說法，雪莉桶僅占 5%。不論 5% 或 6%，以全蘇格蘭在每個時間點約有 2,000 萬個橡木桶（查爾斯麥克林）正在熟陳來計算，雪莉桶便占超過 100 萬個，而麥卡倫僅有 20 萬個，因此 90% 之說指的不是熟陳中的桶子，而是全新雪莉桶。

　　假設每年麥芽威士忌產量為 2.8 億 LPA（取自 SWA Statistical Report，但 2015 年之後便不再公佈），則：

裝桶量 ＝ 2.8 億 ÷0.635 ＝ 4.41 億公升（假設均以 63.5% 酒精度入桶）

4.41 億公升 ＝ 200 × 0.4X + 250 × 0.5X + 500 × 0.1X（假設 200 公升的波本桶、250 公升的重組桶和 500 公升的其他橡木桶占比為 4：5：1）

每年需要的雪莉桶數量 ＝ 0.06X ＝ 10.4 萬個

麥卡倫使用過一次之（左）西班牙橡木桶，及（右）美國白橡木桶。（圖片由愛丁頓寰盛提供）

再假設全新、2nd-fill 以及其他（Re-fill 或再製活化）的橡木桶數量大至相同，則每年蘇格蘭需要 3.5 萬個全新雪莉桶，因此愛丁頓集團產製的雪莉桶占比約 60%！若從另一個角度反算，合計麥卡倫 1100 萬 LPA、高原騎士 250 萬 LPA 的產量（Malt Whisky Yearbook 2018），需要 52,000 個橡木桶，其中雪莉桶（含 Butt 及 Puncheon）約 34,300 個，每年 2 萬個全新桶約占 60%。

即便上述計算引用了多重假設，但無論如何，愛丁頓集團每年擁有的全新雪莉桶占全蘇格蘭威士忌產業的極大多數，應該是無庸置疑的。另高原騎士品牌大使 Martin Markvardsen 曾告訴筆者，所謂的 90% 指的不是所有的雪莉桶，而是單指西班牙雪莉桶，這個說法倒是可以接受。

◊ 過桶與換桶

從歷史淵源來看，傳統使用的橡木桶無非是各種曾裝過其他酒種的木桶，由於運送這些酒到英格蘭之後，空木桶剛好移作儲存威士忌使用。傳言中某些曾裝載非酒類貨物（譬如漁獲）的木桶也被拿來重覆利用，但筆者猜測可能性不大，因為這類木桶如果不是為了盛裝液體而製作，通常不會考慮水密性，因此必須重新整理以避免漏酒，而且因為味道濃重，即便清洗也知道效果不佳。

無論如何，法規上對木桶的使用並無太多限制，1988 年的《蘇格蘭威士忌法案》（Scotch Whisky Act 1988）也只限定必須在小於 700 公升的 wooden casks 內熟陳 3 年以上，並沒有要求木桶材質（文獻上提到除了橡木，栗木 chestnut 也常常被使用），得等到 2 年後 Scotch Whisky Order 才明確規定必須使用橡木。

很顯然，蘇格蘭威士忌業者在 1990 年以前的寬鬆條件下，可任意使用各種木桶，但是在單一麥芽威士忌尚未形成風潮之前，絕大部分的酒都用

做調和，而既然最終都混調在一起，除非漏酒漏得厲害，否則毫無必要把酒從一個酒桶換到另一個酒桶。等到 1970 年代末愈來愈多的酒廠以蒸餾廠名稱推出裝瓶後，銷售競爭從品牌對品牌轉變為酒廠對酒廠，迫使酒廠開始思考各種裝瓶的可能性，其中之一，便是我們已熟知的「過桶」。

所謂過桶，原文稱為 finish，顧名思義，便是將熟陳在某橡木桶內的酒液，灌注到另外的橡木桶內一段時間，而後再裝瓶銷售，所期盼者，便是熟陳最後階段的畫龍點睛。既然是「點睛」，便是希望吸收另外一個橡木桶的精華，以添加額外的元素，讓風味表現得更豐富、更有層次。這種顛覆傳統的方式到底是誰率先採用？筆者蒐集了兩間最知名的競逐者，盡可能地將歷年來曾裝出的酒款整理如下頁：

百富（Balvenie）蒸餾廠歷年過桶／換桶酒款列表

編號	裝瓶時間	酒款	過桶種類	備註
1	1983	Classic NAS	西班牙雪莉桶	第一款過桶威士忌
2		Classic 12 YO	西班牙雪莉桶	
3		Classic 18 YO	西班牙雪莉桶	
4	1993	DoubleWood 12 YO	西班牙雪莉桶	承襲 Classic 過桶配方
5		PortWood 21 YO	波特桶	
6	1995	Islay Cask 17 YO	艾雷島威士忌桶	第一款過桶泥煤威士忌；使用某間艾雷島泥煤威士忌酒桶過桶
7	2003	PortWood 1989	波特桶	
8		PortWood 1991	波特桶	
9	2006	PortWood 1993	波特桶	
10	2005	NewWood 17 YO	全新美國橡木桶	
11		NewOak 17 YO	全新美國橡木桶	
12	2006	RumWood 14 YO	蓋亞那及委內瑞拉蘭姆桶	百富首次使用蘭姆桶過桶
13	2008	RumCask 17 YO	牙買加蘭姆桶	
14		Madeira Cask 17 YO	葡萄牙馬德拉桶	
15		Golden Cask 14 YO	黃金蘭姆桶	全球機場免稅店專賣
16	2009	Cuban Selection 14 YO	古巴蘭姆桶	法國專賣，為 Caribbean Cask 前身
17		Rose 16 YO	波特桶	酒廠限定版；2009～2010 年共有三個版本

百富（Balvenie）蒸餾廠歷年過桶／換桶酒款列表

編號	裝瓶時間	酒款	過桶種類	備註
18	2010	Peated Cask 17 YO	泥煤威士忌桶	使用自家泥煤威士忌酒桶過桶，而此批酒桶在 2017 年正式上市為 Peat Week
19	2012	DoubleWood 17 YO	西班牙雪莉桶	為 DoubleWood 高年份版本
20		Caribbean Cask 14 YO	古巴蘭姆桶	與 Cuban Selection 相同配方，為了美國禁運古巴農產品，改名為 Caribbean Cask
21	2018	DoubleWood 25 YO	西班牙雪莉桶	2018 年特別限定版。紀念 DoubleWood 12 YO 上市 25 週年

格蘭傑（Glenmorangie）蒸餾廠歷年過桶／換桶酒款列表

編號	裝瓶時間	酒款	過桶種類	備註
1	1987	1963 Vintage	Oloroso 雪莉桶	
2	1990	18YO	雪莉桶	
3	1993	1971 Vintage	雪莉桶	
4	1994	Port Wood Finish	波特酒桶	可能為第一款波特桶過桶
5	1995	Madeira Wood Finish	馬德拉桶	第一款馬德拉桶過桶
6		Tain L'Hermitage Finish	北隆河葡萄酒桶	第一款紅酒桶過桶
7	1996	Wood Finish Range	雪莉桶、波特桶及馬德拉桶	首度同時發表之過桶系列
8		13YO Fino Sherry Wood Finish	Fino 雪莉桶	
9	1997	Claret Wood Finish	波爾多粉紅酒桶	
10	1998	Fino Sherry Finish	Fino 雪莉桶	
11		12YO Port Wood	波特酒桶	
12	2000	Cote de Nuits Wood Finish	夜丘區葡萄酒桶	
13		25YO, Malaga Wood Finish	西班牙馬拉加葡萄酒桶	
14		14YO Cognac Finish	干邑桶	
15	2001	Cote de Beaune Wood Finish	伯恩丘區葡萄酒桶	
16		1987 Distillery Manager's Choice	波特酒桶	

格蘭傑（Glenmorangie）蒸餾廠歷年過桶／換桶酒款列表

編號	裝瓶時間	酒款	過桶種類	備註
17	2002	Sauternes Wood Finish, 1981	蘇玳貴腐甜酒桶	
18		12YO Chateau de Meursault Wood Finish	伯恩丘區莫爾索酒莊葡萄酒桶	
19		18YO, White Rum	白蘭姆酒桶	
20	2003	12YO, Golden Rum Cask Double Mature	黃金蘭姆酒桶	
21		Burgundy Wood Finish	勃艮第葡萄酒桶	
22		Tain L'Hermitage 1975	北隆河葡萄酒桶	
23		12YO Cote de Beaune Finish	伯恩丘區葡萄酒桶	
24		25YO Malaga Finish	西班牙馬拉加葡萄酒桶	
25	2004	15YO Sauternes Wood Finish	蘇玳貴腐甜酒桶	
26		30YO Oloroso finish	Oloroso 雪莉桶	
27	2005	30YO Malaga Cask Finish	西班牙馬拉加葡萄酒桶	
28		18YO sherry finish	雪莉桶	
29	2006	Margaux Cask Finish 1990	瑪歌堡葡萄酒桶	
30	2007	Nectar d'Or （Sauternes finish）	蘇玳貴腐甜酒桶	
31		Quinta Ruban （Port finish）	波特酒桶	

格蘭傑（Glenmorangie）蒸餾廠歷年過桶／換桶酒款列表

編號	裝瓶時間	酒款	過桶種類	備註
32		Lasanta（Sherry finish）	雪莉桶	
33	2009	Solnata（PX finish）	PX 雪莉桶	
34	2010	Pride 1981（Chateau d'Yquem）	伊甘堡貴腐甜酒桶	
35	2011	Artein（Super Tuscan Sassicaia）	義大利超級托斯卡納葡萄酒桶	
36		12YO Nectar d'Or	蘇玳貴腐甜酒桶	
37		12YO Quinta Ruban	波特酒桶	
38		12YO Lasanta	雪莉桶	
39	2014	Companta（wine finish）	葡萄酒桶	
40		Pride 1978（wine cask finished）	葡萄酒桶	可能為過桶最長的一款酒
41	2016	Milsean（re-toasted wine cask）	重新燒烤葡萄牙斗羅河葡萄酒桶	
42	2017	Bacalta（Madeira）	馬德拉桶	

　　從上表可以得知，如果沒有其他新增證據，百富的首席調酒師 David Stewart 應該拔得頭籌，於 1983 年成為採用過桶技術的第一人。可惜百富 Classic 酒標上並未標註木桶型式，更沒有任何有關過桶的說明，得一直等到 1993 年推出的 Doublewood 12 年才提到「雙桶熟陳」，卻也沒標示作

法，如果光看酒標可能有點霧裡看花，就像筆者早年剛開始喝威士忌時，便誤以為這是調和了波本桶及雪莉桶的酒款。

今日我們熟悉的「Finish」一詞，第一次出現在格蘭傑於 1987 所裝出的 1963 Vintage 22 年，正標上沒提，但背標卻清楚寫著「finished in Spanish Oloroso sherry casks for one further year」；另外在 1994 年所推出的 1975 Vintage，則頭一次在正標上標明「PORT WOOD FINISH」。由於比爾博士在 1995 年方加入格蘭傑，所以上述酒款都不是他的作品，不過自從比爾博士入主格蘭傑擔任酒廠經理，並於 1998 年升任首席製酒師之後，開始以「換桶系列」打響名號，酒廠火力全開的裝出各式各樣的過桶酒款，其中更包括了許多來自各國、不同酒莊的葡萄酒桶，一直到今天依舊樂此不疲。

所謂「文無第一、武無第二」，商業競爭好比戰場，所以爭奪第一的名號的確重要。在這場競爭中，不要忽略了 UD（也就是現在 Diageo 的前身），雖然他們的過桶 Classic Malts 系列從 1988 年才開始裝出，但是他們在 1982 年尚未被健力士（Guinness）併購前，以 DCL 公司名稱推出 The Ascot Malt Cellar 計 6 款酒，其中玫瑰河岸（Rosebank）8 年、林肯伍德（Linkwood）12 年、樂加維林 12 年和泰斯卡 8 年都是單一麥芽威士忌，有沒有可能也是過桶？經筆者深入帝亞吉歐內部打聽，確定並非過桶。

過桶處理乍聽之下似乎簡單易懂，不過各酒廠的實際做法及採用之橡木桶均不相同，也幾乎不作詳細說明，讓我們無法探知其中奧秘，舉其所疑之大者討論如下。

一、過桶使用的橡木桶

最常見的是雪莉桶，但也包括波特酒桶、馬德拉桶、蘭姆酒桶、白蘭地桶、干邑桶等等，以及來自各地的紅酒、白酒、貴腐酒、冰酒等葡萄酒桶，

也有採用全新橡木桶、水果酒桶（如南投酒廠）者，或罕見的換到水楢桶、波本桶甚至啤酒桶。但不是所有的酒桶都被允許使用，因為依蘇格蘭威士忌法規的規範原則，凡不屬於傳統使用的木桶都可能被禁止，而禁止的理由在於，法規規定除了水和焦糖著色劑之外，不得添加其他物質。其實仔細追究，這個理由有些牽強，各式木桶在填裝之前，殘存的酒液就算想辦法清除乾淨，仍有少部分（5～10公升）吸附在木質內，這些算不算被禁止的添加物？2016年格蘭傑發表私藏系列第七版Milsean時，過桶使用的葡萄酒桶重新進行長時、低溫的燒烤，讓橡木板上留下細微的糖結晶，審查時便引發一些爭議。

以常理判斷，為了達到添加風味的目的，過桶使用的橡木桶必須比原先熟陳的橡木桶具有更濃郁的風味，這個「先輕後重」的原則便是將波本桶換到雪莉桶、波特酒桶、馬德拉桶……的原因。但有原則就有例外，雲頂於2012年為酒廠Society裝出的14年，前7年在波特酒桶內熟陳，後7年則放在波本桶內，顛覆了既有觀念，猜想是波特酒桶的效果過重，所以藉助波本桶來中和。此外，也有換桶到相同桶型的案例，如美國金賓酒廠在2016年推出的Double Oak，或是南非穀物威士忌Bain's，都是放入相同的全新燒烤橡木桶（4年）及1st-fill波本桶（3年＋2年）兩次，其目的不在添加新鮮的元素，而是以既有風味為基礎加強再加強。

基本上，過桶使用的橡木桶都會標示在酒標上，或釋放出新聞稿，讓消費者明瞭這種特殊做法。舉最常見的雪莉桶為例，許多業者可能會述明先前存放的雪莉酒種（Fino、Manzanilla、Amontillado、Oloroso、PX……），但通常不會解釋這些雪莉桶在使用前的處理，包括使用過的次數、每次使用的時間長短、是否專用於過桶等等。比爾博士處理格蘭傑12年風味桶時，他希望來自新酒、波本桶和風味桶的特色分別為25%、40%和35%，因此全都選用first-fill的桶子，讓這些風味桶在短時間內（2

年）發揮其影響力。但不是每間酒廠都如此透明，而且，這些風味桶使用後又何去何從？

二、過桶時間

一般而言，過桶時間都不會太長，短則 3、5 個月，長則 1、2 年，筆者曾聽說如果只是為了加深色澤，15 天就可以達到目的。同樣的，酒廠通常不會透露過桶時間，模模糊糊的以「調酒師認為恰當的裝瓶時間」來回覆詢問。這一點筆者認為合理，因為來源不同的木桶能發揮影響力的時間本來就不同，調酒師有權去控制、決定他認為巔峰的裝瓶時刻。

幾個月的過桶時間通常不會計入酒齡，稱之 Finish 頗為合宜，但是如格蘭傑 12 年風味桶，以 10 年的波本桶再做 2 年過桶，如果不計這 2 年未免損失太大，又由於 2 年時間也夠長，為了與 Finish 區隔，行銷人員另外創造出「extra maturation」的名詞。對於過桶時間超乎尋常的酒款，這個名詞十分恰當，筆者喝過一款班尼富（Ben Nevis）25yo Double Wood，將陳放了 14 年（1984～1998）的 3 桶波本桶調和後放入雪莉桶內 12 年（1998～2010），這麼長的時間實在很難稱之為「過桶」。至今為止最長的 extra maturation 應該是格蘭傑於 2012 年推出的 Pride 1978，先在波本桶內熟陳 19 年，而後再放入法國木桐堡葡萄酒桶內 15 年，堪稱比爾博士入主格蘭傑後超乎異常又大膽的創作。

在我們的想像裡，無論是 finish 或是 extra maturation，後一段陳年時間應該都比前一段短，不過再一次，有原則就有例外，其中又以雲頂酒廠玩得最是瘋狂，不僅有兩段時間相同的酒款，2012 年更裝出 1 支先在 Refill 波本桶陳放 4 年，而後換到 1st-fill 義大利 Gaja Barolo 葡萄酒桶 5 年的酒款，這……還能稱為過桶嗎？

三、過桶方式

將原先熟陳在波本桶內的酒液換到雪莉桶內，短時間內便可加深酒色並添入蜂蜜、乾果等滋味，但波本桶和雪莉桶的容量差別很大，不可能一桶換一桶，譬如班尼富 25yo Double Wood 便是 3 桶入 1 桶，因此採用過桶處理的單一桶，可以憑藉橡木桶容量來推測合理的做法。

大規模的過桶，如百富 12 年 Doublewood，是將波本桶與重組桶內熟陳12 年的威士忌，調和後填注入 Oloroso 雪莉桶 9 個月，再移到大型融合桶作 3～4 個月的融合。這麼詳細的說明並不常見，不過大致可瞭解經常性進行過桶作業的大酒廠其作業方式和流程，包括過桶前後的調和、融合都是免不了的。至於小酒廠或小規模的過桶如何做？尤其是單一桶？老實說，我們很難窺知一二。

四、神秘的過桶

正如我們所知悉，過桶的目的在於添加更多的風味元素，但除此之外，是否也包含酒廠／裝瓶廠不為人知、或不想為人所知的秘密？

就算是規範最嚴謹的蘇格蘭威士忌，對於橡木桶也只有 700 公升容量的要求，並不需要告知消費者使用的橡木桶種類，遑論過桶。因此當我們看到酒標上標明 American Oak、Traditional Oak、European Cask 等等，或是 Sherry butt finish，都是屬於行銷的一環，而且全都是酒廠的自由心證，消費者無從探究其真偽，只能採信任原則。

在眾多的酒款中，單一桶裝瓶最值得討論。為了取信消費者，單一桶裝瓶通常都會標註橡木桶的桶號，但由於缺乏法規限制，因此這些桶號只是酒廠／裝瓶廠作為酒窖管理之用。在信任原則下，我們相信同一桶號的酒全取自某一個橡木桶，但是桶內的酒液是否全程都在這個橡木桶內熟陳，同樣的，我們無從辨別。

假設——毫無隱涉的純粹假設：

① 某一桶老酒的酒精度已經掉到 40% 以下，不甘心拿去調和，那麼換到某個吸飽年輕、高酒精度酒液的橡木桶，讓酒精度重回 40% 以上，然後裝出「具有年輕活力」的老酒；

② 某幾個桶子因失酒、漏酒或天使的分享量太大，導致裝瓶數量太少，乾脆併兩桶為一桶，而後以最後那一桶的桶號裝瓶；

③ 某些橡木桶因木桶品質不佳或疏於管理，導致陳年效果無法達到裝瓶標準，那麼換到具有濃郁風味的木桶，便可掩蓋掉過去幾年的不足；

④ Marketing：只要是 Taiwan only 桶，全給他過 1st-fill sherry butt 準沒錯！

以上全屬筆者個人的小人之心，相信不會有酒廠／裝瓶廠這麼做。

◊ 琥珀光迷思，色不迷人人自迷

近年來，市場上不斷釋出各式雪莉桶威士忌。對於本具有雪莉桶淵源的麥卡倫、格蘭花格姑且不談，許多以波本桶著稱的蒸餾廠，同樣也推出雪莉桶品項，或盡可能拿雪莉桶做過桶處理。就近觀察台灣對雪莉桶的偏好，可發現常常並非基於其風味特色，而是某些偏執或誤解。

最常聽到的說法是，台灣人喜歡吃甜，而雪莉桶偏甜，順勢簡化出台灣人喜好雪莉桶的邏輯。先不論台灣人是否都喜歡偏甜的食物或飲品，雪莉桶由雪莉酒養成，而雪莉酒涵蓋的範圍極廣，從不甜的 Fino 到極甜的 Pedro Ximenez（PX）都有，即使最常見的 Oloroso 原來也是不甜的，而是調入 PX 讓口味偏甜。所以當我們品嚐噶瑪蘭的 Fino 原酒，感受到蜂蜜、葡萄乾、蜜餞、太妃糖層層堆疊的甜味，必須瞭解這種種愉悅的味覺饗宴並非來自雪莉酒，而是麥芽新酒與橡木桶的交互作用。

多年前曾於山崎蒸餾所喝過一款僅陳放約 3 年的酒，無論香氣或口感都充滿雪莉桶特有的蜜糖滋味。當時的首席調酒師輿水精一先生說明，這款

酒使用的橡木桶是由西班牙進口橡木後自行製作，並未裝過一滴雪莉酒。參加眾人都大為訝異、恍然大悟，過去習以為常的雪莉桶風味，與其說是來自雪莉酒，其實受到橡木桶，或橡木來源的影響更盛。

便因為如此，眾多的波本桶威士忌同樣提供香草、花蜜、甜橘或椰子糖的甜美滋味，或許不如雪莉桶的結實豪邁，但靜心品味，其娟秀柔美的細緻風格猶有勝之。所以台灣人若對甜味情有獨鍾，倒也無須獨沽雪莉桶一味，選擇名單既廣且長。

除了甜味之外，相傳年分愈高的酒色澤愈深，而愈老的酒風味自然愈好，所以酒色深淺暗示著酒質的好壞。一般而言，波本桶威士忌的酒色較淺，而雪莉桶較深，兩相對應下，成就了雪莉桶較受關注的原因。從物理現象來看，陳放時間拉長確實可能加深酒色，但與木桶的燒烤程度和使用次數息息相關，初次裝填的雪莉桶只需 3、5 年便可讓酒色深如醬油，許多 20、30 年的波本桶老酒依舊酒色清淡。

但從感官刺激而言，酒色之用大矣，唐人有詩云「葡萄美酒夜光杯」，又云「玉碗盛來琥珀光」，想像深沉的酒液盛於晶瑩剔透的品酒杯中，很容易由視覺勾引起味蕾的慾望。怪不得威士忌的廣告文案無不強調其深如琥珀、黃金般的色澤，假若色如稻草或麥稈，恐難激動人心，所謂色不迷人人自迷，其來有自。

不過酒色的重要在今日尚有銷售量的考量。台灣的即飲市場一向是酒類銷售的主戰場，如熱炒、餐廳、酒吧、夜店或酒店，為了避免酒到杯乾而太快喝醉，酒客習於在威士忌中加水、加冰塊飲用。只是酒色遭稀釋後，

若過於清淡，時常會被借酒裝瘋的客人起鬨誠意不足，若能維持足夠深沉的酒色，於銷售量上的助益不言而喻。

但是我們深知，每一桶威士忌於陳年過程中，酒色的變化並無法由人完全掌控，又由於色澤於心理的影響和銷售量如此微妙，當消費者無法理解酒色與風味間並無直接關係時，業者只能在威士忌中加入焦糖調色來求一勞永逸。

早在 1909 年《蘇格蘭烈酒法》進行修正時，蒸餾業者便以「消費者並沒有好的味覺及嗅覺，卻都有敏銳的視力」來倡議焦糖使用的必要性；1988 年頒佈的法規中，明訂在不影響威士忌的風味原則下，允許加入 E150a 焦糖來著色。時至如今，只要瓶身上沒註明「No artificial coloring」或「Natural color」的威士忌，若非單桶，都大可假設有添加，而即使業者一再強調不致影響風味，但敏感的酒友依舊可察覺其額外的苦澀滋味。

添加焦糖對業界而言並非壞事，至少避免多費唇舌去解釋批次差異，可一旦下手過重，便可能遁入魔界。多年前曾出現一款酒齡 10 年的 Loch Dhu，以透明的瓶身裝入漆黑的酒液，號稱使用雙重燒烤的橡木桶來加深色澤，因此直接稱為 Black Whisky，飲過的酒友對滿口的焦糖味應該印象深刻，咸認為「戒酒之酒」。但故事未完，這款令人驚恐的酒歷經 10 年後來到今日，價格從當初千元新台幣飆漲到近 10 倍！這種驚人的漲幅除了證明物稀為貴的硬道理之外，時人對於深沉酒色的非理性追逐也是原因之一。

對威士忌的愛好者來說，市場潮流趨於一致絕非好事，雪莉桶強烈的風味也可能遮掩酒廠風格，其中又以初次裝填的雪莉桶為甚。不是說不好，許多層次表現豐富的雪莉桶威士忌叫人神魂顛倒，但也得適才適性，骨架粗壯、結構紮實的酒體以雪莉桶養成，恰可滋育出濃郁飽滿的特色；若本性偏向輕盈纖細，過重的橡木桶可能壓垮含苞待放的花蕊，耐心地在波本桶中培育方是上策。

PART

WHISKY KNOWLEDGE

6

20 20

調和與裝瓶

製酒師一生懸命的工藝

裝瓶前必須勾兌調和多桶或多種威士忌，難的是，製酒師要如何透過感官判斷，讓各具個性與特色的酒相互融合，達到和諧平衡的境地，卻又能賦予每支酒獨特的風味並彰顯酒廠的風格，讓飲者留下可茲分辨、獨一無二的印記？

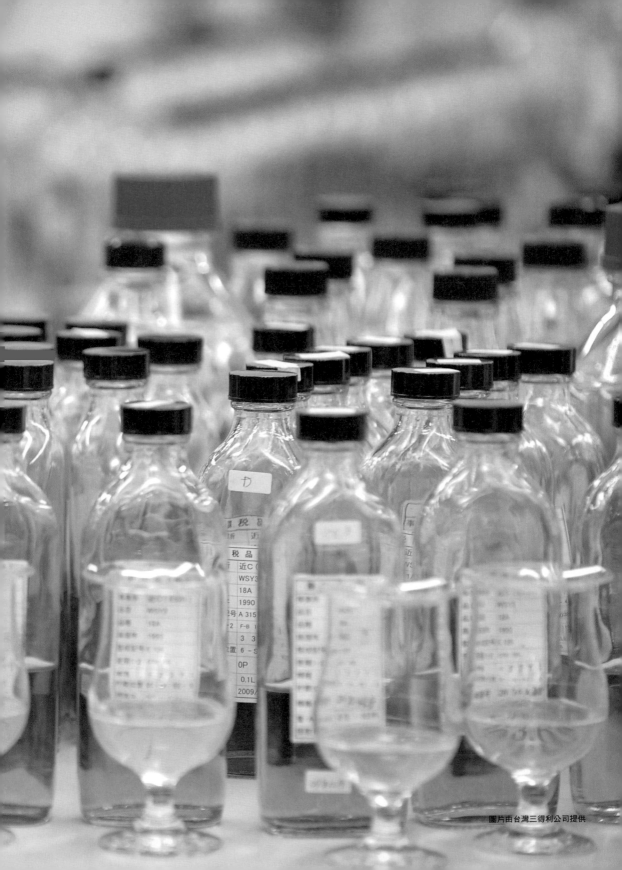

圖片由台灣三得利公司提供

先說一段往事。

日本三得利公司於 2008 年中在台北辦一場「雕琢的藝術，單一純麥裡的唯一：The Cask of Yamazaki 品鑑試飲會」，請到酒廠當時的首席調酒師輿水精一先生來台，主要目的是為了宣傳兩款台灣獨賣的單一麥芽威士忌，包括山崎 1990 和 1993。

品飲會一開始先由大家熟悉的山崎 12 年暖身，這是一款讓人極驚訝的低年分普飲款——強調一下，當年三得利正努力在台灣及全球推廣山崎，與今日的炙手可熱不可同日而語，所謂 12 年普飲款早已水漲船高——大部分的參加者都不是第一次喝到，但酒友們普遍感覺其表現似乎更勝以往。詢答時有人舉手提起這一點，本意是讚美，但輿水先生卻面露困窘，後來筆者才瞭解，他認為如果酒廠推出的核心酒款狀況起伏不定，對調酒師來說絕對不是肯定。

調和威士忌的工藝考驗

同樣在 2008 年年底，筆者與幾位威士忌專家應三得利之邀，飛往日本參訪白州與山崎 2 座蒸餾廠。位在南阿爾卑斯山甲斐駒岳山腳、群山環抱下擁有「野鳥的聖域」美稱的白州蒸餾所，沁脾的森林風光自不在話下，可惜造訪時樹葉凋盡而顯得清淒。至於山崎蒸餾所的參訪行程則叫人相當期待，因為除了廠長將親自導覽並解說之外，重頭戲則是進入調酒室，一睹輿水先生工作的聖殿。

輿水先生是位敦厚長者，木訥寡言望之不算儼然，自然流露出溫醇的熱心卻即之也溫。1949 年生，畢業於山梨大學工程系發酵生產專業，1973 年即進入三得利工作，1999 年升任首席調酒師，退休後又被重新聘回，調製的「響」系列可說享譽國際。

他的調酒哲學很日式、很東方，追求「有個性的平衡」，讓各具性格與

2008 年輿水精一先生於調酒室

特色的酒相互協調融合，達到和諧平衡的境地，但也不過於強求磨合而失卻個性，賦予每一款酒獨特的風格，讓飲者留下印記。

實踐此種哲學的工作間，毋寧說更像是實驗室。輿水先生於大門口迎接我們，即帶領大夥穿過略嫌簡陋的辦公室，進入幾無擺飾、簡單、明亮的調酒室。最前方橢圓形桌圍繞著一兩百支原酒及酒杯，輿水先生解釋這些都是他剛試完的穀物威士忌，年分、木桶種類各異，兩邊各有一個鋼製吐酒盆。

這一圈酒大概需要花多少時間？1個小時！我們聽到回答無法置信的面面相覷，1個小時內不僅要聞香、啜飲，還要立即將個性特色記錄下來，就算差異明顯可分，但日復一日、年復一年的持續，再將這些紀錄搭配勾兌出新舊酒款，調酒師的工作真的讓酒友們羨慕嗎？實際調製時，除了在記憶中翻找，更須不斷試誤、修改，輿水先生追求完美、全然苛求的態度，完全展現了「一生懸命」的職人內涵，而調酒師工作也超乎想像的艱辛。

這段令人難忘的經歷，確認了「調和」這門大學問於筆者心中的地位。簡言之，任何一座酒廠想裝出評分90分以上的好酒，或是讓人無法入口的劣酒，都不是難事，前者只需要蒐羅酒窖中表現特別精彩、又符合流行風潮口味的桶子，以單一桶裝瓶即可，後者更不用說，外行如我都能輕易做出（一笑）。但若要經年累月的裝出評分75或80分的核心普飲款，且保持每個批次風味不變，考驗的不僅是製酒人的技藝，更是調酒師數十年功力的展現。

這一篇講調和與裝瓶，因為市面上琳瑯滿目的威士忌品項，除了特別標註單一桶，無論是單一或調和式威士忌，在裝瓶前都必須調和多桶或多種威士忌，其目的便是一個批次、一個批次地製作出特殊風味的威士忌，並盡可能減少批次間的差異。不過在進入技術細節前，先探討一個常存於威士忌酒友間的迷思。

◇ 千帆過盡皆不是：單一還是調和？

筆者於 2011～2015 年間擔任「台灣單一麥芽威士忌品酒研究社」（TSMWTA）的理事長，在任期的第二年，也就是 2012 年底的社員大會，決定打破每人帶 1 支酒的「一支會」慣例，玩一件考驗所有社員的趣事。

雖說品飲主流思潮已從調和式威士忌轉向單一麥芽威士忌，但絕大部分的飲者都是從調和入門，也讓調和式威士忌，包括調和麥芽威士忌（Blended Malt）、調和穀物威士忌（Blended Grain）以及調和威士忌（Blended Scotch Whisky），依舊占蘇格蘭威士忌銷售總量的 90%[註1]。

但筆者的經歷較為特殊，40 歲以前幾乎滴酒不沾，而後開始認真喝起威士忌，便一頭栽入單一麥芽的世界，罕有機會將目光轉移到調和品項，也因此讓筆者興起辦一場盲飲測試的念頭。在這場品酒會中，選擇市面上較容易尋得的調和式威士忌共計 8 種，再混入 1 款人人熟悉的單一麥芽威士忌。規則簡單，除了選出前 3 名最佳酒款之外，還要挑出那支單一麥芽威士忌。

本以為市場上調和式威士忌酒款眾多，但一旦將年分限制在 17、18 年左右時，發現好幾支易見的調和式威士忌居然都是調和麥芽威士忌，因此最終將酒齡放寬到 21 年，酒款包括馬諦氏 21 年、約翰走路金牌 18 年、仕高利達 21 年、響 17 年、起瓦士 18 年、百齡罈 17 年、皇家禮炮 21 年以及帝王 18 年，至於偷偷混入的單一麥芽威士忌則是大家都喝過的格蘭利威 18 年。這 8+1 支酒款，由於酒瓶形狀各異，為了達到混淆目的，全數換裝填入毫無關聯的空酒瓶，瓶身貼上編號以茲識別，編號代表的酒款只有筆者一個人知道。

註1 根據 SWA 於 2019 年初公布的統計，單一麥芽威士忌於 2018 年僅占出口總量的 10%，不過價值超過 28%

　　這場盲飲的對象是 30 多位經驗豐富的威士忌達人及同好。由於事關面子，但見人人屏氣凝神，專注地聞香啜飲、往復比對，再慎重寫下答案。測試的結果公佈，對於前 3 名酒款大家口味頗為一致，響 17 年獲得壓倒性的勝利，事實上，這款酒因為日本威士忌的風格鮮明也被最多人猜出。第二名是《威士忌聖經》上的常勝軍百齡罈 17 年，雖然聖經的可信度早已掉漆，但 JM 仍維持了一定的信譽。第三名則是皇家禮炮 21 年，在筆者心中一直以來都是相當優質的調和。

　　但回到眾裡尋他千百度，那支單一麥芽卻在雲深不知處的大問題，完全出乎預料的，沒有任何人答對！這結果不僅讓全場嘩然，也叫筆者詫異不已，顯然單一、調和的差異並非如想像中的壁壘分明。仔細分析選票，最廣為挑選的答案，恰好都是最佳酒款的前三名，似乎大家在潛意識裡，以為單一麥芽應優於調和，所以想當然爾的將表現較優的酒視作單一麥芽。

在 9 款調和威士忌中找出 1 支單一麥芽威士忌（圖片由計名提供）

格蘭菲迪酒廠的首席調酒師 Brian Kinsman（圖片由格蘭父子提供）

這個有趣的結果，除了讓當年的參加者捶胸頓足，是不是也會讓讀者您重新思考調和的定位？

◇ 純麥與單一麥芽威士忌

　　蘇格蘭威士忌的標示過去並無規範，酒商可盡展行銷才能，不過 2003 年的時候，約翰走路黑牌因太過暢銷，導致重要基酒來源卡杜酒廠的存量不足，無法持續裝出單一麥芽威士忌。在這種情形下，母公司帝亞吉歐調和了卡杜與其它酒廠的原酒，維持相同的瓶身及包裝，只將名稱從 Single Malt 更改為 Pure Malt 上市，號稱創舉。只不過這種方式顯然有欺瞞之嫌，滿上激發來自消費者及其它酒廠的抗議，雖然馬上更改包裝顏色，但依舊無法抑止眾怒，黯然在 2004 年下架。

　　身為業界大老的帝亞吉歐，在這個爭議事件中雖百般解說，仍無法獲得

「蘇格蘭威士忌協會」（SWA）的諒解，也因此 SWA 於 2009 年作出全新的規範，清楚定義 5 種威士忌的標示名稱：單一麥芽、單一穀物、調和麥芽、調和穀物，以及調和式威士忌，同時也嚴禁使用「純麥 Pure Malt」名詞。不過直到今天，或許是 SWA 管不到台灣，也或許是「純麥」聽來既純又響，所以偶爾還是可以在廣告、酒專看到聽到這個名詞，至於其它名稱，如台灣於單一麥芽之外，自創「單一桶單一麥」（Single Single）的新名詞，用以暗示高下差異，請讀者務必辨明其中奧妙。

　　回顧威士忌的發展史，在 1830 年連續式蒸餾器發明以前，威士忌的原料混雜不一，販售的雜貨鋪、酒肆為了銷量，通常自行調和，必須等連續性蒸餾器發明之後，麥芽與穀物威士忌的製作方式才逐漸分道揚鑣。由於穀物威士忌使用的原料並未以泥煤烘乾，加上連續蒸餾後酒精度高達 94、95%，濾去大部分風味來源的同屬物，導致風味較為清淡，大量用作調和基材時，又能降低威士忌的成本。只是就算到了今天，「酒齡愈高的調和威士忌使用的麥芽比例也愈高」一說甚囂塵上，依舊暗示著麥芽威士忌有其優勢所在。

　　不過，從 1970 年代單一麥芽威士忌愈來愈興盛之後，除非是單一桶裝瓶，否則也需要調酒師的勾兌調和，原因在於即使蒸餾廠使用的原料、製程不變，當新酒放入橡木桶經長時間的陳年後，每一桶酒都因木桶、儲存環境的微妙差異而擁有獨自的個性，裝瓶前必須融合數十桶酒的風味，以維持其核心酒款的恆定品質。

　　筆者喝過的酒款 2,000 餘種，癡迷如我，總會挑剔酒中風味不盡人意，偶爾想像手中這杯酒若能多些泥煤風味，又或者加強其雪莉調性，是不是會更讓人滿意？解決的方法便是找出其它酒款自行混調，只不過想像與成果通常存在極大落差，方知「誰知杯中酒、滴滴皆辛苦」的道理，也愈發的崇敬調酒師功力，更無法想像調酒師如何在行銷部門的要求下，從無到有的建構出全新酒款。

　　至於市場上大為風行的單一桶其實相對簡單，當新酒注入橡木桶之後，僅須注意其熟陳情況，其餘交乎天命，無所謂恆定風味，風情喜好全放諸市場。僅管如此，酒廠／酒公司並無意多裝單一桶，終究此非市場常態，沒有任何大酒廠可憑藉僅銷售單一桶而存活，且單一桶個性強，不一定能呈現所謂「酒廠風格」，行銷策略上成為單打獨鬥的「引路貨」，經銷鋪貨時又時常引發搶貨爭執，更可能誤導消費者，以為單一桶為饕客行家的晉身階。如此分析下來，消費者與其跟風追逐限量單桶，不如好好思考，到底是什麼維護威士忌數百年不墜的風情？

延伸閱讀 ①
「源自日本，調和藝術之美」
——響的調和講座

浸潤單一麥芽威士忌日久，雖然明知市場上仍以調和品項為最大主流，但仍只一味的固執在單一的世界，而往來周遭也盡是單一之輩。有跨出的念頭沒錯，仍因為門檻不高而遲未動步，不過很久以來卻也知道調和比單一桶難上許多，酒窖中挑一個好桶子裝瓶不算太難，只要確實有好酒可挑（或，

日本三得利公司的名譽首席調酒師輿水精一先生
（圖片由台灣三得利提供）

有話題性的桶子可挑），但如何勾兌各色不一的桶子，做出某種存在於想像中的酒，對我來說，根本是不可能的任務。

　　為了深入瞭解調和的一切，我於 2012 年磨著台灣三得利辦一場品酒會。這個有點不盡人情的要求，剛好搭著 Whisky Live 輿水先生來台而有了機會，與好朋友惠萍往來討論之後，輿水先生特地舉辦了一場小型的講座，主題便是「響」系列。原來構想是讓參加者自行調和，不過最終因酒款素材太多而作罷，但會中輿水先生知無不言、言無不盡的道出他身為調酒師的所思所想，以及幽默的描繪出他的工作概況，非常誠摯、誠懇的一一數盡調和藝術的要點，揭開了我不少疑惑，若非時間太晚，而我又不懂日文，否則將纏著他繼續問下去。

由於這場講座包含了輿水先生不傳之秘，可以猜想簡報內容是他一字一句的斟酌出來，以下 9 大要點堪稱集其大成：

① **想要調和出的口味，是否能使人想像得出來？**

這是我最大的問題，也是我向輿水先生的提問之一：到底要如何想像？譬如在 1989 年第一款響系列的「響 17」被創造出來前，擔任首席調酒師的 富孝一是以布拉姆斯的第一號交響樂第四樂章作為想像，成為這款酒獨一無二的香味來源，這……真的有點玄之又玄，所以我舉手提問，假設輿水先生現在要做出一款新調和，應該會如何開始？很誠實的輿水先生回答，其實很多時候都是市場決定一切，所以行銷部的人會提出要求，譬如「適合搭壽司的酒」，而調酒師接收到類似的指令，即使困擾，也只好在腦袋中搜尋構思，然後努力達成目標。嗯……這樣的回答是有點出乎預料，不過想想，酒終究是要賣的商品，所以大概就是如此吧？！（相信格蘭傑的比爾博士也作如是說）

② **經由調和素材的選擇，決定最終的結果。**

「謎」是一款邀請推理小說家調出來的酒，主要還是話題性，但毫無經驗的素人調出來的酒居然都不錯，讓調酒師驚訝之餘得到結論：因為原酒素材都好！正如大家所熟知，為了增加素材的廣度，山崎與白州利用不同的麥芽、發酵槽、蒸餾器和橡木桶，創造出總共 100 種不同的威士忌，在加上知多蒸餾所利用不同組數的連續蒸餾器製作的輕、中、強穀物威士忌，讓調酒師有滿手的素材可使用，更不用提陳年年份。當然，素材多則紀錄多，調酒師的工作是日復一日、年復一年的辛勤耕耘，不是想像中那般恣意。

③ **AB 型最好嗎？**

這是輿水先生說的笑話，只因為日本瘋血型，所以拿來當引子，但不知道台灣聽眾的接受度。不過，據說 AB 型的人較適合擔任調酒師？

依我對血型決定個性的淺薄認知是無法理解這樣的問題，但不解之謎在於，山崎前後三任調酒師，包括輿水先生在內，確實也都是 AB 型，所以結論是？

④ **有辦法預測最終完成品的品質嗎？**

這是我的另一個問題，終究調酒師的配方是在調酒室中完成，用的是小樣品，如何放大，而放大後是否一致？都讓我極度困惑。舉例而言，樣品中的某部分來自某個波本桶，但放大版必須使用 4 個波本桶的量，在每個橡木桶多少都存在差異的情況下，最後的調整該如何做？輿水先生所示的圖片包括大桶後熟、不鏽鋼桶後熟等等，解釋的應該是調和後的「融合」過程，當然最後仍靠調酒師來把關，我猜想，成品的最終配方也不會和調酒室中完全相同。

⑤ **回到原點。**

所以該回到調酒室的原點嗎？輿水先生在這裡做了些思索，再度提到「謎」這款素人調和，說，很多時候不斷的嘗試與更改之後發現，最早的配方其實還是最好。咦？這不就是王國維的「人生三境界」嗎？！

⑥ **100+1 卻產生了 200 的效果。**

根據食品業所作的試驗，只要添加 1% 的麩胺酸，鮮度立即可提升到 2 倍之高，當然如果繼續添加的話，鮮度也會持續提高，但約莫 8 倍已是極限。不過這不是重點，輿水先生舉這個例子是用來證明某些原酒只要加入極少的量，便可發揮畫龍點睛的功效，而何謂 +1，便必須考慮所謂優等生齊聚一堂的效應。

威士忌達人林一峰在現場針對此提問，另外也在臉書中再做說明，他說：「我認為水楢桶（Mizunara）的香味特色是其很明顯的優點，但是在酒體結構和複雜度上偏向不足，加上稀少性與成本考量，調和威

士忌只要使用一點水楢桶就可以錦上添花，因此不論站在成本考量、獲利考量、庫存考量，甚至水楢桶本身的特性上，水楢桶使用在調和威士忌上的優勢與好處絕對高於單桶的水楢桶威士忌。」現場品飲的酒單包括了美國白橡木波本桶、雪莉桶、煙燻泥煤桶（Smoky）以及水楢桶四種原酒，以及，大家最後有點搞混的，到底是上述 4 種原酒作出的調和，還是用到其它原酒？會後討論熱烈，水楢桶確實也發揮了畫龍點睛的神效，只不過到底該拿來調和或做單桶裝瓶仍有爭議，個人以為應該還是回到市場，有話題、說得出故事就有市場，水楢單一桶偶一為之，便可衝擊出極大的話題。

⑦ **全部都是優等生就一點都不有趣了。**

在這場講座中，興水先生從頭到尾不斷強調「平衡」二字，在原酒素材都非常優秀的情況下（這是身為三得利人的自負，不過現場試飲的幾支原酒確實都非常華美，如果裝成單一桶絕對能立足市場），究極平衡是可追尋的。只是問題在於，這不是調酒師想達到的想像標準，因為太平衡的酒會失去某些樂趣。

有關這一段說明很有趣，負責協助翻譯的是知名的葡萄酒達人與作家陳匡民，但碰到這種乍聽下相互衝突的表達方式也有點無措，最後作了「在平衡中尋求不平衡」的意譯。對我來說，文字表面意思當然是知道，但未曾實際操作下，這種「知道」是毫無意義的，顯然已經近乎「不立文字，教外別傳」的禪的境界，唯一方法便是跟著興水先生學習調和。

⑧ **不要因為有缺點而輕易放棄。**

呼應著上一則要點，原酒的缺點或也有可能成為調和中的聖品。這使我想起巨無霸帝亞吉歐公司，在它擁有的 28 間蒸餾廠中，各家酒廠都負有不同的使命，或青草、或穀物、或煙燻，集各家蒸餾廠之所長，可成就如 Johnnie Walker 般的百年熱銷。

⑨　代表調和後原酒的數。

　　到底一款調和式威士忌包含了多少原酒？這一點不是很清楚，不過輿水先生透露，可能調入的原酒種類不斷增加，最終可達 30、40 之多。老實說，這真的很難想像，更增加了如何將調酒室中的配方放大的難度。而且，這是我在另一場「角瓶」講座中所得知，穀物威士忌占了其中約 70%，僅 30% 的部分，必須調入能與穀物威士忌巧妙融合的基底麥芽威士忌，以及引領出香氣、口感核心的關鍵原酒，更重要的是能畫龍點睛的那 1/100，有如同時拋弄 30、40 顆球在手上，精準、協調才能毫無失誤。

「響」全系列（圖片由台灣三得利提供）

　　這場講座以響 12yo、17yo、21yo 及 30yo 全系列的品飲作終，24 個切面的瓶身代表著 24 節氣，以扣緊威士忌醇化所需要的「時間」因素，酒標大大的「響」字則請書法家荻野丹雪書寫。輿水先生接任首席調酒師 13 年，真正屬於他的獨創配方應該只有在 2009 年發表的響 12，這支調和也確實是我非常喜愛的日常飲品。響 17 酒體稍弱（可以聯想布拉姆斯《第一號交響曲》第四樂章嗎？），響 21 豐盈的果香則是我心目中的第一，至於眾望所歸的響 30 呢？過去幾次品飲其實並不十分推崇，原因在於－我以為是過於溫和無力，但經這場講座的思考，應該正是優等生齊聚一堂產生的平衡感所致，堂堂正正、四平八穩，卻少了一股提綱契領的不平衡風味來讓人眼睛一亮，當然，非常高貴的價格也造成心理障礙。有趣的是，會場的響 30 慷慨奢華的酒量不少，在無負擔的大口入口下，印象分數整體提升，所以回頭思考，所欠缺的該是一股豪氣吧？！

延伸閱讀②
「福與先生新響示誠」

2013 年福與先生應 Whisky Live 之邀來台，講題的重點在於解構我們所熟悉的角瓶，為此我留下紀錄「說風格—福與伸二與 Jim MacEwan」，文中寫下：「我尤其對那紙配方感到好奇，怎麼沒有人猜這是哪一款酒？在福與先生上任後，先

日本三得利公司的首席調酒師福與伸二先生
（圖片由台灣三得利提供）

後作了新山崎、新白州以及剛發表的新角，接下來，想當然爾的應該就是新「響」啦！」，那張投影片顯示的配方，是福與先生提到正在調配的一款新酒，包含了幾種僅摻入 0.01% 的原酒，而我的大膽猜測歷經 1 年餘，終於在今年的發表會上看到了。

說到這款新響，不能不先提我們所崇敬的輿水先生，他於 2012 年頭一回解構「響」系列，完全將人生哲學融入調合技藝當中。那麼，身為輿水先生的繼任者，如何一方面維繫「響」的既有風格，另方面又能為自己標立新的典範？

福與先生如此破題：響的個性是什麼？「完美的和諧、華麗的香氣、纖細的平衡」三要素。若與過去的「響」系列比較，和諧、平衡一直都是調和的精隨，不過輿水先生強調「平衡中的不平衡」，而福與先生則特重香氣，只不過他想要的香氣沒辦法從一譬如 12 年陳年的酒中發覺，至少

必須 17 年以上，而新響的設定便是無酒齡標示的 NAS，一旦調入過多中高酒齡的酒恐難控制成本，該如何解決？

　　答案：穀物威士忌。麥芽威士忌的新酒所含雜質多，必須經過長時間於橡木桶內呼吸交換，方得以將這些不成熟的的風味慢慢遞換。而穀物威士忌經連續蒸餾後，新酒酒精度高達 94.5%，已接近純淨無雜質的中性酒精，若放置於較小的橡木桶以及酒窖中溫度較高的位置，可在短時間內──譬如 15 年，達到福與先生需要的熟成香氣。

　　這一段誠懇又真實的經驗分享，對我來說堪稱振聾發聵。雖說一直都了解穀物威士忌在調和中的定位，卻從未深思居然扮演如此重要的角色。以現場擺放的 5 種原酒來說，美國白橡木麥芽威士忌提供了紮實的基底（solid base），雪莉桶和水楢桶作為調味（dressing），泥煤原酒則是隱藏的元素（hidden player），而來自知多蒸餾廠的穀物威士忌則完整凸顯出新響的香氣、口感、餘味以及整體風格，便如同料理中的高湯融合了所有的食材與佐料。後續的品飲中，我特別留意穀物威士忌的香氣屬性，並與新響相互比較，果然挖掘出不少共通性。僅此一點，便是這場品酒會帶給我最大的收穫！

　　至於新響，品酒會開始我便迫不及待的掀起杯蓋偷聞，甜美芳馥的香氣叫人悠然神往，十分適切的符合福與先生「完美的和諧、華麗的香氣、纖細的平衡」等要求。歷經至少一年多的調配與試酒，我相信這支酒繼新山崎與新白州之後，又是一款福與先生的得意之作，而且在輿水先生溫和但龐大的壓力下有

了新的突破，是支極佳的居家佐餐酒。我的記錄如下：

Hibiki 「Japanese Harmony」（43%, OB, 2015）

總分	85
時間	4 / 8 / 2015
Nose	甜美的蜂蜜、梅子、柑橘和一絲優雅的木質與淡淡的煙燻，乳脂非常溫柔而體貼人心，少許鹹味暗示讓我聯想起青梅
Palate	甜美的柑橘、蜜餞、果醬和輕蜂蜜，一點點雪莉暗示，少量煙燻，什面上少許泥煤感以及胡椒、肉桂和單寧刺激，微微的柑橘皮油脂，尾端少量的鹹味
Finish	中，木質單寧延續，一些柑橘皮，柑橘、麥芽甜依舊，淡淡的鹹與泥煤暗示
Comment	一如福與先生所預期，該有的華美與平衡都在，簡單輕盈風味卻相當豐足。

◊ 調酒師的商業與風險管理

所以，讓我們回頭來看調和工藝。參考〈第一篇、細說從頭〉，愛丁堡的安德魯阿雪爾堪稱開風氣之先，早於 1850 年代便開始調和不同桶、不同年分的格蘭利威，創造出有史以來第一個威士忌品牌「老調格蘭利威」，以今日嚴謹的定義來看，假若酒液全都來自格蘭利威，那麼這款酒不折不扣是蘇格蘭第一支單一麥芽威士忌。

至於其它酒廠，多少也裝出符合今日定義的單一麥芽威士忌，如《英國的威士忌蒸餾廠》中便記載樂加維林於十九世紀末，即少量裝出「單一威士忌」（single whisky），不過大部分仍作為調和式威士忌使用。成立於 1895 年的裝瓶商高登麥克菲爾，於 1896 年便以蒸餾廠為名裝出符合今日定義的單一麥芽威士忌，由於長期與酒廠交好，酒廠樂於提供蒸餾廠名稱作為酒標的一部分，因此在二十世紀初的裝瓶，幾乎等同於當時的單一麥

麥卡倫前任的蒸餾大師 Bob Dalgarno 攝於調酒室，他 2019 年轉任陀崙特酒廠
（圖片由愛丁頓寰盛提供）

芽威士忌。另外 Mackenzie Bros Ltd 於 1927 年成立後，因擁有大摩酒廠，因此反而不像其它公司銷售調和式威士忌，而專注於大摩「自家威士忌」（self whisky），也是當時極罕見的單一麥芽威士忌品項。

　　直到今天，調和式威士忌依舊占據蘇格蘭威士忌 90% 以上的銷售量。根據 2019 年 SWA 所公布之出口統計資料，在 2018 年底，各種類的威士忌其數量與價值的比例如下：

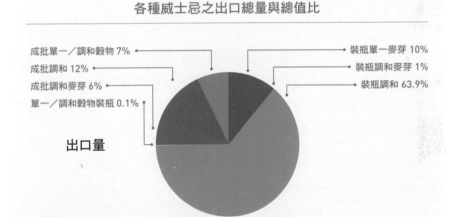

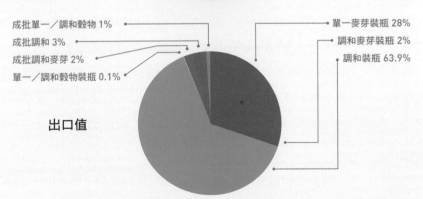

以量而言，我們熟悉的單一麥芽威士忌只不過占 10%，而在如此小的比例中，不需要調和的單一桶更是微乎其微，以致調酒師不僅負有重責大任，更在酒廠或酒公司中被視為感官權威，他們的工作包括（但不限於）：

◎ 在威士忌熟陳階段，定期檢驗酒質及風味，以確認並決定適合裝瓶的橡木桶；

◎ 管理熟陳中橡木桶的存量並依此設定酒廠的橡木桶使用策略，用以確保現在和未來都有足夠的存酒可持續調配各式酒款；

◎ 配合行銷團隊共同創造全新的酒款或系列，並且為新酒款或新系列設計調和配方。

不同的酒廠／酒公司可能賦予調酒師不同的任務，可能需要參與製酒管理，也可能擔任品牌大使推廣酒款，或執行內部和外部的教育訓練。格蘭傑的比爾博士名片上的頭銜很長：「蒸餾、酒款開發及庫存管理總監」（Director of Distilling, Whisky Creation & Whisky Stock），顯然從蒸餾製造到酒款開發都屬於比爾博士的職掌範圍。

格蘭父子公司的首席調酒師大衛史都華於 2016 年發表 DSC（David Charles Stewart）系列的第一章時，透露接下來每年將發表一章共計五大主題，其中第三章〈庫存模式〉（Stock Model）最讓人疑惑。某業界人士告訴我，威士忌不同於其它商品，製作完成後必須等待數年或數十年才能裝瓶出售，風險極大，所以酒廠每年必須根據統計資料做滾動分析，決定往後 5 年、10 年內酒窖須保有的庫存，以便採購和製造生產，這便是「庫存模式」。這種商業與風險管理一點都不浪漫，卻也是調酒師必須參與的工作，牽涉的還包括橡木桶政策的開發與維護，才能確保未來酒款的精神輪廓。

總之，任何可能影響酒廠風格的因素，無論在蒸餾廠房、橡木桶、倉庫、調和室或裝瓶室，直到教育消費者如何欣賞、品飲，全都可能是調酒師管

（上）大衛史都華與 DSC 系列第一章（圖片由格蘭父子提供）
（下）懷特馬凱公司的「神之鼻」Richard Paterson（圖片由尚格酒業提供）

轄範圍，也因此我們熟知的幾位調酒師，如格蘭父子公司的大衛史都華、
格蘭傑的比爾梁思敦、布萊迪已退休的吉姆麥克尤恩、格蘭冠的丹尼斯麥
爾坎、日本三得利的輿水精一和福與伸二，不僅是享譽全球的大師，更如
神般受人崇敬。

舉懷特馬凱（Whyte & Mackay）的首席調酒師理查派特森（Richard

Paterson） 為例， 他在蘇格蘭威士忌界被暱稱為「神之鼻」（The Nose）
──據稱他珍貴的鼻子曾在倫敦 Lloyd's 保險公司投保 150 萬英鎊的保險，
不管傳言正確與否，可見他的感官是如何敏銳。他在接受媒體訪談時提到
調酒師的工作：「我必須不斷確認木桶的風味，當波本桶跟酒液的交互作
用停止，風味不再進步時，可能就須換到雪莉桶，但也許多年後再放回波
本桶……我希望獲取不同木桶的特殊風味，但必須要平衡，時間在酒窖裡
是關鍵因素，我會一直觀察老威士忌，注意不同陳放位置、使用的桶型、
不同溫度等等，隨時注意，該調整位置，該換桶，或者酒液達到我的標準
可以裝瓶，都得隨時做出反應。」

　　那麼，除了橡木桶的選擇與管理，調酒師又是如何調和？在倉庫管理電
子化的今天簡單多了，只需依照調酒師的配方（recipe 或 formula），將所
需要的不同酒齡、類型和數量的橡木桶自酒窖取出，放入調和桶（vat，木
製或不鏽鋼製）均勻混合，再加入不影響風味的蒸餾水將酒精稀釋到預期
的酒精度，便可以裝瓶了。但，有這麼簡單嗎？

◊ 透明化運動：調和案例說明

　　就以配方而言，若是行之有年的酒款，配方大致固定，但由於橡木桶多
年熟陳後狀況不一，仍得些微調整；若是全新酒款，調酒師必須根據目前
所有的橡木桶類型和數量在調酒室內調配，才能制定配方，所需時間可能
長達 1、2 年。三得利的首席調酒師福與伸二先生於 2013 年來台解構「角
瓶」時，簡報頁顯示了一紙創造中新酒的配方，其中包含幾種僅摻入 0.01%
的原酒，其精確及精妙非吾等所能想像。

　　如同前面所提到的「庫存模式」，威士忌的品牌必須因應市場需求而創
造，而需求又基於多年前的預測。酒廠製作新酒並儲存於不同類型的橡木
桶中，同時也計入因「天使的分享」所造成的損失，最終影響橡木桶使用
政策。每間酒廠因政策及財務考量之不同，在採購新桶、修補舊桶、制定

（左）麥卡倫酒廠於裝瓶前倒出原酒在溝槽內再進行融合（圖片由愛丁頓賽盛提供）
（右）格蘭菲迪知名的蘇羅拉調和桶（圖片由格蘭父子提供）

使用年限及循環使用次數等各方面皆有不同，如麥卡倫的雪莉桶僅使用兩次，又有如帝亞吉歐的穀物威士忌全使用首度裝填的波本桶。

　　酒廠也進行各種實驗，包括原料及製程，以及來自世界各地、曾裝過其它酒種的葡萄酒桶、蘭姆酒桶、馬德拉酒桶等等，不一而足，或進行完整的陳年，或用來做過桶，但實驗結果不一定能成功裝瓶。這些預測、製作和等待在數年、十數年或數十年之後，全都是調酒師手中的材料，當年預測是否準確倍受考驗，但是在這麼長久的時間中，無論原料及製程都有所改變，調酒師可能也換了新手，成為批次與批次間出現差異的主要原因。

　　很不幸的是，調和配方一向被酒廠視為機密，不輕易洩漏，不過近兩年來由裝瓶商「威海指南」（Compass Box）發起的透明化運動，加上隨之響應的布萊迪酒廠，以及從開廠之初便力主透明的瑞典高岸酒廠 註2，讓我們有機會一窺調和的奧秘。酒友們可自行連結上官網（如威海指南、高岸），或輸入瓶身上的密碼編號（如布萊迪的 Classic Laddie），便可得知每一支酒款使用的原酒或來源、橡木桶的使用、酒齡及調和比例等，分別以下面3 個案例來說明：

註2　瑞典 BOX 酒廠成立於 2010 年，是一間具有強烈實驗風格的工藝酒廠，在透明政策上，原本應該是 Compass Box 的親密戰友，但卻被要求改名。由於 Compass Box 為全球最大的家族私有烈酒商「百加得 Bacardi」所擁有，BOX 為避免曠日廢時的跨海爭訟，因此快刀斬亂麻的在 2018 年 6 月底改名為「高岸」（High Coast）

① Compass Box No Name No.2：以體積比計算，調和了 75.5% 卡爾里拉 Refill Sherry butt、10.5% 泰 斯 卡 Recharred American oak hogshead、13.5% 克里尼利基 Recharred American oak hogshead，以及 0.5% 調和高地麥芽 Custom French oak cask heavy toast，可惜以上的用桶缺桶數及熟陳時間資料。

② Classic Laddie Batch 15/304 2015：總共調和了 84 個橡木桶的原酒，分別來自 4 個不同的年份、使用 2 種不同的麥芽，並熟陳於 11 種不同的橡木桶中，所有的資料如下表：

③ High Coast HAV：由 76.82% 的非泥煤威士忌與 23.18% 泥煤威士忌組成，

桶數	年份	麥芽來源	橡木桶種類
22	2008	SCOTTISH MAINLAND	USA BOURBON BARREL 1ST FILL
2	2008	SCOTTISH MAINLAND	USA BOURBON BARREL 2ND FILL
12	2008	SCOTTISH MAINLAND ORGANIC	FRANCE BANDOL（MOURVEDRE）HOGSHEAD 2ND FILL
1	2008	SCOTTISH MAINLAND ORGANIC	ISRAEL（CABERNET SAUVIGNON）HOGSHEAD 2ND FILL
4	2008	SCOTTISH MAINLAND ORGANIC	FRANCE PAUILLAC（MERLOT）HOGSHEAD 2ND FILL
4	2008	SCOTTISH MAINLAND ORGANIC	FRANCE PESSAC-LEOGNAN（CABERNET SAUVIGNON, MERLOT）HOGSHEAD 2ND FILL
1	2008	SCOTTISH MAINLAND ORGANIC	FRANCE RHONE ST JOSEPH（SYRAH）2ND FILL
1	2008	SCOTTISH MAINLAND ORGANIC	FRANCE COTES ROTIE（SYRAH）HOGSHEAD 2ND FILL
3	2008	SCOTTISH MAINLAND ORGANIC	FRANCE RIVESALTES VDN（MUSCAT）HOGSHEAD 2ND FILL
8	2005	SCOTTISH MAINLAND	USA BOURBON BARREL 1ST FILL

桶數	年份	麥芽來源	橡木桶種類
8	2006	SCOTTISH MAINLAND	USA BOURBON BARREL 1ST FILL
4	2006	SCOTTISH MAINLAND ORGANIC	SHERRY BUTT THEN FRANCE BURGUNDY RED HOGSHEAD 1ST FILL
5	2007	SCOTTISH MAINLAND	USA BOURBON BARREL THEN FRANCE PAUILLAC（CABERNET SAUVIGNON, FRANC, MERLOT）HOGSHEAD 1ST FILL
7	2007	SCOTTISH MAINLAND	USA BOURBON BARREL 1ST FILL

其中 66.85% 熟陳於小型匈牙利及瑞典橡木桶 5 個月，而後再轉換到波本桶平均熟陳 6.09 年；30.84% 的威士忌全熟陳於波本桶，另外 2.67% 的威士忌則以 40 公升的匈牙利橡木桶做過桶處理。2014/10 以前目桶儲放在較潮溼的酒窖裡，酒精損失量較多，之後移置到較乾燥的 #3 酒窖。橡木桶種類包含：

◎ 200 公升的波本桶（Quercus Alba），來自肯塔基州

◎ 40 公升的瑞典橡木桶（Quercus Robur），由 Thorslundkagge 製桶廠製作

◎ 40 公升的匈牙利橡木桶（Quercus Petraea），購自匈牙利

以上共計 48 個波本桶、總量 6610.5 公斤的酒液，其平均酒精度為 61.69%，於 2019/03/14 放入調和桶內，並加入 2154.7 公斤的水，將酒精度降低至 48%。

以上 3 間酒廠中，高岸的透明化做到最極致，甚至將製程中有關麥芽種類、麥芽廠、酵母種類、發酵時間、水源、批次量、酒心切點以及年／月／日時間因素等，所有消費者可能有興趣知道以及不需要知道的資料，通通公布在網路上。

根據蘇格蘭威士忌法規，酒標上只能標示調和原酒的最低酒齡，因此無論 Compass Box 或布萊迪的酒款多透明，仍無法公開每一桶酒的酒齡資料，否則，假設一個淺顯的例子，A 牌的 15 年酒款調入 10% 的 20 年原酒，但 B 牌並無，如

果兩者價格相同，消費者當然趨向選擇 A 牌，在這種情況下，B 牌只得降價搶市，或更換配方調入 7% 的 25 年，如此一來，惡性競爭伊于胡底？

百富酒廠的 1401 融合桶（圖片由格蘭父子提供）

High Coast 並非蘇格蘭威士忌，不必遵循蘇格蘭法規，所以能做到極度透明，讀者們也可以藉此思考，為什麼 High Coast 具有如此強大的自信，完全不畏懼他廠拷貝生產？其它酒廠，例如同樣不受蘇格蘭法規約束的台灣威士忌，為什麼東守西防的越趨保守？

◊ 酒精度限制及酒度標示

威士忌在調和桶中混合後，接下來便是降低酒精度及「融合」作業。蘇格蘭威士忌法規只規定最低酒精度為 40%，並無上限，但為什麼是 40%？得回頭翻看歷史。

威士忌在十五世紀時，可能是詹姆士四世時代，其用途之一是用於製作大砲的火藥球，可能便是「酒度」（proof）的來源。不過正如大家所熟知，proof 的意義來自大航海時期的英格蘭，指的是一種驗證方式。由於當時欠缺量測酒精度的方法，因此將酒（主要為蘭姆酒）與火藥混合後點火燃燒，如果能旺盛的點燃火焰，便是 above proof，點不著，則為 under proof，據以課徵不同稅額。這種方式當然不精確，因為火藥的品質無從掌握，因此等到十七世紀比重觀念開始建立之後，逐漸的被酒精含量所取代，不過仍得等到 1816 年才將 100proof 的酒明確定義其比重為純水的 12/13，相當於體積百分比的 57.15%，又由於 4/7 = 0.5714，因此可以將 proof 乘上 4/7 簡單換算為酒精度。

　　英國的「酒度」制一直沿用到 1980 年廢止，改用目前酒標上的 ABV（Alcohol By Volume，體積酒精含量），但喜好使用英制的美國，法規上使用的單位全都是 proof，卻也要求酒標上的酒精度必須以 ABV 來標示，或與 proof 並列。

　　不過美制 proof 與英制不同，因為晚於英國，直到 1848 年才建立，已經受到比重觀念的影響，因此取用整數，即 100proof 等於 50% ABV。至於 proof 制與 ABV 數字完全相同者只有法國，著名的化學家給呂薩克（Joseph-Louis Gay-Lussac）於 1824 年定義 100%ABV 的酒精即為 100proof，而 100% 的純水則為 0proof。所以講到酒度必須非常小心，不同的國家有不同定義，100proof 換算為體積酒精度 ABV 時，在英國為 57.15%，在美國為 50%，而在法國則為 100%。

　　這些歷史因緣讓我們了解，威士忌在缺乏定義的十九世紀，以整桶方式放在雜貨店販售時，酒精度到底是多少完全仰賴商人的良心，尤其是調和威世紀蔚為風氣之後，調和商為商業的主體，通常自備橡木桶運到酒廠裝酒之後，再運回倉庫存放，有權決定裝桶和販售時的酒精度。這種情形到了 1879 年《銷售食品及藥物法修正案》通過之後有了改變，法案中規定最低酒精度為 75proof（約 43%）。

格蘭冠酒廠稀釋的酒存放在不鏽鋼桶內準備裝瓶
（圖片由 Max 提供）

　　不過一直到進入二十世紀之前，市場上仍充斥著廉價劣酒，麥芽威士忌和穀物威士忌業者為了「何謂威士忌」而展開一場大辯論，進而催生 1915 年的《未熟陳烈酒法》，法案背後的重要推手為滴酒不沾的財政大臣

David LloydGeorge。他為了減少民眾飲酒，在一次世界大戰開始的隔年，成立中央管制委員會，以不提高稅率的方式，換取酒商同意新酒至少熟陳3年後才能販售，這個規範一直適用到今天。

至於酒精度，當時民間普遍以78～85proof（約44.6～48.6%）裝瓶，不過委員會希望在軍事管制區降低到50proof（約28.6%），酒商當然齊聲反對，協商結果以1879年以來的75proof（約43%）為標準。不過委員會並不滿意這個結果，在戰事吃緊的1917年重新規範，此時David Lloyd George已貴為首相，將裝瓶酒精度限制到70proof（約40%），從此便沿用至今。

從歷史的角度來看，顯然最低酒精度與風味並無直接關係，純粹是法規硬性要求，但由於並無最高酒精度的規定，今日市場上可看到各種不同的酒精度，除了傳統的40%或43%，還有各酒廠自認「最能表現酒廠風格」的裝瓶酒精度，42.8%、45.8%、50%不一而足，另外自1990年以降吹起的「非冷凝過濾」風潮，更帶動46%的風行。

此外，由於單一麥芽威士忌的盛行，愈來愈多消費者追求原汁原味、完全不加一滴水的「原桶強度」（Cask strength），台灣普遍稱之為「原酒」，卻又時常將已加水稀釋，但仍保持高酒精度的酒混淆，如50%、57%（100 proof）或著名的105（60%）等等，如此完美的整數數字當然很難靠著不同的原桶強度調整出來。

無論稀釋與否，高酒精度同樣不是單純考慮風味。或辯稱原桶強度可以保留所有的芳香物質，所以其風味應該最原始純粹，不過必須瞭解，酒精（乙醇）除了帶給人醺然的享受，卻也是一種神經麻醉劑，在高強度的酒精下，無論是鼻腔嗅覺受體或口中味蕾都因麻痺而無法發揮正常功能，酒精也會破壞口腔黏膜而造成脫水，同樣也會限制味蕾感受。

另一方面，部分酯類等芳香物質溶於酒精而不溶於水，加水稀釋恰可以

釋放這些物質，讓感官受體更容易捕捉。這便是為什麼調酒師在工作時，通常會把酒精度調降到 20% 左右的原因，否則每日得試 1、200 款酒，感官受體絕對無法承受。

◊ 調和所需的融合（marrying）

調酒師確定調和配方，也決定使用的橡木桶數量和裝瓶數，下個階段便是將所有用於調和的橡木桶移置到大型調和桶附近，再一一打開桶塞，將酒液注入桶中靜候一段時間，這段過程稱為調和（vatting），但依其目的，可稱為「融合」（marrying）。

業界使用的調和／融合作業有各種作法，使用的調和／融合桶尺寸可能小到只容納幾桶酒，也可能大到注入上百桶酒，使用的材質可能為木製或不鏽鋼，若是木製因使用多年，所以不具活性，當然也不計入酒齡。倒入桶中的酒液可能保持原桶強度，也可能先稀釋，而調和／融合時間短則數小時，長達幾個月。桶內可裝置攪拌棒讓酒液混合得更為均勻，且一般從底部取酒，這些都有助於融合。取出的酒液可能直接裝瓶，也可能稀釋後再經冷凝過濾及添加著色劑後裝瓶，不過也有蒸餾廠把酒重新裝填入無活性的中性桶中，讓酒更為圓潤，端看酒廠和調酒師的要求而定。百富酒廠曾推出 3 款 Tun 系列酒款，包括 1401、1858 和 1509 桶，這 3 個編號指的都是酒廠擁有的木製融合桶，不過 3 個桶尺寸有別，裝瓶數量自然不同。

格蘭菲迪 15 年採用業界獨到、仿雪莉酒索雷拉系統的方式來進行融和作業，使用的橡木桶包括波本桶、西班牙雪莉桶以及過新桶 3～6 個月後的波本桶，每個批次的橡木桶數量、比例或有些許調整。將這些木桶內的酒液清空注入 25,000 公升的木製融合桶內，桶中存有一半上一批的酒液，新酒與舊酒融合 30 天後，將一半的酒液抽出、填入已不具活性的中性桶，放置於酒窖 3～6 個月，而後再混合－加水稀釋－冷凝過濾－添加著色劑－裝瓶。格蘭菲迪 12 年的作法又不同，酒液保持原有酒精強度注入 2,000

公升的不鏽鋼融合桶，在傳統鋪地式酒窖內靜候4個月，而後再加水稀釋－冷凝過濾－添加著色劑－裝瓶。根據調酒師的感官測定，不鏽鋼桶和融合4個月後，與初期有著微小但可識別的差異。

　　知名裝瓶商 Gordon & MacPhail 直接在融合桶中加水稀釋，讓酒精度略高於裝瓶酒精度1～2%，定期以攪拌棒攪拌，10天後裝瓶。這種作法的目的是讓威士忌「under water」，也就是提早讓水參與反應，可得到更柔順的效果，且時間愈長效果愈佳。但也不是所有的酒廠／裝瓶商作法都相同，對於某些特定酒廠，如 Benromach，便是在調和桶內稀釋到比裝瓶酒精度高3～4%，而後填回中性桶至少3個月。為什麼如此麻煩的重新裝入木桶？因為所謂的中性桶，其實是多次使用已失去活性的橡木桶，無法從橡木桶中萃取風味物質，但不可忽略的是，來自不同橡木桶的化合物各有不同，在有氧環境下可進行交互作用，賦予足夠的時間，可融合成更均衡的物質。

　　蘇格蘭威士忌法規並無融合相關要求，每一間酒廠的調和作法多有不同，但某些調酒師認為經由融合過程，可以讓酒質更為圓潤、滑順。有趣的是，儘管化學分析方法難以分辨未融合及已融合威士忌的差異，但無論是專家或一般消費者，都可以分辨得出來，而且也認為融合後的威士忌入口風味更佳。

　　威士忌按調酒師配方勾兌調和，歷經一段時間的融合，也加水稀釋到預期的酒精度，是不是立即可裝瓶出售了？且稍安勿躁，先讓我們討論時常讓威士忌饕客聞之色變的兩個課題：焦糖著色以及冷凝過濾。

焦糖著色及冷凝過濾

焦糖調色劑

台灣是個威士忌非常成熟的市場，但也非常偏執，譬如 SWA 歷年來公布的統計資料，台灣自蘇格蘭進口的威士忌「總量」排名大多在十幾名，但「價值」時時在前 3 名；又或者是《麥芽威士忌年鑑》公布的資料中，台灣的麥芽威士忌進口量連年排名在前 5 名之列，但調和式威士忌卻擠不進前 10 名，顯然台灣人總愛購買平均單價較高的單一麥芽威士忌，而非總量占 9 成左右的調和式威士忌。

在此種奇妙的偏執下，有些消費者對於部分行之有年的威士忌裝瓶處理方式，如添加焦糖著色以及冷凝過濾，顯得大驚小怪，似乎凡標註不添加焦糖、非冷凝過濾者必屬好酒，反之則不屑一顧，是焉？非焉？先不論價值判斷，這兩種延續數十年的製程，改變了消費者對威士忌的觀感，擴大威士忌的版圖，絕對值得仔細探究。

◊ 焦糖著色劑的功效

調和使用的威士忌因存放的橡木桶各自不同，就算是相同酒齡，且經調酒師妙手調和，但每批次調和後呈現的自然色澤不一定完全相同。消費者或許對威士忌品牌有相當的忠誠度，卻缺乏關鍵知識而無法理解這種自然現象，總認為外觀顏色一旦更改，其風味必定也隨之改變。業者為了讓消費者安心，

只得添加不會影響威士忌香氣口感的焦糖來調整色澤，保持每個批次酒色的一致性，以增加消費者的信賴。

　　回溯歷史，蘇格蘭威士忌於 1880 年的烈酒法中，便記載有關合法使用焦糖的規定，但當時威士忌產業正處於第一次爆發期，不肖業者為求及早上市販售，不惜省略耗時費工的橡木桶熟陳，而大量使用焦糖及其它添味劑來欺騙消費者。1899 年的「派替生危機」促使長達十數年的辯論和修法，許多蒸餾業者向法院陳情，提出繼續使用焦糖的必要性，因此 1909 年修改烈酒法時，焦糖得以繼續使用。

　　二次世界大戰結束後，西班牙爆發內戰，雪莉桶嚴重短缺，恰好美國於 1938 年立法要求威士忌必須陳年於全新燒烤橡木桶，蘇格蘭業者順理成章的以波本桶取代雪莉桶，但陳放出來的威士忌色澤較淺，成為焦糖大量使用的關鍵時期。到了 1960 年代，透明的玻璃瓶逐漸取代傳統的綠色或咖啡色酒瓶，導致威士忌的色澤一覽無遺，除了讓業者更注重酒色的一致性之外，也同時催化冷凝過濾的廣泛使用。不過在 1988 年所頒布的威士忌法規中，並無焦糖著色劑的相關說明，但是 1990 年的《蘇格蘭威士忌規範》已經允許使用「烈酒焦糖」（spirit caramel），至於 E150a，得等到 2009 年的現行規範，才訂定與歐盟法規相同的標準，成為蘇格蘭威士忌唯一合法的添加物。

◊ 焦糖的分級及製作方式

　　焦糖色素是一種被廣泛使用的食品級水溶性著色劑，日常生活中常見的食品如麵包、巧克力、餅乾、蛋糕、甜甜圈、冰淇淋、可樂等等，所呈現勾引食欲的色澤，多半是靠著色劑。根據聯合國「糧食及農業組織／世界衛生組織聯合專家委員會」（Joint FAO ／ WHO Expert Committee on Food Additives, JECFA）的規定，焦糖著色劑可利用加熱碳水化合物製成，另依內含的添加物共分為 I ～ IV 等 4 級，若依歐盟標準，則為 E150a ～ E150d：

　　◎ E150a：普通焦糖（plain caramel），係將「碳水化合物（市售食品級甜

味劑，含單體葡萄糖、果糖和／或其聚合物，如葡萄糖漿、蔗糖和／或轉化糖漿）經熱處理後的產品，可添加酸、鹼或鹽以促進焦糖化」，一般用於威士忌或其它高酒精度的烈酒。

◎ E150b：容許添加亞硫酸鹽（sulphites），適用於含有單寧的雪莉酒或葡萄酒醋。

◎ E150c：可加入阿摩尼亞（ammonia），一般使用於啤酒、調味醬料或糕餅。

◎ E150d：可同時添加亞硫酸鹽和阿摩尼亞，用於酸性飲料如可口可樂、百事可樂等。

依 E150a 的製作規定，市面上可發現數百種相似的產品，而最常使用的製作原料包括玉米糖漿、小麥、葡萄糖漿或是蔗糖，不同的原料和添加物將影響成品的色澤、黏滯性、電離子特性和 pH 值。

以色澤而言，由於果糖焦糖化的溫度最低，約 110℃，所以色澤最深，蔗糖及葡萄糖的焦糖化溫度約 160℃，麥芽糖則為 180℃。用於飲料的焦糖必須具有較低的黏滯性，否則不易溶解；帶負離子的焦糖若加入帶正離子的飲料，將可能出現凝絮現象或甚至沉澱，當然也影響其溶解性，不過威士忌一般攜帶負電荷，不致受到影響。

至於 E150a 之所以適用於烈酒，主要著重於對酒精的耐受特性，就算高達 75% 的酒精，依舊能保持穩定不變質。此外，大多數的焦糖在室溫下可保存 2 年左右，但必須避免陽光，陽光直射下可能幾個月或甚至幾個星期便褪色了，不過 E150a 最不容易褪色，也讓 E150a 保有著色的競爭力。

由於使用不同的原料和添加物，焦糖的化學結構十分複雜，即使是同屬於 E150a 也大不相同。但以製作方式而言，主要都是碳水化合物的脫水反應，讓多醣被分解為葡萄糖、果糖、半乳糖、木糖和麥芽糖，如果再繼續加熱，失去水分的單醣逐漸聚合成焦糖，並殘餘少許具風味的化合物如呋喃（Furans）、雙乙醯、麥芽酚、酯類和內酯。在這許多化合物中，呋喃的影響

可能最大，出現類似烤堅果味，一般烘烤過的橡木桶也可以發現相似的味道。雙乙醯賦予奶油糖般的甜香，麥芽酚提供新鮮出爐的烤麵包香，而酯類和內酯通常帶來水果風味。

◊ 添加焦糖的作法

正如威士忌業者和消費者之間反覆辯證的問題：添加焦糖著色劑是否影響風味？業者當然說無，消費者信誓旦旦的說有，但若從組成的化合物觀之，辯稱毫無影響是不可能的，不過必須考慮添加量。

一般威士忌於添加焦糖前，先加水將酒精度調降到裝瓶度數，利用色度儀測定勾兌調和後的自然色澤，而後根據所需要的色度決定焦糖添加量。其一般性作法是在容量約 5 公升的不鏽鋼桶內加入水或威士忌，而後放入焦糖，調和均勻後再倒入威士忌的調和桶中，再測定其色度是否符合預期。焦糖的添加量不多，約 0.01% ～ 0.5% 皆有，但由於一旦倒入調和桶，假若色澤過深，便毫無回復的可能，因此通常先將 90% 的預估量倒入調和桶，然後測量威士忌的色度，再緩慢調整及量測，一直到預期的色度為止。

筆者於某些威士忌酒款確實可以明顯感受到人工焦糖的刺激味，某些則無，除了添加量的差別外，來自橡木桶半纖維素的熱裂解產生的天然焦糖也會造成混淆，另外雪莉桶的甜味同樣增添許多變數。但謹記，焦糖著色劑的目的只是為了調整色澤，如果影響風味，其實已經違反「保留原料、製作以及熟陳的香氣和口感」這項基本規定，而實際上，焦糖一旦添加過多，不但不甜，反而帶出一些刺激的苦味和澀感。

不過如果感官不夠敏銳，無法分辨是否添加焦糖，消費者該如何滿足知的權利？蘇格蘭法規並未規定酒標上必須標示是否添加焦糖，但為了因應威士忌饕客的需求，凡未添加焦糖且屬於近幾年的裝瓶，大抵都會在酒標上註明「Natural colour」等字樣，反之亦然，凡未作如此特殊記載者，且屬於常態裝瓶的核心酒款，或許可以大膽假設有添加焦糖。

（上）格蘭冠酒廠的自動化裝瓶廠（圖片由 Max 提供）
（下）格蘭冠酒廠的冷凝過濾設備（圖片由 Max 提供）

◊ 冷凝過濾的原理與作用

所有的威士忌在裝瓶前都會經過粗細不一的過濾，即便是以瓶中常見橡木或木炭碎屑，甚至細條織物著稱的黑蛇裝瓶廠（Blackadder）Raw Cask 系列，也會將較大的碎屑濾除，否則太多懸浮物不僅影響外觀，也會影響口感（據說 Raw Cask 的瓶中炭屑雜物是人工添加進去以示其「raw」）。不過類似的過濾只是將雜質去除，屬於物理方式，不致影響酒中的化學組成，冷凝過濾不同，主要是利用降溫方式，讓原本溶解於酒精中的酯類化合物凝結，再過濾去除，以避免消費者加水或加冰塊飲用時，酒液呈現混濁而引發不必要的質疑。

什麼物質會造成混濁？威士忌所含的同屬物超過 100 種，各自表現出不同的香氣與口感，大致可分為四大類，分別為酯類、雜醇類、脂肪酸以及醛類（aldehydes），其中會讓酒液呈現霧狀的主要為長鏈酯類，如月桂酸乙酯（ethyl laureate）、棕櫚酸異辛酯（ethylpalmitate）以及亞麻酸乙酯（ethylpalmitoleate）。這些酯類由乙醇與脂肪酸反應後形成，溶於酒精，但不溶於水，當酒精度降低到約 46% 的臨界值，或溫度下降導致酒精的溶解性跟著下滑時，便會開始凝結懸浮在酒液中，成為冷凝過濾首要去除的目標。

不過這些長鏈酯類產生的風味不算突出，月桂酸乙酯帶出些許花香、水果以及蠟質感，棕櫚酸異辛酯和亞麻酸乙酯則主要提供蠟質或油性的口感，以及一些椰子和水果風味，但重要的是，由於這些酯類擔任活性劑角色，可提升或壓抑上述風味特色。至於短鏈酯類如乙酸、己酸或辛酸乙酯，因較具水溶性，因此不致於被濾除。

　　所有的威士忌愛好者都有一個普遍、但錯誤的認知──冷凝過濾的酒精度以 46% 為界，凡高於 46% 的裝瓶，必定非冷凝過濾，而低於 46%，則必定經過冷凝過濾。但另一方面，市面上依舊可以尋獲少數 43% 的非冷凝過濾裝瓶，如亞伯樂 12 年、班瑞克（BenRiach）10 年及 16 年等等，甚至還有 40%，如威海指南（Compass Box）裝出的 ASYLA，難道這些酒不會在常溫下就霧茫茫一片嗎？

　　問題在於 46% 雖然重要，卻不是神秘門檻，重點在於酒中存在的酯類種類，其中長鏈酯類才是導致酒液混濁的主因。由於酯類牽涉一系列從發酵到橡木桶熟陳的變化，如果長鏈酯類的含量本來就少，以低於 46% 裝瓶時，凝結的酯類不僅少而且非常細微，可以躲過凡胎肉眼，自然也無需冷凝過濾了。

◊ 冷凝過濾方式與變因

　　蘇格蘭威士忌業界常用的過濾設備為一層層併排的纖維板，先將威士忌溫度降低到 0 ～ 4℃，也有可能更低，譬如多年前著名的「威雀」系列推出冷凝到 -8℃的「銀雀」便是一例。冷凝時間不一，格蘭傑採用 4 ～ 8℃降溫 3 小時，而其它酒廠可能降溫超過 24 小時。待冷卻完成後，以 20 ～ 60 psi（約 1.4 ～ 4.1 大氣壓力）的壓力將威士忌壓送通過濾板，壓力愈大，過濾速度愈快，但也可能愈不完全，而過濾效果視濾板材質和數量而定，但至少可將 5 ～ 7 微米（μm）的微粒濾除。

　　不過必須了解，蘇格蘭冬季氣候相當寒冷，談論冷凝過濾的「冷凝」不能以台灣亞熱帶的氣溫來揣度。格蘭花格的第五代掌門人在一段訪談影音中提到，在寒冷的季節裡，過濾裝瓶前他們所做的不是冷凝，而是將溫度提高。事實上，由於氣溫有高有低，為了維持各批次裝瓶品質的一致性，他們將過濾前的溫度都固定在 4℃，因為格蘭花格認為在這種溫度下，可以適切的展現出酒廠特質。

　　從以上的說明可知，冷凝過濾的效果除了「冷凝」溫度和延時以外，還必須考慮濾板的材質、孔目、數量、過濾時所施加的壓力等等而定，不同酒廠

使用不同的設備及方法，濾除的物質也多少有些差異。

　　至於是先加水稀釋再進行冷凝過濾，還是到先過濾後再稀釋？同樣的，各酒廠做法不一，過濾後再稀釋可減少過濾的處理量，但若先稀釋再過濾，則可濾除更多的長鏈酯類而讓酒質更為純淨。只不過酒廠對此諱莫如深，很難找到技術資料，也從來不願意坦承自家酒款做了冷凝過濾，因為從消費者的心理角度，無論從酒中拿走多少物質，都不再是存於橡木桶的本來面貌，絕對會喪失部分風味，但，確實是如此嗎？

◊ 冷凝過濾會喪失部分風味？

　　德國一位工程師 Horst Lüning 於 2014 年在德國零售公司（German retail company）的資助下，進行一個大型實驗，測試消費者是否可分辨冷凝過濾與非冷凝過濾的差別，所有實驗細節都可在網路上找得到。簡略而言，Horst將 24 種市售非冷凝過濾威士忌進行冷凝過濾，得到 48 種威士忌，而後徵求共計 112 位威士忌行家，以付費方式各自取得 12 種（冷凝過濾與非冷凝過濾各 6 種）進行盲測，最後回收 111 份問卷，統計結果如下：

比對項目	冷凝過濾	非冷凝過濾	平均
所有樣品	45.0%	54.9%	50.0%
OB 裝瓶	46.7%	53.6%	50.2%
IB 裝瓶	43.4%	56.2%	49.8%
泥煤	40.1%	58.5%	49.4%
無泥煤	51.8%	52.3%	52.1%
雪莉桶或葡萄酒桶	47.2%	53.8%	50.4%
波本桶	42.9%	53.8%	49.4%

　　綜合所有樣品，冷凝過濾的辨識率約 45%，而非冷凝過濾的辨識率約 55%，相近於 2 選 1 的猜測值，另外再根據 OB（Official bottling）或 IB（Independent bottling）、泥煤與非泥煤以及雪莉桶（或葡萄酒桶）做交叉比對，其中泥煤威士忌的辨識率差別較為明顯，尤其是冷凝過濾的辨識率最低，可能是消費者已經被教育為非冷凝過濾的風味較為厚重，因此普遍將煙燻泥煤風味誤以為非冷凝過濾，不過差異仍然有限。

　　若再根據 1～5 的喜好度評比，結果如下，同樣看不出差異：

比對項目	冷凝過濾	非冷凝過濾
所有樣品	3.4	3.4
OB 裝瓶	3.4	3.5
IB 裝瓶	3.4	3.3
泥煤	3.5	3.5
無泥煤	3.3	3.3
雪莉桶或葡萄酒桶	3.6	3.6
波本桶	3.2	3.2
泥煤雪莉桶或葡萄酒桶	3.7	3.6

　　如果實驗結果正確，顯然消費者難以辨別冷凝過濾與否，風味上更無法決定好壞。不過這個實驗有其侷限性，因為市面上不可能找到完全相同，卻分別作冷凝過濾與非冷凝過濾的產品，因此 Horst 只能購買非冷凝過濾的威士忌，自行加工做冷凝過濾，濾除效果是否如業界的正常程序則不無疑問。另外，既然實驗資助者為商業公司，得到這個顛覆大家觀念的結果也不算意外。

　　但無論消費者能否分辨，非冷凝過濾已成為威士忌饕客追逐的主流，如同

焦糖調色，假若感官不夠敏銳（或再銳利也無用），無法分辨是否做了冷凝過濾，又該從何得知？同樣的，蘇格蘭法規並未規定酒標上必須標示是否冷凝過濾，如果看不到「Non-Chill Filtered」的相關字樣，最簡易的辨別方式便是酒精度，通常 46% 以上都是非冷凝過濾，小於 46%，若非特別註明，則全都屬冷凝過濾。

不過在上述實驗中，我們看到所謂的 OB 與 IB 被拿來當做交叉比對的參數，不清楚這兩種裝瓶方式的酒友難免心中有個問號，什麼是 OB、什麼又是 IB？這兩種裝瓶有何差別？為什麼會被拿來做比對分析？

OB、IB 裝瓶的區隔

　　看過《英雄本色》（Braveheart）的酒友，絕不會忘記梅爾吉勃遜臉上塗著藍色油彩的儡人英姿，以及臨死前的嘶聲吶喊「Freedom ……」。雖說電影因違背史實過多而被各種報章、媒體納入「10 大最歷史不正確電影」之列，但蘇格蘭民眾對 Freedom 的渴望卻歷數百年而不絕，並且在 2015 年 9 月 18 日達到運動的最高峰。這一場獨立公投在不斷加強宣揚後，從原來的不被看好，到投票日前的緊張拉鋸，讓全世界都不禁屏息矚目。即使最終結果以約 10% 之差而失敗，卻也讓 UK 政府釋出更多權利，未來的自主能力可大幅提昇。

調和 45 種蘇格蘭威士忌，並以 45% 酒精度裝瓶的「自由之心 45」紀念酒

　　就當獨立運動功敗垂成的消息確定之後，網路上的酒友們紛紛倒了杯由獨立裝瓶廠所裝的酒，遙敬這一場無煙無火的戰役，原因無他，獨立裝瓶廠早已統領蘇格蘭威士忌風騷達上百年之久。

　　初涉威士忌的酒友們，常對 OB、IB 的意義感到迷惑，不過區分其實簡單，所謂 OB，指的是蒸餾廠自行作出的裝瓶，而 IB 則來自獨立裝瓶廠（bottler）。由於 OB 是由酒廠自行裝出，因此酒標上通常可見大字標註、明顯的酒廠名稱，至於 IB 裝瓶，酒廠名稱的字體一般不會比裝瓶商來得大，且由於越來越多的酒廠為避免 OB、IB 裝瓶在市場上造成衝突，禁止

長久與蒸餾廠保持良好關係的獨立裝瓶廠才可能擁有各家酒廠的橡木桶（圖片由廷漢提供）

裝瓶商使用酒廠名稱，因此愈來愈多的 IB 酒標上已經找不到我們熟悉的酒廠名稱，而是用品牌取代。

◇ 裝瓶商的早期發展

回顧蘇格蘭威士忌的早期歷史，由於玻璃工業尚未發達、玻璃瓶如精品般昂貴，在缺乏適當的盛裝容器的情況下，蒸餾廠並不直接賣酒給消費者，而是以「桶」為單位賣給蘇格蘭各地的雜貨商或酒商。這些木桶較小，從約 30 公升到 100 公升不等，酒客可以到店裡直接買酒消費，或自備容器去「打酒」。但由於來自各處蒸餾廠的酒品質不一，每桶酒質起伏不定，全賴雜貨商或酒商的控管，一些較有良心的廠商為確保酒的品質，開始嘗試將數種威士忌混合出售，成為調和式威士忌的濫觴。

現今許多著名的酒商或大型公司，通常以雜貨鋪起家，早年從國外進口各種雜貨，自稱為「義大利雜貨店」，他們的第二代接下父親事業剛好趕上調和風潮。根據統計，在十九世紀中葉調和商便有上百家，經不斷淘汰後，存留下來的如「帝王」（Dewar's）、「起瓦士」（Chivas）、「百齡罈」（Ballantine's）等等，都是我們耳熟能詳的品牌，至於當前全球銷售量第一

的調和式威士忌，其創始人約翰沃克（John Walker）一開始也是在蘇格蘭的愛爾夏（Airshire）地區經營雜貨兼賣威士忌。

事實上，在 1960 年代以前，蒸餾廠若自行裝瓶出售，無論是品牌的廣告行銷或開展銷售通路，花費都太高，最簡單、也是由來已久的方式，便是將酒一桶一桶的賣給這些廠商，而這些廠商因持有各家酒廠的橡木桶，配合著調和式威士忌的合法化和玻璃工業的成熟，自然而然轉型為早期的裝瓶商。

◊ 獨立裝瓶商

歷史上最古老的裝瓶商可能是凱德漢（Cadenhead's），1842 年在亞伯丁成立，而當時的調和式威士忌尚未合法化。至於成立在 1698 年的貝瑞兄弟與洛德（Berry Brothers & Rudd）雖然年代比凱德漢更早，但一開始只是葡萄酒、茶、可可、香料的進口商和經銷商，直到 1923 年方為禁酒令下的美國市場開發行銷「順風」（Cutty Sark）調和式威士忌。

另外成立於 1895 年的高登麥克菲爾，至今仍在蘇格蘭的 Elgin 鎮保持其雜貨鋪的經營型態，筆者曾造訪這間百年老店，裡面擺設的食品、日用品可說應有盡有，當然還有一整個房間的威士忌。高登麥克菲爾最特殊的是，由於與多家酒廠友好，因此在單一麥芽威士忌尚未出現之前，已經以特定幾間蒸餾廠的名稱推出裝瓶，在當時堪稱「準」單一麥芽威士忌。

今日的獨立裝瓶廠難以勝數，除了以上 3 家之外，市面上較常見的如艾德菲（Adelphi）、黑蛇（Blackadder）、老酋長（Chieftain's）、桶匠（Coopers Choice）、道格拉斯蘭恩（Douglas Laing）、鄧肯泰勒（Duncan Taylor）、Exclusive Malts、威伯特（Hart Brothers）、約翰米爾羅（John Milroy）、Murray McDavid、聖弗力（Signatory）、蘇格蘭麥芽威士忌協會（SMWS）、威爾森＆摩根（Wilson & Morgan），網路上的 The Whisky Exchange，

成立一百多年的老字號獨立裝瓶廠高登麥克菲爾，至今仍保持雜貨店鋪的門市

以及來自法國的 La Maison du Whisky、日本的 Kingsbury、義大利的 Samaroli、德國的 The Whisky Agency 和比利時的 The Necta 等等，還有其它更多的裝瓶商不及備載。

◊ IB 裝瓶提供許多冒險樂趣

時至如今，蒸餾廠的 OB 裝瓶品項持續增加，大大小小的裝瓶廠每年也裝出為數不少的 IB 酒款，且大多為單一桶，叫人眼花撩亂。對消費者較為有利的是，這些酒款的酒齡即便與 OB 款相同，價格卻親民許多，裝瓶品項也較 OB 款更富彈性，時時根據市場潮流改變，對於威士忌饕客或嗜鮮者都具有強大吸引力。

不過為了與 OB 區隔，這些 IB 酒款的標示時常受到限制。如前所述，蒸餾廠名稱可清楚標明，但愈來愈多的蒸餾廠為避免與 OB 混淆而不允許裝瓶廠使用，至於蒸餾廠專屬的標誌、徽章、圖樣或字體一律不得採用。著名的例子如蘇格蘭麥芽威士忌協會推出的裝瓶，完全以數字取代蒸餾廠名稱，又譬如道格拉斯蘭恩曾裝出一系列「可能是、或許是斯貝賽區最佳蒸餾廠」的裝瓶，針對性十分明顯，強烈的暗示讓酒友們莞爾一笑。

　　獨立裝瓶廠百花齊放的裝瓶策略，造福全球的酒迷酒癡，因為單一麥芽威士忌迷人之處，便是充滿了不可預期。當然處處驚喜也可能處處地雷，基於經濟因素和成本考量，除非如高登麥克菲爾、貝瑞兄弟等具有雄厚的資金以及與蒸餾廠間久遠的交情，獨立裝瓶廠無法長時間囤積大量的橡木桶，或拿來交換，或勉強裝瓶。

　　對消費者來說，面對如此多的 IB 品項，在無法試飲的情況下，可能須懷著如電影《阿甘正傳》名言的心理準備：你沒有喝她以前，永遠不知道你將喝到什麼。相較之下，OB 核心酒款變異不大、品質穩定，尤其是出自大型蒸餾廠或酒公司的裝瓶，通常都有調酒師費心盡力的控管，因而成為消費者瞭解何謂「酒廠風格」的最佳方式。

　　不過 OB 廠的經營策略保守許多。在以量為王的前提下，不輕易放棄暢銷已久的品項，新酒款從發想、創造到正式推出得經過重重把關，很難符合酒迷們求新求變的心理。但近幾年態勢一變，蒸餾廠考量威士忌的熱銷和自家產能，逐漸緊縮新酒釋出，一些歷史悠久的裝瓶廠即使庫存仍豐，卻也面臨時間緊促的壓力，最佳解決之道，便是擁有自己的蒸餾廠，於是高登麥克菲爾於 1993 年將本諾曼克（Benromach）買下、聖弗力於 2002 年購入艾德多爾（Edradour），艾德菲乾脆於 2014 年覓地興建艾德麥康（Ardnamurchan），而分家後的道格拉斯梁擁有 Clydeside 和 Strathern 兩間酒廠，而杭特梁則在艾雷島興建了 Ardnahoe，這種種作為，無非是為了維持市場競爭力。

　　未來的威士忌市場將如何改變？雖然 OB 與 IB 兩者產線雖不致重疊，訴諸的客群也不盡相同，若市場逐漸飽和，彼此競爭難免愈發白熱化，但是愈多的選擇對消費者來說是種福音，除了穩定的 OB 酒款之外，層出不窮的 IB 裝瓶提供了許多冒險樂趣。只不過如同前述，蒸餾廠的緊縮政策在存酒未達預期目標前應該不會更改，意味著獨立裝瓶廠必須採取各種

　　方式來拿到酒，譬如與蒸餾廠以手中的老酒一桶換多桶的方式交換，或是轉向現金壓力較大的新興酒廠買酒。很顯然，除了百年競合將持續下去之外，無論 OB 或 IB 酒款都將愈來愈年輕，市場上「無酒齡標示」（Non-age statement, NAS）的酒款也將愈來愈多，所以接下來討論裝瓶後的 2 個大課題：酒齡和風格。

艾德菲於 2014 年興建的 Ardnamurchan 蒸餾廠
（圖片由豪邁提供）

酒齡和風格

　　敏感的威士忌消費者，只要多走幾趟酒專，或出國時在免稅店逛逛，都會發現一個現象：愈來愈多的新款威士忌都不再標示酒齡或蒸餾年分，甚至某些酒廠的核心酒款，過去清楚標示 10 年、12 年，近年來也因重新設計酒標而將酒齡拿掉。這種趨勢，尤其在知名大酒廠更是顯著，不禁讓我們納悶：威士忌市場到底發生什麼事？

◊ 酒色、酒齡與酒質

　　先正名，所謂酒齡（age）指的是酒液在橡木桶中陳放的時間，而年分（vintage），通常指稱的是蒸餾當年。市場上習稱的「無年分」酒款，其實不是 non vintage，而是「無酒齡標示」，兩者使用時千萬不要搞混了。至於有關酒齡的大前提是，一旦酒液離開了橡木桶之後，便失去與橡木桶的互動，此後即使珍藏百年，也全都不能計入酒齡。

　　依據蘇格蘭威士忌協會的規定，裝瓶產品若要標示酒齡，只能以瓶中所含最低齡的酒來作標示，因此假若 1 瓶酒全陳儲了 50 年，只要滴入 1 滴的 10 年酒，就只能標示為 10 年。當然不會有任何酒廠做出這種誇張的蠢事，但是歷經威士忌產業慘澹的 1980 年代，許多在 1990 年代或甚至千禧年之後裝瓶的年輕酒款，多少都摻入一些老酒，或甚至刻意標低酒齡，一方面消化庫存、減少倉儲壓力，一方面增添風味和話題以提高銷售量。

　　威士忌的老饕們，常會緬懷過去那段蕭條產業的美好時光，宛如消費者天堂，售價甚至和酒齡形成等比關係（10 餘年前筆者便曾經歷過 1 年等於新台幣 100 元的時光，可惜千金難買早知道，一嘆～）。這種物美價廉的環境，讓人得以相對輕鬆的追逐高齡酒款，因而輕忽了年輕酒款，埋下

高酒齡等同於高品質的刻板印象。物換星移來到今日，面對完全不標示酒齡的酒，價格無從對等比較，心中暗自嘀咕是絕對難免的。

　　當然，也不能完全責怪酒友，過去酒廠裝出的各式酒款中，愈高齡，包裝設計得愈是尊榮，水晶瓶身加燙金木盒，喝起來心理上也愈發崇敬，潛意識作用下，似乎酒質也相對高級起來。

　　打破酒齡標示，首開「熟陳與酒齡」辯證風氣之先的是格蘭路思（Glenrothes）。酒廠為了強調威士忌的熟陳程度與新酒在橡木桶中的時間並不一致，從 1993 年以後便不再標示酒齡，而是以葡萄酒相類似的年分取代。對於這種不同於其它酒廠的做法，已故的威士忌權威麥可傑克森曾說道：「乍看之下，一家與葡萄酒畫上等號的公司，將為純麥威士忌注入新生命的說法似乎很矛盾，然而這其實反映了對蘇格蘭上等威士忌的新知音，也象徵回歸傳統」。回歸傳統？指的是單一麥芽威士忌尚未流行前，無人去計較調和式威士忌的酒齡，威士忌單純的只是酒精性飲料。

　　格蘭傑於 2014 年在台北舉辦了一場 G7 高峰論壇，邀集來自英、日、

標榜熟陳並不等同於酒齡的格蘭路思年分款（圖片由愛丁頓寰盛提供）

台威士忌重量級人物進行演說及討論，雖然論壇並未設定主題，但幾位專家不約而同的將重點聚焦在「年分」以及「陳釀」兩大關鍵，包括格蘭傑首席調酒師比爾梁思敦博士針對木桶所提出的看法、知名作家戴夫布魯姆對熟陳曲線的說明，以及麥芽狂人姚和成所戳破的酒色、酒齡與酒質迷思。其中比爾博士更在許多品酒會中針對格蘭傑進行分析，他認為歷經 10 年的熟陳，恰可表現他所認可的酒廠風格，超過 10 年之後，由於橡木桶風味逐漸取代酒廠特色，必須時常檢查熟陳的酒液狀況，避免酒質越過巔峰而開始往下滑。論壇最後做出的結論相當一致：「時間只能換取酒齡，但並非熟陳的唯一關鍵」，換句話說，酒齡只代表酒在橡木桶內沉酣的時間，無法與酒質畫上完全等號。

◊ 橡木桶的完美熟成時刻

這個重要的結論，相信威士忌酒友們多少都曾經體驗：當我們滿懷著膜拜的心情開啟一支老酒，很不幸地發現若非酒質變異，便是吸納過多的橡木桶風味而乾澀難以入口。筆者有幸喝過許多老酒，最高齡者上達 65 年，狀況確實不一，有深沉馥郁美妙不可方物者，有味同嚼木而令人畏懼者，不過價格都同樣驚人。

一般而言，當新酒放入橡木桶之後，複雜的熟陳反應可拆解為排除、賦予及互動三種過程。令人不喜的化學分子如硫化物，隨時間而逐漸排除，我們喜愛的芳香物質，則緩慢自橡木桶中萃取出來，而隨著酒、橡木桶與環境空氣的交互作用，化合物逐漸轉換，最終達到適合裝瓶的熟成階段。

這 3 個要素雖同時發生，但作用的速度卻視橡木桶情況及儲存環境而異，因此即使給予相同的時間，同一座酒窖裡的橡木桶放置在不同位置，都可能發展出不同特色。酒窖管理的重要任務，便是確認每個橡木桶的熟成程度，在「減一分則太少、增一分則太多」的完美時刻停止陳儲。越過這個時刻，萃取物質遞增，化合物持續轉換，和諧平衡逐漸傾斜，以此換取的酒齡可能得不償失。

回到「不標示酒齡」現象。不諱言，在老酒庫存短缺的今日，酒廠紛紛

推出 NAS 酒款，免不了招惹譏諷，而大師們有關「熟成與酒齡」的倡議，也似乎有為酒廠背書的嫌疑。有趣的是，以年分取代酒齡著稱的格蘭路思，於 2016 年居然一反潮流及信仰，裝出標示酒齡的 12 年；格蘭傑經典 10 年，酒標上曾一度更換為英文「Ten」，但目前又換回「10」並將數字放大；至於許多大廠的核心酒款，藉著更換新包裝的時候，紛紛將酒齡數字放大到消費者無法忽視。這種種跡象，無非顯示酒齡的重要性再度被重視。

　　筆者曾與某位酒公司總經理討論，為什麼過去盛行一時的干邑白蘭地被威士忌取代之後，至今業績仍難以翻身？我提出粗淺看法，便是因為瓶身上看不到數字，而威士忌瓶身上，無論是 12、15、18 或 25、30、40，簡單易懂、一目了然，又直接反映到售價，消費者與酒商各取所需。這一套簡易方式在過去十幾年來，早已深植消費者的心底，商業行銷上占有極大優勢，一旦拿掉，便得重新教育消費者如何依據自我感官來定義每款酒的價值，或必須多辦品酒會及試飲，直接用酒來說服消費者，不僅花費心力，更有消費者心存懷疑，所謂老酒庫存短缺，會不會是酒商囤積居奇的一種手段？到底老威士忌跑到哪裡去了？

不標示酒齡（左 1 及左 2）以及恢復標示酒齡（右 1）的格蘭路思（圖片由愛丁頓賽盛提供）

◊ 老酒行蹤之迷

　　蘇格蘭威士忌協會每年都會公布統計年報（穀物威士忌自 2012 年後、麥芽威士忌自 2015 年後便未提供資料），網路上可直接下載檔案，但公開的資料有 2 年的時間差。翻看 2015 年的統計數字，首先讓筆者注意的是 1982 年至 2015 年蘇格蘭麥芽、穀物威士忌的年產量，將其數字畫成歷線圖如下：

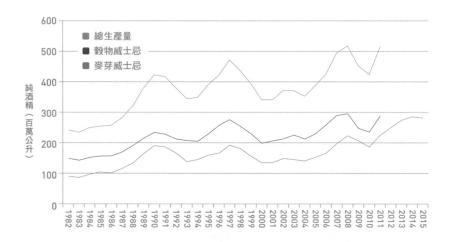

對照著在這段期間內關廠的蒸餾廠：

◎ **1983**：Dallas Dhu、Glen Albyn、Glenlochy、Glen Mhor、Glenugie、North Port、Port Ellen、St. Magdalene（Linlithgow）

◎ **1984**：Lochside

◎ **1985**：Coleburn、Convalmore、Killyloch、Glenesk、Glen Flagler、Glenury Royal、Millburn

◎ **1986**：Glenglassaug

◎ **1991**：Inverleven、Lomond

◎ **1993**：Pittyvaich、Rosebank

◎ **1994**：Littlemill

　　叫人相當疑惑的是，1982～1990 年代陸續有 17 間蒸餾廠關廠，不過麥芽威士忌的產量卻持續上升，顯然即使受到石油危機衝擊，關掉這些酒廠之後，其它蒸餾廠更是加足火力的持續生產，一直到 1990 年產量才開始下滑，而後仍有 5 間蒸餾廠關廠。從整個統計區間看，1990、1997及 2008 年各形成一個小高峰，2010 年頓挫，但從此急速攀升，因此若將2015 年的產量當作基準，計算從 1982 年以來的產量與 2015 年產量比值如下（穀物威士忌以 2012 年為基準）：

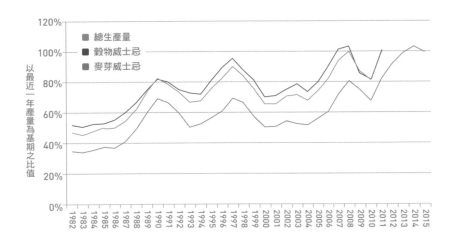

　　威士忌的價格約略從 2015 年開始大幅攀升，以當時的需求量來看，30年老酒──即 1985 年以前的產量，不到 2015 年產量 40%，20 年老酒──即 1995 年的產量約 60% 左右。也就是說，若以 2015 年的產量作為未來需求量的標準值，則 20yo、30yo 年前的生產量，確實低估了目前的需求量。

　　不過我們來看儲存量。次頁圖是 TWA 所公佈的圖表，統計了麥芽和穀
物威士忌的總量，1982 年以前累積了 2,830 百萬公升，1988 年來到最低
水準，而後逐漸上升：

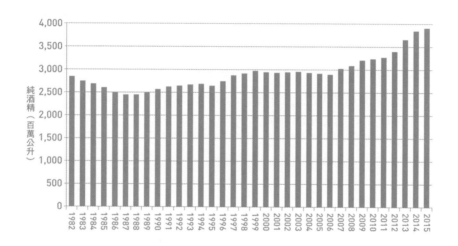

由於儲存量必須和產量對照著看，所以我將數據重新整理如下：

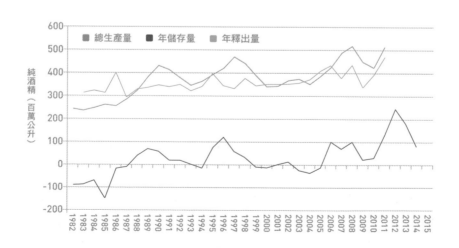

　　上圖顯示，每年的用量（年釋出量）變化不算太大，從 1982～2004 年期間，大約保持在 320～380 百萬公升之間。至於年儲存量，在 1988 年以前確實在吃老本，不過之後便轉為正值，高於生產量。由此來看，即便產量在 1990～1993 年及 1997～2000 年二度下滑，並且在 2000～2004 年維持低檔，但由於用量同步下降，總儲存量並未因此而降低，所以從 1988 年以後生產的新酒逐漸累積增加，2014 年已超過 3,818 百萬公升，約為 1982 年的 1.35 倍。

　　至於我們關心的老酒存量，若以釋出量與前 15 年、20 年及 25 年的產量相減（30 年數據資料太少，因此不做計算），可得：

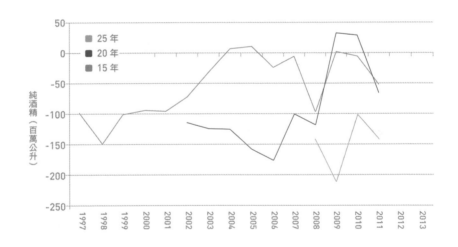

　　顯然大部分年分的釋出量都比前 15、20 及 25 年的產量還要多，也就是說，過去若裝出 15yo、20yo 或 25yo 的酒，瓶中酒齡可能比實際標示的酒齡還要高。

　　此事並非神話，曾經不只一次聽到不同酒廠的人員透露，大約 10 年以前的一些核心酒款，其內容物遠較瓶身上的標示還要老，只不過酒廠並非慈善事業，為什麼要如此煞費苦心的欺瞞消費者？原因很簡單，依舊是

1970 年代中期開始那段長達十多年的不景氣所肇始。對酒廠來說，消化庫存、換取現金才是生存之道，因而空出的橡木桶和酒窖又可以讓酒廠持續生產，因此盡可能將老酒裝出，以低於實際酒齡的方式銷售，順便也培養忠實顧客。

無怪乎我們常會感嘆今不如昔，今日購買的 12 年酒，品質總不如 10 年前同樣的 12 年，不是嘴變刁了，而是以前的 12 年，裡面很可能包含了許多 20 年的酒啊！

便因為過去不斷的啃蝕老本，今日的老酒存量確實匱乏，不過偶爾還是會傳出某酒廠發現不列在庫存清單的老酒，或是裝出酒齡極高的珍稀酒款。對於前者，通常招致一陣「炒酒」的陰謀議論，但若熟悉蘇格蘭威士忌酒廠的酒友，大致可明瞭傳統簿記的管理方式難免疏漏，尤其酒窖動輒數十間、酒桶動輒數十萬桶，加上人事更迭異動，疏於照看某個角落裡的某幾桶酒是極有可能發生的。至於後者，常常是蒸餾廠與某些老字號的獨立裝瓶廠進行交易，以大量新酒換得的老酒，兩廂各有所需、各取其利，皆大歡喜。

只不過從以上的評析來看，假若「酒齡」與「熟陳」並非對等成長，假若「酒齡」與「酒質」難稱正相關，那麼為何市場如此瘋狂追逐老年分酒款？又為何報章、坊肆四處可見「收購老酒」的廣告？原因無他，物以稀為貴而已。

◊ 新舊裝瓶與瓶中陳年

自二十一世紀以來突起的威士忌熱潮，讓酒廠突然發現手中老酒存量不足，因應之道，除了擴大產能和高喊打破「年分迷思」（應正名為「酒齡迷思」）之外，也細心呵護手中現存的老酒，絕不輕易裝瓶。至於消費者端，除了驚覺當年遍地皆是、毫不起眼的酒款，相隔幾年竟漲到令人咋舌的天價，也發現市面上相同酒齡的酒款品飲起來似乎不復以往，而產生今

不如昔的感慨。

　　是焉？非焉？對於美好的過去究竟只是想像，還是酒廠巧婦難為，已經調不出往日的酒質？對於後者，酒廠永遠不會承認，因為調酒師的重責大任，便是經年累月的調製出相同酒款，讓消費者分不出差異，既然酒款配方不

不同時期的格蘭利威 12 年

變、風味當然也不會變，至於消費者的質疑，純屬個人口味變化。所以，驗證上述懷疑的唯一辦法，便是找出相同酒款的新舊裝瓶，讓它們接受最嚴酷的「頭碰頭」對決考驗。

　　我曾參與二場大對決，第一場的酒款全是格蘭利威 12 年，羅列了從 1980 年代至今以及兩岸三地做過的裝瓶共計 6 款，第二場則以泰斯卡 10 年為主，除了從 1990 年代至今的標準款之外，更加上 1980 年代的 12 年特殊款。

　　毫無懸念的，新舊裝瓶的差異明顯到不可能被忽略。1980 年代的格蘭利威，香氣盡是既醇且厚的乾果、蜂蜜甜，似乎調入不少的老雪莉桶；類似的風格延續進入 1990 年代，但以柑橘甜為主的屬性顯得乾淨而輕盈；近年的裝瓶則完全翻轉為粉嫩的花香和柔美的香草、椰子，展現純粹的波本桶風味。口感上，1980 年代的裝瓶呼應著香氣，酒體紮實可咀嚼，輕燒烤橡木桶帶有許多肉桂辛香；到了 1990 年代，輕盈的水果滋味增多，也多了些柑橘果皮油脂；而 2014 年在香草、柑橘甜的帶領下，充滿年輕的木質和單寧。

　　至於泰斯卡，鼻尖埋入 1980 年代的裝瓶，可立即感受到魂縈夢牽的繚繞煙燻和粗礦海風，闔上眼便恍如置身海濱，但睜眼回到近代，泥煤風顯

得乾淨明亮，甚至多了些金屬質感，卻再也難覓昔日浪濤拍岸的島嶼風情。

所以，當風格的轉變已屬不爭的事實，不禁讓我們思考究竟改變何來？扣除酒廠可能為了消解庫存壓力而調入高酒齡的酒之外，從原料到裝瓶，還有哪些因素會造成風味差異？

先從原料看，威士忌的原料相當簡單，只有大麥和水，酵母菌參與了發酵反應而直接影響風味，所以當然也算。其次是設備，包括製作麥芽和烘烤麥芽方式、糖化槽和發酵槽的材質尺寸、蒸餾器的形狀、尺寸和加熱方式以及冷凝方法等。至於製程，從發麥、烘麥、研磨、糖化等工序，發酵時間、蒸餾火候及速度、蒸餾次數、酒心提取、橡木桶的使用策略、陳年環境與管理，以及換桶工藝等。最後當然是統合以上所有軟硬體的人，包括各個製程的工匠，以及決定風格趨向的酒廠經理或調酒師。

對堅持傳統工藝的酒廠來說，以人為本，設備可能更新，但製程改變不大，隨時間變化者，可能只是大麥和酵母菌種的不同。但絕大多數的大型蒸餾廠在產能考慮下，都陸續改採現代化設備，經由電腦控管，可大幅提升產製速度，卻也相對的失去了些人文特色，偌大廠區只需個位數人員控管即可。倒不是說傳統工藝製作的威士忌較為優質，以科學角度解析製酒原理，確實可提高製酒效率和一致性，只不過品質的一致常常得犧牲獨特性，而獨特（singular）也是單一麥芽（single malt）中重要的「S」。

另外，也不能忽略「瓶中陳年」的可能。一般而言，發酵酒如葡萄酒，即使裝瓶後，酒中的化學反應仍未止歇，因此得繼續陳放直到適飲期。但是如威士忌等蒸餾酒，一旦離開橡木桶後，陳年反應便即停止，此後的時間均不計入酒齡。不過酒迷們對此心存懷疑，認為酒液雖然不再與橡木桶作用，但由於瓶內仍保留少部分空氣，將與酒液持續、緩慢的進行氧化反應，尤其擺放多年的酒，時常可見液面下降情形，空氣侵入，氧化的可能性增加。烈酒中的各式醇類，都會因氧化而轉變為酸類和醛類，譬如在橡

木桶中的乙醇氧化後將形成乙醛和乙酸，乙酸又會和其它醇類反應生成酯類，而酯類，正是威士忌中各式花香、果香的來源；另一方面，醛類所釋出的杏仁風味也在威士忌的香氣上扮演了重要角色。

「瓶中陳年」只能成為傳說，因為無從驗證，除非是相同的酒，相隔 10 年或 20 年以個人感官來評斷，但又有多少人可以確信自我的感官在長時間之後不會改變，且記憶不會模糊？不過這個艱難的題目還是有酒友嘗試解答，TSMWTA 社團於 2009 年舉辦了一場「從 Bruichladdich 早期裝瓶觀察瓶中陳年特性」的品酒會，用以比對的酒款包括：

① Bruichladdich 10yo（43%, OB, 75cl, Moon Import, Btl. +/- 1979）

② Bruichladdich 1970/1989（46%, Dun Eideann, Cask no.20354-20359, 75cl）

③ Bruichladdich 20yo Third Edition Islands（46%, OB, Madiera finish 5 days）

④ Bruichladdich 21yo 1967（43%, OB）

⑤ Bruichladdich 22yo 1965（48.8%, OB, 75cl, Riserva Veronelli, 2400b）

其中除了第三款酒為最新裝瓶之外，其餘 4 款酒的裝瓶時間都超過 20 年，又以第一支最久，已經接近 30 年。而確實，那些呈現在香氣、口感裡的珠圓玉潤，遠遠超過一般 10 年酒所該有的表現，或許就是來自時間的恩賜。

為了向歷史致敬，某些酒廠訪查老工匠、取得古老配方，調製出年分復刻版。我曾經試飲，並與復刻對象比較，兩者之間仍存在微妙差異，顯然原料、設備、製程雖可盡力模仿，但用以孕育風味的時間卻無從複製，也因此在時光機尚未發明之前，唯一能滿足酒迷們一嚐時光滋味的，只有在舊裝瓶裡去尋覓了。

延伸閱讀③
The Old Good Times

　　TSMWTA 於 2015 年 7 月份舉辦了一場很特殊的品酒會，酒款都很年輕，最高齡不過 9 歲，但是都裝在古早的 1970、1980 年代，反算其蒸餾時期約在 1970 年初。7 款酒款分別為：

① Balblair 5yo（40%, OB, +/-1980's, 75cl）

② Glenfarclas 6yo「The John Grant」（40%, OB, late 1970, 75cl）

③ Deanston Malt 8yo（40%, OB, 1980's, 75cl）

④ Glenfiddich 8yo（Gradi 43°, OB, 1970's, 75cl）

⑤ Glen Avon 8yo（40%, G&M, +/- 1980's, 75cl）

⑥ Glengoyne 8yo（G.L.43°, OB, Black Label, early 1980's, 75cl）

⑦ Macallan 9yo, 1990/1999（46%, Dun Eideann, C#26167-26168, 530 Bts.）

　　1960 ～ 1980 年代堪稱是二十世紀威士忌大爆發時期，二次大戰結束後經濟復甦，威士忌的需求也逐漸提升。拜總出口量於 1960 ～ 1970 年間提高三倍的刺激，蘇格蘭新建了 16 座麥芽威士忌蒸餾廠以及 2 座穀物威士忌蒸餾廠，麥芽威士忌的產量提高三倍

達 8,000 萬公升，而穀物威士忌的產量提高二倍約 1 億公升。雖然 1970 年代尾因石油危機、越戰結束導致威士忌需求反轉而開始蕭條，不過這是後話，這短短 20 年間仍創造出許多我們至今仍津津樂道的話題。

　　就從酒齡的標示開始說起。十九世紀末、二十世紀初的知名酒評家 George Saintsbury 曾說過，威士忌「最佳熟陳時間 6 到 8 年」，但絕大部分的酒都未標示酒齡，直到二十世紀初才少數看到。譬如在 1904 年的格蘭斯貝廣告中「保證 6 年」，又或者是 1906 年的「Cambus 連續蒸餾穀物威士忌 7 年」，拉弗格則在 1940 年代裝出了「非調和式 10 年」。來到 1960 年代，市場已經出現 30 多種單一麥芽威士忌，但酒齡大致為 8～15 年，即使是大爆發的 1970 年代，《蘇格蘭威士忌產業年報 1976》（The Scotch Whisky Industry Review 1976）寫道：「最低裝瓶的酒齡為 5 年，6～8 年最常出現，不過也常見 10、12 甚至 15 年」；格蘭利威當時的產品經理 Russell Grant 提到「經過 15 年的陳年後，威士忌將因飽滿橡木桶味道而被完全破壞了！」總而言之，時代的氛圍是開始標示酒齡，但不會超過 15 年。

　　再來是單一麥芽威士忌，大家都知道格蘭菲迪在 1963 年首次將 SMW 品牌推廣至全球，但 1963 年以前仍有少數 SMW 裝瓶，絕大部分仍是調和式威士忌。歷史上來看，十九世紀中以前，由於玻璃工業尚未發達，在缺乏適當的盛裝容器之下，蒸餾廠並不直接賣酒給消費者，而是以橡木桶為單位賣給存在於蘇格蘭各地的雜貨商或酒商。這些橡木桶較小，從約 30 公升到 100 公升不等，酒客可以到店裡直接買酒消費，或自備容器去「打酒」。但由於橡木桶品質不一，酒質好壞起伏不定，全賴雜貨商或酒商的控管，一些較有良心的廠商為了確保酒的品質，將數種威士忌混合出售，成為調和式威士忌。很顯然，這種品質穩定的威士忌大獲好評，各式調和威士忌不斷出現在市場，一直到現在仍占裝瓶量的九成強。

　　至於 SMW 在 1970 年代以前仍十分罕見，格蘭父子在 1902 年便裝出少量的格蘭菲迪，格蘭利威在 1930 年代也曾進軍美國，甚至泰斯卡在 1954 年便裝出了 10 年酒，不過量都非常少，以至於 Decanter Magazine 所出版的 Harrod's Book of Whiskies 第四期寫道：「在 1981 年所謂的威士忌便是調和式威士忌，100 瓶中只有 1 瓶是單一麥芽，而 120 間酒廠中只有一半裝過單一麥芽，且其中多半裝瓶量都少到無法引起注意，不過 10 年前更少，約僅有 30 間酒廠，所以 10 年來已經成長 1 倍」。當時的樂觀氣氛，預期單一麥芽在未來 5 年的銷售量每年成長 8 ～ 10%，實際上卻超出預期。而且當景氣反轉時，調和商減少了購買量，蒸餾廠除了減產或熄火關燈之外，另一個選項便是自行裝出單一麥芽威士忌，也因此形成一股潮流，到了 1990 年代則勢不可擋。

　　最後是麥芽品種了。1960～1980 年間，主要的大麥品種為 Golden Promise 和 Triumph，出酒率大約在 390～415 公升／噸左右。但是我們不是業者，不用去關心產能，我們在意的是風味。1970 年代蒸餾的酒喝過不少，都可察覺與現代不同的風味，其中極可能來自麥芽。Golden Promise 應該是大家最耳熟能詳的品種了，不過總產量並不大，而且早就被取代，目前仍有非常少數的蒸餾廠繼續強調，譬如格蘭哥尼以及麥卡倫，其中麥卡倫約在 1993、1994 年便不再使用。以品酒會 7 支酒的蒸餾時間來看，很可能都有用到 Golden Promise，但是否全部使用則不無疑問。

　　酒款環肥燕瘦，各展風情，其中巴布萊爾（Balblair）5yo 和汀士頓 8yo 最讓我驚訝，精采的演繹遠超過新近裝瓶且酒齡較高的酒款，極可能是當時工藝水準和橡木桶品質較現代為佳，也有可能是瓶中陳年的效果。另一方面，格蘭菲迪 8yo 在品酒會中的表現不是很搶眼，甚至可清楚感受到從來沒在這酒廠中發現的肥皂味，不過再次品飲帶回來的樣品卻又有截然不同的風味，堪稱最多變的 1 支酒。

Balblair 5yo
（40%, OB, +/-1980's, 75cl）

時間	7 / 25 / 2015 The Young in Old Good Time 品酒會
總分	84
Nose	活力十足、青春四溢的香草甜、輕柔的乳脂、淡淡的橡木桶，調和得十分舒服，稍候片刻，浮出了粉嫩的花香以及清爽的薄荷，再多等些時候則變換作豐滿的柑橘蜜甜滋味，底層流動著橡木桶和油脂，延續雖不長但相當宜人
Palate	香草甜如香水般入口，油脂不足、略呈水感而瘦弱了些，少許柑橘、麥芽甜，胡椒辛香刺激倒是十分明顯，一些年輕的木質，多喝些，柑橘甜較為清楚，但荳蔻辛香料持續增加，一點點薄荷
Finish	短～中，麥芽、淺淺的乳脂和橡木桶，微微的可可亞、麥芽牛乳，略有些木質澀
Comment	以 5 年的稚齡而言，這支酒叫人驚艷，尤其是青春無敵的香氣讓我第一時間拜服。與印象裡淺薄的 Balblair 相較，應該可以擊敗眾多當今、較高酒齡的酒款，若非瓶中陳年，則三四十年前的製酒工藝確實不凡，屬於我品酒會最佳酒款之一。

Glenfarclas 6yo「The John Grant」
（40%, OB, late 1970, 75cl）

時間	7 / 25 / 2015 The Young in Old Good Time 品酒會
總分	77
Nose	略顯霉味的餿麥很清楚的飄出，再慢慢的以蜂蜜甜取代，少許油脂，少量葡萄乾和麥芽甜，時間拉長後，蜂蜜甜越來越盛，但餿麥感依舊揮之不去，再多放些時間，浮出混合了麥芽與脂粉的甜香，相當有趣
Palate	很甜的麥芽與淡淡的蜂蜜，呈水感的乳脂下，略帶點餿麥感的老麥芽，少許肉桂、薑汁以及木質單寧的刺激，一點點略苦的柚子皮在舌兩側，一點點橡木桶、堅果
Finish	中，麥芽甜持續，略苦的柚子皮，單寧刺激依舊，少量乳脂，一點點橡木桶
Comment	這支酒為紀念 Glenfarclas 創辦人 John Grant 140 週年而裝，頗具有歷史意義，不過品酒會中大家都察覺到那股揮之不去的餿麥感，有志一同的嫌棄。但是即便我也不欣賞，但仍將殘酒買下來，主要是因為口感中可感受到很清楚的老麥芽風味，希望有機會讓當今 Glenfarclas 的掌門人 George Grant 喝喝看歷史的風土滋味。

Deanston Malt 8yo
（40%, OB, 1980's, 75cl）

時間	7 / 25 / 2015 The Young in Old Good Time 品酒會
總分	83
Nose	豐富甜美的蜂蜜、柑橘，大量蜜鳳梨、蜜餞的果酸滋味讓人口內生津，淡淡的橡木桶煙燻，淺淺的乳脂，莓果酸味持續不減，且久放之後，蜂蜜甜味調和充分的油脂而更是豐腴，似乎可到天長地久
Palate	調性過軟且呈水感，不過蜂蜜、麥芽甜依舊豐富，一點點柑橘，淡淡的橡木桶和少量乳脂，薑汁、荳蔻和年輕的木質單寧刺激性強，一些堅果，微微的柑橘皮油脂
Finish	短，舌面上的刺激性殘留，少許蜂蜜、麥芽甜
Comment	第一時間釋出的濃郁果甜、果酸立即讓我傾倒，而且長長久久的延續能力更是驚人，同樣叫人遙想起當年的製酒工藝，但我更認為是瓶中陳年的功效，因為入口後有如一腳踩空，豐美的香氣與弱質口感落差極大，這種失落感一如許多試過的老酒，總是叫人唏噓。

Glenfiddich 8yo
（Gradi 43°, OB, 1970's, 75cl）

時間	7 / 25 / 2015 The Young in Old Good Time 品酒會
總分	85
Nose	清新的香草、麥芽甜，一點點肥皂暗示輕輕掃過，濃郁的柑橘、蜂蜜甜接續，許多甜到有些膩的蜜糖，油脂相當豐富，橡木桶具有厚度，放一段長時間後浮出煙燻，少量的黑胡椒和非常輕微的肥皂感
Palate	許多的柑橘、蜂蜜、麥芽甜，偏弱了些，奶油油脂倒是充份，但有些臘質感，木質單寧和胡椒、荳蔻的刺激頗為豐富，微微的肥皂暗示，一點點甘草、薄荷，少許乳脂、堅果
Finish	短～中，麥芽、蜂蜜甜，淡淡的橡木桶煙燻，微苦的巧克力
Comment	這太奇妙了，品酒會的香氣顯得較為清新，但裝回來的 sample 卻帶有濃郁的蜜糖甜，兩者間差別來源應該是酒量。此外，口感雖然偏弱，但與香氣的落差還不至於太大，品酒會中感覺明顯的肥皂味只是隱約的出現，也是另一個因環境導致的差異，怪不得主辦人 Hertford 不斷稱讚這支酒的千變萬化，很值得花時間去等候。

Glen Avon 8yo
（40%, G&M, +/- 1980's, 75cl）

時間	7 / 25 / 2015 The Young in Old Good Time 品酒會
總分	76
Nose	明顯的深雪莉甜，很快的浮出硫磺味，蜜糖、乾果，少許乳脂，少量燒烤橡木桶，並逐漸的釋出煙燻，只不過硫味從一而終的伴隨，香氣的延續性也不佳，有點過於單調
Palate	輕軟的雪莉甜，淡淡的乳脂，蜜糖、蜂蜜、麥芽和柑橘，一些蜜餞、莓果點綴，許多木質單寧加上荳蔻、肉桂刺激震得舌面一陣酥麻，堅果，少量可可與巧克力
Finish	短～中，木質單寧的刺激感猶存，少許蜂蜜、蜜糖和雪莉甜，一點點可可、咖啡
Comment	Glen Avon 並非實際存在的蒸餾廠，過去在網路上眾說紛紜、莫衷一是，不過根據主辦人 Hertford 的推理，由於 Glenfarclas 酒廠鄰近便有一座 Avonbridge，而酒款的風格有頗為近似，所以極有可能是來自 Glenfarclas。但就算如此，這支酒香氣裡的硫味過多，又顯得單調，口感雖無硫味干擾，但一方面過於輕軟無力，一方面木質刺激過多，很難激起我對老酒的懷想，叫人感覺十分惆悵的一支酒。

Glengoyne 8yo
（G.L.43°, OB, Black Label, early 1980's, 75cl）

時間	7 / 25 / 2015 The Young in Old Good Time 品酒會
總分	85
Nose	蜂蜜、麥芽、蜜糖等諸多雪莉甜，乳脂豐富，淡淡的橡木桶和煙燻，一點點發酵酸暗示，慢慢的浮出少量木炭和黑巧克力的苦甜滋味，許多的奶油油脂，燒烤煙燻則越來越強，融洽的與油脂調和出可可、巧克力，並也釋出些許柑橘甜
Palate	很甜的雪莉，蜂蜜、乾果，一點點柑橘、蜜餞和發酵酸暗示，少許黑胡椒和肉桂、薑汁的刺激，輕燒烤橡木桶，木炭與黑巧克力的微苦，乳脂、堅果，多喝些，木質單寧越來越多，而木炭的微苦也越來越清晰
Finish	中，單寧澀感終究還是多了些，舌面上的刺激延續，乳脂、麥芽、微甜可可亞、巧克力
Comment	品酒會中這支酒最難引發我的老酒情懷，不是說不好，而是雪莉調過於清楚，讓整體風格顯得過於近代。但話說回來，8 年的酒能有如此表現，同樣也超出預期，極有可能也是瓶中陳年的功效。

Macallan 9yo, 1990/1999

（46%, Dun Eideann, C#26167-26168, 530 Bts.）

時間	7 / 25 / 2015 The Young in Old Good Time 品酒會
總分	83
Nose	前方一陣麥稈、乾草、穀物有點掃興，溫和的香草甜慢慢浮出，很是柔美可喜，並逐漸釋出輕微的燒烤煙燻和淡淡的胡椒暗示，少許奶油、乳脂，一點點熱辣的木質
Palate	很甜的麥芽、輕蜂蜜，許多溫和的乳脂中和了胡椒、荳蔻、丁香的刺激，一點點游移的柑橘、檸檬酸，油脂帶了點臘質，堅果、麥芽牛乳
Finish	中，麥芽甜，奶油油脂與臘質，溫和的燒烤煙燻，淡淡的可可亞、麥芽牛乳，相當舒服
Comment	這支酒列於品酒會中算是勉強充數，蒸餾時間已經屬近代了，但酒齡仍短，且應該仍使用 Golden Promise 大麥品種，猜測和其它 6 款酒使用的大麥品種相同。以兩桶酒勾兌，從瓶數來看應該是 Hogshead，但風格近似於波本桶，當然酒色也是，總之，雖然約略喚起我曾喝過的波本桶麥卡倫印象，但仍屬年輕，且不像其它酒款有足夠的時間作瓶中陳年，所以飲之惆悵。

延伸閱讀④
The Young in Old Good Times

　　快速瀏覽近百年來的蘇格蘭威士忌歷史，1890～1900 年期間堪稱史上最大爆發期，總計誕生了 33 座新酒廠，所以進入二十世紀之後，蘇格蘭共擁有驚人的 142 座麥芽蒸餾廠，以及 19 座穀物蒸餾廠。大量生產下由於供需失衡，加上兩次世界大戰，超過 50 座酒廠被迫關閉或休停。不過隨著戰後經濟復甦，60、70 年代又是一片榮景，可惜隨後石油危機爆發，全球經濟重挫，從 70 年代尾到 90 年代初，高達 22 座酒廠關廠，成為距離我們這個時代最近的一次產業大蕭條。

　　話說在威士忌無比興盛的 70 年代，絕大部份的酒款都是調和式威士忌，也因此大部分的蒸餾廠都是 OEM 代工，僅有如格蘭菲迪、格蘭利威等大廠推出自有品牌。當景氣欠佳，調和商不再向蒸餾廠下單，首當其衝的便是那些對調和風味較不具影響力的酒廠，而且如果產量小、交通又不便，更成為被犧牲的對象。面對這種生存考驗，蒸餾廠除了減產或關廠之外，另一個選項便是裝出自有品牌，因此麥卡倫、格蘭傑等開始裝出目前我們熟知的單一麥芽威士忌，並且逐漸獲得消費者的認同，到了 80 年代初，

這種裝瓶方式已經形成潮流，並一直流行至今。

透過這一層對歷史的解析，我們可以了解在這個時期裝出的單一麥芽威士忌，此時看來似乎是充滿綺麗夢幻的 the old good times，但當時酒廠可能正處於危急存亡之秋。不過 2016 年 4 月品酒會的酒款，不盡然是裝在風雨飄搖時期，我將酒款順序依裝瓶時間調換一下，並且也查明了酒廠的擁有者，列表如下：

酒廠	酒齡	裝瓶時間	裝給	Owner	轉賣給／年代
Tullibardine	5	1970 早期	義大利	Invergordon	Whyte & Mackay / 1995
Dufftown Glenlivet	8	1970 早期（1972 ？）	—	Arthur Bell & Sons Ltd.	United Distillers /1985
Milton-Duff Glenlivet	5	1974	義大利	Hiram Walker	Allied Domecq / 1987
Tormore Glenlivet	5	1980 早期	葡萄牙	Allied Distillers Ltd.	Pernold Ricard / 2005
Aberlour Glenlivet	5	+/- 1980's	義大利	Pernold Ricard / 1975	—
Old Fettercairn	8	+/- 1980's	葡萄牙	Whyte & Mackay / 1973	—
Auchentoshan	5	1980 晚期	—	Morrison Bowmore Ltd.	—
Littlemill	8	+/-2000	法國	Gibson International	Loch Lomond / 1994

從這 8 支酒款可以看出幾個特點：

① 前 3 款酒裝在威士忌的爆發期，後 5 款酒處於衰退期，不過就算是盛世王朝，酒廠都難逃轉賣的命運。

② 每支酒都很年輕（5yo ～ 8yo）：1963 年 Glenfiddich 大舉裝出的 SMW 雖

未標酒齡，但據稱是 5 年，而後似乎更改為 8 年，猜想在 1980 年前後，8 年酒齡可能是流行趨勢，但 5 年確實過於年輕，似乎暗示著酒廠急於換取現金的心態。

③ 4 支酒款的名稱都標註了 Glenlivet，且銷售對象是葡萄牙和義大利，顯然 Glenlivet 威名遠播，已成為 Glen Livet 的風土象徵，所以一直到 80 年代中期以前，許多酒廠推出的酒款依舊還是加上 Glenlivet 的名稱，當作是一種風味趨向，也就莫怪我們喝到相當類似的風格。

④ Tormore、Miltonduff、Aberlour 等 3 家酒廠目前都與 Glenlivet 同為 Pernold Ricard 公司所有，但當時除了 Aberlour 之外，其它 2 間屬不同公司所有，風味基本上是拉扯不上什麼關係的，頂多就是模仿。而當公司財務難以支撐時，轉賣成為唯一的可能。

⑤ 為什麼風味都很相似的原因之一，是因為這些酒都很便宜！

時間：4／16／2016 TSMWTA／4 月份品酒會

Auchentoshan 5yo
（40%, OB, 75cl., late 1980's）

總分	82
Nose	清淡的麥芽甜，少量奶油，柑橘甜很快地甦醒，略酸的草莓，淡煙燻，放久之後尾端有著木炭般的暗示
Palate	甜美的柑橘，很淡的煙燻，酒質輕雅，少許白胡椒，一些年輕的木質，單寧澀，少量糖果甜
Finish	短～中，木質澀感多了些，少許麥芽甜
Comment	第一支酒便是很令人訝異的甜美，尤其是僅有 5 年。

Littlemill 8yo

（40%, OB, 70cl. Imported by SDPN 37390 Charentilly France, +/-2000）

總分	75
Nose	低地風和麥芽甜，塑膠味的酒廠風格十足，少許的煙燻和餿麥感
Palate	以柑橘甜為主，甜味十分充分，摻了些麥芽、一點點塑膠感和餿麥味，少許白胡椒
Finish	中，麥芽、柑橘、乳脂、木質澀感
Comment	我依舊無法接受的小磨坊風格，倒不是時常存在肥皂味，而是無所不在的塑膠味。

The Tormore Glenlivet 5yo

（43%, OB, 0.75L, Para Portugal, early 1980）

總分	83
Nose	強烈而豐盈的柑橘和梅子，非常甜美的草莓、蜜鳳梨，淡煙燻和微量橡木桶
Palate	入口的刺激感重，柑橘、水蜜桃甜，略具厚度的油脂和橡木桶，白胡椒，尾端一些略苦的柑橘、柚子皮
Finish	短，柚子皮的油脂澀感
Comment	如果 5 年便已經如此優質，繼續陳放下去將可能多華麗？

Tullibardine 5yo
（40%, OB, 75cl., s.r.l. Milano, 1970's 1978（?））

總分	80
Nose	輕柔的柑橘甜，一點點塑膠暗示，略具侵略性的人工水蜜桃甜
Palate	很甜的麥芽，許多柑橘、蜜鳳梨甜，一點點乳脂，少量煙燻、木質，微量澀感
Finish	短～中，木質澀感依舊，一些柑橘、麥芽甜
Comment	不知為何，過濃的甜蜜香氣總讓我感覺來自人工。

Milton-Duff Glenlivet 5yo
「100% Highland Malt」
（40%, OB, 75cl., Ballentine's S.P.A Genova, Btld. 1974）

總分	83
Nose	前端一點點塑膠暗示，但梅子、柑橘以及柔美的草莓、蜜桃逐漸清楚，放久之後，大量的莓果甜，非常叫人驚訝
Palate	大量蜂蜜、麥芽、柑橘和少許柑橘皮澀感，酒體頗為豐厚，一些橡木桶，少量白胡椒，木質、堅果
Finish	短～中，木質澀與柑橘皮，少量柑橘和麥芽甜
Comment	無須多言，我的第一名！

Aberlour Glenlivet 5yo「Pure Malt」
（40%, OB, 75cl., S.P.A. Milano, +/- 1980's）

總分	83
Nose	很明顯的餿麥感，但蜂蜜、麥芽有十分豐盛，酒體略沉，微微的雪莉暗示，放久之後許多的砂糖甜
Palate	油脂充分的輕雪莉調，大量的蜂蜜、麥芽甜帶了些餿麥感，一點點糖漬櫻桃，橡木桶
Finish	中，口感中的油脂依舊，蜂蜜、麥芽
Comment	唯一讓我感受到明顯雪莉桶風的酒，我的當日第二名。

Old Fettercairn 8yo
（43%, OB, 75cl., Cream Label Bot. by Whyte & Mackay S.A.R.L. Portugal, +/- 1980's）

總分	81
Nose	非常清晰的餿麥味，許多的麥芽、蜂蜜甜和熟透且略為腐爛的水果甜，放久之後的餿麥感依舊，但果甜十分豐腴
Palate	讓人驚訝，豐富的麥芽、蜂蜜和柑橘甜，油脂充分，橡木桶顯得結實，有著咀嚼感，但也有一點點餿麥感和少許雪莉調，木質，少量果皮澀
Finish	中，木質和果皮澀感延續，微微的蜂蜜、麥芽甜
Comment	餿麥味有些惱人，但愛到荼靡的香氣屬性居然也有另一番風味。

Dufftown Glenlivet 8yo「Pure Malt」
（40%, OB, 75cl., B#82274, early 1970's）1972（？）

總分	81
Nose	很乾淨的蜂蜜、麥芽甜，但似乎也存在餿麥暗示，很簡單而有點平鋪直敘
Palate	白胡椒的刺激強，輕蜂蜜與柑橘甜，有著微微的蠟質，以及清楚的鳳梨、莓果酸
Finish	中，柑橘皮類的澀感，蠟質依舊，少量鳳梨和柑橘
Comment	雖然來自德夫鎮，但過於簡單，跟我一樣。

◇ 調酒師成就了酒廠風格

對全球威士忌酒迷來說，獲得 2012 年坎城影展評審團大獎的電影《天使的分享》（The Angel's share）絕對是一部曠世鉅作，曾以《吹動大麥的風》拿下 2006 年坎城金棕櫚獎的導演肯洛區，將鏡頭從愛爾蘭轉向蘇格蘭，從小人物視野切入，「……述說一個關於這世代年輕人面對空虛未來的故事」。

不過，酒迷們另有所好的是劇中背景全然是蘇格蘭威士忌風情，除了片名與景色為大家所熟悉之外，威士忌酒界著名的品評作家、曾多次來台的查爾斯麥克林更在片中軋了一角，飾演的是，嗯，威士忌酒界著名的品評作家。至於電影中造型優美的酒廠塔型屋頂和建築，即使刻意避開酒廠名稱，仍讓人邊看邊猜。這種小眾宅迷的異想世界，恐不是一般觀眾料想得知。

電影以社會邊緣人為主角，威士忌除了當作背景，也是重要的劇情催化劑。導演在片中描述的威士忌，無論是雲頂的風味、汀士頓酒廠導覽、品酒會中的樂加維林，在在都傳遞著溫醇的酒香，不過卻也出現了一個讓酒迷難以忽略的大漏洞！在查爾斯主持的品酒會中，初涉威士忌世界的男主角羅比被朋友拱上台，盲飲猜測拿在手中的酒來自哪一間酒廠。身為威士忌菜鳥的羅比，猶豫在格蘭花格和克拉格摩爾兩間酒廠之間，最終選擇克拉格摩爾，可惜猜錯，卻讓台下某收藏家注意到他的天賦，進而提供到酒廠工作的機會。

這一幕可說是整部電影最重要的轉折，卻讓筆者看得瞠目結舌，心中暗罵若非編導對威士忌無知，便是查爾斯的顧問失職，因為只要稍微對蘇格蘭威士忌有所認知，便該清楚這兩間蒸餾廠的風格根本南轅北轍，再怎麼也不應該混淆，而如果真的搞混，則恰恰顯示了羅比毫無天賦！

確實，每一間酒廠都具備獨特的自我風格，這是品牌大使巡迴各地時免

不了被問及的問題，但對消費者而言，如何分辨酒廠風格並非易事。仔細分析，酒廠風格大致建立在包括原料、設備和製程等幾個主要因素，而後由調酒師的勾兌構想集其大成。

當然每一間酒廠都有不足為外人道的奧秘影響著風格走向，譬如 1980 年代製作的波摩，其著名的肥皂味從未言明，引發國內外諸多揣測謠諑。另外酒廠的擁有者也具有決定性的影響，譬如全球最大酒業公司帝亞吉歐為調和酒款使用，賦予旗下每間蒸餾廠不同的風味任務，每批新酒都必須送到總公司確認，一旦風味有異，便必須檢討是否出了問題。

◇ 酒廠風味特色

回到格蘭花格與克拉格摩爾的風味特色。地緣上，這兩間酒廠均位在斯貝賽區，相距約 6 公里，但歷史上唯一的交會，僅在於克拉格摩爾酒廠的創立者約翰史密斯（John Smith）曾於 1865 ～ 1869 年間承租格蘭花格製酒。自斯以降，格蘭花格即由格蘭特（Grant）家族擁有，因此可完全掌握酒廠走向，至於克拉格摩爾於 1869 年創立後幾經轉手，最終成為帝亞吉歐的一份子，製成的新酒被賦予的任務是「肉質感」（meaty）。

製作上，格蘭花格使用雪山融化的山泉水源、輕度煙燻麥芽，全斯貝賽

格蘭花格（左）以及克拉格摩爾（右）酒廠的蒸餾器（圖片由隼昌及帝亞吉歐提供）

產區最大的 3 對蒸餾器，以及蘇格蘭唯一直接燃燒瓦斯的加熱裝置，製作出酒體較重、口感較為強烈的新酒，而後將超過 2/3 的新酒陳放於雪莉桶，給予酒款清楚的甜美雪莉調性。克拉格摩爾使用硬水，配合 60 ～ 100 小時的長發酵，採用遷就設置高度而削減頂部的平頂蒸餾器和略呈水平的林恩臂來取得輕柔的風味，卻又利用蟲桶冷凝設備來增加酒體質量，多種矛盾組合下，無怪乎被譽為斯貝賽產區中擁有最複雜特色的蒸餾廠。

問題來了，如果具備以上的知識，盲飲羅比手中的那杯酒，可有一絲機會從蘇格蘭上百間麥芽蒸餾廠中挑中正確的一間？筆者必須誠實回答：機會不大，因為具有相類似風格的酒廠不只一間，加上橡木桶熟陳的影響，裝瓶後會呈現何種風味特徵實在無法掌握。

不過倒是有些取巧的辦法，譬如熟知查爾斯麥克林的行事與工作，加上電影裡前 1 支酒來自樂加維林，可以將範圍縮小到帝亞吉歐旗下 29 間蒸餾廠之一，而輕柔的香氣口感可再度縮小到斯貝賽產區。

接下來得好好思量，到底有哪間酒廠符合這 2 項要素？選擇其實不多，哪間酒廠是帝亞吉歐引以為傲，成為 6 款 Classic Malts 中斯貝賽產區的代表？唯一的答案就是克拉格摩爾！這一番轉折推理，除了對酒廠風格的瞭解，還必須掌握對酒界的認知，當然也需要一些運氣。不過，假若消費者無法從香氣、口感中去分辨，那麼還有所謂的「酒廠風格」嗎？

◊ 產區無法造就獨特風味

筆者記得剛踏入威士忌世界時，第一步被教育的便是熟記五大產國以及蘇格蘭五大產區。各產國或原料不一，或蒸餾方式不同，所以產生三次蒸餾下清雅的愛爾蘭威士忌、以玉米為主要原料、甜美辛辣的美國波本威士忌、調和裸麥卻又最為輕淡的加拿大威士忌，以及細緻、充滿東方線香風味的日本威士忌。

　　風格多變的蘇格蘭威士忌，則有柔和輕淡的低地區、複雜且個性強烈的高地區、充滿溫和花果香的斯貝賽區、繚繞著煙燻泥煤且海風凜列的艾雷島區，以及濃郁厚重的坎貝爾鎮區。具備這些基本功，闖蕩威士忌的世界大致有了指引，面對眼花撩亂的酒款也不致失去方向。

　　只是隨著經驗值逐漸累積增加後，不免疑惑以產地作區分的原則怎地有些參差？譬如以蘇格蘭為例，布萊迪和布納哈本的柔和圓潤好似與嶙峋的艾雷島缺乏關係；擁有全蘇格蘭最高蒸餾器的格蘭傑，塑造的輕柔細緻風華也與高地無關；斯貝賽區德夫鎮上屬於同一間公司的格蘭菲迪、百富和奇富（Kininvie）各具不同的果香與花香，又與擁有肉質感的慕赫大異其趣；更別提坎貝爾鎮上的雲頂，單一酒廠便作出無泥煤、輕泥煤和重泥煤 3 種完全不同的風味。 若放眼世界，愛爾蘭一掃輕柔傳統，裝出具有雄健體魄的 Connemara 泥煤款；日本同屬於三得利的山崎與白州，利用製程和工序技巧製作出多變複雜的風味；美國則不只是波本，使用的原料除了玉米之外，如同加拿大一般也混合裸麥、小麥，甚至是米等多種穀物配方，更有雨後春筍般興建的微型酒廠或工藝酒廠（Micro-distillery, Craft distillry），以多變的風格顛覆大家的想像。如此繽紛多呈的可能，籠統的以產地、產區去劃分，不僅力有未逮，也可能迷失在茫茫酒海中。

　　蘇格蘭威士忌在烈酒市場上，是唯一具有產區標示的酒類，不過，正如〈第二篇、原料〉所述，大麥可能來自世界各地，並無法用地理區隔來框架風土。即便回溯歷史，當威士忌仍依附農場運作時，產區概念仍非完全來自地理上的分界，另加上政治稅收因素，強硬區分為高地及低地區，其中幅員遼闊的高地因水源、原料因素，蒸餾廠群聚現象逐漸明顯，風格互相影響在所難免。

　　就以位在斯貝河上游的格蘭利威為例，由於影響力引發仿效，許多酒廠的裝瓶便冠上格蘭利威的名稱，如 Aberlour-Glenlivet、Macallan-Glenlivet

艾雷島上的大麥田（圖片由人頭馬君度提供）

等，斯貝賽區便聚集了 50 多座蒸餾廠。艾雷島區的強悍有其燃料環境背景，坎貝爾鎮區則是特例，今日雖然沒落到只剩下 3 座蒸餾廠，但十九世紀末卻因原料、運輸因素，成為同時聚集最高 27 座酒廠的生產重地，時稱「全球威世紀首府」（Whisky Capital of the World）。扣除這些區域，將其餘零星散落在廣大高地、多座島嶼上的蒸餾廠，全歸為高地區則有失偏頗，所以部分作家或業者再區分出東、西、北高地以及島嶼區，目的也無關風格，而是敘述方便。

這些歷史地理背景，對產區來說占重要因素，但如同威士忌作家戴夫布魯姆所言，所謂的「風土」，除了地形地質、環境、氣候的影響，絕不能忽略「人」的因素，只有人能製酒，也只有人能取決風味走向。筆者曾問過噶瑪蘭的前調酒師張郁嵐有關酒廠的風格，他回答絕不能脫離鳳梨、柑橘等夏日水果的豐美，同樣的問題也問了南投酒廠的潘前廠長，他回答新酒帶著奇妙的甘蔗汁暗示，熟陳後則呈現芒果、鳳梨等熱帶水果風味。事實上，每間酒廠都牢牢掌握著自我的 house style，除了傳統，更用以彰顯自我風格，因為單一麥芽威士忌的「單一 Single」，同時也代表著「獨特 Singular」。

　　請謹記，當提到產地、產區的定義或歧異時，千萬莫將之刻板化，或有人建議初入門者應從淡雅的低地區開始，而強烈的艾雷島則適合較資深的飲者，這便是錯誤的印象，因為產區無法造就獨特風味，僅是多種因素之一。

◇ 威士忌與風土

　　「風土」（Terroir）在法語中的原始意思是「土壤」或「土地」，被葡萄酒界引用之後，狹義的可能只是「土地的味道」，由莊園所處的氣候，土壤和地理環境決定，但較為廣義的講法，則包含了地方與人文特色，或區分為天、地、人 3 個面向：「天」指的是難以預測的微氣候，如日照、氣溫、風向及降雨的季節、頻率和降雨量；「地」則是農莊所在的地理特性，包括地質、地形、標高、土壤和鄰近動植物等；最後是常被忽略的「人」，包括在葡萄園中栽種、採收葡萄的人以及釀酒的人，所傳承的知識、技藝和創新能力種種，都具有決定性的影響。以上這些因子的總合，便成為我們品飲時讚不絕口的風土滋味。

　　基本上，絕大部分的葡萄酒人士都贊同風土之說，但威士忌界卻幾乎絕口不提，主要是釀酒與製酒間存在極大差異。不過對威士忌而言，過去慣稱的五大產國，或是蘇格蘭細分的五大產區，似乎暗示著不同產國、產區可製作出各具代表的風味特色。但如果考慮威士忌的大麥或穀物原料的產地，以及陳年時橡木桶的影響，想從杯中找出風土特色似乎是個極大的難題。

　　威士忌所需原料極其簡單，以大家最熟悉的蘇格蘭麥芽威士忌而言，只不過穀物、水和酵母菌而已。古早時候威士忌只是多餘農作的副產品，使用的是自家或鄰居栽種的穀物、汲取附近的河水或泉水，以及容易取得的啤酒酵母，釀製的威士忌當然風味各異，也和土地息息相關。

但是今日的威士忌產業已經高度分工，各蒸餾廠除了水源必須就近引用之外，麥芽由商業發麥廠採購世界各地的大麥來製作，酵母菌由專業擴培廠提供，這些原料送到酒廠之後，採用自動化設備日以繼夜的產製，而後再由橡木桶決定絕大部分的風味。利用精密分工和精確控制的流程，可搾取出每一顆麥芽中最後一滴酒精，進而改變成本結構，讓威士忌行銷全世界，但同時也遠離農業，更難與「風土」扯上關係。

擁有強烈蘇格蘭情懷的吉姆麥克尤恩
（圖片由布萊迪提供）

　　蒸餾業者對這種情況並非視而不見，近年來也出現不少反思，例如 2014 年愛倫酒廠裝出以歐克尼島上的古老 Bere 大麥所做的酒款，特重地域人文的布萊迪也裝出了蘇格蘭大麥和艾雷島大麥酒款，具有強烈實驗精神的格蘭傑於 2015 年以古早味的 Maris Otte 大麥作出 Tusail 酒款，更實驗在地的酵母菌株。加上離開布萊迪酒廠的馬克雷尼爾（Mark Reynier）於愛爾蘭興建威士忌酒廠「沃特福」之後，2020 年裝出前所未見的「單一農場」（Single Farm）單一麥芽威士忌，叫人眼睛一亮，除了掀起討論話題，也可讓消費者藉此體會原料對風味的影響。

　　所以，強調大麥原料的威士忌便能反映風土特色？

　　自布萊迪退休的首席調酒師吉姆麥克尤恩（Jim McEwan）在產業超過 50 年，從未離開艾雷島，對於蘇格蘭、艾雷島有著狂烈執著的熱愛，因此酒廠使用的大麥全種植於蘇格蘭，更與艾雷島農夫簽約契作，復育一次

大戰以後幾乎消失的艾雷島大麥，這所有因緣，在近年來推出的酒款中表露無遺。

對照品飲蘇格蘭大麥和艾雷島大麥製作出來的新酒、無年分款、波夏以及超高泥煤度的奧特摩，各組的酒齡、製程條件類似，但不同大麥呈現的風味卻明顯有分，尤其是少了橡木桶干擾的新酒，可清楚辨識較為輕柔果味的蘇格蘭大麥，以及清新有力且攜帶著海潮鹹味的艾雷島大麥。吉姆解釋，由於艾雷島近海，海水鹽分免不了入滲土壤，加上凜冽的海風吹襲，大麥生長環境不良，紮根必須夠深且麥莖必須夠壯，當然和蘇格蘭本土大麥有所不同。

至於格蘭傑的比爾博士，從穿著白袍的技術背景跨入業界，充滿創意和實驗精神，過去向以換桶熟陳技術知名於世。2015 年發表的私藏系列第 6 款 Tusail，使用的是 50 年前廣受歡迎，但因酒精出產率偏低而沒落、甚至面臨絕種危機的冬季大麥。由於澱粉質及蛋白質的含量比例有異於普遍使用的春季大麥，因此與相同製程的格蘭傑「經典」對照，其基調並未脫離以花果甜為主的酒廠風格，卻罕見的呈現具有厚度的油脂與土地質感，酒體紮實，一掃酒廠給人輕柔纖細的刻版印象。

身具工程背景的筆者，對實驗性題材無從抗拒。布萊迪在 2011 年即進行了一個大規模的實驗，將全蘇格蘭分為 8 個大麥產區，與農場契作，種植相同的大麥種籽，收成後採相同的製程蒸餾，並陳放於相同的橡木桶和環境下熟陳。我曾試過其中 3 款新酒，並在酒友間進行「三角測試」——在桌上放 3 杯酒，其中 2 杯相同，必須要分辨出不同的那一杯。很遺憾的，筆者的感官太過遲鈍而無能分辨。至於格蘭傑，比爾博士宣告目前推動的實驗包括酵母菌原料、大麥製程、橡木桶等等共計 20、30 種，其中酵母菌的實驗是從酒廠自有 Cadboll 莊園所種植的大麥上，採集了麥穗上的野生酵母菌株（S. diaemath，意思是 God is good），再按照標準製程來發酵、

蒸餾，裝出私藏系列第十版 Allta《野生》。很顯然，威士忌產業擴張之餘，也回頭檢討並重拾根植土地的傳統，在腳跟底下挖掘更多可能性。

除了原料與製程，「風土」最終還是得回歸到「人」。當麥芽、酵母菌均來自外購，當設備、製程均以出酒率為 KPI，不諱言，今日的製酒已經愈來愈趨工藝化（筆者不願使用「工業化」這個名詞），新酒的風味差異也愈來愈模糊。幸好還有人，而其中最重要的便是「酒廠風格」的塑造者—調酒師，他們承襲一代代酒廠的傳統，消弭所有可能因製作、熟陳而發散的變數，在維持統一風貌的條件下，創造出脈絡一致的新酒款。

所以當我們舉杯，映著燈光欣賞琥珀酒色，聞嗅香氣、啜飲瓊漿之時，不妨遙想土地、陽光、大麥田和涓涓水源，以及製酒、調酒的人，是綜合這些人的努力造就手中的生命之水，也才是代表生命氣息的風土滋味。

品飲與競賽

烈酒競賽、金牌的競逐是酒業重要的行銷
指標,本章將分析最重要的五大國際烈酒
競賽,解析其遊戲規則的趨勢與玄機。此
外,也從葡萄酒教父、麥芽狂人到《威士
忌聖經》,介紹酒圈意見領袖的酒評風格,
以及其對產業的影響。

高端音響玩家對於聲音的敏銳感知讓人由衷佩服，而對音響軟硬體的追求，從電源處理器、擴大機、唱盤、訊號線、喇叭到空間擺位、吸音吸震設施等，無一不可挑剔，門外漢如我很難了解發燒友的毅力與執著。不過我憶起電影《人神之間》（Des hommes et des dieux）裡，阿爾及利亞提比鄰修道院的修士們被綁架及殺害的前一夜，修道士們映著燭光享用一頓樸實無華的晚餐，與平日清苦的生活相較，只多了從簡陋的放音機播放的《天鵝湖，場景》。樂曲中單簧管平靜祥和的揭開序幕，豎琴輕輕揚起，每位修士飲著自釀的葡萄酒，聆聽著樂曲各懷心事；而後萬物甦醒，加入小提琴與法國號的曲勢逐漸昂揚，鏡頭跟著音樂，輪流停駐在每一位修士的臉龐，俗世音樂似乎喚起了修士們心中隱藏的紅塵情緣，未知的境遇與堅持的決心矛盾又搖擺，修道院院長眼鏡鏡面起了霧氣，老修道士拚命揉著老淚縱橫的雙眼，我的眼眶也跟著泛淚，在這一曲早已耳熟能詳的樂聲中，破損粗劣的音質觸發我前所未有的感動……

許多感動無法重現、複製，但不捨不棄的人們依舊執意追尋所有滌清單調枯乏生活的可能，宗教是其一，藝術欣賞也是，但除了這些形而上的心靈幸福，也包含俗世裡的小小確幸，如美食，如包括筆者在內的許多酒友對杯中物的迷戀。

所以這一篇寫的是品飲的感動，以及如何將感動化作具象的迷戀，如評分，如金牌。

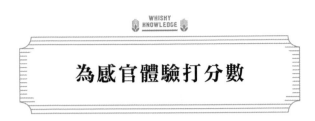

為感官體驗打分數

「品味」二字頗值玩味，人類文明演化史上最重要的分野，莫過於法國 Lascaux 洞窟壁畫的發現，人類從此告別了茹毛飲血的時代，跨入非關生存而有閒創作的新時期。同樣的分野植入富而好禮的近代，當早年電晶體收音機傳來的樂音或大口喝酒、大塊吃肉的酣暢淋漓不再能滿足自我時，難免心中悄然升起對精緻藝術的渴想，如果能與眾不同呢？如果能多深入了解一些？

但「不求甚解」可能是筆者生命歷程中的一大致命傷，不僅讀書不求甚解，連享用生命也不求，混沌一氣，懵懂的知道事物的美好，但好在哪裡卻是無由辯解，心理底層拒絕花費太多力氣在「享用」這件事上──如果真要花力氣的話，總以為沉耽是一種被包圍的幸福狀態，猶如蜷曲在氣泡裡隨波浮沉，猶如 Pink Floyd 所吟唱的 Comfortably numb，不需要解釋，也無庸分析。若真要分析，那麼「懶散」二字應該是深層理由，至於浮面上，自少便深為道家清淨無為的思想所影響，所以讀到陶淵明的「好讀書，不求甚解，每有會意，便欣然忘食」，我也極度欣然的發揚光大，影響所及，渾渾噩噩的度過大半生，但顯然的放棄了許多可以精緻追求的美妙經驗。

舊日裡筆者曾書寫讀書心得和影介影評，這兩者訴諸的刺激不同，是可以理智分析的；但如果刺激的是感官呢？該如何向他人訴說這些由感官神經傳遞的微小電流，以及個人腦部接收後的反應？在好玩的心態下，筆者曾摘取兩段針對不同飲品的評論，來挑戰並迷惑讀者的理性：

「濃郁的烏梅香氣，口感厚實，還有桑椹漿果與青梅伴著少許南洋香料味道，複雜度極佳，餘味裡飽含綠茶的甘甜……」

「香味帶有凝集的香料，莓果於前而花香在後，並帶有乾果燻香，口感優雅流暢，品種特色層層湧現，含有藍莓和黑莓的甜潤果味，單寧成熟均衡……」

　　有誰猜到這兩段感性文字分別描述哪種飲品？答案是，前一則取自咖啡網站針對肯亞 AA+ Samburu 咖啡豆的杯測報告，後一則是澳洲 Penfolds 酒廠，1998 年的 Bin 707 Cabernet Sauvignon 酒評，兩者對照著讀是不是非常奇妙？能從文字上去判別何者為咖啡，而何者為酒？如果文字的能力有限，又該用什麼方式傳遞？請讀者們再試著讀這一段：

「泥煤煙燻下浮出眾多的海草味與一絲乾草……非常細緻的焦糖及乳脂軟糖層次，隨之而來的新鮮香草及香甜的熟果氣息，到最後卻譜出了浪花的氣氛…口感奔放異常……豐富的泥煤、果醬和蠟味…在明顯的藥草暗示中帶出美好的香甜滋味…加水後釋放出了更多的樹根、燻魚、烤核果，以及茶味、甘草味……」

　　這一段敘述譯自法國瑟佶大叔在 Whiskyfun 網站上對 Smoking Islay 這款威士忌的評論，已經不僅僅是感官的描述，而是隨手擒抓剎那蹦發的記憶微塵，摻入澎湃湧動的情感，猶如跨年煙火般的繽紛四射，在那短促的瞬間除了連聲驚呼之外，只能訝歎並無語沉醉。

　　感官經驗確實難以描述，因為我的體驗絕對與你不同，當筆者描述「乾果燻香」時，你的腦內反應可能是「烤核果味」。這許許多多的文字迷障，無非緣木求魚的訴諸對於語言解釋的共通性，但也恰恰顯示了貧乏，我們可以藉此取得某些訊息，但一定不完整，可該如何解決這無解的匱乏習題？

　　說放棄其實最簡單，簡單到品完 1 支酒後，表明順口好喝或辣烈難以入口即可，純粹平舖直敘的描述個人喜好；但也可以複雜，從風土人情

葡萄酒教父 Robert Parker

勾勒到歷史淵源，飲一口酒，飲一段時光的雨雪風霜。或許這便是一個共同標準建立的必要，譬如《麥芽威士忌品飲事典》（Malt Whisky Companion）的誕生，但也可以直訴感覺，如瑟佶大叔這類麥芽瘋子的狂熱行徑，用熱情去澆灌整片蘇格蘭大地。

簡中自有痴兒女吧！我嘗言《天龍八部》中眾人皆讚蕭峰的豪爽與悲劇英雄角色，我卻獨愛段譽的痴，一痴近愚，戀之愛之，其間風情又將與何人道？又能與誰訴？非此道中人觀之，當付一笑爾！

◊ 從葡萄酒教父談起

年輕時第一次讀科幻小說家阿西莫夫（Isaac Asimov）的《基地三部曲》，為作者神妙的構想而目眩神移。故事仿英國歷史學家吉朋《羅馬帝國興亡史》的架構，圍繞在瀕臨頹圮的銀河帝國如何從無到有的重生，而先知哈里謝頓（Hari Seldon）所憑藉者，不過就是在幽微混沌的時代，將遠自銀河中心攜來的各類科技產品，包裝成神話、宗教明燈，誘導邊陲居民因利成便的使用，而後逐步建立龐大的經濟實力，在關鍵時刻便能發揮扭轉乾坤的效果。

很奇妙的，《葡萄酒教父羅伯派克：全球品味的制定者》這本個人傳記，從羅伯憑藉個人喜好與獨特的品味能力，打造出沛然莫之能禦的葡萄酒霸權中，比對出一個帝國的興起，以及繁華中一股暗藏的腐蝕力量。這種力量，猶如《星際大戰》的黑暗勢力，推轉著盛極而衰的歷史鐵律巨輪向前滾動碾壓，在源遠流長的人類文明進化史中可說屢見不鮮。

從二十世紀的 80 年代至今，不論認同與否，全球喝葡萄酒的人士大概

　　沒有人不識羅伯派克（Robert Parker）的大名，筆者當然也不例外。筆者踏入品酒的世界其實晚，約莫在千禧年前後，一開始，有點可笑的，純粹為了「每天喝葡萄酒有益健康」的理由。只是在浩瀚如天際星辰般的酒莊、詰屈聱牙念不出的酒標中，如何去找到一瓶物超所值的酒，對所有的初學者來說都非常困難。酒商的推薦不免摻入了商業行銷行為，網路風起雲湧的部落格當時並不盛行，唯一能憑藉的，當然只有大師級人物的指點迷津。

　　二十一世紀初的羅伯早已名揚天下，各種酒類刊物、資訊、酒款目錄，只要查得到 RP 評分，只要分數不致太差，一定會附在酒款上作為宣傳，另外也可能加上「葡萄酒鑑賞家」（Wine Spectator, WS）的評分。參考這些分數，找酒變得輕鬆寫意，不需強記太多產區酒莊名稱，只需簡單的將評分除以價格，自然得到自己心目中的 CP 值，至於數值背後產區酒莊的風土人情、歷史掌故，或製酒人的家世背景，完全無須費心去考究。

　　筆者的故事如此，新興市場中絕大部分的喝酒人士也是如此。回頭看60、70 年代的美國，經濟自戰後起飛，開始著重養生觀念，葡萄酒打著有益健康的旗幟進入市場，中產階級的飲用酒逐漸揚棄蒸餾烈酒，轉向歐陸進口的葡萄酒類。只是對一般大眾來說，因為缺乏長年累積的文化薰陶，所以對葡萄酒所知甚少，市場更是渾沌不明，買家與賣家的資訊無法對等，價錢與價值之間存在落差。至於身負解說任務的歐陸酒評家，由於承襲百多年來的品味傳統，挾文化、歷史自重，習慣用抽象的譬喻來描述、詠歎酒的諸多風味，頂多以「星級」方式給予評等，幾乎看不到評分數字。對一般想跨入酒領域的初學者，香氣口感太過個人，充滿隱喻或文學內涵的文字，簡直虛無縹緲得難以掌握。更讓人產生疑問的是，酒評撰述人與酒莊、酒商之間關係時常牽扯不清，讓人不免懷疑對撰述者的可信度。

　　羅伯恰在這關鍵時刻切入，一開始完全憑著個人的熱情和獨到的品味能力，以獨行俠姿勢硬闖歐陸葡萄酒界，獨力撰寫並發行《葡萄酒代言人》

（Wine Advocate）雜誌，1977 年的第一期甚至是手寫印刷。除了完全與酒商劃清界限，以及只相信杯中物的堅持之外，羅伯最重要的影響在於，他根據美國加州大學戴維斯分校（UC Davis）的 20 分系統，自創了 100 分評分系統，一目了然地向訂閱者展示他的喜好與評斷。這項創新雖然到現在一直都仍被批評，卻也獲得讀者的共鳴，不過讓小本經營的雜誌真正揚名立萬的是 1982 年份的波爾多，他在試酒後的高評價讓信者大撈一筆，從此奠定基石，成就了超過 30 年的霸業！

◊ 羅伯派克的霸權

羅伯其實只是將評分當作簡略的表達方式，他不斷地要求讀者仔細閱讀品飲紀錄，但顯然讀者喜愛分數更勝於內容，只因精確的評分對患有葡萄酒恐懼症的人來說，相當於一種品質保證，符合缺乏耐心、直截了當的消費行為，怪不得羅伯的分數被形容為「美國的實用主義戰勝法國的神秘主義」。更重要的是，評分代表了龐大的商業交易和資金流轉，在美國強大的經濟購買力為後盾下，羅伯的評分無人敢小覷，即使敢怒，也只能私下抱怨，撕破臉可能得付出酒款滯銷、酒價下挫等極大代價。

不過這並不代表羅伯從此便呼風喚雨、予取予求，基本上他自律甚嚴，但也自尊自傲，對於他人的批評一定澄清反駁，不惜代價捍衛自己的評分。身為律師的他，確實為此幾次和酒商或酒莊主人對簿公堂。

從追隨者的角度看，早期的羅伯擁有西部牛仔般的美國精神，無畏的挑戰葡萄酒邪惡舊世界，就有如聖經故事裡的「大衛與巨人」，成為個人英雄主義的典範。但從反對者的角度看，羅伯那種跋扈、自負、主見極深的作風，破壞葡萄酒的文化傳統，將葡萄酒珍貴的內涵轉換成簡單的數字，進而導向純粹利潤的追逐。但無論正反交攻辯詰，羅伯的努力其實有目共睹，想想一年得試上萬支酒，每年必到世界各地酒莊至少一次，而且經 20 多年而不懈，這等經營方式的確有其該自傲的地方。但若講到羅伯霸權的

興起原因，筆者觀之，除了個人的努力之外，也占了地利人和因素，包括：

◎ 他自掏腰包買酒，自費到酒莊試酒，切斷與酒莊、酒商的糾葛關係，完全獨立運作而不假他人，符合美國人對個人主義的信仰。

◎ 在絕大部分的酒客、投資人還在暗中摸索時，羅伯的《葡萄酒代言人》應時而生，準確命中 1982 年份波爾多的適飲實力，建立起大眾對他的信心。

◎ 百分系統迎合一般大眾胃口，形成一股神秘主義，讓大眾相信羅伯確實具備超人般的品味能力，能分辨得出 1/100 的差別，也能帶領大家走出酒莊、酒款太多的品酒迷霧。

◎ 信仰形成力量，並與美國人的經濟購買實力相互結合，影響、撼動數百年來既有的葡萄酒市場，最後一舉擊潰歐陸的無敵文化艦隊。

這種發展模式，看起來是不是很眼熟？有如《基地三部曲》或《羅馬帝國興亡史》的上半部劇情？

◊ 分數＝價格？

百分系統引人討論的原因在於，品酒一向非常主觀，且常受各種因素，譬如品酒的順序、酒杯的樣式、材質、品酒時間的長短等影響，且同一人在不同時間、地點、場合、環境或心情下，都會有不同的結果，所以無論羅伯多強調其方法的一致性，包括開瓶、酒量、聞香、入口、吐酒、以及餘韻發展等，即使每一個步驟給予的時間和節奏都能掌握，卻絕不是機器，無法精確到分毫不差，何況羅伯每一支酒只給短短的 2、3 分鐘，寫下的評分完全根據直覺與第一印象。

味覺的偏好也是一大問題，由於主觀，所以每個人自有其喜好，有人喜歡厚實、果香濃郁的酒體，也有人偏愛清淡、優雅與細緻的呈現方式，沒有量尺，也沒有所謂客觀標準，據此得到的分數也無法告訴消費者這瓶酒是否符合個人喜好、如何去搭配菜餚。這些批評都非常合理，不過也都能

找出辯解方式，因為無論給「星」或 20 分系統，都難免遭受上述質疑，且《葡萄酒代言人》自始便是以個人名義出版，讀者本應認知所有的品評標準都純屬個人。事實上，羅伯也一再提醒讀者與其專注分數，更需要閱讀筆記，也算善盡諄諄告知的義務。至於以精確的系統獲得的評分，羅伯對此倒是十分自負，雖然在刻意安排的情況下，譬如找出些稀奇的酒款，當然也會被考倒，但歷經數十年的品飲經驗，他的感官依舊非常銳利，且記憶力驚人，這種天賦異稟，凡人只能嘆說老天爺賞飯吃！

不過最大的問題是，分數嚴重扭曲了價格結構。對釀酒人來說，扣除掉產銷成本後，如何決定售價一向不容易，而分數的介入則對每個人都形成極大的誘惑：釀酒商利用分數賣給進口商，進口商則藉以說服批發商，批發商再誘導零售商，而後零售商以廣告目錄吸引顧客上門，消費者買下之後，則可在餐宴場合或品酒會時向賓客們炫燿說嘴。這種龐大的食物鏈關係成為嶄新的市場操作模式，不僅顛覆了舊市場，且在導入「預購」方式後，除了吸引消費者大肆搶購之外，還包含大量囤積居奇的投資客，當評分一公佈，好分數的酒立即洛陽紙貴且馬上被一掃而空，向隅者只能到拍賣市場去，進一步讓酒價飆高，完全拆解了舊有的銷售原則和制度。

羅伯確實對此雖感到憂心，但在斥責酒商不要一心想著賣出高價時，並未反省自己才是幕後推手。另一個大問題是，因為分數結合價格成為市場利器，釀酒人必須盡其所能的爭取高分，除不斷寄送樣品、邀請羅伯到酒莊試酒、或等而下之的設下利益陷阱外，免不了還得投其所好來釀酒。結果是羅伯四處拜訪酒莊之餘，也順便教導釀酒人如何釀出「好酒」，導致葡萄酒不再多元，羅伯成為全球單一口味的制定者！

◊ 從葡萄酒看威士忌

有興就有亡，歷史的鐵律向來無情，只是時間早晚的差別而已。邁入二十一世紀後，網路資訊較以往透明太多，世界各地的酒款和報價大概都

找得到，尤其是自媒體興起後，每個人都可各擁一片天地自由發表己見，振興了多元的風味偏好，也讓羅伯的影響力逐漸消退。《葡萄酒代言人》因應情勢，從 2001 年便開始發行電子版及手機版雜誌，但無法遏阻版圖的橫遭入侵。羅伯在 2006 年接受《紐約時報》的訪問時便透露，他認為已經成為眾人攻擊的焦點，很顯然，品飲大眾對於霸權獨攬的大師早已不耐煩。在這種情勢下，年

羅伯派克的 Wine Advocate 網站
（www.robertparker.com）

事漸長的羅伯終於在 2019 年 5 月 16 日正式卸下葡萄酒評論工作，從《葡萄酒代言人》退休。

筆者待在葡萄酒的領域並不長，也從來沒真正認真過，主要原因是門檻太高，太難去吸收、消化並熟記這龐大的資訊，一味讓「大師」、「達人」牽著鼻子走又心有不甘，所以乾脆逃離、放棄，轉到相對單純的威士忌世界，所以缺乏基礎或立場去評論這位帝王級人物。不過浸淫在威士忌十多年，從 2005 年開始撰寫的部落格也累積了近 2,000 篇文章，其中所有的品飲記錄都採用百分系統，同樣也看到了些光怪陸離的情事，那麼，該如何從威士忌的角度，去看待這種一方獨霸的景象？

首先，威士忌與葡萄酒的產業結構不同，市場規模也有差異。以「威士忌」為名的所有烈酒中，調和式威士忌就占了 9 成以上，即便是台灣熱中的單一麥芽威士忌，大部分也都屬於酒廠的核心酒款，風格口味經年持穩不變，不像葡萄酒存在年份差異和適飲期，無須每年試酒。

其次，全球的葡萄酒莊園多到不可勝數，每間酒莊每年總要推出幾款新酒，總計裝瓶酒款簡直如恆河沙般浩瀚無盡。反觀威士忌五大產國，我們熟悉的主要蒸餾廠頂多 200 多間，每年能推出的新酒款能有幾多？就算加

上今日當道的單一桶裝瓶，舉例而言，全球品飲紀錄數量最多的個人莫過於瑟佶大叔，他於 2003 年起開始經營 Whiskyfun 網站，累積的紀錄超過 15,000 種，對吾等來說已屬天文數字，但羅伯全盛時期一年試酒數量便已經上萬種，根本無法對等相比，而筆者累積至今也不過 2,000 多種，更是小巫見大巫！這麼小眾經營的規模，其實已經削減了霸權版圖的形成可能，因為即便裝出一桶評分絕佳的曠世好酒，或是陳年五六十年的老酒，瓶數極少、價格極高，除了被收藏或拍賣炒價，一般評分撰述者都難得親嚐，大大折減了影響力。

再者，葡萄酒為發酵農作，最重視風土，風味與原料息息相關，而裝瓶後的持續熟成充滿無限遐想。這種必須收存幾年才能達到風味高峰的酒種，一般消費者的經驗能力不足，無從去判別，必須仰賴專家試酒才能給予適當的評價，並提出適飲年份的指引。威士忌不同，來自世界各地的穀物原料無關風土，也缺乏大麥或穀物收成年份的意義，熟陳時間清楚易懂，酒標上的酒齡已提供充份的價格參考，所謂「瓶中陳年」雖有耳聞但難以驗證，所以沒有適飲期，開瓶即可享用。

更重要的是，威士忌熱潮自千禧年後興起，幾乎與羅伯霸業衰亡同時，網路上的部落格、論壇、社群媒體、個人網站一代衝擊一代，更有今日各擁粉絲及追隨者的 Youtuber 和網紅，成為不可忽視的自媒體力量，分割市場下，一方獨霸的大師不可能再現。況且，便因為資訊發達，幾乎所有品飲者都知道感官屬於個人，沒有任何人能替代自我的五感，聞到、嗅到、喝到和感觸到，都和個人的經驗相連結。這一點，其實完全符合羅伯早年的初衷，且既然他人無法取代我的經驗，且既然我與任何酒廠、酒商都沒關係，我手寫我飲，豈不自在逍遙？

當然，品飲記錄即使再個人，仍有一定的公評，已故大師麥可傑克森和吉姆莫瑞的評分應該是最廣為人知的，不過總有些與產業牽扯的耳語謠傳，待網路盛行後，瑟佶大叔的評分常年維持著公正性和一致性，一直以

來都被同好所愛用。這些分數以及各種酒類評比的獎項，酒商不可能不拿來作宣傳，所以一旦被評定好分數，酒款當然也一支難求。

物稀總為貴，金字塔的頂端也總有人，供需的差異給了大集團炒作的空間。某些身段、手法高超的集團酒商，將旗下酒款包裝如精品，瞄準的便是收藏家而不是純飲者。只是價格與品質間並不完全正相關，如筆者這般搞不懂收藏樂趣的酒客所在多有，無須跟隨著酒價浮沉，所以永遠找得到心目中的好酒來享用。

◊ 威士忌的話語權

時間與空間上，羅伯恰巧站在一個對的位置，加上個人的天賦和努力，將他拱上霸權位置，以前沒有，以後應該也不再有。而威士忌呢？我們熟悉的大師麥可傑克森，早在 1989 年便出版《麥芽威士忌品飲事典》（The Malt Whisky Companion）的第一版，而後分別於 1991、1994、1999 及 2004 陸續出版第二～五版，成為當時罕有的口袋手冊。2007 年因病去世後，以多明尼克（Dominic Roskrow）為首的幾位作家決定克紹其遺志，於

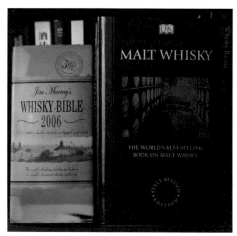

麥可傑克森和吉姆莫瑞的著作

2010、2015 年分別寫作了第六、七版，而包含在這幾版書中的酒款總數，從 1989 年的少於 250 款，到 2004 年的超過 1,000 款，其後酒款數量以不超出 2004 年版本為限。

另外一位人物較具爭議，便是至今仍活躍在舞台上的吉姆莫瑞，他於 2003 年起，每年更新推出一版《威士忌

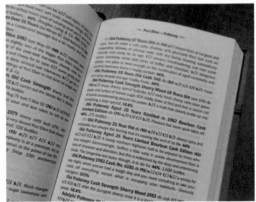

（上）麥可傑克森的評分
（下）威士忌聖經的評分

聖經》，如今已堂堂邁入第 17 年。書的尺寸比起《麥芽威士忌品飲事典》更輕薄短小，更適合放在口袋以便隨時掏出作為選購指南，而且蒐羅的酒款總數極大，從最早的 2,000 多款到 2020 年版的 4,600 餘款，成為許多酒友初踏入威士忌大門時不可或缺的參考手冊。

這兩位大師的書籍都以滿分 100 的方式進行評分，加上意簡言賅的文字敘述，在單一麥芽威士忌尚未真正風行的時候發行，都有站在浪潮尖端成為一方之霸的可能。確實，他們的歷史地位十分穩固，但是當世人注意到單一麥芽威士忌，也是筆者剛剛踏出學習之路時，網路已經改變了發言的能力與權力，形成群雄並起、各擁地盤的景象。

以台灣的威士忌發展為例，約莫 20 年前，市場及話語權主要由酒商主導，品牌稀少，酒標上的年份數字無往不利，在資訊難以取得的情形下，消費者罕見去探討行銷語言背後的真實性。事實上，就算是行銷人員也不深究，更不會、也無能告訴消費者有關製程工藝、橡木桶的種類和使用，以及調和、過桶種種細節。

不過這一切隨著網路的興起而逐漸發生質變，某些熱情的鑽研者開始在網路上發表文章、書寫部落格並興起討論熱潮，譬如「麥芽狂人」組織便是在 1997 年組成，今日我們尊崇的大師如查爾斯麥克林、戴夫布魯姆、瑟佶大叔和台灣的姚和成等都曾經是狂人組織的一員；在 2005 年成立了「台灣單一麥芽威士忌品酒研究社」（TSMWTA）成立，成為第一個專業威士忌品飲社團。當消費者超越品牌迷思和酒商的固有行銷手法，想更進一步瞭解產地、製程、工匠等等酒標背後的一切，且當他們瞭解之後，願意跟大家分享，意見領袖逐漸脫穎而出，整體消費市場也因而隨之質變。

體認到這種知識經濟的重要性並因應越來越挑剔的品飲家，酒商、蒸餾廠開始推出各式各樣的產品，從單一麥芽、小批次到單一桶，並派出品牌大使、調酒師、酒廠經理等重量級人物四處巡迴解說酒廠的核心價值，逐漸打破過去所抱持的封閉態度，而成就了我們今日所看到的威士忌大爆發時代。

不過網路行為在近 10 年有了極大的改變，最大的變化是社群網站的興起，老一代的電子報、部落格、討論區愈來愈沒落，FB、IG、Youtube、直播及 Podcast 盛行，消費者接受資訊的方式不僅快速，量體上也呈百千倍的膨脹。當每個人都可根據自我的感官來發表品評意見時，大師殞滅、群雄並起，過去藉由專業書籍、網站影響消費的時代一去不返，無論麥可傑克森、吉姆莫瑞或甚至瑟佶大叔的影響力都漸漸地消失，各大烈酒競賽的獎項也僅在行銷廣告上曇花一現，大部分的消費者不在乎評分、也無法靜心閱讀評分後的記錄說明，只想快速消化累積的數字與圖像，導致曾盛極一時的麥芽狂人組織近年來不斷傳出將解散的消息。

◊ 品飲者的初心

面對這種不可逆的變化，產業和消費者該如何因應？很顯然，酒廠面對爆炸性成長的消費者，已經無力以相同的熱情去面對所有人，只能回到商

業性的廣告行銷模式，即使新產品仍持續出現，但為了適應、符合潮流走向而顯得有些了無新意，且在眼球行銷喧囂的今日，為了抓緊隨時可能滑移的目光，被迫舉辦一場又一場花枝招展的活動，酒商與酒商間不斷拚場競逐，卻忽略了活動的重心，也就是酒。

至於過去帶領潮流的大師和意見領袖們，在一波波顯得泛濫的行銷宣傳活動下，開始出現某些奇特現象，除了時時被迫成為行銷的一環之外，或成為酒商的外聘講師，或乾脆扮演酒商角色。對於仍背負著撰述人及知識傳播者枷鎖的達人們，面對這個極速輪替的景象，該如何繼續扮演先驅者的角色？筆者認為最重要的核心價值絕不能背離，也就是持續維持對酒的熱情、對自己的誠實，以及對未知事物永不停歇的探索。

熱情與好奇探索，是每個人面對未來環境必備的心理素質，尤其在小型酒廠不斷興建並挑戰傳統製酒工藝、各類酒款不斷推陳出新，每個人都可以裝出單一桶的今天，極可能迷失在酒款叢林而不自知。因此在酒的熱情上，與其竭盡氣力去追逐過盡千帆的酒海，不如先紮穩馬步，從威士忌製程的本源去追溯，並努力不停歇的訓練自我感官能力，方是立穩腳跟的第一步。

至於坦然面對自我感官的誠實，不為商業利益動搖，絕對是立身的根基。資本主義社會下，酒商追逐利益乃屬天經地義，為了快速行銷商品，必須先攏絡意見領袖，也因此意見領袖時常成為酒商邀約的對象，也常常是新酒款的第一批飲者。酒商自有一套行銷 KPI 的算法，無論是達人、KOL或網紅都可能是計算時的一項參數，但酒不迷人人自迷，大師名號雖然動聽，但虛浮縹緲，可一旦有了利益瓜葛，要尋回本心或追隨者的信任難矣，隨時提醒自我慎之戒之。

《星際大戰》前傳第三部曲《西斯大帝的復仇》於 2005 年上映時，最吸引人追隨三部曲的重要轉折，莫過於安納金如何受到黑暗勢力的誘惑，成

為電影銀幕上邪惡人物的代表達斯維達（Darth Vader）。映照著看羅伯派克，或是在 2020 年下半因「物化女性」爭議而顯得狼狽不堪的吉姆莫瑞，早年意氣風發時似乎擁有無窮無盡的原力；但是當逐漸導向利潤追逐時，名、利成為隱而不見的黑暗勢力，不斷蠱惑著他們向其投靠。而無論是支持或反對，評分在持續進行的正反辯詰中扮演無堅不摧的光劍，不過卻是傷敵也可能傷己的兩面刃，別忘記在前後 6 部《星際大戰》中，被光劍斬斷手腕的次數可高達 7 次！

◊ 就來談談評分吧！

筆者於 2006 年，在已經結束營業的敦南誠品買回吉姆莫瑞的《威士忌聖經》時，慎重的放在隨身側背包以便隨時取出拜讀。小孩對我這種行為頗感好奇，更對這本被簡稱為 Bible 的小書感到極大的興趣，有一次終於忍不住的問我：「你櫃子裡的酒都是幾分啊？」我翻出書一一比對，告訴他這支幾分、那支又幾分。當時唸小學的兒子不滿意，對於滿分數字的敏感，他繼續問：「那有沒有 100 分的酒？」「沒有」，那麼，「最高分的是幾分？為什麼沒有 100 分？」

剛開始從葡萄酒領域轉向威士忌的世界時，高酒精強度是個難題，同時還需打破廣口杯加冰塊的刻板印象，慢慢學習領略聞香小啜的樂趣，但僅止於此，並沒有留下任何紀錄。由於所知尚淺，本著精打細算的原則，《威士忌聖經》成為捧在手心用來按圖索驥的寶物，就有如葡萄酒的 RP 或 WS 評分，可直截了當的根據分數高低來找酒，同時依據價格來換算 CP 值，而後再努力揣摩大師的口感經驗。過去囫圇喝下肚的酒，有些模糊的記憶，可以分等，只知道好與不好或合不合口味，有什麼好或差在哪裡一問茫然，雖說浪費，但這一段經歷應屬必要的過程。

等到發憤開始寫下品飲紀錄之後，突然憶起這段好久以前和小兒的對話，

不禁莞爾微笑。相對分數其實是容易的，幾支酒擺在一起大致可以區分出喜好，但絕對分數不僅艱難，更需要天賦，如何能建立評分中每一個階級的門檻，譬如 80 分、85 分或 90 分？標準又在哪裡？吉姆莫瑞在《威士忌聖經》中自言，經過 30 幾年來的不間斷品評，他自信可以掌握 1 支酒的結構，而結構，可能是包括筆者在內的大多數酒友感到困惑不已的艱困詞彙。

◇ 反對評分的意見

為了解答這股困惑，筆者下定決心以勤奮補不足，期盼從大數據中歸納出結論，居然一晃眼也是十多年了。在這麼多年的成長期，筆者承認，很難去維持評分的一致性。首先，早期因經驗有限，雖然依據當時麥芽狂人使用的基準酒款格蘭利威 12 年，但也不是每次都先使用這支酒來校正口感，以致難免上下浮動，而酒廠、酒齡產生的心理影響尤其大，也會忍不住「偷看」他人的評分來修正自己的數字。這種種顛簸，必須等多年後經驗值增加、建立起自我的標準才較為一致，卻又因口味喜好隨時間轉變而產生差異，最明顯的是筆者從雪莉桶的熱烈擁護者，反璞歸真為波本桶的基本教義派，而年輕時非高酒精度、重泥煤不歡，近年則火氣大減的偏向輕緩柔和的花香粉味，46% 恰恰好，40% 也行。

筆者的情況如此，其他撰述者的情形也可能相同，經年累月的喜好轉變，或許微小，但時間拉長後差異便顯著。幸虧酒款的特性也隨時間而轉變，包括酒廠的核心酒款也會因製作方式、更換調酒師或因應市場喜好而出現批次差異，兩兩剛好可以相互抵銷。不過容易招致非議的問題是，許多評分紀錄來自一個小小樣本，時常只有 20ml，如何去代表 1 支酒從初開瓶到喝完的整體表現？這一點絕對無法解釋，所有的評分皆如此，都只是短暫的個人主觀印象，也是評分記錄僅供參考的原因之一。

但評分這件事至今仍充滿爭議，並非每位品飲者都給予評分，事實上，

長期執行評分的品飲者如鳳毛麟角。反對一方尤其認為，品飲是一種純粹個人的主觀體驗，以分數去描摩，是在充滿複雜變數的環境條件下，單憑短暫的感官經驗來量化酒款，因此這種量化值不具有科學上的重複意義。由於每個人每天的每一時每一刻都處在不同的環境、情緒和身體狀況，品飲前進行的活動（如飲食）也有所差異，所以幾乎無法達到一致性。若以相對極短的經驗去為某支酒下定論，其實是很不公平的。

此外，許多筆者認識的酒友也主張，評分者常常流於負面思考，也就是採用挑剔缺點的方式去評鑑酒款，而不是挖掘優點。他們認為每一款酒都有人喜歡或不喜歡，站在撰述人的立場，與其雞蛋裡挑骨頭，更應該隱惡揚善，何況每一款酒都包含著酒廠的歷史傳承、典故意義和製酒人的心血，評分會讓一般消費者無視於這些深層認知，只關心個人感官下的數字，毋寧是某種對威士忌的不敬或褻瀆。

◊ 贊成評分的意見

以上的論證都沒錯，一針見血地指出評分的缺陷，其中對「非一致性」的質疑是支持方無法迴避的關鍵問題，但也不是沒辦法克服。如果讀者曾造訪「Whiskyfun」，可曾注意到網站中的說明？瑟佰大叔提到，為了保持評分的一致性，他選擇在家中相同的位置與相近的時間（下午4點到晚上9點之間）來試酒；評分前先快速喝某支基準酒款來校正感官，如雅柏10年或高原騎士12年，並且將風味、酒齡近似的酒款放在一起試，酒體由輕至重，泥煤款通常擺在最後。當天所有的酒款一字排開，全部倒入相同份量，先一支一支的聞，而後一支一支的喝，加點水再喝一遍，反覆確定後才寫下最終的評分。他的分數不像吉姆莫瑞將總分拆解成「香氣、口感、尾韻和評析」等4部分，僅依整體表現下判斷，但最重要的是，他持續提醒讀者，「分數」只是他對一款酒的意見表達方式，或是用來快速喚起記憶的指標，因此讀者不需要四處搜尋高評分酒，只有自己的試酒確認才是王道。

瑟佶大叔的網站（www.whiskyfun.com）

除了一致性，另外還有公正性問題，唯有不偏不倚的評分才能被眾酒友所接受。眾所周知，瑟佶大叔的評分不會有問題，他自費做網站完全獨立經營，不出書、不賣酒（這個宣言在 2019 年似乎被打破，Whiskysponge 裝出一款 Clynelish，酒標上留著鬍鬚的漫畫貓任何人都看得出來是瑟佶），所以當然也不賣分數。吉姆莫瑞就充滿爭議，耳語中《威士忌聖經》的分數十分神奇，加上冠軍酒款時常讓人大吃一驚，都大大折損了分數的公正性。至於如筆者的國內評分者，許多重要關節絕對必須把持，尤其是被酒商視為 KOL 時，免不了接受各種禮遇，也因此評分必須禁得起考驗。讀者的眼睛可能被矇蔽一時，但不會被矇蔽一世，比對評分者經年累月的分數和評語，自然可看出其中端倪。

所有的烈酒競賽，都必須倚靠感官敏銳的評分者來確立獎項標準，筆者身為一個資深評分者，當然大力支持評分。回想過去十數載歲月，每日案牘勞形的工作後，最大的樂趣莫過於夜裡的品飲時間，將珍藏的樣品──或購買、交換，更多的是來自酒友們的愛心──按順序一一試過，如睡前儀式般甜蜜而幸福。我與瑟佶大叔的方法相仿，但因酒量關係，通常每晚只試一款酒，藉由固定的時間（夜深人靜的 11 點後）、固定的位置和固定的品飲杯（這只 ISO 杯用了 10 年以上）來確定評分的神聖與可靠。

簡單說，為每一支酒款留下記錄時，分數可作為感官資料庫的指標，但評分的目的不是為了建立個人權威，純粹只是個人的喜好記錄。每個品飲者的喜好都不同，且標準也可能隨時間而改變，都可激盪出許多品飲樂趣。

◇ 早期的評分系統

　　世間並無完美，這不是哲學課題而是事實。筆者曾經寫下的最高分為 96
分，給了俗稱「金波摩」的 Bowmore 44yo 1964 ／ 2009；吉姆莫瑞的《威
士忌聖經》每年都會選出最佳酒款，歷年的冠軍分數不是 97 便是 97.5；
即便可能是全球試過最多酒款的瑟佶大叔，在他超過 15,000 筆的記錄中，
最高分給了 UD Rare Malt 所裝出的 Brora 22yo 1972 ／ 1995，97 分，仍
不到滿分。在如此眾多的評分中，不禁叫人好奇，有沒有可能出現叫人膜
拜的滿分酒款？與 100 分之間的 3 分或 2.5 分差距到底有多大？而在 100
分標準下，真的能察覺出 1 分或甚至 0.5 分的差異嗎？

　　最早的評分系統，可能是美國 UC Davis 大學葡萄酒釀造系（Dept. of
Viticulture & Enology）的 Maynard A. Amerine 教授和同事，於 1959 年所
建立。根據他們的研究，人類感官的敏銳程度難以分辨 1/100 的微小差異，
因而發展出滿分為 20 分的評分制度，通稱 UC Davis 20-Point System。這
套系統分別針對葡萄酒的外觀（2 分）、色澤（2 分）、香氣（4 分）、揮發
性的酸度（2 分）、入口酸度（2 分）、甜度及糖份（1 分）、酒體（1 分）、
味道（1 分）、單寧澀感（2 分）以及總體評論（2 分）來給分，經加總後，
不同分數區間代表的意義如下：

　◎ **17 ～ 20 分**：高品質的酒款，渾然天成、毫無瑕疵
　◎ **13 ～ 16 分**：不特別突出也沒缺點的標準酒款
　◎ **9 ～ 12 分**：具有一些明顯的缺點，但大眾可接受
　◎ **5 ～ 8 分**：大眾無法接受的酒款
　◎ **1 ～ 5 分**：完全不行

　　除了 20 分系統，早期也流行星級系統，也就是給予 1 ～ 5 顆星的評價，
或較為罕見的 10 分系統。但以上各系統的普遍問題是，同等級內所涵蓋
的酒款太多，第一線的銷售人員將面對許多「為什麼這支 Glenthis 和那支
Glenthat 明明風味差異明顯，分數卻相同？」的質疑。不過換個角度看，

這個缺點其實也是優點，因為酒款的難以量化和評分的非一致性，百分系統中的 1 分或甚至 0.5 分都不精確，倒不如大致區分等級即可，免除到底該給 89 分還是 90 分的猶豫、糾結，而銷售或購買時，也不必爭搶 90 分酒，卻放棄幾乎同等優質的 89 分酒。

◊ 百分制評分系統

不過在心理層面上，人人都喜愛 100 分，那是一種根深蒂固的「百分百」滿足，所以羅伯派克才會另闢蹊徑的發展出如今大家熟知的 100 分評分系統。這套系統一出，可說橫掃江湖，其優勢是一目了然，尤其對一般消費者而言，大可引述公佈的分數夸夸而談這支 91 分酒如何如何，而那支 89 分酒又是如何如何，並且懷抱著對 100 分「夢幻逸品」的崇敬和遐想。不過羅伯的評分系統仍建立在 20 分基礎上，而且沒有任何解釋的，將基本分數設定為 50 分，剩下的分數分配如下：

◎ **5 分**：酒的外觀色澤，現代裝瓶酒因技術改進，一般都有 4 ～ 5 分；

◎ **15 分**：香氣，包括深度、強度及複雜性；

◎ **20 分**：味覺及終感，包括各種味道的強度、平衡、清晰、深度和持續能力；

◎ **10 分**：整體評價，以及裝瓶後之陳年實力。

很顯然，羅伯並不承認有關人類感官敏感度的研究結論，所以將原來屬於嗅覺的 6 分（香氣與揮發性的酸度）放大到 15 分，而味覺的 7 分（即入口酸度、甜度、酒體、味道和單寧澀感）放大為 20 分。仔細分析的話，當羅伯的評分相差 1 分的時候，事實上是 2 分 （別忘了基本分 50），若扣除包括接近滿分的第一項以及個人的評斷第四項，或許這 1 分更高過於 2 分。看出這裡的吊詭嗎？ 100 分裡的 1 分其實沒有太大意義，大師顯然也無從分辨！

威士忌界的評分也有各種方式。老字號的《威士忌雜誌》（Whisky Magazine）早期採星級法，最高給 5 顆星，因此會出現 4 又 1/4 顆星的奇

妙情況，顯然 5 等級並不夠用，目前已更改為 10 分制，但因為可使用小數點以下 1 位數，以致等同於百分制。最早採用百分系統的酒評家應該是麥可傑克森，他於《麥芽威士忌品飲事典》中，簡潔的記錄每 1 支酒的色澤、香氣、酒體、口感和尾韻，而後根據整體評價給出總分，且評分的範圍極窄，60 分以下或 85 分以上的酒十分少見。對麥可而言，能收錄在書中的酒都擁有一定水準，因此 65 分只是「表現沒那麼突出」，75 分已堪稱「優質威士忌」，若在 85 分以上，則代表「特優」，值得他熱情推薦。在眾多蒸餾廠中，麥卡倫絕對是他的最愛，幾乎支支精采、款款動人，最高評分更達 96 分，但終究未達完美的 100 分。

　　吉姆莫瑞的《威士忌聖經》也是百分制，以香氣、口感、尾韻與平衡共 4 項分別評分，每一項的滿分都是 25 分，書上並詳列評分區間如下：

◎ 0 ～ 50.5 分：全然的魔鬼化身

◎ 51 ～ 64.5 分：令人厭惡，必須盡可能的避免

◎ 65 ～ 69.5 分：非常不吸引人

◎ 70 ～ 74.5 分：可以喝，但別冀望太多

◎ 75 ～ 79.5 分：資質平均，通常也算愉悅，但存在某些缺陷

◎ 80 ～ 84.5 分：很不錯的威士忌，值得嘗試

◎ 85 ～ 89.5 分：非常優質的威士忌，絕對值得購買

◎ 90 ～ 93.5 分：超優

◎ 94 ～ 97.5 分：威士忌界的超級巨星，人類為此而活

◎ 98 ～ 100 分：比我喝過的任何酒都還好！

　　吉姆對低分酒的毒舌評論不假辭色，而且顯然在遍嚐天下美酒後並不滿意，歷年來最高分不過 97.5 分，所以將 98 分以上的酒列為「比我喝過的任何酒都還好」，當然也就沒有 100 分了。這份評分表最有趣的是那 0.5 分區間，記得是 2009 年版首次出現，當時雅柏的 Uigeadail 榮獲「年度最佳威士忌」，97.5 分！筆者看到 0.5 分的剎那，心中同時湧出佩服與荒

早期威士忌雜誌採用的 10 分制

謬兩種情緒，甚至還有一股想砸電腦的衝動，甚至想從此丟掉《威士忌聖
經》！因為筆者無法相信世間竟然有此能人，可辨識出如此微小的差距，
而且既然出現 0.5，就無法保證未來會不會出現 0.1～0.9 分了！

◊ 評分方法建議

　　筆者並不否定酒類飲品所需具備的「舒緩身心」功能，因此喝酒方式
百百種，或獨飲，或三兩好友相聚，無論是在家中、夜市、熱炒、餐廳、
酒吧、pub、KTV，或任何可以喝酒的場所，純飲、加水、加冰塊，或調
入綠茶、可樂、雪碧、維大力或維士比，都可以達到「烹羊宰牛且為樂，
會須一飲三百杯」的酣暢淋漓。只不過除了這類飲酒方式之外，仍存在如
筆者一般的嚴肅品飲者，若想踏入評分的世界，筆者以十數載的經驗，或
可提供一些建議。

　　前面提到筆者揚棄《威士忌聖經》已久，但由於剛開始認真飲酒時，為了能快速入門，因此套用吉姆的方式，將整體評價拆解為香氣、口感、尾韻和最後一項以「評析」取代「平衡」，每一項同樣也是以 25 分計。這套系統的優點是，對於品飲經驗不足、不具備「絕對分數」（套用「絕對音感」的定義）的新手，一次給出總分心理壓力過大，拆成四個單項給分壓力就減緩許多，最後只需加總即可。

　　上述方法的缺點顯而易見，因為筆者認為威士忌的香氣表現最為重要，即便入口，絕大部分的風味也都來自「鼻後嗅覺」與味覺的綜合感受，況且感官是難以拆解的，即便分別描述香氣、口感、尾韻的表現，最終仍統納入所謂的「平衡」——這便是瑟佶大叔不願分項給分的原因。筆者於近年來由於累積經驗增加，逐漸建立自信，因此修改了評分方式，不再給予分項分數，而是邊紀錄邊綜合感官喜好，並與過去的經驗比較，最後以總分方式呈現。

　　此外，無論是新手或老手，評分基準最為重要，總不能漫無目的的給分，更需要隨時用來校正口感，否則容易失去一致性。筆者剛開始評分時，採用的是流行於「麥芽狂人」的格蘭利威 12 年，不過許多酒款都足以擔當基準，但仍以滿足如下條件為佳：

① 大眾化且容易取得，因此以年輕的 OB 款為上，總不能拿出高酒齡或特別款來當基準。

② 酒質必須經久恆定，因此以每年都會裝出的核心款為主，雖然在長時間歷程下，這些酒款的風味可能更易，但在不斷推陳出新的酒款中，核心款依舊是酒廠精心維持的重心。

　　滿足這兩個要項的酒款非常多，格蘭菲迪、麥卡倫、蘇格登、雅伯（沒錯，泥煤款也需要基準）都可以，也可藉由幾款來建立 80 分、85 分或 90 分的階梯門檻，而後便是自我資料庫的擴充了，廣泛的、不論好壞的儘可

能多方嘗試，並且與基準比較，上下廣度拉大之後，慢慢的便可以捉摸出屬於自我的等級。

不諱言，隨著品飲數量的增多，基準可能會變動，譬如目前筆者於評分時，是以 80 分開始，對於酒質一般、沒有明顯缺陷、但也沒有太多突出表現的酒款，便是筆者心目中的 80 分酒。若浮出部分讓人不喜的風味，如過於單調、甜膩或過多的硫味、硝石、雜醇油或單寧澀感，便依程度扣分；如果呈現舒緩有致的層次變化，或繽紛的花果蜜甜以及平衡的果酸，則依程度多寡加分。根據這一套標準，85 分已是屬於居家日常飲用的酒款，90 分以上則在品飲當下觸發感動，95 分以上不僅罕見，而且足以讓筆者痛哭流涕（好吧，這是誇飾法）。

評分時固定使用同一種聞香杯十分重要

　　上述方式，部分印證了反對者的批評，也就是飲酒時嫌惡挑剔的東扣 1
分、西扣 1 分，不夠積極正面。不過筆者必須強調再強調，評分只代表了
個人的喜好程度，酒款千百種，每個人總會有偏好吧？有人愛清雅閒淡，
也有人愛濃艷壯麗，評分時只不過是將自我的喜愛化成分數，所以當然只
對自己負責，即便評分基準轉變，也是反應了自我喜好的轉變。

　　此外，筆者於某次大規模評鑑時，驚喜喊出「終於找到我的滿分酒」，
不過讀者必須了解，所有的烈酒競賽都有評分基準，因此評審於參與不同
競賽時，必須根據大會給予的基準來調整給分，出現滿分酒也就不足為奇。
只是按筆者心中設定的標準，短期內應該不太可能喝到毫無瑕疵的滿分
酒，但誰說得準呢？所有的愛酒人士，都懷抱著某一個此生或難企及的夢
想，只因為未來的可能如此寬廣，或許在哪個隱名埋姓的酒窖，可翻找出
心中對於完美的渴想，又或者在某個契機，突然發覺眾裡尋他千百度的完
美，正在燈火闌珊處，所以永遠要拉出一個與 100 分的距離，耐心的虛位
以待。

各式各樣的國際烈酒競賽

　　回顧 1970 年代正處於葡萄酒爆發期的美國，羅伯派克及其他許多的葡萄酒撰述人躬逢其盛，依據個人敏銳的感官為酒的好壞下指導棋，讓面對層出不窮的酒款而無所適從的消費者有了依循，確實是功德無量，卻也種下讓消費者偏倚權威的惡果。

　　這種情況幾乎在威士忌界複製，就在二十一世紀初，當威士忌的風潮剛剛開始吹起時，國外的麥可傑克森、吉姆莫瑞等人，以及國內的大師、達人、KOL，同樣負擔起為廣大消費者指引方向的重責大任。幸好威士忌酒款不若葡萄酒那般眾多，且威士忌並無葡萄酒的「適飲期」問題，加上威士忌風潮與網路幾乎在同一時期興起，部落格、自媒體盛行下，人人都有發聲管道，因此消費者很快的意識到感官純屬個人，他人無法代為決定。

◊ 從「世界烈酒之最」談起

雖說如此，威士忌的行銷仍希望有所本，知名撰述人的評分或國際得獎記錄都是極有力的背書，往往高分或金牌酒款都能刮起一陣搶購旋風，因此銷售人員或消費者多少也會注意評分和國際烈酒競賽的結果。

記得在 10 年前左右，坊間酒專酒肆舉目可見大大的宣傳看板「世界烈酒之最」，為高原騎士 18 年大做廣告。這個招牌一直掛到 2015 年仍未卸下，但如同絕大多數的消費者一樣，筆者對於這個口氣很大的廣告從來沒思考其來源，直到整理烈酒競賽的種種時才憶起這件事。

為了追溯這句廣告標語的起源，筆者使用幾個關鍵字在網路上搜尋，最終發現原來是美國一位品飲撰述者 F. Paul Pacult，於 2005 年在他發行的「Spirit Journal」中，列舉出 100 種世界最佳烈酒，其中高原騎士 18 年被他舉為「The best spirit in the world」。

Spirit Journal 這個網站至今依舊存在，F. Paul Pacult 也持續發表年度最佳烈酒，甚至也舉辦稱為 Ultimate Spirits Challenge 的烈酒競賽。很顯然，他對高原騎士的熱愛並未隨時間而磨滅，因為在 2013 年的競賽中，高原騎士 25 年獲得前所未有的滿分 100，風光之至。只不過筆者於追尋這件可能被酒友們淡忘的軼事時，忍不住思考：

① 台灣的威士忌風潮於 2005 年尚未興起，認識「單一麥芽威士忌」的品飲者概屬小眾，氣吞山河的「世界烈酒之最」看板確實能吸引人駐足。

② 大型國際烈酒競賽如 IWSC、ISC 或 SFWSC 早已進行多年，但是在網路尚未盛行的 2005 年，行銷團隊怎麼會注意到一個名不見經傳、只是個人網站的評價結果？（名不見經傳至今依舊，如果筆者不追溯這個軼事，絕大部分的酒友應該都沒聽過、看過 Spirit Journal 吧？）

③ 「世界烈酒之最」至少使用了 6、7 年，不過江山代有人才出，各大烈酒競賽持續舉辦，有多少消費者能認清廣告文宣底下暗藏的玄虛？

◊ 競賽的目的

所以，就來仔細端詳國際著名的烈酒競賽吧！就筆者所知，目前較為大眾聽聞的大型競賽包括 IWSC、ISC、SFWSC、MMA、WWA 等，各有其評審方式及獎項的不同。不過讀者們請注意，所有的烈酒競賽都是行銷的一環，也都和利益息息相關，主辦方可賺取報名費和廣告費，而參賽方賺取名聲和行銷利益。在這種情形下，主辦方必須使盡渾身解數來吸引報名者，包括提高競賽的威望、聲量、能見度和影響力，也要協助得獎者行銷獎牌；而參賽方為了提高銷售量，當然希望送出的酒都能獲得獎牌，金牌是基本盤，雙金、首選、全球第一才是追求的目標，如果能獲得 100 分的高分，則是行銷時的無上助力。

因此就算一開始並不是以行銷為目的（如 MMA）的競賽，最終仍難逃商業利益競爭的手掌心。不過在深入了解之前，先針對比賽的公平性及獎牌的公信力談談個人的幾個觀點：

① 以盲飲方式進行評比應該最為公平，但也會受到評審團的組成、評審進行的方式以及品飲時間的長短等影響。

② 評審項目至關緊要，不同的競賽規定不同的分類方式，如國家或區域（愛爾蘭、蘇格蘭、美國、加拿大、日本……）、酒種（麥芽、穀物、調和麥芽、調和、愛爾蘭壺式蒸餾、波本、裸麥，又或者是 Cask strength、過桶……）、酒齡（NAS、12 年以下、13～20、> 21……），都會影響送審及評比的結果。

③ 獎牌的依據和標準是否公開影響公信力，如金、銀、銅牌的分數級距。至於實際品飲評分時，評審必須了解級距標準，如果不清楚，可能發生 A 評審的 90 分等同於 B 評審的 80 分，導致最終的

平均分數失準。

④ 評審在進行品飲時應該禁止討論，並嚴禁打探分數，絕對要避免互相影響。所有的評分應該交予工作人員做最後的平均，主席只是公布，以避免有機會調整。

⑤ 依以上標準，大概就沒有「哪個烈酒競賽較為權威」問題，剩下的是酒廠／酒商較習慣、偏好哪個競賽，以及消費者願意跟隨哪項烈酒競賽結果的問題。

以下各章節敘述的競賽辦法，主要摘錄自各競賽 2020 年官方網站所公布的內容。由於 2020 年初新冠疫情席捲全球，在維持社交距離的法規或自我要求下，酒廠紛紛休停，以致競賽的主辦單位無論競賽種類、時間、評審和頒獎都做了部分修改，而這些辦法未來是否將恢復正常則不得而知。

一、國際葡萄酒及烈酒競賽（International Wine & Spirit Competition, IWSC）

在目前知名的烈酒競賽中，IWSC 開始的時間最早，故事得從安東馬索（Anton Massel）講起。馬索曾於德國取得合格葡萄酒釀酒師執照，而 2008 年出版的《The Wine Pioneer》一書稱他為葡萄酒的先驅者，顯然是一位葡萄酒類專家，但為什麼會和烈酒牽上關係？原來他在 1956 年從德國搬到英國倫敦，負責掌管 Seitz UK 公司的實驗室。Seitz UK 是一間設備代理商，營業項目為德製葡萄酒產製設備如過濾系統、低溫消毒系統等。不過馬索在 1960 年便離開 Seitz UK 自行開業，為英國的葡萄酒和烈酒代理商、裝瓶商進行檢驗並擔任顧問。就在日復一日、年復一年的檢驗過程中，逐漸發展出他個人對於葡萄酒、烈酒的喜好，所以在 1969 年成立了 Club Oenologique Ltd.，並且在同一年舉辦了第一屆的競賽。

由於馬索的工作背景，競賽規則從剛開始便設定不完全以個人感官作為

IWSC 官方網站（http://www.iwsc.net）

判定標準，每款酒都得送去作化學檢驗。這種方式就算是放在今天依舊很令人詫異，況且當時氣相色譜－質譜儀（GC－MS）的檢驗堪稱所費不貲，顯然是馬索執業期間曾遭遇不少光怪陸離的酒款，讓他無法相信酒標上的標示。

1985 年，奧地利某幾間莊園利用添加「二甘醇」（diethylene glycol）的方式，讓自己釀製的葡萄酒口感更甜美飽滿，因而爆發所謂的「1985 二甘醇假酒醜聞」，導致奧地利葡萄酒產業信譽掃地，還波及到德國。IWSC 堅持化學檢驗的價值立即浮現，因而避免了頒錯獎的尷尬，所以直到現在依舊採用兩種方式。

按照的馬索的期望，競賽的目的是獎勵全球優秀的葡萄酒及烈酒，最初的規模不大，一直到 1978 年才將競賽名稱正式改為 IWSC，並且將競賽項目調整得更細，也樹立技術標準。根據 IWSC 網站所公佈的 2020 年資訊，競賽的細節說明如下（僅包括烈酒中的威士忌部分）：

1. 報名

截止報名繳費日期為 6 月 15 日，參賽的酒款必須在 8 月 1 日前送達。過去每款酒都必須送 4 瓶，其中 1 瓶用於第一階段的品飲篩選，1 瓶作化學檢驗，第三瓶則是進入第二階段的獎項品飲，最後 1 瓶是為了怕萬一某瓶酒出狀況時，得以作為替換（葡萄酒運送途中可能因保存出問題，威士忌則幾乎不可能）。不知何時開始更改為 2 瓶，可能是與其他烈酒競賽看齊，也可能是參賽單位的抱怨所致。

參加每一個項目的報名費是 140 英鎊（線上）或 160 英鎊（書面或 email），不過如果參賽項目多也有折扣，當然寄運費用、稅金都得自行負擔。此外，比賽的項目除了酒款，還包括個人成就獎、調酒、包裝設計以及零售通路等，但暫且先專注於威士忌。

有關比賽項目，根據筆者近幾年的觀察，主辦方年年更改，但由於 2020 年新冠疫情關係，網站上無法搜尋得到競賽的類別，不過可從 2019 年的資料綜整如下：

美國威士忌	愛爾蘭威士忌	蘇格蘭威士忌	其他國家威士忌（包括北歐五國、歐洲、日本、加拿大等）
a. 波本	a. 調和	a. 調和	a. 調和
b. 純波本	b. 單一穀物	b. 單一穀物	b. 單一穀物
c. 調和	c. 調和麥芽	c. 調和麥芽	c. 調和麥芽
d. 單一穀物	d. 單一麥芽	d. 單一麥芽 　i.　無泥煤 　ii.　輕泥煤 　iii.　泥煤 　　- 原桶強度 　　- 單一桶 　　- 過桶單一桶	d. 單一麥芽
e. 單一麥芽 　i.　無泥煤 　ii.　輕泥煤 　iii.　泥煤 　　- 單一桶	e. 單一壺式 　i.　無泥煤 　ii.　輕泥煤 　iii.　泥煤 　　- 原桶強度 　　- 單一桶 　　- 過桶單一桶		e. 其他 　i.　無泥煤 　ii.　輕泥煤 　iii.　泥煤 　　- 原桶強度 　　- 單一桶 　　- 過桶單一桶

Stephen Beal　　Dawn Davies MW　　Joel Harrison　　Arthur Nägele　　Richard Paterson

IWSC 50 週年各種類型烈酒之評審團主席（取自官網之組合照片）

2. 評審的組成

烈酒部分的評審名單都公佈在網站，由於 2019 年恰逢 IWSC 的 50 週年，因此針對威士忌的賽事，可以找到幾位我們熟悉的大老名字如理查派特森、大衛史都華、莫琳羅賓森（Maureen Robinson）及台灣的張郁嵐等，但卻看不到原本在列的高登莫遜（Gordon Motion）和比爾梁思敦，極可能是因新冠疫情關係而無法參與。

基本上所有的評審在評審前都必須接受一日的試評，才能真正列入合格評審，並且也會根據其評分的模式和品飲紀錄來進行考核。一般人如你我有可能成為評審嗎？可以，請提送申請表，不過 IWSC 有權拒絕而且無須說明理由。

因為競賽項目不同，所以評審必須分組，每一組（panel）的成員至少有 7 位。我不確定威士忌是否全算同一組，可能還是會根據收到酒款的多寡來決定。

3.評審作業

收到的酒款先由工作人員分批，為了避免感官疲乏，每一批不會超過 65 種酒款（烈酒應該更少），每批的每杯酒分別給予編號並對應到酒款。評審於品飲時可進行評論，完成評分後（顯然是百分制）分數交給主席，最後再進行集體討論。對於獎項分配如果無法取得共識，那麼這組的評分將交給另一個 panel 成員來再次盲飲決定。

完成以上第一階段評審並在各分項取得最高名次者，將進入第二階段，採用同樣的盲飲方式，競爭以區域、國家為分區的最終獎盃（Trophy）。

另外，正如同一開始所言，大會將隨機選取得獎的酒款，送到食品飲料專業檢驗機構 Campden BRI 來進行生化檢驗，確認是否含任何非天然的物質，以及酒標上的標註和消費者購買的商品相同。對烈酒來說，酒精度、糖分含量和非法添加物都是必要的檢驗，經由這項檢驗，偶而會降低獎項或甚而除名。

因為競賽項目眾多，每個年度的競賽將持續幾個月，所有的評審於評審前、中、後都禁止進入存酒的酒窖以及準備區，而結果在公布前也禁止透露。

4.獎項

筆者長期關注競賽，因此發現評分及獎項上有些奇妙的現象，例如 2019 年的競賽規則做了改變，獎牌名稱與過去稍有不同，但大幅提高各級獎牌的評分，如下表所示：

	2018 年		2019 年	
1	特級金牌	93 分以上	首獎（Trophy）	由評審決定
2	金牌	90～92 分	特級金牌（Gold Outstanding）	98～100 分
3	特級銀牌	86～89.9 分	金牌	95～100 分
4	銀牌	80～85.9 分	銀牌	90～94 分
5	銅牌	75～79.9 分	銅牌	85～89 分
6	還好，但還不足以獲得獎牌	66～74.9 分	佳，但不足以獲得獎牌	80～84 分
7	合格	50～65.9 分	不及獎牌水準	75～79 分
8	有問題	50 分以下	有問題	74 分以下

而到了 2020 年，獎牌又做了大幅的精簡，只剩下：

◎ 首獎（Trophy）：由評審決定

◎ 特級金牌（Gold Outstanding，98～100 分）：擁有出色的平衡感、複雜度和力量，能立即出類拔萃於同一類型的酒款中。

◎ 金牌（95～100 分）：優異的表現，具有獨特的平衡、稀有和複雜的口味，能於同一類型酒款中脫穎而出。

◎ 銀牌（90～94 分）：具有良好的平衡、強烈的特性和複雜度，可作為同一類型酒款中的典型。

◎ 銅牌（85～89 分）：精心製作的酒，可提供愉快的飲用體驗，也反映了類型風格。

以 2019 年為例，各種獎牌的資料好大一串，許多酒甚至連聽都沒聽過，不過稍微舉列各區分項的首獎如下：

項目	酒款
波本威士忌	田納西 1820 單一桶
單一麥芽威士忌 16 年～ 25 年	布納哈本 25yo
單一麥芽威士忌 ≧ 26 年	格蘭菲迪 40yo
其他國家威士忌	德國 The Westfalian Peated 6 年
調和式蘇格蘭威士忌	The Glory Leading Whisky Company 1972 45 年

讀者從上表可發現首獎少了非常多項，顯然若非評審嚴於把關，就是 2020 年的參賽並不踴躍。另一方面，噶瑪蘭獲得的獎項是與其他國家一起比較，銅牌以上的酒款共計 23 款，送酒非常踴躍，其中 Amontillado 和 Manzanilla 獲得 98 分的高分金牌；至於南投酒廠則是以 TTL 的名稱報名，2 銀 4 銅總共 6 款。搜尋一下日本參賽的酒種，並無我們熟悉的大廠如山崎、白洲，反而是松井酒造（Matsui Shuzo An）的酒款最多，但最多只獲得銀牌，而印度雅沐特的「融合」、「三重奏」和「泥煤」都是 95 分的金牌，成績相當輝煌。綜合而言，獎牌的含金量可從這些資料來做判斷。

5. 總評

IWSC 的官方網站原本尚稱透明，不過 2020 年再度查詢時，許多資料已經不再提供，如參賽的類別等，甚至查詢獎項的設計也顯得複雜，可能是資料庫過於龐大而改版，但站在求知者如我的立場，卻感覺悵然若失。

二、 國際烈酒挑戰賽（International Spirits Challenge, ISC）

ISC 自 1995 年起開始舉辦，2020 年為第 25 屆，但缺乏歷史資料，目前是由英國的網路媒體行銷公司 Agile Media Ltd. 主辦，是否有其他股東則無從查考。從 ISC 的名稱可得知，這個競賽專注於烈酒，過去每年的競賽可從 70 幾個國家收到超過 1,700 種烈酒品項，因此國內將 ISC 冠上「烈酒界奧斯卡」的名號。

ISC 官方網站（https://www.internationalspiritschallenge.com/2020/en/page/home）

1. 報名

截止繳費日期為 3 月 25 日，確定報名後 4 月 15 日開始送酒，必須在 5 月 10 日前將酒送達指定地址，每款酒須寄送 2 瓶。報名費用如下，不包含寄運費及保險費：

◎ 1 ～ 4 款：£195 ／瓶（不含稅）

◎ 5 ～ 10 款：£185 ／瓶（不含稅）

◎ 11 ～ 20 款：£175 ／瓶（不含稅）

◎ ≧ 21 款：£165 ／瓶（不含稅）

不論酒廠、酒公司、分公司、經銷、通路都可以送酒參賽，但必須獲得品牌的同意，也就是說，假設台灣某酒專裝了 1 桶南投酒廠的威士忌，必須在南投酒廠的核准下才能送酒。2020 年的威士忌競賽種類與過去相同，主要依據產國分為蘇格蘭、美國、愛爾蘭、日本及其他國家五大類，每個大類再細分為小類，其中蘇格蘭威士忌的分類最多，共計 35 種：

◎ 調和麥芽

◎ 單一麥芽（NAS、≦ 12 年、13 ～ 20 年、≧ 21 年）

◎ 單一麥芽（艾雷島）（≦ 12 年、13 ～ 20 年、≧ 21 年）

◎ 裝瓶廠單一麥芽（≦ 12 年、13 ～ 20 年、≧ 21 年）

◎ 裝瓶廠單一麥芽（艾雷島）（≦ 12 年、13 ～ 20 年、≧ 21 年）

◎ 裝瓶廠調和麥芽

◎ 裝瓶廠調和（≦ 11 年、12 ～ 20 年、≧ 21 年）

◎ 自有品牌調和（≦ 11 年、12 ～ 20 年、≧ 21 年）

◎ 自有品牌單一麥芽（≦ 12 年、≧ 13 年）

◎ 自有品牌單一麥芽（艾雷島）（≦ 12 年、≧ 13 年）

◎ 自有品牌調和麥芽

◎ 自有品牌調和麥芽（艾雷島）

◎ 調和（NAS、≦ 11 年、12 ～ 20 年、≧ 21 年）

◎ 單一穀物（含 NAS）

◎ 調和穀物

美國威士忌（15 種）	愛爾蘭威士忌（7 種）	日本威士忌（9 種）	其他國家（9 種）
波本（≦ 10 年、≧ 11 年）	調和（標準）	調和（NAS、≦ 11 年、12 ～ 20 年、≧ 21 年）	單一麥芽
波本單一桶（≦ 10 年、≧ 11 年）	調和（高級）	單一麥芽（NAS、≦ 12 年、13 ～ 20 年、≧ 21 年）	單一穀物
田納西威士忌	調和（特級）	穀物	調和麥芽
裸麥威士忌（純）	調和（奢華）		調和穀物
調和威士忌	單一麥芽威士忌		調和
玉米威士忌	壺式蒸餾器威士忌		調和（奢華）
小麥威士忌	單一穀物威士忌		單一桶
單一麥芽威士忌（≦ 10 年、≧ 11 年）			原桶強度
加拿大威士忌			風味威士忌
加拿大調和威士忌			
加拿大裸麥威士忌			
加拿大單一穀物威士忌			
加拿大單一麥芽威士忌			

2. 評審的組成

官網上公佈了 2019 年威士忌類別的品審團組成，主席為我們熟悉的理查派特森，而評審則包括以下幾位：

◎ Angela D'Orazio：瑞典 Mackmyra 酒廠的首席調酒師

◎ Caroline Martin：帝亞吉歐的首席調酒師，負責多種調和品項

◎ Tadashi Sakuma：Nikka 酒廠的首席調酒師

◎ Shinji Fukuyo（福與伸二）：賓三得利的首席調酒師

◎ Randy Hudson：美國 Triple Eight 酒廠的蒸餾者（Distiller）

◎ Billy Leighton：愛爾蘭 Irish Distillers（IDL）的首席調酒師

◎ 比爾梁思敦：人人都認識的格蘭傑酒廠大師

◎ 高登莫遜：愛丁頓集團的首席釀酒大師

◎ 大衛史都華：人人尊崇的格蘭父子集團榮譽首席調酒大師

◎ Margaret Nicol：懷特馬凱集團的調酒師

以上幾位大師在威士忌酒界都喊水會結凍，也讓 ISC 建立極高的評價。

3. 評審作業

所有的樣品倒入品飲杯並標上編號後，以分組形式送至評審區，採用盲飲方式來確保評分的準確性。每位評審將根據酒款的酒齡、產國或產區以及所屬烈酒種類，依據香氣、外觀、口感和尾韻的表現來分別給分，這些分數由工作人員收集並計算後，交由評審團主席依分數的級距頒發首獎、雙金牌以及金、銀、銅牌等不同的獎項。

評審分 2 天舉行，為了確保競賽的一致性和公正性，ISC 嚴格規定評審的品飲流程，評審團主席也全程監控。官網上並未詳細說明品飲流程，也沒找到是否嚴禁評審過程中相互討論，不過以 2019 年的評審團而言，由於彼此之間都熟識，想禁止交談幾乎是不可能的事。

4. 獎項

2020 年的獎項於 9 月 8 日公布，品飲部分的酒款獎項太多，有興趣的讀者可以進入官網查詢，我將獲得雙金牌的蘇格蘭單一麥芽威士忌和其他國家威士忌表列如右：

表中酒款都屬於酒廠的 OB 核心，還包括好幾支超高酒齡、也超級貴的酒款，顯然與評審團主席與評審的組成有極大的關係。此外，OMAR 和噶瑪蘭不愧是台灣之光，只要參賽必定得獎！

5. 評論

以威士忌而言，競賽的類別總共包括 75 種，幾乎是 IWSC（38 種）的 2 倍。類別分得越細，酒款可挑選參賽的類別也就越多，而當然，獎牌也

格蘭父子品牌於 2020 年 ISC 競賽獲得 7 面雙金牌（格蘭父子洋酒提供）

無酒齡	格蘭傑 The Accord
	大摩 Vintage「Quartet」
	格蘭菲迪 Cask Collection Solera Finest
13～20 年	百齡罈 Glenburgie 15 年
	波摩 15 年
	格蘭菲迪 15 年
	督伯汀（Tullibardine）15 年
	格蘭傑 19 年
	艾樂奇 18 年
≧ 21 年	大摩 35 年
	塔木嶺 Vintage 1970
	費特肯 46 年
	吉拉 Vintage 1993
	格蘭菲迪 21 年
	百富 Traditional Oak 25 年
	Caperdonich 25 年
	Glen Keith 25 年 1991
	大摩 40 年
	百富 30 年
	格蘭菲迪 30 年
	百富 40 年
World	OMAR 8 年波本原桶強度 C#11100135
	噶瑪蘭 Vinho Barrique

就頒得越多，無論是主辦方或參賽方都是皆大歡喜的雙贏局面，網路媒體行銷公司的算盤的確打得很精。

三、舊金山世界烈酒競賽（San Francisco World Spirits Competition, SFWSC）

Anthony Dias Blue 是一位知名的雜誌編輯、專欄作家，擁有幾個以餐飲、旅館為主題的電台、電視節目，工作領域涵蓋各種形式的媒體，也是加州洛杉磯一家食品和葡萄酒活動公司的老闆。當他買下 San Francisco International Wine Competition 的所有權之後，於 2000 年創辦了 San Francisco World Spirits Competition，隨即成為全球第二大的烈酒競賽。

目前 Anthony Dias Blue 依舊活躍在廣播、電視、雜誌和電子媒體，也著作了 9 本書，同時也在 SFWSC 競賽中擔任評審。

1. 報名

任何商業裝瓶都可報名參賽，也不限制參賽的酒款數量，更歡迎曾經參賽的酒款再度報名。官網上並未說明每一種酒款需要送交幾瓶，但每一種酒款的報名費用為 550 美金，是筆者所知烈酒競賽中最貴的一項。

2021 年的競賽預定在 2 月底截止報名，將於春季展開評審作業。由於這是在美國的競賽，因此北美地區的威士忌（包括美國及加拿大）類型分得較細，共計 21 種，愛爾蘭威士忌 5 種，其他都是屬於蘇格蘭威士忌，不過所有報名單一麥芽威士忌類別的蘇格蘭威士忌（編號 260～263），必須在類別編號後加上產區編碼，包括：A—高地；B—低

SFWSC 官方網站（http://www.sfspiritscomp.com/）

地；C—艾雷島；D—斯貝賽；E—坎貝爾鎮，計算起來也有 23 種。

　　在這種分類下，台灣、印度或甚至日本等其他產國的威士忌該如何報名？下表中可參加的僅有編號 228～230 等 3 種，也就是說，扣除美國、加拿大、愛爾蘭和蘇格蘭之外的所有其他威士忌，都得放在相同類型捉對廝殺。

編號	威士忌類型	編號	威士忌類型
205	單一桶波本威士忌 ≧ 11 年	240	調和式愛爾蘭威士忌
206	特殊（過桶）波本威士忌	241	單一麥芽愛爾蘭威士忌
210	工藝酒廠威士忌（須自行生產）	242	壺式愛爾蘭威士忌
220	田納西威士忌	243	調和麥芽愛爾蘭威士忌
221	玉米威士忌	244	愛爾蘭白狗
222	小麥威士忌		
223	無酒齡威士忌	250	調和式蘇格蘭威士忌 ≦ 15 年
224	裸麥威士忌	251	調和式蘇格蘭威士忌 ≧ 16 年
225	加拿大威士忌	252	調和式蘇格蘭威士忌 NAS
226	月光酒		
227	加味月光酒	260	單一麥芽威士忌 ≦ 12 年
228	其他單一麥芽威士忌	261	單一麥芽威士忌 13 ～ 19 年
229	單一穀物威士忌	262	單一麥芽威士忌 ≧ 20 年
230	其他種類威士忌	263	單一麥芽威士忌 NAS
231	美國調和式威士忌		
235	加味威士忌	270	獨立裝瓶單一麥芽威士忌
		280	調和麥芽蘇格蘭威士忌

2. 評審的組成

官網上將所有評審一一列出，點選每位評審的頭像即可了解每位評審的背景和經歷，特別點名

◎ **Tony Abou-Ganim**：著名的調酒師，著有《現代調酒師：當代經典雞尾酒》，除了開設酒吧之外，還曾 2 次贏得 Iron Chef America。

◎ **Ivy Mi**：美國最好的調酒師之一，曾於 2015 年被 Tales of the Cocktail's Spirited Awards 評為年度最佳調酒師，以及 2016 年被 Wine Enthusiast 評為年度最佳調酒師，啟發了美國重新思考女性調酒師在酒吧裡的地位。

◎ **Charles Joly**：曾於 2014 年贏得帝亞吉歐調酒大賽的冠軍，以及被 Tales of the Cocktail 選為年度最佳調酒師和雞尾酒譜。

從以上幾位評審的經歷來看，評審團主要是由酒吧專業人士，以及活躍在美國——尤其是舊金山地區的烈酒、飲食專家所組成。但很不幸的，筆者囿於視野而全都不認識，當然也就無從判斷評審團的功力了。

3. 評審作業

官網並未針對評審流程進行細節，僅透漏在為期 4 天的品飲中，採用盲飲方式，而不會收到任何有關酒款或價格的訊息以確保公正。評審根據個人的感官判定評分，而後決定金、銀、銅獎牌，假如所有的小組成員一致給予某酒款金牌，那麼這款酒將被頒予雙金牌。

4. 獎項

SFWSC 並未公布評分標準和酒款的評分，而是以如下的標準頒予不同獎牌：

◎ **白金牌**：連續 3 年獲得雙金牌的極少數酒款
◎ **雙金牌**：評審小組成員全部給予金牌，堪稱全球最佳酒款

NAS	≦ 12 年	13～19 年	≧ 20 年
拉弗格 PX 桶 （免稅專賣）	湯瑪丁 12 年	波摩 18 年	湯瑪丁 36 年
布納哈本 Stiùireadair	湯瑪丁 8 年 Bourbon and Sherry Casks	湯瑪丁 14 年	湯瑪丁 40 年 （免稅專賣）
格蘭格拉索 Octaves Batch 2 Peated	Creag Isle 12 年	湯瑪丁 18 年	湯瑪丁 21 年 （北美專賣）
格蘭哥尼 Legacy Series: Chapter One	汀士頓 12 年	格蘭冠 15 年	格蘭帝 （Glen Scotia） 25 年
雅柏 Uigeadail	泰斯卡 10 年	格蘭哥尼 18 年	格蘭格拉索 （Glenglassaugh）30 年
格蘭傑 Signet	雅墨（Aultmore）12 年	汀士頓 18 年 波本桶	格蘭格拉索 40 年
格蘭傑 Allta	樂加維林 9 年 Game of Thrones "House Lannister"	雅墨 18 年	格蘭傑 Grand Vintage 1991
泰斯卡 DE 2015 Amaro	樂加維林 12 年	慕赫 16 年	格蘭傑 Grand Vintage 1993
坦杜（Tamdhu） Batch Strength 004	格蘭多納 12 年	艾樂奇 18 年	格蘭多納 Parliament 21 年
高原騎士 Valknut	里爵（Ledaig）10 年	格蘭多納 15 年 Revival	班瑞克 Temporis 21 年
班瑞克 Quarter Cask	格攔路思 10 年	格蘭利威 18 年	班瑞克 20 年
班瑞克 Cask Strength Batch 2	班瑞克 Curiositas 10 年	羅夢湖 18 年	富特尼 （Old Pulteney） 25 年

NAS	≦ 12 年	13 ～ 19 年	≧ 20 年
班瑞克 Cask Strength Batch 2 Peated	班瑞克 Sherry Wood 12 年		
	羅夢湖（Loch Lomond） 12 年		
	羅夢湖 10 年		
	蘇格登 Glendullan 12 年		

◎ **金牌**：接近巔峰的傑出酒款，可為該類別設定了酒質標準
◎ **銀牌**：精緻、美好且複雜的酒款，成為類別中的極佳範例
◎ **銅牌**：精心製作的酒款，具有商業吸引力且無重大缺陷

所有的獎項都包含在一個巨大的 pdf 檔內，筆者將 2019 年蘇格蘭單一麥芽威士忌類別中的雙金牌表列如上表（白金牌從缺）。

以上的雙金牌總共頒出 53 面，不可謂不多。至於台灣，噶瑪蘭的 Classic、Solist Vinho Barrique 和 Peaty Cask 分別獲得雙金牌，而 OMAR 的 8 年和泥煤麥芽則獲得金牌。

5. 評論

正如網站上所提及，贏得獎項只是第一步，接下來如何運用獎牌作為行銷工具才是重點。SFWSC 撰寫了一套教戰守則

可於官網自由下載之獎牌行銷教戰守則

「Marketing Toolkit」，可從官網上自由下載。

雖說所有烈酒競賽的目的都是為了商業利益，主辦方賺取報名費和廣告費，參賽方賺取名聲和行銷利益，但是在資本主義掛帥的美國，SFWSC將這一套玩得最赤裸裸且冠冕堂皇，於我觀之，可說是最利益導向的烈酒競賽了。

四、麥芽狂人大獎（Malt Maniacs Awards, MMA）

說到 MMA 就必須從 1997 年成立的「麥芽狂人」談起，或是早 2 年的 Malt Madness 網站。「狂人」組織剛開始只是在網站上的小眾討論，也順勢發行了網路 E-zine，千禧年前後逐漸從全世界各地匯聚越來越多的威士忌愛好者，也建立網站的評分記錄，等法國佬瑟佶大叔在 2001 加入後，組織的人數來到 12 位，涵蓋了澳洲、美國、加拿大、以色列、德國、印度、英國等等。雖然 12 人的「圓桌武士」很具有象徵意義，不過組織仍持續擴大，並在 2003 年首度舉辦第一屆的 MMA。接下來的 1、2 年間，我們熟悉的幾位威士忌名人陸續加入，譬如姚和成（K 大）於 2004 年加入，查爾斯麥克林、戴夫布魯姆和 Martine Nouet 則於 2005 年加入，等到 2011 年，狂人組織人數來到 34 人，分布在英國、加拿大、澳洲、美國、法國、德國、以色列、荷蘭、義大利、瑞典、希臘、南非、比利時、瑞士、印度、新加坡和台灣等幾個威士忌消費大國。

至於 MMA 競賽，可能是最受矚目的非營利性質競賽，從 2003 年起每年舉辦一次。最初的起源是狂人們無法忍受當時國際上的烈酒競賽，大多數獎牌和獎項都是由威士忌行業的成員所頒發，並且將競賽結果包裝成行銷宣傳材料，因此這些競賽常勝軍的威士忌風味並不完全符合消費者的喜好，所以立意將主導權拉回到消費者。當然，這群狂人再怎麼狂，也知道舉辦大規模的民調普查是不切實際的，所以還是將評審留在組織內部，但嚴格限制評審都不是威士忌相關業者，而且也不直接頒發獎項，而是在網

Malt Maniacs

Crazy about single malt whisky

HOME　　E-PISTLES　　MM LINKS　　**THE MALT MANIACS AWARDS**　　THE MALT MANIACS IN PERSON

THE MALT MANIACS MANIFESTO – "THE NEXT 15 YEARS"　　THE MALT MANIACS MONITOR

The Malt Maniacs Awards

Since 1997, the Malt Maniacs (an international collective of malt whisky enthusiasts) have been enjoying and discussing the pleasures of (single malt) whisky with like-minded whisky lovers from all over the world. Since 2003, we have organised (non-stop) our very own annual 'amateur' whisky competition. We like to think that, over the years, our modest little initiative has evolved into one of the leading (and most independent) whisky competitions in the world. You can find more details about our collective and its history on: www.maltmaniacs.net

MANIACAL NEWS

E-pistle 2016-01: Paul John Single Malt Whisky, Goa

E-pistle 2015-01: The Travails of being an Indian Judge

E-pistle 2014-03: The Spirits of Kingston 2014

E-pistle 2014-02: Malt Maniacs' Awards – An apology

E-pistle 2014-01: Malt Maniacs' Awards – A fresh approach

MMA 官方網站（http://www.maltmaniacs.net/awards/）

路上公告結果。

1. 報名

　　MMA 歡迎全球各地所有的參賽者，無論是蒸餾廠、裝瓶商、酒專、酒吧、個人，只要願意送酒，MMA 來者不拒。最重要也是和其他烈酒競賽最大的不同是，MMA 不收取任何費用，參賽者只需送 1 瓶即可，不過運費、保險費和進口稅金仍須由參賽者負擔。

　　由於是業餘團體，所以網站上找不到嚴謹的辦法，不過每年五月開始，主辦人透過信件及其他狂人發布邀請訊息，9 月完成收酒並分裝，10 月寄送，評審收到樣品之後，以 1 個月的時間品飲，再將評分提送給主辦人，經統計整理之後，12 月公佈。也因此每年到了 12 月，全球的威士忌愛好者都翹首盼望獎項的公佈，尤其是送酒參賽者，更是希望自己的酒款能飛上枝頭作鳳凰。當然，獎項公佈後餘波盪漾，近年來更有許多酒友針對評分進行統計分析，呈現百家爭鳴、眾聲喧嘩的氣氛。

不過，這個行之有年的辦法和時間點，在 2017 年因無人接手擔任主辦而延宕，甚至一度傳出停辦的消息，雖然最終還是有人挺身而出，但整個作業都因此而延遲，直到 2018 年 3 月初才公佈獎項。2019 年的第 17 屆情況更是特殊，由於新冠疫情關係，所有的作業都因而延宕，最終結果等到 2020 年 9 月才公布。

2. 評審的組成

評審團在每年的四月組成，主辦人以 email 探詢所有狂人的意願。成立初始的構想是由至少 12 位狂人自告奮勇的擔任評審，不過每一屆的評審人數多少有些變動，譬如在 2010 年原本有 14 位評審，但因為酒款多達 262 瓶，導致 3 位評審中途退出，同樣的情事發生在 2017 年，1 位評審退出由 9 位完成。到了 2019 年，評審大幅減少，根據公佈的結果，總共參與評分的狂人只剩下 6 位，雖說新冠疫情攪局，但很難說服酒友狂人的參與熱情是否繼續存在。

會發生評審團不固定的原因，在於所有的狂人都有正職工作，不一定能挪出整整 1 個月時間，而且在評審期間一旦發生任何意外變故，譬如感冒、生病等等，都可能被迫退出。另一方面，評審工作不僅無酬，還必須自行負擔樣品寄送費用，這筆費用依距離、國別而有所不同，加上進口關稅可能超過 500 歐元，由此可知評審工作確實是做功德。

3. 評審作業

主辦人完成收酒之後，將酒分裝入 50ml 的小瓶，標上編號，再郵寄給評審。所有的酒款名稱只有主辦人知道，編號上無任何有關酒齡、桶型的線索，不過主辦人可依據桶型、有無泥煤給予評審建議品飲順序，但評審仍可按自己的習慣來進行品飲，得等到交出評分之後才可取得酒款資料。

有關評分作業，在 2016 年的 13 屆以前都採用平均方式來計算，雖然不斷有異議，例如是否刪除最高分和最低分再取平均，但一直不為所動。

RK	PB	PdS	TM	PS	KG	Median	Name
91	87	92	83		91	91	Caol Ila 8YO 2011/201 (55.1%, Asta Morris, C#AM058, sherry, 245 Bts.)
90	86	85	91		95	90	Kavalan Solist Oloroso Sherry 2010 (58.6%, OB, C#S100203014A, 493 Bts.)
91	85	86	90		92	90	Kavalan Solist Sherry 2019 (58.6%, OB, for The Whisky Agency and Aren Trading, oloroso sherry, C#S090102029, 429 Bts.)
90	92	90	86		82	90	Isle of Jura 1988/2019 (50.2%, Blackadder, Raw Cask, Statement 32, 208 Bts.)
85	92	93	88	85	91	89.5	Macduff 2006/2019 (57.1%, Wilson & Morgan, C#900006, 100 UK Proof, Butt)
89	90	91	84	79	90	89.5	Penderyn 2007 (58.6%, OB for LMDW, C#71/2007 1st Fill Bourbon The Little Book, 196 Bts)
92	87	89	82		90	89	The English 8YO 2009/2018 (63.4%, Blackadder, Raw Cask, Heavily Peated, 61 PPM, C#34, 239 Bts.)
89	89	93	81		90	89	Omar Peated 5YO 2014/2019 (56.6%, OB,C#11140694, 1st Fill Bourbon Cask, 211Bts.)
83	91	90	84	88	91	89	Caol Ila 14YO 2004/2019 (56.8%, Gordon & MacPhail for La Maison du Whisky, C#19/127, The Little Big Book, 259 Bts.)
89	85	87	90	87	92	89	Kavalan Sherry Cask (58.6%, OB for LMDW x The Nectar, C#S081217040A, Oloroso sherry cask, 420 Bts.)
88	85	93	88		86	88	Kavalan 6YO 2012/2019 (56.3%, OB, WhiskyClub.co, C#W121225122A, Vinho Barrique, 172bts, for MMA)
88	88	91	84		90	88	Bowmore 1995/2018 (57.4%, Wemyss Malts, Hogshead, Nostalgic 70's Flavours CN#HKxTW Private Cask, 210 Bts.)
81	90	88	79		91	88	Millstone 2010/2019 Special #16 4(6%, OB, Double sherry cask Oloroso/ PX, 2800 Bts.)
87	88	88	86		91	88	Kavalan Solist Port (58.6%, OB, C#OO90619050A, 191 Bts.)
90	87	86	90		88	88	Ben Nevis 22YO 1997/2019 (58.4%, Elixir Distillers, C#91, The Single Malts of Scotland, 540 Bts.)
90	88	89	81		80	88	Tamdhu Batch Strength IV (57.8%, OB, 100% Oloroso Sherry Matured)
92	86	88	87		91	88	Omar PX Cask 9YO 2009/2018 (54.0%, OB, C#22160023, 1st Fill PX Solera Sherry Cask, 237Bts.)
89	90	84	88		88	88	Omar 8YO 2011/2019 (54.2%, OB, C#23130020, 1st Fill Sherry Butts, 587Bts.)
74	88	88	88		78	88	Syndicate 58/6 12YO (40%, Douglas Laing, Blended Scotch Whisky)
91	88	90	87	85	87	87.5	Amrut Greedy Angels 10YO 2009/2019 (55%, Ex Bourbon, 900 Bts)
83	79	88	87	88	91	87.5	Wesport Highland Blended Malt 15 YO 2004/2019 (57.9%. Wilson & Morgan, C#900050, 539 Bts.)
87	85	89	88	82	89	87.5	Glenrothes 13YO 2005/2019 (57.3%, Douglas Laing for La Maison du Whisky, Sherry Butt, Ref DL13413, 312 Bts.)
87	85	88	83		92	87	Millstone 1998/2018 Special #2 (46%, OB, Pedro Ximenez single cask, 351 Bts.)
73	88	87	79		87	87	Millstone 201/2018 Peated PX (46%, OB, PX Pedro Ximenez)
78	83	87	87		88	87	Kavalan Solist Vinho Barrique (58.6%, OB, C#W120120109A, 240 Bts.)

2020 年公布的評分表，僅有 6 名評審參與評分（http://www.maltmaniacs.net/MMA/MMA2019s.pdf）

這是可以理解的，因為每個人的感官不同、喜好不同，評分當然可能出現落差，站在尊重每一位評審的獨特性的立場，除非評審自承在身體有異而導致分數不準，否則不應輕意抹去任何一個分數。這種情況確實發生過，2010 年因酒款高達 262 件，3 位評審被迫中途放棄。但另一方面，平均分數很容易被極端分數所影響，假設 9 位評審全給了 90 分，但有位給 70 分，立即將平均拉下從金牌變為銀牌，說公允也公允，卻容易招致質疑；因此在 2017 年的第 15 屆有了重大變革，採用中位數法，也就是一半以上的評審都認同的分數作為獎項依據，未來是不是繼續採用？就看下去吧。

作為麥芽狂人，必須有著隨時接受考驗的心理準備，因此上述盲飲的樣品中，通常會插入 1 支不屬於威士忌的酒款。猜錯的狂人也不會被褫奪身份，只是分辨不出自己也會感覺臉上無光吧？

4. 獎項

2011 年開始，MMA 在網站上公告獎項資料，而且也提供每位評審的評分供酒友下載，完全透明的方式也是其他烈酒競賽遠遠不及之處。

最原始的獎項只有 3 種，分別為 90 分以上的金牌、85 ～ 89 分的銀牌，

以及 80 ～ 84 分的銅牌，80 分以下的酒款不會被公佈，而後再依據酒款
的類型頒給：

◎ Non-Plus-Ultra Award （本屆最高分獎）

◎ Best Natural Cask Award （最佳波本桶）

◎ Best Sherry Cask Award （最佳雪莉桶）

◎ Best Cask Innovation Award （最佳創新橡木桶）

◎ Best Peated Malt Award （最佳泥煤版）

◎ Thumbs Up Award （當年度的新裝瓶）

　　不同價位（酒齡正相關）的酒混在一起比較或有些不公，因此每一個
獎項又依據酒款的價位，分別頒發給 Daily Drams （低於 50 歐元）、
Premium Whiskies（50 ～150 歐元 ）及 Ultra Premium Whiskies （ 高於
150 歐元），如此一來，總共將頒出 18 個獎項，而每一支酒也只能獲頒其
中之一。

　　以上分類在歷屆中並非固定，評審團經討論後，可能會作些微的修改，
譬如 2016、2017 年都取消 Best Cask Innovation Award，但增加了一個相
當於年度總冠軍的 Supreme Champion、Supreme Winner，2020 年的情況
更特殊，頒發了一個類似總冠軍的 Supreme Winner and best premium 獎，
另外又劃分蘇格蘭、歐洲地區和其他國家給與 Best Sherried、Best Peated
和 Best Natural。

5. 評論

　　MMA 競賽舉辦至今，持續堅持著盲飲和業餘傳統，完全不分產地、產
區和酒齡，因而在酒友間博得「最公允」的美名。但十多年下來開始出現
問題，包括：

① **評審口味太好預測：**我們必須了解，MMA 的評審都有自己的日常工
　　作，在 1 個月的短時間內須嚐遍超過 200 款酒，有些評審甚至試過不

止一次，試酒過程大量且密集。雖然分裝樣酒的主辦人會依據桶型、有無泥煤等建議評審試酒的順序，不過通常還是口味較重的酒款能脫穎而出，導致歷年來的金牌得主若非重雪莉便是重泥煤，又或者是重泥煤的雪莉桶，而需要花時間來專注體驗的細緻酒款，譬如小家碧玉型的波本桶，便被淹沒在重口味之下。幾屆之後，這種趨勢已被看破，導致參賽酒的風格也趨於一致，近年來獎項公佈後幾乎無法造成太多驚喜（老實說，我於 2015 年以後便不再關注了）。

② **收酒困難：** 便由於獲獎酒款的風格太過一致，導致主辦收酒困難，許多過去支持這項競賽的酒廠已不再送酒。我們可以觀察到，近年來的 OB 核心款逐年遞減，多是讓人眼花撩亂的 IB 或是酒廠為某些酒專、酒吧或甚至個人所作的特殊裝瓶。2016 年是個非常特殊的一年，一開始收酒很不順利，而且幾乎都是來自台灣，等酒收齊之後，台灣送出去的酒超過 50%。當年評分 90 分以上的金牌破紀錄的頒發了 11 面，但僅有 1 款是來自酒廠的 OB，至於眾多銀牌中，據私下得知，甚至還有台灣某人將自己購買的酒，送出 1 瓶參賽，堪稱荒謬之至。

③ **獲獎酒款的商業模式入侵：** 比收酒困難更應該注意的問題是商業模式的入侵。便以台灣的 Kavalan 為例，自從在 2013、14、15 年連續取得 1、2、3 面金牌之後，2016 年大舉入侵，當年 11 面金牌中有 6 面是 Kavalan，而銅牌以上的 Kavalan 也占據了 23 款。更恐怖的是，上面不是提到 2016 年台灣參賽的酒款超過 50% 嗎？根據公布的評分表，可看得出來自台灣的酒就有 49 款，所以必須思考，為什麼台灣的酒專、個人如此樂於參賽？當然不僅僅是為了證明自己選酒的能力，而是一旦被評為金牌之後，身價立即水漲船高。

　　MMA 一向標榜非商業、純業餘且不收參賽費，所以參賽門檻極低，但也因此相對報酬極高，頂多損失 1 瓶酒和寄送費。只是這種被扭曲的結果完全違反了 MMA 的初衷，讓 MMA 成為鍍金的工具，也因此讓麥芽狂人們

十分頭痛（2017 年的評審團報告中用了「窘迫」（embarrassment）這個字眼）。所以在狂人間也曾討論是否該禁止酒專、個人的包桶，但 2018 年依舊沒修改規則，導致最終公布的結果中，除了 8 面金牌全由 KVL 包辦之外，在分項獎項中，更拿下 2 個 Supreme Winners、1 個 Best Natural Cask Award（Ultra Premium）以及 4 個 Best Sherry Cask Awards（Premium）。細數金銀銅牌總共 164 款酒款中，KVL 共計 17 款，加上 9 款的 OMAR，獲獎率近 16%，怪不得威友們沸騰討論，當然也免不了的流言酸語。

MMA 以一介業餘團體，藉由網路無遠弗至的力量，早已將威士忌的知識、風潮推廣至全球各地，分屬各地的麥芽狂人也早已成為地區、或甚至全球威世紀愛好者衷心信服的人物，其影響力遠超過各酒商選派的品牌大使。可惜以上三大問題浮出之後，已不是端靠業餘團體的一片熱誠所能解決，事實上，好幾位一路力挺的大老都紛紛退出評審，譬如台灣的姚和成（Kingfisher）在爭議性極大的 2016 年就已經退出。在這種情形下，個人以為 MMA 已完成階段性目標，不如停辦，否則儘管堅持著非營利、業餘傳統，但極可能淪為當初力抗的烈酒競賽模式。

6. 餘波

或許有人會問，當 MMA 發生這麼多問題，有沒有可能（例如在台灣），匯集諸多達人也搞個相同模式的獨立競賽？思考 MMA 的歷史與現況，筆者認為如果想完整保留主辦方的自由度、完全不沾商業色彩，唯一的可能就是所有的酒款都由主辦方購買！否則，請想想，酒商、代理商、酒專或包桶的個人為什麼要無償供酒比賽？而萬一只拿個銅牌，未來仍屢敗屢戰的繼續送酒，還是從此不相往來？更何況，MMA 幾乎就是由台灣單一市場搞垮的，我對完全自主的競賽毫無信心。

五、世界威士忌大獎賽（World Whiskies Awards, WWA）

《威士忌雜誌》於 1999 年 1 月 12 日創刊，總編查爾斯麥克林寫下創刊

WWA 官方網站（http://www.worldwhiskiesawards.com/）

詞提到，當他在世界各地巡迴帶品飲時，總不時的被問到為什麼沒有一本專業的威士忌雜誌，難道是因為飲酒人士都不喜歡閱讀嗎？「No, No and Shame」是他的答覆，所以在多人努力下終於出版雜誌，並提到許多願景，譬如創立 Whisky Magazine Club 以及 Whisky School 等等，但沒提到 WWA。第一屆的 WWA 在 2007 年舉辦，目的在於向全球的市場和消費者推舉、獎勵最好的威士忌品項。根據 2020 年官方網站所提供的訊息，競賽項目主要分為以下兩大項：

① 品飲競賽：以常態裝瓶的風味決勝負，並分為不同的類型各自評選，總共分為 16 種類型（Category）。

② 設計競賽：行銷與包裝設計息息相關，因此針對酒標設計（Label design）、包裝（Presentation）、免稅專賣（Travel retail exclusive）、特殊款（Limited edition）、重新設計與推出（Redesign／relaunch）、全新款（New launch）、系列設計（Range design）和瓶身設計（Bottle design）等 7 種類型來評比。

項目＼數量	1	2	3	4
品飲＋設計	245	235	225	215
品飲／設計	169	164	159	154

除了 WWA 之外，《威士忌雜誌》每年還會公布「名人堂」（Hall of Fame）和「威士忌 icon」。2020 年獲選進入名人堂的有兩位，分別是台灣尚格酒業的奚大寧董事長，以及裝瓶商「威海指南」（Compass Box）的創立者及 whiskymaker（自稱）John Glaser，至於 icon，涵蓋了行銷、公關、經銷、專賣、酒吧等數十餘種，就不再贅述了。

1. 報名

每個項目的參賽酒款必須遞送 3 瓶，如果只參加設計類，則只需 2 瓶。參賽者必須透過線上註冊來完成報名，同時繳交參賽費用，所需費用如下表（單位為英鎊，不含稅）

2021 年的競賽於 10 月 16 日報名截止，10 月底須完成送酒。大會有權拒絕報名者參賽，而如果報名文件填寫不完整、遲交或是有法律問題，以及酒款運送途中破損或遲到，都有可能被取消資格。此外，如果報名參賽酒款不符合競賽類型標準，評審團主席也有權利取消其資格。一旦被取消參賽資格，可退還一半的報名費，而酒款也會歸還。

有關參賽的類型，以品飲而言，總共分為 16 種類型如下：

◎ 調和麥芽威士忌（Blended malt）：NAS、≦ 12 年、13~20 年、≧ 21 年

◎ 調和威士忌（Blended whisky）：NAS、≦ 12 年、13~20 年、≧ 21 年

◎ 加拿大調和威士忌（Canadian blended）：NAS、≦ 12 年、13~20 年、≧ 21 年

◎ 調味威士忌（Flavoured whisky）：有酒齡標示

◎ 穀物威士忌（Grain）：NAS、≦ 12 年、13~20 年、≧ 21 年

◎ 壺式蒸餾威士忌（Pot still）：NAS、≦ 12 年、13~20 年、≧ 21 年

◎ 裸麥威士忌（Rye）：NAS、≦ 12 年、13~20 年、≧ 21 年

◎ 單一麥芽威士忌（Single malt）：NAS、≦ 12 年、13~20 年、≧ 21 年

◎ 單桶單一麥芽威士忌（Single cask single malt）：NAS、≦ 12 年、13~20 年、≧ 21 年

◎ 玉米威士忌（Corn）：NAS、≦ 12 年、13~20 年、≧ 21 年

◎ 限量調和威士忌（Blended limited release）：NAS、≦ 12 年、13~20 年、
≧ 21 年

◎ 波本威士忌（Bourbon）：肯塔基、非肯塔基

◎ 田納西威士忌（Tennessee）：有酒齡標示和 NAS

◎ 小麥威士忌（Wheat）：NAS、≦ 12 年、13~20 年、≧ 21 年

◎ 新酒（New make）：未入桶、入桶不滿 3 年

◎ 單桶波本威士忌（Single barrel bourbon）：肯塔基、非肯塔基

以上的分類方式和各種酒款的定義都詳細敘述在「類型定義及報名準
則」（Category Definitions & Entry Criteria）中，仔細研究可發現許多疑
點，譬如：

① 波本威士忌（含單一桶）只區分為肯塔基及非肯塔基 2 種，而不像
裸麥、小麥及玉米威士忌區分酒齡，是不是暗示著波本威士忌的表
現與酒齡無關？若是後者，那麼為什麼裸麥、小麥、玉米威士忌又
區分酒齡呢？

② 加拿大調和威士忌及壺式蒸餾威士忌 2 種類型，基本上專為加拿大
和愛爾蘭量身打造，其他國家幾乎不可能製作符合相同定義的威士
忌。根據 2020 年第一階段的評選結果，這 2 種類型的獲獎威士忌
果然就只來自加拿大和愛爾蘭。

③ 雖然全球只有蘇格蘭制訂單一麥芽威士忌的法規，不過全球各地製
作的麥芽威士忌，只要符合「單一」的定義，都可以報名參賽。這
個類型的參賽者最為踴躍，也因此在第一階段以產國為單位各自評
比時，將蘇格蘭再細分為高地、低地、斯貝賽、坎貝爾鎮、艾雷島
以及島嶼區等六大區域獨立評比。

④ 對於符合 2 種類型以上的酒款，報名時是否可取巧選擇較有利（酒
款較少）的類型參賽以提高獲獎率？舉例而言，熟陳時間若在 3 年

　　以下的波本威士忌，若選擇報名新酒類，其競爭對手應該減少很多。

2. 評審的組成

　　官網並未公布評審，只說明第一階段的評審由著名的媒體記者、威士忌品飲專家及業界專家聯合組成，第二階段大概也是如此（無說明），到了第三階段，除了邀請第一、二階段的評審回鍋之外，另外還由蒸餾者和業界專家組成品飲小組，以力求慎重和公正。

3. 評審作業

　　同樣的，官網也沒有說明如何進行三階段評審，底下的說明是根據第一、三階段公布的獎項揣測得知。

① **第一階段**

評審以盲飲方式，針對各類型威士忌（如調和威士忌、單一麥芽威士忌、新酒）以產國及蘇格蘭六大區域為單位，依據競賽的分類法（如 NAS、12 年以下或肯塔基、非肯塔基波本）進行評分，而後依評分高低分別頒予數量不等的金、銀、銅牌，同時也評選出類型優勝者（Category winner）。競賽的類型相當多，2020 年 WWA 公佈了 2 份表單，有興趣的讀者可自行進入網站下載。

② **第二階段**

評審同樣以盲飲方式，從各產國、產區的類型優勝者中，選出冠軍酒款。2020 年的 WWA 並未公佈此階段的優勝者，不過同樣以單一麥芽威士忌為例，台灣只有一款噶瑪蘭 Oloroso Sherry Oak，為當然的冠軍，而日本則在 Okayama Triple Cask（NAS）、Yamazaki Montilla Wine Cask（12 年以下）、Hakushu 18yo（13~20 年）以及 Hakushu 25yo（21 年以上）等 4 款酒中，評選出 Hakushu 25yo 為冠軍，得以參加第三階段的競爭。

③ **第三階段**

各產國、產區的各類型冠軍將在這個階段互相評比，選出最終的世界最佳威士忌。2020 年 3 月底公布了 16 個類型的冠軍酒款，其中年度最佳單一麥芽威士忌的桂冠落在 Hakushu 25yo ！

4. 獎項

由於獎牌數量過多，我將各產國、產區的參賽酒款在第一階段的優勝者列為表 1。以台灣而言，顯然僅有噶瑪蘭參加 NAS 的競賽，優勝者為 Oloroso Sherry Oak，但由於公佈的資訊並不完整，所以並不清楚確切的酒款名稱；至於第三階段所評選出來的冠軍酒款則列為表 2，可惜台灣隊在 3 種類型中都未能更上一層樓。

表 1　2020 年 WWA 第一階段金牌及優勝者
（類別：單一麥芽威士忌）

國家／地區	NAS	≦ 12yo	13 ～ 20yo	≧ 21yo
美國	Courage & Conviction			
Prelude	Balcones '1' Texas Sin-gle Malt	The Notch Nantucket Single Malt 15yo	—	
澳洲	Lark Whisky Classic Cask	Watkins Whiskey Co. Single Malt Hybrid Cask	Hellyers Road Distillery 15yo	Sullivans Cove 25th Anniversary Edition
比利時	Gouden Carolus	Filliers Single Malt Whisky 10yo	—	—
巴西	銅牌	—	—	—
加拿大	Shelter Point Distillery Old Vines Foch Re-serve	—	—	—

表1 2020 年 WWA 第一階段金牌及優勝者
（類別：單一麥芽威士忌）

國家／地區	NAS	≦ 12yo	13 ～ 20yo	≧ 21yo
丹麥	銅牌	Stauning Whisky - Stauning Peat Moscatel	—	—
荷蘭	—	Sculte Twentse Whisky Batch 5	—	—
埃及	銀牌	—	—	—
英格蘭	The English Whisky Company Smokey Virgin	The English Whisky Company Triple Distilled	—	—
芬蘭	金牌	—	Teerenpeli Juhlaviski 13yo Double Wood	—
法國	Brenne Estate Cask	Armorik Single Malt 10yo 2019 Edition	—	—
德國	St. Kilian Distillers Signature Edition Two	Brigantia Sherry Cask Finish	—	—
印度	Paul John Indian Single Malts Brilliance	Amrut Kadhambam	—	—
愛爾蘭	J.J. Corry Irish Whiskey The Vatting No.1	The Whistler The Blue Note - 7yo	Dunville's 18yo Palo Cortado Sherry Cask Finish	Teeling Whiskey 30yo Vintage Reserve
以色列	—	M&H Sherry Cask	—	—
日本	Okayama Single Malt Triple Cask	The Essence of Suntory Whisky Yamazaki Montilla Wine Cask	Hakushu 18yo	Hakushu 25yo
紐西蘭	銅牌	The Cardrona Distillery Just Hatched	—	—

表1　**2020 年 WWA 第一階段金牌及優勝者**
（類別：單一麥芽威士忌）

國家／地區	NAS	≦ 12yo	13 ～ 20yo	≧ 21yo
蘇格蘭坎貝爾鎮	Glen Scotia Double Cask	—	—	Glen Scotia 25yo
蘇格蘭高地	Glenglassaugh Torfa	Glencadam 10yo	Royal Brackla 16yo	The GlenDronach Parliament 21yo
蘇格蘭島嶼	Highland Park Valfather	Ledaig 10yo	Arran 18yo	Jura 21yo
蘇格蘭艾雷島	Bunnahabhain Toiteach A Dhà	The Character of Islay Whisky Company Aerolite Lyndsay 10yo	Ardbeg Traigh Bhan 19yo	Ardbeg 25yo
蘇格蘭低地	—	Kingsbarns Dream to Dram	—	金牌
蘇格蘭斯貝賽	SPEY from Speyside Trutina Cask Strength	The GlenAllachie 10yo Cask Strength Batch 3	Aultmore 18yo	Aultmore 21yo
南非	—	Three Ships 10yo	—	—
西班牙	Agot Single Malt Basque Whisky Pioneer Edition	—	—	—
瑞典	High Coast Whisky The Festival 2019	Spirit of Hven Seven Stars No.7 Alkaid	—	—
瑞士	Seven Seals Sherry Wood Finish	金牌	—	—
台灣	Kavalan Whisky Oloroso Sherry Oak	—	—	—

表2 2020 年 WWA 第三階段優勝者
（世界最佳威士忌）

類別	酒款
單一麥芽威士忌	The Hakushu Single Malt 25yo
單桶單一麥芽威士忌	Tamdhu Sandy McIntyre's Single Cask No.2986
調和麥芽威士忌	MacNair's Lum Reek Peated 21yo
調和威士忌	Dewar's Double Double 32yo
限量調和威士忌	Ichiro's Malt & Grain Japanese Blended Whisky Limited Edition 2020
穀物威士忌	Fuji Single Grain 30yo Small Batch
壺式蒸餾威士忌	Redbreast 21yo
波本威士忌	Ironroot Harbinger
單桶波本威士忌	Rebel Yell Single Barrel 10yo
田納西威士忌	Uncle Nearest Premium Whiskey 1820 Single Barrel
裸麥威士忌	Archie Rose Rye Malt Whisky
小麥威士忌	Bainbridge Two Islands Hokkaido Cask
玉米威士忌	Spirit of Hven MerCurious
加拿大調和威士忌	J.P. Wiser's Alumni Whisky Series Darryl Sittler
調味威士忌	FEW Spirits Cold Cut Bourbon
新酒	Macaloney's Peated Clearach

2020 年各類型威士忌之冠軍得主（取自官網）

5. 評論

　　不像其他包含各式烈酒的競賽，WWA 單純以威士忌為評選對象，先天上較容易獲得威士忌愛好者的注目，加上 3 階段的評選方式，不僅慎重，而且公信力足，成為筆者較為信服的國際競賽。可惜網站的說明不清不楚，尤其是包含了哪些評審、評審作業如何進行、以及評分與獎牌間的對應關係，這些都完全不做說明，讓我不由自主地產生疑問，也讓獎牌的含金量稍稍打了折扣。

參考文獻

1   陳正穎（2015）《凝視蘇格蘭：煉金術士與麥芽采風》

2   Adam Rogers，丁超譯（2016）《酒的科學：從發酵、蒸餾、熟陳至品酩的醉人之旅》

3   Michael Jackson，姚和成譯（2007）《威士忌全書》

4   Alfred Bernard（Reprinted 2012）"The Whisky Distilleries of the United Kingdom"

5   Charles MacLean（2003）"Scotch Whisky: A Liquid History"

6   Charles MacLean（2004）"MacLean's Miscellany of Whisky

7   Dave Broom（2014）"The World Atlas of Whisky"

8   David De Kergommraux（2012）"Canadian Whisky"

9   D.E. Briggs（1998）"Malts and Malting"

10 D.E. Briggs and J.S. Hough（1981）"Malting and Brewing Science: Malt and Sweet Wort"

11 Harrison, B., Fagnen, O., Jack, F., Brosnan, J., 2011. The impact of copper in different parts of malt whisky pot stills on new make spirit composition and aroma. Journal of the Institute of Brewing 117, 106–112.

12 Inge Russell, Graham Stewart, Charlie Bamforth and Inge Russell, Edt.（2003）"Whisky: Technology, Production and Marketing"

13 Inge Russell and Graham Stewart, Edt.（2014）"Whisky: Technology, Production and Marketing" 2nd Edition.

14 Ingvar Ronde Edt.（2018）"Malt Whisy Yearbook 2018"

15 Learning Material & Syllabus © Institute of Brewing and Distilling（2014）"IBD Qualifications: The General Certificate in Distilling"

16 Lew M. Bryson III（2014）"Tasting Whiskey"

17 Michael R. Veach（2013）"Kentucky Bourbon Whiskey"

18 Misako Udo（2005）"The Scottish Whisky Distilleries"

19 Peter Mulryan（2016）"The Whiskeys of Ireland" 2nd. Edition.

20 Reid Mitenbuler（2015）"Bourbon Empire: The Past and Future of America's Whiskey"

21 Wolfgang Kunze, Translated by Sue Pratt（2014）"Technology: Brewing and Malting" 5th English Edtion.

網路資源

1   Bairds Malt（http://www.bairds-malt.co.uk/Bairds-Malt/Technical/bairds-malt-technical-malt-analysis）

2   Crisp Malting Group（http://crispmalt.co/premium-pot-still-malt）

3   Glen Ord Malting（http://www.whisky-distilleries.net/Highland_North/Seiten/Glen_Ord_Maltings.html#52）

4   The Maltsters'Association of Great Britain, MAGB（http://www.ukmalt.com/how-malt-made）

5   vle-calc.com（http://vle-calc.com/phase_diagram.html?numOfC=2&compnames=ethanol_water_&Comp1=5&Comp2=4&Comp3=0&VLEMode=isobaric&VLEType=xyT&numberForVLE=1.031）

6   Whisky Science（http://whiskyscience.blogspot.tw/）

邱德夫

美國科羅拉多州立大學土木工程博士（Ph.D），目前從事工程顧問工作，曾參與國內外捷運、道路、橋梁、水、電事業等重大工程規劃設計。

◎ 2005 年開始經營「憑高酹酒，此興悠哉」部落格至今，已完成超過 2000 種以上的品酒筆記，發表上百篇的威士忌專業論述文章。
◎ 2006 年加入「台灣單一麥芽威士忌品酒研究社」，並於 2012 ～ 2015 年擔任理事長，舉辦並協助數十場品酒會。
◎ 2014 年開始於《財訊雙週刊》撰寫威士忌專欄至今。
◎ 2015 年秋季取得蘇格蘭雙耳小酒杯執持者（Keeper of the Quaich）頭銜。
◎ 2017 年完成《威士忌的科學》之審訂。
◎ 2018 年出版《威士忌學》（寫樂文化）一書。
◎ 2019 年於《威士忌雜誌》撰寫專欄至今。
◎ 2020 年出版《酒徒之書》（寫樂文化）。
◎ 2020 年《酒徒之聲》Podcast 開播。

新版威士忌學

作者	邱德夫
主編	莊樹穎
特約編輯	吳憂
書籍設計	賴佳韋工作室
插畫	王村丞
行銷企劃	洪于茹
出版者	寫樂文化有限公司
創辦人	韓嵩齡、詹仁雄
發行人兼總編輯	韓嵩齡
發行業務	蕭星貞
發行地址	106 台北市大安區光復南路 202 號 10 樓之 5
電話	（02）6617-5759
傳真	（02）2772-2651
讀者服務信箱	soulerbook@gmail.com
總經銷	時報文化出版企業股份有限公司
公司地址	台北市和平西路三段 240 號 5 樓
電話	（02）2306-6600
傳真	（02）2304-9302

第一版第一刷 2020 年 12 月 17 日
第一版第五刷 2023 年 8 月 11 日
ISBN 978-986-98996-4-2

國家圖書館出版品
預行編目（CIP）資料

新版威士忌學／邱德夫著。-- 第一版。
-- 臺北市：寫樂文化，2020.12.
面；公分。--（我的檔案夾；52）
ISBN 978-986-98996-4-2（平裝）

1. 威士忌酒 2. 品酒 3. 製酒
463.834   109016319